民族预科

高等数学

主编 ◎ 谌悦斌　文琼瑶　洛木拉古

四川大学出版社
SICHUAN UNIVERSITY PRESS

图书在版编目（CIP）数据

民族预科高等数学 / 谌悦斌，文琼瑶，洛木拉古主
编 . 一 成都：四川大学出版社，2024.1
ISBN 978-7-5690-6540-4

Ⅰ . ①民… Ⅱ . ①谌… ②文… ③洛… Ⅲ . ①高等数
学－高等学校－教材 Ⅳ . ① O13

中国国家版本馆 CIP 数据核字（2024）第 008213 号

书　　名：民族预科高等数学
　　　　　Minzu Yuke Gaodeng Shuxue
主　　编：谌悦斌　文琼瑶　洛木拉古
丛 书 名：民族预科系列教材

选题策划：梁　平
责任编辑：梁　平
责任校对：王　睿
装帧设计：裴菊红
责任印制：王　炜

出版发行：四川大学出版社有限责任公司
　　　　　地址：成都市一环路南一段 24 号（610065）
　　　　　电话：（028）85408311（发行部）、85400276（总编室）
　　　　　电子邮箱：scupress@vip.163.com
　　　　　网址：https://press.scu.edu.cn
印前制作：四川胜翔数码印务设计有限公司
印刷装订：成都市新都华兴印务有限公司

成品尺寸：185 mm×260 mm
印　　张：19
字　　数：457 千字

版　　次：2024 年 1 月 第 1 版
印　　次：2024 年 1 月 第 1 次印刷
定　　价：78.00 元

扫码获取数字资源

四川大学出版社
微信公众号

编 委 会

主　任：胡金朝

副主任：马史火　　张万明

主　编：谌悦斌　　文琼瑶　　洛木拉古

副主编：江海洋　　高　洁　　罗炯兴　　张　艳

总　序

　　党和国家历来高度重视民族教育的发展。民族地区教育高质量发展是我国教育高质量发展不可或缺的组成部分，是建设教育强国、科技强国、人才强国的重要内容。培养拥护中国共产党的领导，拥护社会主义制度，维护国家统一和民族团结，具备一定专业知识，能较好地适应大学学习生活的少数民族学生，是少数民族预科教育的根本。

　　西昌学院民族预科教育始于 1980 年，是四川省内最早承担民族预科教育的省属高校之一，也是四川省少数民族预科教育基地。40 余年来，学校少数民族预科教育秉承"预本贯通"的思想，坚持"养习惯、重品性、强基础、拓素质"的办学理念，立足区域经济社会发展实际，积极构建民族地区人才培养体系，先后培养输送了近两万名合格的少数民族预科学生，为加快民族地区经济社会发展，实现各民族平等、团结、共同繁荣进步作出了突出贡献。

　　近年来，随着国家高等教育改革与发展的不断深入，少数民族预科教育教学改革也加速推进。教材是学生获取系统知识的重要工具，是教师进行教学的主要依据，教材质量的优劣直接影响着教育教学的好坏。目前高校预科教学尚未有统编教材，现行少数民族预科教育教材多为 20 世纪 90 年代初编写的，一定程度上存在教材内容陈旧、学科前沿知识较少、对学生学习兴趣的激发较弱、与当前民族地区教育实际需求结合度不够等问题。为进一步加强少数民族预科教学研究、深化教学改革、提高预科教学质量，学校以习近平新时代中国特色社会主义思想为指导，组织少数民族预科教育学院全体教师，按照"夯实基础、突出重点、兼顾专业、预本对接"的原则，以培养预科学生科学思维方式，改进学生学习方法，提高学生自主学习能力为主要教学目标，坚持科学性、系统性，突出区域化、差异化和精准性，针对我校少数民族预科学生（以彝族、羌族、藏族、回族为主，包括苗族、白族、满族、蒙古族、侗族、布依族、土家族、傈僳族、壮族和傣族等十余个民族）的学习特点和专业学习要求，编写了《阅读与写作》《民族预科普通话训练教程》《民族预科初等数学》《民族预科高等数学》《民族预科英语综合教程 1》《民族预科英语综合教程 2》等教材。该套教材是学校持续铸牢中华民族共同体意识教育，不断深化预科教育教学改革，提高预科教育教学质量，建设一流的民族预科教育基地的体现；是学校以教学为中心，以学生为本，紧扣少数民族预科教育教学实际，开展教学研究的重要成果，对推动和促进少数民族预科教育具有示范和促进作用。

甘瓜苦蒂，物无全美。期待社会各界为该套教材提出宝贵的意见和建议，我们将虚心接受、认真完善，与各位一道推动少数民族预科教育高质量发展。

西昌学院党委副书记、校长　朱占元

前　　言

　　为适应普通高等学校民族预科数学课程教学发展需求，夯实"补预结合、以预为主、预本贯通"的预科教育理念，西昌学院少数民族预科教育学院以学生为中心，持续优化教学方法和教学内容，依据民族预科教学目标和学生未来专业发展需要，编写了这本符合民族预科学生特点的高等数学教材。教材紧密围绕预科民族学生的特点和数学课程对学生知识、能力的要求进行编写，旨在为民族预科学生提供一本具有针对性、实用性和可读性的高等数学教材。

　　编写组对教材内容进行了精心设计与编排，力求做到结构严谨、逻辑清晰，例题选择精当、通俗易懂，习题针对性强、难易适中。教材每章的起始部分为内容简介和对应数学文化概述，既增强了教材的可读性，又提升了教材的趣味性。全书最鲜明的特点是打破常规，以旁注的形式加入大量的思考、分析、评析、归纳和小结，将教师多年一线教学中的思考、总结和体会融入教材，在适应当代大学生学习特点的同时，可培养学生的自主探索精神，也赋予学生更大的思维空间，并为教师的备课和教学提供参考。部分题目采用一题多解的形式，旨在培养学生发散性思维能力，拓展学生的解题思路，在对比中增强探寻最优解题方法的能力。

　　参与本书编写的教师均为西昌学院少数民族预科教育学院从事数学课程教学多年的一线教师。第 1 章第 1~3 节和第 8 节由高洁编写、第 4~7 节由罗炯兴编写，第 2 章由江海洋编写，第 3 章由谌悦斌编写，第 4 章由洛木拉古编写，第 5 章由文琼瑶编写，第 6 章由张艳编写。

　　本教材在编写过程中得到了西昌学院各级领导和四川大学出版社的大力支持，在此我们诚表谢意。由于编者编写水平和经验有限，加之时间仓促，书中难免存在不妥之处，恳请广大读者批评指正并给予谅解。

　　最后，我们希望本教材能够成为针对民族预科学生的实用、易学的高等数学教材，帮助他们更好地掌握数学知识，提高他们的数学素养和解决问题的能力。同时，我们也希望本教材能够为我省高等数学教育的发展作出贡献。

《民族预科高等数学》教材编写组

目　　录

第 4 章　不定积分

第 5 章　定积分

第 6 章　微分方程

第 1 章

极限与连续

　　初等数学（代数、几何、三角）研究的是不变的量（常量）和规则的图形，而高等数学研究的是客观世界中大量存在着的变量和不规则图形．极限方法是高等数学的基本方法，它是通过对变量在不同条件下变化趋势的研究，以解决初等数学不能解决的问题．

　　无限逼近"真实值"（结论完全没有误差）的思想，在数学研究工作中起着重要作用．例如对任何一个圆内接正多边形来说，当它边数加倍后，得到圆面积的近似值还是圆内接正多边形的面积．人们不断地让其边数加倍增加，经过无限过程之后，多边形就"变"成一个与真实的圆面积相差不大的"假圆"，每一步"边数增加的变化"都可以使用原来的常量公式累计．圆边上越来越多的新的小的三角形底边正反互补得到的矩形，其两条长边的总和的极限等于"圆周长的一半"，与半径的乘积计算得到圆面积（就是极限概念的应用）．划分越细，就越来越逼近圆面积．这就是借助极限的思想方法，化繁为简解决求圆面积问题，其他类似问题的思维方法一样．

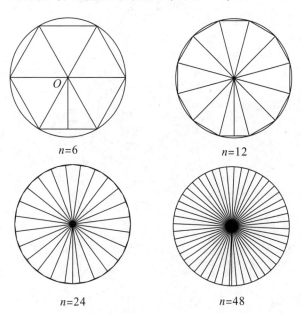

$n=6$　　　　　　　　　$n=12$

$n=24$　　　　　　　　　$n=48$

　　在数学中，连续是函数的一种属性．直观上来说，连续的函数就是当输入值的变化足够小的时候，输出值的变化也会随之足够小的函数. 如果输入值的某种微小的变化会产生输出值的一个突然的跳跃甚至无法定义，则这个函数被称为不连续的函数（或者说具有不连续性）. 这一章主要讨论函数的极限和函数的连续性.

§1.1　数列

列昂纳多·斐波那契（Leonardo Fibonacci，1175—1250），意大利数学家，斐波那契数列的提出者. 1202 年，他撰写了《算盘全书》（*Liber Abacci*）. 他是第一个研究了印度和阿拉伯数学理论的欧洲人.

斐波那契数列为"0，1，1，2，3，5，8，13，21，…". 这个数列从第 3 项开始，每一项都等于前两项之和. 可表示为 $F(0)=0$，$F(1)=1$，$F(n)=F(n-1)+F(n-2)$（$n \geqslant 2$，$n \in \mathbf{N}^+$）. 在现代物理、准晶体结构、化学等领域，斐波那契数列都有直接的应用，为此，美国数学会从 1963 起出版了以《斐波那契数列季刊》为名的一份数学杂志，用于专门刊载这方面的研究成果.

数列是一个古老的数学课题，我国对数列概念的认识很早，例如《周髀算经》谈道："在周城的平地立八尺的周髀（表竿），日中测影，在二十四节气中，冬至影长 1 丈 3 尺 5 寸，以后每一节气递减 9 寸 $\frac{55}{6}$ 分；夏至影最短，仅长 1 尺 6 寸，以后每一节气又递增 9 寸 $\frac{55}{6}$ 分."这就是等差数列.《易传·系辞》："河出图，洛出书，圣人则之；两仪生四象，四象生八卦."这是世界数学史上有关等比数列的最早文字记载. 我国古代还给出了一个无穷递缩等比数列，记载在《庄子·天下篇》中："一尺之棰，日取其半，万世不竭."而《九章算术》"衰分"一章，主要讲的就是分配比例和等差、等比数列等问题.

1.1.1　数列

定义 1　按照一定顺序排列的一列数称为**数列**，数列中的每一个数叫做这个数列的**项**.

例如：（1）把自然数从 1 起依次排列起来组成的数列：

$$1, 2, 3, 4, 5, \cdots, n, \cdots;$$

（2）把 $\frac{1}{2}$ 的 1 次幂，2 次幂，3 次幂，…，n 次幂，…，依次排列起来组成的数列：

$$\frac{1}{2}, \frac{1}{4}, \frac{1}{8}, \frac{1}{16}, \frac{1}{32}, \cdots, \frac{1}{2^n}, \cdots;$$

（3）把函数 $f(n)=\frac{1+(-1)^n}{2}$ 中自变量 n 依次取 1，2，3，4，…，所得的函数值排列起来组成的数列：

$$0, 1, 0, 1, 0, 1, \cdots, \frac{1+(-1)^n}{2}, \cdots;$$

（4）把函数 $f(n)=\frac{n+(-1)^{n+1}}{n}$ 中自变量 n 依次取 1，2，3，4，…，所得的函数值排列起来组成的数列：

$$2, \frac{1}{2}, \frac{4}{3}, \frac{3}{4}, \frac{6}{5}, \cdots, \frac{n+(-1)^{n+1}}{n}, \cdots.$$

数列里的每一个数叫做数列的一项，在第 n 个位置上的数叫做**第 n 项**. 数列里的第 n 项也叫做数列的**通项**，通常用符号

(1) $\{a_n\}$ 一般指无穷数列，特别是在数列极限中 a_n 均指无穷数列．

(2) 不是所有数列都有通项公式．如 1, 14, 141, 1414, ….

定义 1 与定义 2 表述的是同一回事．但定义 2 更符合数学语言的叙述方式．

数列 $\{a_n\}$ 的第 n 项可表示为
$$a_n = \begin{cases} a_1, & n=1 \\ S_n - S_{n-1}, & n \geqslant 2 \end{cases},$$
即 $a_1 = S_1$．

在计算后要检验 a_1 是否符合通项公式．

a_n 表示．如果一个数列的通项 a_n 和项数 n 之间的关系可以用一个公式来表示，这个公式就叫做数列的**通项公式**．通项是 a_n 的数列可以用符号 $\{a_n\}$ 来表示．

从上面的例子可以看到，数列可以看作是自变量为自然数的函数，数列的通项公式可以看作是函数的表达式．因此数列 $\{a_n\}$ 可以用函数 $a_n = f(n)(n \in \mathbf{N}^+)$ 来表示．因此，数列还可以定义如下：

定义 2 以自然数 n 或其有限子集为定义域的函数 $a_n = f(n)$，当自变量 n 从小到大排列时的一列函数值 a_1, a_2, …, a_n 叫做**数列**，通常记为 $\{a_n\}$．

设数列 $\{a_n\}$ 的前 n 项和为 S_n，则有
$$S_n = a_1 + a_2 + \cdots + a_n, \tag{1}$$
$$S_{n-1} = a_1 + a_2 + \cdots + a_{n-1}, \tag{2}$$
(1) $-$ (2) 得到 $a_n = S_n - S_{n-1}$．

例 1 数列 $\{a_n\}$ 中，已知 $a_n = \dfrac{n^2 + n - 1}{3}(n \in \mathbf{N}^+)$，写出 a_1, a_2, a_{n+1}, a_n^2．

解 $a_1 = \dfrac{1 + 1 - 1}{3} = \dfrac{1}{3}$，$a_2 = \dfrac{2^2 + 2 - 1}{3} = \dfrac{5}{3}$，

$a_{n+1} = \dfrac{(n+1)^2 + (n+1) - 1}{3} = \dfrac{n^2 + 3n + 1}{3}$，

$a_n^2 = \dfrac{(n^2)^2 + n^2 - 1}{3} = \dfrac{n^4 + n^2 - 1}{3}$．

例 2 已知数列 $\{a_n\}$ 的前 n 项和为 $S_n = 3n^2 - 2n$．求数列 $\{a_n\}$ 的通项公式．

解 当 $n = 1$ 时，$a_1 = S_1 = 3 - 2 = 1$；

当 $n \geqslant 2$ 时，

$a_n = S_n - S_{n-1} = 3n^2 - 2n - 3(n-1)^2 + 2(n-1) = 6n - 5$．

经检验，当 $n = 1$ 时 a_1 满足通项公式．

所以，数列 $\{a_n\}$ 的通项公式为 $a_n = 6n - 5(n \in \mathbf{N}^+)$．

按数列项数，数列可分为有穷数列和无穷数列．按数列项的大小关系，可分为单调数列（递增数列、递减数列）、常数列和摆动数列．

如，数列 1, 2, 3, 4, 5, …是递增数列、无穷数列；

10, 9, 8, 7 是递减数列、有穷数列；

3, 3, 3, 3, 3, …是常数列、无穷数列；

1, 0, 1, 0, 1, 0, …是摆动数列、无穷数列．

1.1.2 等差数列

等差数列通项公式的推导：

(1) 归纳法：由 $\{a_n\}$ 是等差数列，则有

$a_2 = a_1 + d$，

$a_3 = a_2 + d = a_1 + 2d$，

…，

由此可得

$a_n = a_1 + (n-1)d$．

定义 3 一般地，如果一个数列 $\{a_n\}$ 从第 2 项起，每一项

（2）累加法：由 $\{a_n\}$ 是等差数列，则有

$a_n - a_{n-1} = d$,

$a_{n-1} - a_{n-2} = d$,

$a_{n-2} - a_{n-3} = d$,

…,

$a_2 - a_1 = d$.

以上各式两边分别相加，得

$a_n = a_1 + (n-1)d$.

（3）迭代法：由 $\{a_n\}$ 是等差数列，则有

$a_n = a_{n-1} + d$

$= a_{n-2} + 2d = a_{n-3} + 3d$

$= \cdots = a_1 + (n-1)d$,

所以

$a_n = a_1 + (n-1)d$.

理解等差数列的定义，应注意以下几点：

（1）求公差 d 时，可以用 $d = a_n - a_{n-1}$，也可用 $d = a_{n+1} - a_n$.

（2）公差 $d \in \mathbf{R}$，当 $d = 0$ 时，数列为常数列；当 $d > 0$ 时，数列为递增数列；当 $d < 0$ 时，数列为递减数列.

对任意正整数 m，$n \in \mathbf{N}^+$ 且 $m \neq n$ 有

$\begin{cases} a_n = a_1 + (n-1)d & ① \\ a_m = a_1 + (m-1)d & ② \end{cases}$

$\xrightarrow{①-②} a_n - a_m = (n-m)d$

$\Rightarrow \begin{cases} a_n = a_m + (n-m)d \\ d = \dfrac{a_n - a_m}{n-m} \end{cases}$

与它的前一项的差等于同一个常数，那么这个数列就叫做**等差数列**，这个常数叫做等差数列的**公差**. 公差通常用字母 d 表示.

递推公式可表示为

$$a_n - a_{n-1} = d \quad (d \text{ 为常数}, n \geq 2, n \in \mathbf{N}^+).$$

等差数列 $\{a_n\}$ 的通项公式为

$$a_n = a_1 + (n-1)d.$$

等差数列 $\{a_n\}$ 的相关性质：

（1）若 n，m，p，$q \in \mathbf{N}^+$ 且 $n + m = p + q$，则 $a_n + a_m = a_p + a_q$；

（2）若 p，q，r 成等差数列，则 a_p，a_q，a_r 也是等差数列；

（3）等距的三项 a_{n-m}，a_n，a_{n+m} 组成等差数列，那么 a_n 叫做 a_{n-m} 和 a_{n+m} 的等差中项，则有 $2a_n = a_{n-m} + a_{n+m}$；

（4）等差数列 $\{a_n\}$ 的公差为 d，那么 a_k，a_{k+m}，a_{k+2m}，$\cdots$ 也是等差数列，且公差为 md.

下面，我们可用倒序（或倒置）相加法来求等差数列前 n 项和的公式.

设等差数列 $\{a_n\}$ 的前 n 项为 a_1，a_2，a_3，$\cdots$，a_{n-2}，a_{n-1}，a_n，$S_n = a_1 + a_2 + a_3 + \cdots + a_{n-2} + a_{n-1} + a_n$，则由等差数列的通项公式可得

$$S_n = a_1 + (a_1 + d) + (a_1 + 2d) + \cdots + [a_1 + (n-1)d]. \quad (3)$$

再把项的顺序倒过来，S_n 又可写成

$$S_n = a_n + (a_n - d) + (a_n - 2d) + \cdots + [a_n - (n-1)d]. \quad (4)$$

由（3）+（4）可得

$$2S_n = (a_1 + a_n) + (a_1 + a_n) + \cdots + (a_1 + a_n) + (a_1 + a_n)$$
$$= n(a_1 + a_n).$$

所以

$$S_n = \frac{n(a_1 + a_n)}{2}.$$

将 $a_n = a_1 + (n-1)d$ 代入上式，可得

$$S_n = \frac{n[a_1 + a_1 + (n-1)d]}{2} = na_1 + \frac{n(n-1)}{2}d,$$

故等差数列的**前 n 项和公式**为

$$S_n = \frac{n(a_1 + a_n)}{2}, \quad S_n = na_1 + \frac{n(n-1)}{2}d.$$

例 3　等差数列 $\{a_n\}$ 中，已知 $a_5 = 10$，$a_{12} = 31$，求首项 a_1 和公差 d.

解　由题意知，

$$\begin{cases} a_5 = a_1 + 4d \\ a_{12} = a_1 + 11d \end{cases},$$

可解得 $a_{12} - a_5 = 31 - 10 = 7d$,

解得 $d = 3$, $a_1 = -2$.

例 4 已知数列 $\{a_n\}$ 中, $a_1 = \dfrac{3}{5}$, $a_n = 2 - \dfrac{1}{a_{n-1}}(n \geq 2$, $n \in \mathbf{N}^+)$, 数列 $\{b_n\}$ 满足 $b_n = \dfrac{1}{a_n - 1}(n \in \mathbf{N}^+)$.

(1) 求证: 数列 $\{b_n\}$ 为等差数列.

(2) 求数列 $\{a_n\}$ 中的最大项和最小项, 并说明理由.

证明 (1) 由题意可知,

$$b_{n+1} - b_n = \frac{1}{a_{n+1} - 1} - \frac{1}{a_n - 1} = \frac{1}{2 - \dfrac{1}{a_n} - 1} - \frac{1}{a_n - 1}$$

$$= \frac{a_n}{a_n - 1} - \frac{1}{a_n - 1} = 1,$$

又 $b_1 = \dfrac{1}{a_1 - 1} = -\dfrac{5}{2}$, 所以数列 $\{b_n\}$ 为首项为 $-\dfrac{5}{2}$、公差为 1 的等差数列.

(2) 由(1)可知, $b_n = -\dfrac{5}{2} + (n-1) \times 1 = n - \dfrac{7}{2}$, 则

$$a_n = 1 + \frac{1}{b_n} = 1 + \frac{2}{2n - 7},$$

设 $f(x) = 1 + \dfrac{2}{2x - 7}(x \geq 1)$ 在区间 $\left[1, \dfrac{7}{2}\right)$ 和 $\left(\dfrac{7}{2}, +\infty\right)$ 上为减函数, 所以当 $n = 3$ 时, a_n 取得最小值 -1; 当 $n = 4$ 时, a_n 取得最大值 3.

例 5 设 $\{a_n\}$ 为等差数列, S_n 为数列 $\{a_n\}$ 的前 n 项和, 已知 $S_7 = 7$, $S_{15} = 75$, T_n 为数列 $\left\{\dfrac{S_n}{n}\right\}$ 的前 n 项和, 求 T_n.

解 由 $\{a_n\}$ 为等差数列, 可得

$$\begin{cases} S_7 = 7a_1 + \dfrac{7(7-1)}{2}d = 7 \\ S_{15} = 15a_1 + \dfrac{15(15-1)}{2}d = 75 \end{cases},$$

解得 $a_1 = -2$, $d = 1$.

所以 $S_n = -2n + \dfrac{n(n-1)}{2} = \dfrac{n^2 - 5n}{2}$,

$$T_n = \frac{S_1}{1} + \frac{S_2}{2} + \frac{S_3}{3} + \cdots + \frac{S_n}{n}$$

$$= \frac{\dfrac{1^2 - 5}{2}}{1} + \frac{\dfrac{2^2 - 5 \times 2}{2}}{2} + \frac{\dfrac{3^2 - 5 \times 3}{2}}{3} + \cdots + \frac{\dfrac{n^2 - 5n}{2}}{n}$$

等差数列的判定方法:

对于任意正整数 n

(1) 定义法:

证明 $a_n - a_{n-1} = d$.

(2) 等差中项法:

证明 $2a_{n+1} = a_n + a_{n+2}$.

(3) 通项公式法:

由 $a_n = nd + q$ 推出

$a_n - a_{n-1} = d$.

$$=\frac{1^2-5\times1}{2\times1}+\frac{2^2-5\times2}{2\times2}+\frac{3^2-5\times3}{2\times3}+\cdots+\frac{n^2-5n}{2\times n}$$

$$=\frac{1-5}{2}+\frac{2-5}{2}+\frac{3-5}{2}+\cdots+\frac{n-5}{2}$$

$$=\frac{-4}{2}+\frac{-3}{2}+\frac{-2}{2}+\cdots+\frac{n-5}{2}=\frac{n(n-9)}{4}.$$

等比数列通项公式的推导方法：

（1）迭代法：

根据等比数列的定义有

$a_n=a_{n-1}q=a_{n-2}q^2$

$=\cdots=a_2q^{n-2}=a_1q^{n-1}.$

（2）归纳法：

$a_2=a_1q$，$a_3=a_2q=$ a_1q^2，$\cdots$，$a_n=a_{n-1}q$ $=a_1q^{n-1}.$

（3）累积法：

由 $\frac{a_2}{a_1}=q$，$\frac{a_3}{a_2}=q$，$\cdots$，

$\frac{a_n}{a_{n-1}}=q.$

则 $\frac{a_2}{a_1}\cdot\frac{a_3}{a_2}\cdot\cdots\cdot\frac{a_n}{a_{n-1}}$

$=q^{n-1}$，

故 $a_n=a_1q^{n-1}.$

特别地，等比数列 $\{a_n\}$ 中，

$a_n^2=a_{n-1}\cdot a_{n+1}$，

当 $q=1$ 时，

$S_n=na_1.$

1.1.3　等比数列

定义 4　一般地，如果一个数列 $\{a_n\}$ 从第 2 项起，每一项与前一项的比为同一个常数，那么这个数列 $\{a_n\}$ 叫做**等比数列**．这个常数叫做等比数列的**公比**，通常用字母 q 表示．递推公式可表示为

$$\frac{a_n}{a_{n-1}}=q(q \text{ 为常数}，q\neq0，n\geqslant2，n\in\mathbf{N}^+)，$$

等比数列 $\{a_n\}$ 的通项公式为

$$a_n=a_1q^{n-1}.$$

等比数列 $\{a_n\}$ 的相关性质：

（1）$a_n=a_mq^{n-m}$；

（2）任意等距的三项有 $\frac{a_n}{a_{n-m}}=\frac{a_{n+m}}{a_n}$；

（3）若 n，m，p，$q\in\mathbf{N}^+$ 且 $n+m=p+q$，则 $a_n\cdot a_m=a_p\cdot a_q$；

（4）数列 $\{a_n\}$，$\{b_n\}$ 为等比数列，则 $\left\{\frac{k}{a_n}\right\}$，$\{ka_n\}$，$\{a_n^k\}$，$\{ka_nb_n\}$，$\left\{\frac{a_n}{b_n}\right\}$ 均为等比数列；

（5）数列 $\{a_n\}$ 为等比数列，那么取出一列数列 a_m，a_{m+k}，a_{m+2k}，$\cdots$ 仍为等比数列．

等比数列 $\{a_n\}$ 的求和公式为

$$S_n=\frac{a_1(1-q^n)}{1-q} \text{ 或 } S_n=\frac{a_1-a_nq}{1-q}.$$

求数列的通项公式，往往需要根据已知条件求出数列两项之间的关系，这需要由各项之间的关系先立方程，再通过解方程或方程组求解．

例 6　数列 $\{a_n\}$ 中，若 $a_1=1$，$a_{n+1}=2S_n+1(n\geqslant1)$，求该数列的通项公式．

解　由题意可知

$$\begin{cases} a_{n+1}=2S_n+1 & ① \\ a_n=2S_{n-1}+1 & ② \end{cases}$$

由①－②可得 $a_{n+1}-a_n=2a_n\Rightarrow a_{n+1}=3a_n$，即 $\frac{a_{n+1}}{a_n}=3.$

数列 $\{a_n\}$ 为首项 $a_1=1$，$q=3$ 的等比数列，通项公式为

$$a_n=3^{n-1}.$$

等比数列的判定方法：
对于任意正整数 n

（1）定义法：

证明 $\dfrac{a_{n+1}}{a_n}=q$.

（2）等差中项法：

证明 $a_{n+1}^2=a_n\cdot a_{n+2}$.

例 7 设数列 $\{a_n\}$ 的前 n 项和为 S_n，已知 $a_1=1$，$S_{n+1}=4a_n+2$.

（1）设 $b_n=a_{n+1}-2a_n$，证明数列 $\{b_n\}$ 为等比数列；

（2）求数列 $\{a_n\}$ 的通项公式.

解 （1）由题设 $a_1=1$，$S_2=a_1+a_2=4a_1+2\Rightarrow a_2=5$，所以 $b_1=a_2-2a_1=5-2=3$，

又 $a_{n+2}=S_{n+2}-S_{n+1}=4a_{n+1}+2-(4a_n+2)=4(a_{n+1}-a_n)$，

所以 $\qquad a_{n+2}-2a_{n+1}=2(a_{n+1}-2a_n)$，

即 $\qquad\qquad b_{n+1}=2b_n$.

因此，$\{b_n\}$ 是首项为 3、公比为 2 的等比数列.

（2）由（1）可知，$b_n=a_{n+1}-2a_n=3\cdot2^{n-1}$，

所以 $\qquad\qquad \dfrac{a_{n+1}}{2^{n+1}}-\dfrac{a_n}{2^n}=\dfrac{3}{4}$，

因此，数列 $\left\{\dfrac{a_n}{2^n}\right\}$ 是首项为 $\dfrac{1}{2}$，公差为 $\dfrac{3}{4}$ 的等差数列，

又 $\qquad\qquad \dfrac{a_n}{2^n}=\dfrac{1}{2}+\dfrac{3}{4}\times(n-1)=\dfrac{3n-1}{4}$，

即 $\qquad\qquad a_n=\dfrac{3n-1}{4}\cdot2^n=(3n-1)\cdot2^{n-2}$，

因此，数列 $\{a_n\}$ 的通项公式为 $a_n=(3n-1)\cdot2^{n-2}$.

例 8 求数列前 n 项和

$918,\ 918918,\ 918918918,\ \overbrace{918918\cdots918}^{n\text{个}918}$.

任意常数 $\overbrace{aaa\cdots a}^{n\text{个}a}$ 可表示为

$a\cdot(10^{n-1}+10^{n-2}+\cdots+1)$

$=a\cdot\dfrac{1-10^n}{1-10}$

$=\dfrac{a}{9}\cdot(10^n-1)$.

解 由题意知，设 $a_n=\overbrace{918918\cdots918}^{n\text{个}918}$，

$a_n=918\times[1+10^3+10^{2\times3}+\cdots+10^{3(n-2)}+10^{3(n-1)}]$

$\qquad=918\times\dfrac{1-10^{3n}}{1-10^3}=\dfrac{918}{999}\times(10^{3n}-1)$，

所以，数列的前 n 项和

$S_n=\dfrac{918}{999}\times[(10^3-1)+(10^{2\times3}-1)+\cdots+(10^{3n}-1)]$

$\qquad=\dfrac{918}{999}\times\left[\dfrac{10^3(1-10^n)}{1-10^3}-n\right]$.

1.1.4 其他数列求和

在初等数学中，除了研究等差数列和等比数列的求和，还有一些特殊形式的数列求和，需要转化为等差数列和等比数列，再进行计算.

例 9 求和 $S_n = \dfrac{1}{1\times2\times3} + \dfrac{1}{2\times3\times4} + \cdots + \dfrac{1}{n\times(n+1)\times(n+2)}$.

解 将通项公式进行拆分，

一些分式数列，可通过拆项分解达到正项和负项抵消，从而便于求和.

$$a_n = \frac{1}{2} \times \frac{n+2-n}{n\times(n+1)\times(n+2)}$$

$$= \frac{1}{2} \times \left[\frac{1}{n\times(n+1)} - \frac{1}{(n+1)\times(n+2)} \right],$$

$$S_n = \frac{1}{2} \times \left\{ \left(\frac{1}{1\times2} - \frac{1}{2\times3} \right) + \left(\frac{1}{2\times3} - \frac{1}{3\times4} \right) + \cdots + \right.$$

$$\left. \left[\frac{1}{n(n+1)} - \frac{1}{(n+1)(n+2)} \right] \right\}$$

$$= \frac{1}{2} \times \left[\frac{1}{1\times2} - \frac{1}{(n+1)(n+2)} \right] = \frac{n(n+3)}{4(n+1)(n+2)}.$$

常见的拆分分解：

$\dfrac{1}{n(n+1)} = \dfrac{1}{n} - \dfrac{1}{n+1}$,

$\dfrac{1}{\sqrt{n+1}+\sqrt{n}} = \sqrt{n+1} - \sqrt{n}$.

例 10 求和 $S_n = \dfrac{1}{\sqrt{2}+1} + \dfrac{1}{\sqrt{3}+\sqrt{2}} + \cdots + \dfrac{1}{\sqrt{n+1}+\sqrt{n}}$.

解 设通项公式 $a_n = \dfrac{1}{\sqrt{n+1}+\sqrt{n}}$，分母有理化可得

$$a_n = \sqrt{n+1} - \sqrt{n},$$

所以，$S_n = \sqrt{2} - 1 + \sqrt{3} - \sqrt{2} + \cdots + \sqrt{n+1} - \sqrt{n} = \sqrt{n+1} - 1$,

例 11 求和 $S_n = 1 \times \dfrac{1}{2} + 2 \times \dfrac{1}{4} + 3 \times \dfrac{1}{8} + \cdots + n \times \dfrac{1}{2^n}$.

解 由题意可知

错位相减法求和：如果一个数列的各项是由一个等差数列和一个等比数列的对应项之积构成的，那么这个数列的前 n 项和即可用此法来求.

$$S_n = 1 \times \frac{1}{2} + 2 \times \frac{1}{2^2} + 3 \times \frac{1}{2^3} + \cdots + (n-1) \times \frac{1}{2^{n-1}} + n \times \frac{1}{2^n}, \text{①}$$

两边同乘以 $\dfrac{1}{2}$ 得

$$\frac{1}{2}S_n = 1 \times \frac{1}{2^2} + 2 \times \frac{1}{2^3} + 3 \times \frac{1}{2^4} + \cdots + (n-1) \times \frac{1}{2^n} + n \times \frac{1}{2^{n+1}}, \text{②}$$

①－②得

$$\frac{1}{2}S_n = \frac{1}{2} + \frac{1}{2^2} + \frac{1}{2^3} + \cdots + \frac{1}{2^n} - n \times \frac{1}{2^{n+1}},$$

整理得 $\qquad \dfrac{1}{2}S_n = \dfrac{\dfrac{1}{2}\left(1-\dfrac{1}{2^n}\right)}{1-\dfrac{1}{2}} - n \times \dfrac{1}{2^{n+1}}$,

所以求得 $S_n = 2 - \dfrac{1}{2^{n-1}} - n \times \dfrac{1}{2^n}$ $(n \in \mathbf{N}^+)$.

特别地，一些常见的求和结果，如果可以将结果牢记，在运算中可以提高解题效率. 如：

$$1 + 2 + 3 + \cdots + n = \frac{n(n+1)}{2};$$

$$2+4+6+\cdots+2n=n^2+n;$$

$$1^2+2^2+3^2+\cdots+n^2=\frac{n(n+1)(2n+1)}{6};$$

$$1^3+2^3+3^3+\cdots+n^3=\left[\frac{n(n+1)}{2}\right]^2.$$

习题 1−1

1. 已知递增等差数列 $\{a_n\}$ 满足 $a_1=1$，$a_3=a_2^2-4$，则 $a_n=$ _____.

2. 已知等比数列 $\{a_n\}$ 为递增数列，且 $a_5^2=a_{10}$，$2(a_n+a_{n+2})=5a_{n+1}$，则数列 $\{a_n\}$ 的通项公式 $a_n=$ _____.

3. 在等差数列 $\{a_n\}$ 中，$a_1+a_3=8$，且 a_4 为 a_2 和 a_9 的等比中项，求数列 $\{a_n\}$ 的前 n 项和 S_n.

4. 设等比数列 $\{a_n\}$ 的前 n 项和为 S_n，若 S_3，S_9，S_6 成等差数列，求数列的公比 q.

5. 已知数列 $\{a_n\}$ 的通项公式为 $a_n=(-1)^{n-1}n^2$，求其前 n 项和为 S_n.

6. 求和 $S_n=1\times\dfrac{1}{2}+3\times\dfrac{1}{4}+5\times\dfrac{1}{8}+\cdots+(2n-1)\times\dfrac{1}{2^n}$.

7. 求和 $S_n=7+77+777+\cdots+\overbrace{777\cdots77}^{n\uparrow 7}$.

8. 求和 $S_n=1+\dfrac{1}{1+2}+\dfrac{1}{1+2+3}+\cdots+\dfrac{1}{1+2+3+\cdots+n}$.

§1.2 数列极限

祖冲之（429—500），南北朝时期杰出的数学家、天文学家.

极限思想，是从常量到变量，从有限到无限，是初等数学过渡到高等数学的关键. 极限思想源远流长，《庄子·天下篇》中写道："一尺之棰，日取其半，万世不竭."意思是一尺的棍子，第一天取其一半，第二天取剩下的一半，以后每天都取剩下的一半的一半，这样永远也取不完. 剩下棍子的长度用数列来表示为

$$\frac{1}{2},\ \frac{1}{4},\ \frac{1}{8},\ \frac{1}{16},\ \frac{1}{32},\ \cdots,\ \frac{1}{2^n},\ \cdots. \tag{1}$$

当 n 无限增大时，$\dfrac{1}{2^n}$ 的绝对值越来越小，并且无限接近于零.

魏晋时期刘徽"割圆术"也是极限思想的应用. 到公元 5 世纪，大数学家、科学家祖冲之在运用"割圆术"探索圆周率

的精确方法的基础上，首次将圆周率精算到小数点后第七位，即在 3.1415926 和 3.1415927 之间．他提出的"祖率"对数学的研究有重大贡献．直到 16 世纪，阿拉伯数学家阿尔·卡西才打破了这一纪录，前后相差一千年．

牛顿与莱布尼茨创立了微积分，从不同的角度运用了极限的思想和方法，却没有严格的逻辑基础，引发了"第二次数学危机"．直到 19 世纪，柯西使极限概念得到了算术化表述．而真正给出极限严格定义的是德国数学家、被誉为"现代分析之父"的魏尔斯特拉斯．

观察数列

威廉·魏尔斯特拉斯（Wilhelm Weierstrass，1815—1897），德国数学家，被誉为"现代分析之父"．魏尔斯特拉斯在数学分析领域中的最大贡献，是在柯西、阿贝尔等开创的数学分析的严格化浪潮中，以 $\varepsilon-\delta$ 语言，系统建立了实分析和复分析的基础，基本上完成了分析的算术化．

$$2,\ \frac{1}{2},\ \frac{4}{3},\ \frac{3}{4},\ \frac{6}{5},\ \cdots,\ \frac{n+(-1)^{n+1}}{n},\ \cdots. \qquad (2)$$

当 n 为奇数时，$a_n=\dfrac{n+1}{n}$ 总大于 1；当 n 为偶数时，$a_n=\dfrac{n-1}{n}$ 总小于 1．但当 n 无限增大时，a_n 的总体变化趋势是无限接近于常数 1．

为了更清楚地看到数列（2）中的项 a_n 与 1 接近的程度，我们来考察这个 a_n 与 1 之差的绝对值

$$\left|a_n-1\right|=\left|\frac{n+(-1)^{n+1}}{n}-1\right|=\left|\frac{(-1)^{n+1}}{n}\right|=\frac{1}{n}.$$

由此可以看出，当 n 无限增大时，a_n 与 1 之差的绝对值 $\dfrac{1}{n}$ 可以任意小，这就表明了 a_n 可以无限接近于 1．

数列（1）和数列（2）都具有这样一种特征：随着项数 n 的不断增大，数列中的项 a_n 无限地接近于一个常数．在数学中把这样的常数叫做该数列的极限，下面介绍数列极限的定义．

1.2.1 数列极限

定义 1 当 n 无限增大时，若无穷数列 $\{a_n\}$ 的项 a_n 无限接近于某一个常数 A，则称数列 $\{a_n\}$ 的极限是 A．记为

$$\lim_{n\to\infty}a_n=A\ （或当\ n\to\infty,\ a_n\to A）.$$

若数列 $\{a_n\}$ 当 $n\to\infty$ 时的极限存在，则称数列 $\{a_n\}$ 是**收敛数列**；否则，称数列 $\{a_n\}$ 是**发散数列**．

从本节开篇内容可以知道 $\lim\limits_{n\to\infty}\dfrac{1}{2^n}=0$，$\lim\limits_{n\to\infty}\dfrac{n+(-1)^{n+1}}{n}=1$．

定义 1 直观地描述了数列极限这一概念，但它只能说是一种描述性定义．因为怎样才算"无限接近"，并没有给出一个数

在定义中，用 $\forall\varepsilon>0$，$|a_n-A|<\varepsilon$ 来刻画 a_n 与 A 无限接近，ε 的任意性保证了 a_n 可以无限接近于 A. 定义中有四个要素：

(1) 任给无论多小的 $\varepsilon>0$；

(2) 存在正整数 N；

(3) 当 $n>N$ 时；

(4) 不等式 $|a_n-A|<\varepsilon$ 恒成立.

ε 一般是任意小的正数，既是任意的，又是确定的，就是说当 ε 一经指定后，就应当把它当作定值来对待. ε 的二重性体现了 a_n 无限逼近 A 的过程，这个无限过程通过 ε 的任意性来一步步实现，而且每一步的变化都是有限的，有限的变化通过确定的 ε 来实现.

函数 $f(x)=[x]$ 为取整函数，也称高斯函数，其中不超过实数的最大整数称为 x 的整数部分，记作 $[x]$.
例如，$[3.7]=3$，$[-3.7]=-4$.

量界限，所以说它不是明确规定了的数学概念. 因此极限概念还需要精确化.

所谓"a_n 无限接近于常数 A"是指 a_n 与 A 的距离 $|a_n-A|$ 可以任意小，即无论事先给定多么小的正数 ε，总能找到一个正整数 N，当 $n>N$ 时，使得 $|a_n-A|<\varepsilon$ 恒成立. 由此可以把数列极限的描述性定义精确化：

定义 2 若对于无穷数列 $\{a_n\}$，如果存在一个常数 A，无论预先给定多么小的正数 ε，总存在正整数 N，当 $n>N$ 时，不等式 $|a_n-A|<\varepsilon$ 恒成立，则称 A 是数列 $\{a_n\}$ 的极限，或者称数列 $\{a_n\}$ 收敛于 A，记作

$$\lim_{n\to\infty}a_n=A \text{（或当 } n\to\infty,\ a_n\to A\text{）}.$$

此定义可简单地表达为

$$\lim_{n\to\infty}a_n=A \iff \forall\varepsilon>0,\ \exists N\in \mathbf{Z}^+,\ \text{当 } n>N \text{ 时，有 } |a_n-A|<\varepsilon.$$

这个定义，通常称为数列极限的"$\varepsilon-N$"**定义**（也叫定量分析的定义）.

定义 2 可以借助于图 1-1 所示的几何图形进行解释.

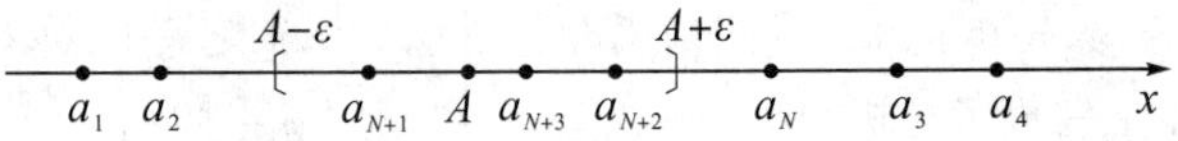

图 1-1

如图 1-1，将常数 A 及数列 $\{a_n\}$ 的项 a_1，a_2，a_3，…，a_n，…用数轴上对应的点来表示. 若 A 为数列 $\{a_n\}$ 的极限，则对 $\forall\varepsilon>0$，在 $A-\varepsilon$ 与 $A+\varepsilon$ 之间形成一个区域，无论它多么小，总可找到一个正整数 N，从第 $N+1$ 项以后的一切项 a_{N+1}，a_{N+2}，a_{N+3}，…均落在此区域内，在区域内有无穷多个点，而区域外有有限个点.

为了熟悉数列极限的 $\varepsilon-N$ 定义，下面举几个证明数列极限的例题.

例 1 证明 $\lim\limits_{n\to\infty}\dfrac{n+(-1)^{n+1}}{n}=1$.

证明 由于 $|a_n-A|=\left|\dfrac{n+(-1)^{n+1}}{n}-1\right|=\dfrac{1}{n}$，要使 $|a_n-A|$ 小于任意给定的正数 ε，只需 $\dfrac{1}{n}<\varepsilon$，即 $n>\dfrac{1}{\varepsilon}$. 所以，$\forall\varepsilon>0$，取 $N=\left[\dfrac{1}{\varepsilon}\right]$，当 $n>N$ 时，就有

$$\left|\frac{n+(-1)^{n+1}}{n}-1\right|=\frac{1}{n}<\frac{1}{N}<\varepsilon,$$

因为 N 不在于大小，而只在乎存在，任意给定 $\varepsilon > 0$ 后，并不需要寻找最小的那一个 N，而只要找得出一个 N 即可，所以在求 $N(\varepsilon)$ 的过程中，可以采用放缩法. 因为 N 只要存在就有无穷多个.

所以 $\lim\limits_{n\to\infty}\dfrac{n+(-1)^{n+1}}{n}=1$.

熟悉以上过程以后可采用下面的简洁格式证明极限问题.

例 2　证明 $\lim\limits_{n\to\infty}\sqrt{1+\dfrac{1}{n}}=1$.

证明　$\forall \varepsilon > 0$，若要

$$\left|\sqrt{1+\frac{1}{n}}-1\right|=\left|\frac{\left(\sqrt{1+\dfrac{1}{n}}-1\right)\left(\sqrt{1+\dfrac{1}{n}}+1\right)}{\sqrt{1+\dfrac{1}{n}}+1}\right|=\left|\frac{1+\dfrac{1}{n}-1}{\sqrt{1+\dfrac{1}{n}}+1}\right|$$

$$=\frac{\dfrac{1}{n}}{\sqrt{1+\dfrac{1}{n}}+1}<\frac{1}{2n}<\varepsilon,$$

只需 $n>\dfrac{1}{2\varepsilon}$，取 $N=\left[\dfrac{1}{2\varepsilon}\right]$，则当 $n>N$ 时，就有

$$\left|\sqrt{1+\frac{1}{n}}-1\right|<\varepsilon$$

恒成立. 所以，$\lim\limits_{n\to\infty}\sqrt{1+\dfrac{1}{n}}=1$.

证明数列极限步骤：
$$\lim\limits_{n\to\infty}a_n=A.$$
(1) 由 $|a_n-A|$ 化简或者适当放大为
$$|a_n-A|<f(n),$$
(2) 由一个确定 ε 使得
$$f(n)<\varepsilon,$$
将 n 反解出来 $n>\varphi(\varepsilon)$.
(3) 取 $N=[\varphi(\varepsilon)]$，则当 $n>N$ 时，有 $|a_n-A|<\varepsilon$ 恒成立. 即可证明 $\lim\limits_{n\to\infty}a_n=A.$

例 3　证明 $\lim\limits_{n\to\infty}(\sqrt{n+1}-\sqrt{n})=0$.

证明　$\forall \varepsilon > 0$，若要

$$\left|(\sqrt{n+1}-\sqrt{n})-0\right|=\sqrt{n+1}-\sqrt{n}=\frac{1}{\sqrt{n+1}+\sqrt{n}}<\frac{1}{2\sqrt{n}}<\varepsilon,$$

只需 $n>\dfrac{1}{4\varepsilon^2}$，取 $N=\left[\dfrac{1}{4\varepsilon^2}\right]$，则当 $n>N$ 时，有

$$\left|\sqrt{n+1}-\sqrt{n}\right|<\varepsilon$$

恒成立. 所以，$\lim\limits_{n\to\infty}(\sqrt{n+1}-\sqrt{n})=0$.

例 4　证明 $\lim\limits_{n\to\infty}\dfrac{(-1)^n}{(n+1)^2}=0$.

证明　$\forall \varepsilon > 0$，若要

$$\left|\frac{(-1)^n}{(n+1)^2}-0\right|=\frac{1}{(n+1)^2}<\frac{1}{n+1}<\frac{1}{n}<\varepsilon,$$

只需 $n>\dfrac{1}{\varepsilon}$，取 $N=\left[\dfrac{1}{\varepsilon}\right]$，则当 $n>N$ 时，有

$$\left|\frac{(-1)^n}{(n+1)^2}-0\right|<\frac{1}{n}<\varepsilon$$

恒成立. 所以，$\lim\limits_{n\to\infty}\dfrac{(-1)^n}{(n+1)^2}=0$.

利用数列极限的 $\varepsilon-N$ 定义，可以证明一些常用的数列极限.

例5 证明 $\lim\limits_{n\to\infty}C=C$（$C$ 为任意常数）.

证明 $\forall\varepsilon>0$，由 $|C-C|=0<\varepsilon$，

取 $N=N_0$（N_0 为任意正整数），则当 $n>N$ 时，有

$$|C-C|<\varepsilon$$

恒成立. 所以，$\lim\limits_{n\to\infty}C=C$.

例6 若 $|q|<1$，$q\in\mathbf{R}$，求证：$\lim\limits_{n\to\infty}q^n=0$.

证明 $\forall\varepsilon>0$，由 $|q^n-0|=|q^n|=|q|^n<\varepsilon$（ * ）.

① 当 $q=0$ 时，$|q^n-0|<\varepsilon$，显然成立；

② 当 $q\neq0$ 时，在（ * ）式两端取对数：$n\ln|q|<\ln\varepsilon$，

又因为 $\quad\quad |q|<1\Rightarrow n>\dfrac{\ln\varepsilon}{\ln|q|}$.

取 $N=\left[\dfrac{\ln\varepsilon}{\ln|q|}\right]$，则当 $n>N$ 时，有

$$|q^n-0|<\varepsilon$$

恒成立. 所以，$\lim\limits_{n\to\infty}q^n=0$.

1.2.2 收敛数列的性质

不加证明地给出收敛数列的性质，进一步理解收敛数列.

性质1（唯一性） 给出数列 $\{a_n\}$，若 $\lim\limits_{n\to\infty}a_n=A$（存在），则 A 是唯一的.

性质2（有界性） 若数列 $\{a_n\}$ 极限存在，则数列 $\{a_n\}$ 有界.

性质3（保号性） 若数列 $\{a_n\}$ 极限为 A，且 $A>0$（或 $A<0$），那么存在正整数 N，当 $n>N$ 时，都有 $a_n>0$（或 $a_n<0$）.

关于性质 2，有界的数列不一定收敛，例如 1，-1，1，$\cdots$，$(-1)^{n+1}$，$\cdots$ 有界，但不收敛.

1.2.3 收敛数列极限与其子数列之间的关系

定义3 从数列 $\{a_n\}$ 中选取无穷多项，按照原来的先后顺序组成新的数列，称为原数列的子数列，简称**子列**.

定理 若数列 $\{a_n\}$ 收敛，则其任意两个子列 $\{a_{n_k}\}$ 和 $\{a_{n_l}\}$ 也收敛，且

$$\lim\limits_{k\to\infty}a_{n_k}=\lim\limits_{l\to\infty}a_{n_l}.$$

此定理可以判别数列是否收敛.

例7 证明数列 $\{(-1)^{n+1}\}$ 发散.

证明 可取数列 $\{(-1)^{n+1}\}$ 中的奇数项组成数列，令

$$n=2k-1(k=1,2,3,\cdots),$$

数列的极限

$$\lim\limits_{n\to\infty}(-1)^{n+1}=\lim\limits_{k\to\infty}(-1)^{2k}=1.$$

取数列 $\{(-1)^{n+1}\}$ 中的偶数项组成数列，令 $n=2k$（$k=1$，

2，3，…），

数列的极限

$$\lim_{n\to\infty}(-1)^{n+1}=\lim_{k\to\infty}(-1)^{2k+1}=-1.$$

根据定理，故可得数列$\{(-1)^{n+1}\}$发散.

对于复杂一些的数列，用$\varepsilon-N$定义证明其极限需要较强的技巧. 本书不做进一步的要求. 在本节以后介绍函数极限定义时，也只介绍描述性定义，重在让读者直观理解极限概念，并不再详细介绍函数极限的定量分析的定义.

习题 1－2

1. 写出下列数列的前四项.

(1) $a_n=\dfrac{1}{n}\sin n^3$；

(2) $a_n=\dfrac{1}{\sqrt{n^2+1}}+\dfrac{1}{\sqrt{n^2+2}}+\cdots+\dfrac{1}{\sqrt{n^2+n}}$；

(3) $a_n=\dfrac{m(m-1)\cdots(m-n+1)}{n!}x^n$.

2. 判断下列数列是否收敛.

(1) $4，4，4，4，4，\cdots$；   (2) $1，\dfrac{3}{2}，\dfrac{1}{3}，\dfrac{5}{4}，\dfrac{1}{5}，\dfrac{7}{6}，\dfrac{1}{7}，\cdots$；

(3) $3，1，\dfrac{1}{3}，\dfrac{1}{9}，\dfrac{1}{27}，\cdots$；   (4) $-\dfrac{1}{3}，\dfrac{3}{5}，-\dfrac{5}{7}，\dfrac{7}{9}，-\dfrac{9}{11}，\cdots$.

3. 用数列极限定义证明 $x_n=\dfrac{n}{n-1}\to1(n\to\infty)$，$n$ 从何值开始，使得 $|x_n-1|<10^{-4}$？

4. 用数列极限定义证明下列极限.

(1) $\lim\limits_{n\to\infty}\dfrac{\sqrt{n^2+n}}{n}=1$；   (2) $\lim\limits_{n\to\infty}\dfrac{\sin n}{n}=0$；

(3) $\lim\limits_{n\to\infty}\dfrac{3n-1}{2n-1}=\dfrac{3}{2}$；   (4) $\lim\limits_{n\to\infty}\sqrt[n]{a}=1$；

(5) $\lim\limits_{n\to\infty}\left(\dfrac{1}{n^2}+\dfrac{2}{n^2}+\cdots+\dfrac{n}{n^2}\right)=\dfrac{1}{2}$；   (6) $\lim\limits_{n\to\infty}\left[\dfrac{1}{1\times2}+\dfrac{1}{2\times3}+\cdots+\dfrac{1}{n(n+1)}\right]=1$.

§1.3 函数的极限

上节讨论了数列极限，本节将把极限概念推广到函数. 与数列极限不同的是，在函数极限中，自变量 x 是连续变化的，且 x 既可以趋近于无穷大 ∞，也可以趋近于有限值 x_0. 下面分别来讨论它们的极限问题.

1.3.1 $x \to \infty$时函数 $f(x)$的极限

研究数列极限时，自变量 n 取正整数而趋于无穷大，现在考虑当自变量 x 取实数趋于无穷大时，函数 $f(x)$ 的变化趋势.

考察函数 $f(x) = 1 + \dfrac{1}{x}$ 当自变量 x 的绝对值 $|x|$ 无限增大时，函数无限趋近于 1（如图 1-2）. 而数列 $a_n = 1 + \dfrac{1}{n}$，当 $n \to \infty$时，$a_n \to 1$，即是 $\lim\limits_{n \to \infty}\left(1 + \dfrac{1}{n}\right) = 1$. 尽管 x 与 n 的取值不同，一个是取实数且连续变化，而另一个只取自然数，但其本质却是一样的，因此类似于数列极限，可以给出当 $x \to \infty$时函数极限的定义.

函数自变量几种不同变化趋势的表示方法：

（1）x 无限接近 x_0：$x \to x_0$；

（2）x 从 x_0 的左侧（即小于 x_0）无限接近 x_0：$x \to x_0^-$；

（3）x 从 x_0 的右侧（即大于 x_0）无限接近 x_0：$x \to x_0^+$；

（4）x 的绝对值 $|x|$ 无限增大：$x \to \infty$；

（5）x 小于零且绝对值 $|x|$ 无限增大：$x \to -\infty$；

（6）x 大于零且绝对值 $|x|$ 无限增大：$x \to +\infty$.

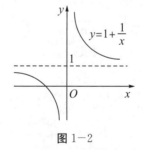

图 1-2

定义 1 若当 $|x|$ 无限增大时，函数 $f(x)$ 无限接近于某一常数 A，则称 A 为 $x \to \infty$时 $f(x)$ 的极限，记为

$$\lim_{x \to \infty} f(x) = A \ (\text{或当 } x \to \infty \text{时}, \ f(x) \to A).$$

在定义中要注意"$x \to \infty$"是指 $|x|$ 无限增大，它包括 $x \to +\infty$ 和 $x \to -\infty$ 两种情形. 例如从图 1-2 中可以看出

$$\lim_{x \to -\infty}\left(1 + \frac{1}{x}\right) = 1, \quad \lim_{x \to +\infty}\left(1 + \frac{1}{x}\right) = 1,$$

因此根据定义可得到 $\lim\limits_{x \to \infty}\left(1 + \dfrac{1}{x}\right) = 1$.

例 1 讨论下列函数当 $x \to \infty$ 时的极限是否存在.

(1) $f(x) = \dfrac{1}{x+3}$;　　　　(2) $f(x) = \dfrac{1}{x^2-1}$;

(3) $f(x) = \arctan x$;　　　　(4) $f(x) = \sin x$.

解 (1) 当 $|x|$ 无限增大时, $|x+3|$ 也无限增大, $\dfrac{1}{x+3}$ 无限趋于 0, 所以 $\lim\limits_{x \to \infty} \dfrac{1}{x+3} = 0$.

(2) 当 $|x|$ 无限增大时, $|x^2-1|$ 也无限增大, $\dfrac{1}{x^2-1}$ 无限趋于 0, 所以 $\lim\limits_{x \to \infty} \dfrac{1}{x^2-1} = 0$.

(3) 当 $x \to +\infty$ 时, $\arctan x \to \dfrac{\pi}{2}$; 当 $x \to -\infty$ 时, $\arctan x \to -\dfrac{\pi}{2}$ (如图 1-3), 所以 $\lim\limits_{x \to \infty} \arctan x$ 不存在.

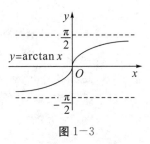

图 1-3

(4) 当 $|x|$ 无限增大时, $\sin x$ 的值在 -1 和 1 之间成周期性的变化, 即 $\sin x$ 的值不可能无限趋近于一个常数, 所以 $\lim\limits_{x \to \infty} \sin x$ 不存在.

1.3.2　$x \to x_0$ 时函数 $f(x)$ 的极限

定义 1 和 2 中"无限接近""无限趋近"都是不确切的. 这两个定义都是描述性定义, 并非严格的数学定义.

考察函数 $f(x) = 2x+1$ 当 x 趋于 1 时的变化趋势 (如表 1-1).

表 1-1　$f(x) = 2x+1$ 的变化趋势 ($x \to 1$ 时)

x	⋯	0.9	0.99	0.999	→1←	1.001	1.01	1.1	⋯
$f(x)$	⋯	2.8	2.98	2.998	3	3.002	3.02	3.2	⋯

从表 1-1 可以看出, 当 x 无论是从 1 的左边还是右边无限趋于 1 时, $f(x) = 2x+1$ 都无限趋近于 3. 我们就说当 $x \to 1$ 时, $f(x) = 2x+1$ 的极限是 3. 下面给出 $x \to x_0$ 时函数极限的定义:

定义 2 设 $y = f(x)$ 在点 x_0 的某一邻域内 (x_0 可除外) 有定义, 若当 x 无限接近于 x_0 时, $f(x)$ 无限趋近于某一常数 A,

函数 $y=f(x)$ 在点 x_0 的函数值与极限值无关，根据函数极限的定义，只需要函数 $y=f(x)$ 在点 x_0 的某一邻域内（x_0 可除外）有定义，而在这点是否有定义，都不会影响函数极限值，这点的函数值与极限值也不一定相等.

则称 A 为 $x \to x_0$ 时 $f(x)$ 的极限，记作

$$\lim_{x \to x_0} f(x) = A \text{（或当 } x \to x_0 \text{ 时，} f(x) \to A\text{）.}$$

如图 $1-4$ 所示，在点 $x=1$ 处，（a）中无定义，但函数极限等于 2；（b）中函数值为 1，但函数极限等于 2；（c）中极限值等于函数值，为 2.

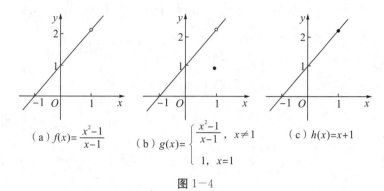

$$\text{（a）} f(x) = \frac{x^2-1}{x-1} \qquad \text{（b）} g(x) = \begin{cases} \dfrac{x^2-1}{x-1}, & x \neq 1 \\ 1, & x = 1 \end{cases} \qquad \text{（c）} h(x) = x+1$$

图 $1-4$

$x \to x_0$ 时函数极限的定义如果使用邻域和不等式语言描述，称为当 $x \to x_0$ **时，函数极限的 $\varepsilon-\delta$ 定义.**

定义 2′ 设 $y=f(x)$ 在点 x_0 的某一空心邻域内有定义，对于某实数 A，若给定的任意的 $\varepsilon>0$，存在正数 δ，使得当 $0 < |x-x_0| < \delta$ 时，有

$$|f(x)-A| < \varepsilon,$$

则称 A 为 $x \to x_0$ 时 $f(x)$ 的极限，记作

$$\lim_{x \to x_0} f(x) = A \text{（或当 } x \to x_0 \text{ 时，} f(x) \to A\text{）.}$$

在定义中"$x \to x_0$"是指 x 从 x_0 的左右两侧趋于 x_0. 但有时只需考虑 x 从 x_0 的左侧趋于 x_0，或 x 从 x_0 的右侧趋于 x_0 的情况，从而有以下定义：

定义 3 如果当 x 从 x_0 的左侧趋于 x_0 时，$f(x)$ 无限趋近于常数 A，则称 A 为 $f(x)$ 在点 x_0 的**左极限**，记作

$$f(x_0-0) = \lim_{x \to x_0^-} f(x) = A;$$

如果当 x 从 x_0 的右侧趋于 x_0 时，$f(x)$ 无限趋近于常数 A，则称 A 为 $f(x)$ 在点 x_0 的**右极限**，记作

$$f(x_0+0) = \lim_{x \to x_0^+} f(x) = A.$$

左极限和右极限都称为**单侧极限.**

根据定义 2 和定义 3 不难得出如下结论：

定理 1 $\lim\limits_{x \to x_0} f(x)$ 存在的充分必要条件是 $\lim\limits_{x \to x_0^-} f(x)$ 及 $\lim\limits_{x \to x_0^+} f(x)$ 各自存在并且相等. 即

$$\lim_{x \to x_0} f(x) = A \Leftrightarrow \lim_{x \to x_0^-} f(x) = \lim_{x \to x_0^+} f(x) = A.$$

这个结论经常用来判断一个函数在一个点的极限是否存在.

例 2　设函数 $f(x) = \begin{cases} x-1, & x<0 \\ 0, & x=0 \\ x+1, & x>0 \end{cases}$，试讨论当 $x \to 0$ 时，$f(x)$ 的极限是否存在.

解　因为在点 $x=0$ 的左侧和右侧，$f(x)$ 的表达式不同，在这种情况下讨论当 $x \to 0$ 时 $f(x)$ 的极限是否存在，需要先分别考察它的左、右极限：

$$\lim_{x \to 0^-} f(x) = \lim_{x \to 0^-}(x-1) = -1,$$
$$\lim_{x \to 0^+} f(x) = \lim_{x \to 0^+}(x+1) = 1.$$

可见左、右极限虽然存在但不相等，故 $\lim_{x \to 0} f(x)$ 不存在（如图 $1-5$）.

在求函数的极限时，何时要考虑单侧极限？

(1) 分段函数在分界点处；

(2) 含有绝对值的函数；

(3) 取整函数，如 $y = [x]$；

(4) 一些函数在特殊点处或无穷远处，如

$y = \cot x$ 在点 $x=0$ 处；

$y = \tan x$ 在点 $x=\dfrac{\pi}{2}$ 处；

$y = e^x$，$y = \arctan x$，$y = \text{arccot} x$ 在 $x \to \infty$ 时，

$y - a^{\frac{1}{x}}$ 在 $x=0$ 处.

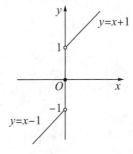

图 $1-5$

例 3　已知函数 $f(x) = \begin{cases} x^2+1, & x \geqslant 1 \\ 3x-k, & x<1 \end{cases}$ 在 $x=1$ 处的极限是 2，求 k 的值.

解　在 $x=1$ 处的左、右极限分别是

$$\lim_{x \to 1^-} f(x) = \lim_{x \to 1^-}(3x-k) = 3-k, \quad \lim_{x \to 1^+} f(x) = \lim_{x \to 1^+}(x^2+1) = 2,$$

所以，$\lim_{x \to 1^-} f(x) = \lim_{x \to 1^+} f(x) = 2$，故 $3-k=2$，即 $k=1$.

$f(x) = \sin \dfrac{1}{x}$ 的图象为

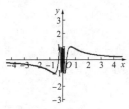

例 4　讨论 $\lim\limits_{x \to 0} \sin \dfrac{1}{x}$ 是否存在.

解　因为在 $x \to 0$ 时，$\dfrac{1}{x} \to \infty$，那么 $\sin \dfrac{1}{x}$ 在 $x=0$ 附近振荡得非常剧烈，没有唯一的极限值，因此 $\lim\limits_{x \to 0} \sin \dfrac{1}{x}$ 不存在.

用函数极限的 $\varepsilon - \delta$ 定义证明函数极限在高等数学学习中也很重要，下面举几个例子作为参考，供学有余力的同学学习.

例5 证明 $\lim\limits_{x\to 2}(2x+3)=7$.

证明 $\forall \varepsilon>0$, 要使 $|(2x+3)-7|=2|x-2|<\varepsilon$,

只要 $2|x-2|<\varepsilon$, 即 $0<|x-2|<\dfrac{\varepsilon}{2}$, 取 $\delta=\dfrac{\varepsilon}{2}$, 结论得证.

例 6 中, 因为
$$\left|\frac{x^2-1}{2x^2-x-1}-\frac{2}{3}\right|$$
$$=\left|\frac{x+1}{2x+1}-\frac{2}{3}\right|$$
$$=\frac{1}{3}\frac{|x-1|}{|2x+1|}$$
放大时, 只有限制
$0<|x-1|<1$, 即 $0<x<2$, 才容易放大.

例6 证明 $\lim\limits_{x\to 1}\dfrac{x^2-1}{2x^2-x-1}=\dfrac{2}{3}$.

证明 $\forall \varepsilon>0$, 限制 $0<|x-1|<1$, 即 $0<x<2$, 要使
$$\left|\frac{x^2-1}{2x^2-x-1}-\frac{2}{3}\right|=\left|\frac{x+1}{2x+1}-\frac{2}{3}\right|$$
$$=\frac{|x-1|}{3|2x+1|}=\frac{|x-1|}{3(2x+1)}<\frac{|x-1|}{3}<\varepsilon,$$

只需 $\dfrac{|x-1|}{3}<\varepsilon$, 即

$$0<|x-1|<3\varepsilon,$$

取 $\delta=\min(1,3\varepsilon)$, 结论得证.

例7 证明 $\lim\limits_{x\to a}\sqrt{1-x^2}=\sqrt{1-a^2}$ ($|a|<1$).

$|x+a|\leqslant|x||a|$.

证明 $\forall \varepsilon>0$, 限制 $0<|x-a|<\dfrac{1-|a|}{2}$, 所以 $|x|<\dfrac{1+|a|}{2}<1$, 要使

$$\left|\sqrt{1-x^2}-\sqrt{1-a^2}\right|=\frac{|x^2-a^2|}{\sqrt{1-x^2}+\sqrt{1-a^2}}$$
$$<\frac{|x+a||x-a|}{\sqrt{1-a^2}}<\frac{2|x-a|}{\sqrt{1-a^2}}<\varepsilon,$$

只需 $\dfrac{2|x-a|}{\sqrt{1-a^2}}<\varepsilon$, 即

$$0<|x-a|<\frac{\sqrt{1-a^2}}{2}\varepsilon,$$

取 $\delta=\min\left(\dfrac{1-|a|}{2},\ \dfrac{\sqrt{1-a^2}}{2}\varepsilon\right)$, 结论得证.

自变量 x 的变化范围 $0<|x-1|<1$, 是按自变量 x 的变化趋势来设计; $x\to a$ 时, 只能限制 x 在 a 点的某邻域内, 不能随便限制.

例8 设 $f(x)=\begin{cases}x^3, & x\neq 1 \\ 2, & x=1\end{cases}$, 证明 $\lim\limits_{x\to 1}f(x)=1$.

证明 当 $x\neq 1$ 时,

$$|f(x)-1|=|x^3-1|=|x-1||x^2+x+1|,$$

限制 $0<|x-1|<1$, 则 $|x|\leqslant|x-1|+1<2$,

所以 $|x^2+x+1|<7$.

$\forall \varepsilon>0$, 要使

$$|f(x)-1|=|x-1||x^2+x+1|<7|x-1|<\varepsilon,$$

只要 $7|x-1|<\varepsilon$，即 $|x-1|<\dfrac{\varepsilon}{7}$，

取 $\delta=\min\left(1,\dfrac{\varepsilon}{7}\right)$，当 $0<|x-1|<\delta$ 时，有 $|f(x)-1|<\varepsilon$，即 $\lim\limits_{x\to 1}f(x)=1$.

例 9　用极限定义证明 $\lim\limits_{n\to\infty}\dfrac{n+4}{n^2+n+1}=0$.

> 对于一个由若干项组成的代数式，可放大或缩小为这个代数式的一部分. 如
> $$n^2+n+1>n^2,$$
> $$n^2+n+1>n,$$
> $$n^2-n<n^2,$$
> $$n\ (n+1)^2>n+1.$$

证明
$$\left|\frac{n+4}{n^2+n+1}-0\right|=\frac{n+4}{n^2+n+1},$$

对于 $\varepsilon>0$，当 $n>4$ 时，
$$\frac{n+4}{n^2+n+1}<\frac{n+n}{n^2+n+1}<\frac{2n}{n^2}=\frac{2}{n}<\varepsilon,$$

只需 $n>\dfrac{2}{\varepsilon}$，故取 $N=\max\left(4,\left[\dfrac{2}{\varepsilon}\right]\right)$，则当 $n>N$ 时，结论得证.

1.3.3　无穷小与无穷大

1. 无穷小

> 关于无穷小，应注意以下几点：
> （1）无穷小量不是数，而是一个以"0"为极限的变量（函数），无论绝对值多么小的数都不是无穷小.
> （2）"0"可以作为无穷小的唯一数.
> （3）无穷小是相对自变量的某一变化过程而言的.
> 例如，当 $x\to 2$ 时，函数 $f(x)=x-2$ 是无穷小量；而当 $x\to 1$ 时，$f(x)=x-2$ 就不是无穷小量，此时它的极限是 1.

定义 4　若当 $x\to x_0$（或 $x\to\infty$）时，函数 $f(x)$ 的极限为零，则称 $f(x)$ 是当 $x\to x_0$（或 $x\to\infty$）时的**无穷小量**，简称**无穷小**，记作
$$\lim\limits_{x\to x_0}f(x)=0(或\lim\limits_{x\to\infty}f(x)=0).$$

例如，由于 $\lim\limits_{x\to\infty}\dfrac{1}{x}=0$，所以函数 $\dfrac{1}{x}$ 是 $x\to\infty$ 时的无穷小；

又如，由于 $\lim\limits_{x\to 2}(x-2)=0$，所以函数 $f(x)=x-2$ 是 $x\to 2$ 时的无穷小.

定理 2（无穷小量与函数极限的关系）$\lim\limits_{\substack{x\to x_0\\(或 x\to\infty)}}f(x)=A$ 的充分必要条件是 $f(x)=A+\alpha(x)$，其中 $\lim\limits_{\substack{x\to x_0\\(或 x\to\infty)}}\alpha(x)=0$.

定理表明，当 $x\to x_0$（或 $x\to\infty$）时，若函数 $f(x)$ 以常数 A 为极限，则 $f(x)$ 等于常数 A 与一个无穷小 $\alpha(x)$ 之和；反之，若函数 $f(x)$ 可表示为常数 A 与无穷小 $\alpha(x)$ 之和，则这个常数 A 就是 $f(x)$ 的极限.

所以，若函数 $f(x)$ 以常数 A 为极限，则 $f(x)-A$ 就是无穷小.

2. 无穷大

在自变量的某种变化趋势下，函数 $f(x)$ 的极限可能存在，

关于无穷大，应注意以下几点：

(1) 无穷大（量）是一个变量（函数），无论绝对值多么大的数都不是无穷大.

(2) $\lim\limits_{x\to x_0} f(x)=\infty$，按照极限定义，函数 $f(x)$ 在 $x\to x_0$（或 $x\to\infty$）时的极限是不存在的，但为了方便叙述函数的绝对值无限变大这一性态，也表述为当 $x\to x_0$（或 $x\to\infty$）时 $f(x)$ 的极限为无穷大.

(3) 无穷大量一定是无界函数，而无界函数未必是无穷大量.

例如函数

$$f(x)=\frac{1}{x}\sin\frac{1}{x},$$

在 $x\to 0$ 时，函数是无界的，但不是无穷大量，因为无论 $f(x)=\frac{1}{x}\sin\frac{1}{x}$ 在 $x\to 0$ 的过程中无论变得多大，都要振荡回到 0.

也可能不存在. 当极限不存在时，我们来讨论 $|f(x)|$ 无限变大的情形.

定义 5　若当 $x\to x_0$（或 $x\to\infty$）时，函数的绝对值 $|f(x)|$ 无限增大，则称 $f(x)$ 是当 $x\to x_0$（或 $x\to\infty$）时的**无穷大量**，简称**无穷大**，记作

$$\lim_{x\to x_0} f(x)=\infty（或\lim_{x\to\infty} f(x)=\infty）.$$

例如当 $x\to 2$ 时，$\frac{1}{x-2}$ 的绝对值无限增大，所以 $f(x)=\frac{1}{x-2}$ 是当 $x\to 2$ 时的无穷大，即 $\lim\limits_{x\to 2}\frac{1}{x-2}=\infty$；

又如当 $x\to\infty$ 时，x^3 的绝对值无限增大，所以 $f(x)=x^3$ 是当 $x\to\infty$ 时的无穷大，即 $\lim\limits_{x\to\infty} x^3=\infty$.

例 10　已知函数：$\frac{1}{x^2}$，$\frac{1}{x}$，$\lg(1+x)$，10^x，10^{-x}.

(1) 当 $x\to 0$ 时，上述变量哪些是无穷小量，哪些是无穷大量？

(2) 当 $x\to+\infty$ 时，上述变量哪些是无穷小量，哪些是无穷大量？

解　(1) 因为 $\lim\limits_{x\to 0}\frac{1}{x^2}=\infty$，$\lim\limits_{x\to 0}\frac{1}{x}=\infty$，$\lim\limits_{x\to 0}\lg(1+x)=0$，所以当 $x\to 0$ 时，$\lg(1+x)$ 是无穷小，$\frac{1}{x^2}$ 与 $\frac{1}{x}$ 是无穷大.

又因为 $\lim\limits_{x\to 0} 10^x=1$，$\lim\limits_{x\to 0} 10^{-x}=1$，所以当 $x\to 0$ 时，10^x 与 10^{-x} 既不是无穷小，也不是无穷大.

(2) 由 $\lim\limits_{x\to+\infty}\frac{1}{x^2}=0$，$\lim\limits_{x\to+\infty}\frac{1}{x}=0$，$\lim\limits_{x\to+\infty}\lg(1+x)=+\infty$，$\lim\limits_{x\to+\infty} 10^x=+\infty$，$\lim\limits_{x\to+\infty} 10^{-x}=0$，

知当 $x\to+\infty$ 时，$\frac{1}{x^2}$，$\frac{1}{x}$ 与 10^{-x} 是无穷小，$\lg(1+x)$ 与 10^x 是无穷大.

3. 无穷小与无穷大的关系

所谓无穷小与无穷大，是指在自变量的某种变化趋势下，函数 $f(x)$ 的绝对值无限变小或无限变大. 例如当 $x\to 2$ 时，函数 $f(x)=\frac{1}{x-2}$ 为无穷大，$\frac{1}{f(x)}=x-2$ 为无穷小. 由此可得到无穷小与无穷大之间的如下关系：

定理 3　当 $x\to x_0$（或 $x\to\infty$）时，若 $f(x)$ 是无穷小，则 $\frac{1}{f(x)}$ 是无穷大；反之，若 $f(x)$ 是无穷大，则 $\frac{1}{f(x)}$ 是无穷小.

4．无穷小的运算法则

下面我们不加证明地出示两条关于无穷小的定理：

定理 4　有限个无穷小的和、差、积仍是无穷小.

定理 5　有界函数与无穷小的乘积仍是无穷小，即

若 $\lim\limits_{x \to a(\infty)} f(x) = 0$，$|g(x)| < M$，则 $\lim\limits_{x \to a(\infty)} f(x)g(x) = 0$.

由定理 5 还可以得到以下推论：

推论 1　常数与无穷小的乘积是无穷小.

推论 2　有限个无穷小的乘积是无穷小.

例 11　求 $\lim\limits_{x \to 0} x \sin \dfrac{1}{x}$.

解　因为 $\lim\limits_{x \to 0} x = 0$，$\left| \sin \dfrac{1}{x} \right| \leqslant 1$，所以 $\lim\limits_{x \to 0} x \sin \dfrac{1}{x} = 0$.

习题 1－3

1. 讨论下列函数的极限.

   (1) $\lim\limits_{x \to \infty} \dfrac{1}{1 + x^2}$；

   (2) $\lim\limits_{x \to +\infty} \dfrac{1}{2^x}$；

   (3) $\lim\limits_{x \to \infty} \cos 3x$；

   (4) $\lim\limits_{x \to -\infty} 3^x$；

   (5) $\lim\limits_{x \to \infty} e^{|x|}$；

   (6) $\lim\limits_{x \to 1} (2 - x^3)$；

   (7) $\lim\limits_{x \to 0} \sin x$；

   (8) $\lim\limits_{x \to 0^+} \sqrt{x}$；

   (9) $\lim\limits_{x \to 0} \sin \dfrac{1}{x}$；

   (10) $\lim\limits_{x \to 1} \dfrac{2}{1 - x}$.

2. 已知函数 $f(x) = \begin{cases} x, & x < 3 \\ 2x - 1, & x \geqslant 3 \end{cases}$，讨论 $f(x)$ 当 $x \to 3$ 时的极限是否存在，并作出函数图象.

3. 求出函数 $f(x) = \begin{cases} \cos x, & x > 0 \\ 1 + x, & x < 0 \end{cases}$ 在 $x = 0$ 点处的左、右极限，并判断 $\lim\limits_{x \to 0} f(x)$ 是否存在.

4. 当 $n \to \infty$ 时，下列数列中哪些是无穷小，哪些是无穷大？

   (1) $a_n = \dfrac{3}{n^2}$；

   (2) $a_n = \dfrac{(-1)^n}{2^n}$；

   (3) $a_n = \dfrac{n^2}{3}$；

   (4) $a_n = \dfrac{1 + (-1)^n}{2}$.

5. 求下列极限.

   (1) $\lim\limits_{x \to \infty} \dfrac{\cos 2x}{x}$；

   (2) $\lim\limits_{x \to \infty} x^2 \cos \dfrac{1}{x}$；

(3) $\lim\limits_{x\to\infty}\dfrac{\arctan x}{x^2}$；　　　　　　(4) $\lim\limits_{x\to\infty}\dfrac{x+\sin x}{x-\sin 3x}$．

6. 两个无穷小的商是否一定是无穷小？试举例说明．

7. 用定义证明极限式 $\lim\limits_{x\to 0}a^x=1(a>1)$．

§1.4　函数极限的运算法则

1.4.1　函数极限的性质

通过前面的函数极限的概念易知，数列极限和函数极限的定义具有一定的相似性，也具有一定的差异性．

数列 $\{a_n\}$ 的极限只有 1 种类型：$\lim\limits_{n\to\infty}a_n$，即取正整数 $n=1$，2，3，…，极限符号也可表示为 $\lim\limits_{n\to+\infty}a_n$．但是函数 $f(x)$ 的极限具有 6 种类型：

$\lim\limits_{x\to x_0}f(x)=A$ 的几何解释：

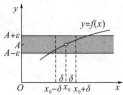

(1) $\lim\limits_{x\to\infty}f(x)$；　　(2) $\lim\limits_{x\to+\infty}f(x)$；　　(3) $\lim\limits_{x\to-\infty}f(x)$；

(4) $\lim\limits_{x\to x_0}f(x)$；　　(5) $\lim\limits_{x\to x_0^+}f(x)$；　　(6) $\lim\limits_{x\to x_0^-}f(x)$．

数列极限是特殊的函数极限，函数极限的 6 种不同类型都具有相类似的性质，下面不加证明地给出函数的一些性质．

性质 1（唯一性）　若函数极限 $\lim\limits_{x\to x_0}f(x)$ 存在，则其极限值是唯一的，即若

$$\lim_{x\to x_0}f(x)=\eta,$$

将数列记为 $\{a_n\}$，$\{b_n\}$，…；

函数记为 $f(x)$，$g(x)$，…．

则极限值 η 是唯一存在的．

性质 2（局部有界性）　若函数极限 $\lim\limits_{x\to x_0}f(x)$ 存在，则存在正数 $\delta>0$，使函数 $f(x)$ 在某空心邻域 $\overset{\circ}{U}(x_0,\delta)$ 上有界，即存在正整数 $M>0$，对于任意的 $x\in\overset{\circ}{U}(x_0,\delta)$，满足 $|f(x)|\leqslant M$．

性质 3（局部保号性）若函数极限 $\lim\limits_{x\to x_0}f(x)=\mu>0$（或 $\mu<0$），对任意正数 $r<\mu$（或 $r<-\mu$），则存在正数 $\delta>0$，对于任意的 $x\in\overset{\circ}{U}(x_0,\delta)$，满足

$$f(x)>r>0（或 f(x)<-r<0）．$$

极限保不等式性的应用：
$A\Rightarrow A\Leftarrow A$
$\lim\limits_{x\to x_0}g(x)\leqslant\lim\limits_{x\to x_0}f(x)\leqslant$
$\lim\limits_{x\to x_0}h(x)$．

性质 4（保不等式性）　若函数极限 $\lim\limits_{x\to x_0}f(x)$ 和 $\lim\limits_{x\to x_0}g(x)$ 都存在，且存在正数 $\delta_0>0$，对任意 $x\in\overset{\circ}{U}(x_0,\delta_0)$，有 $f(x)\leqslant g(x)$，则

$$\lim_{x \to x_0} f(x) \leqslant \lim_{x \to x_0} g(x).$$

1.4.2　函数极限的运算法则

定理 5（四则运算法则）　若极限 $\lim\limits_{x \to x_0} f(x)$ 与 $\lim\limits_{x \to x_0} g(x)$ 都存在，则函数的和差 $f(x) \pm g(x)$ 与积 $f(x) \cdot g(x)$ 当 $x \to x_0$ 时极限也存在，且

(1) $\lim\limits_{x \to x_0} [f(x) \pm g(x)] = \lim\limits_{x \to x_0} f(x) \pm \lim\limits_{x \to x_0} g(x)$；

(2) $\lim\limits_{x \to x_0} [f(x) \cdot g(x)] = \lim\limits_{x \to x_0} f(x) \cdot \lim\limits_{x \to x_0} g(x)$；

(3) $\lim\limits_{x \to x_0} [C \cdot f(x)] = C \cdot \lim\limits_{x \to x_0} f(x)$；

(4) $\lim\limits_{x \to x_0} \dfrac{f(x)}{g(x)} = \dfrac{\lim\limits_{x \to x_0} f(x)}{\lim\limits_{x \to x_0} g(x)}$，$\lim\limits_{x \to x_0} g(x) \neq 0$；

(5) $\lim\limits_{x \to x_0} [f(x)]^n = [\lim\limits_{x \to x_0} f(x)]^n$.

证明　(1) 设 $\lim\limits_{x \to x_0} f(x) = \mu_1$，$\lim\limits_{x \to x_0} g(x) = \mu_2$，根据函数极限的定义和无穷小的性质可得，存在当 $x \to x_0$ 时无穷小量 α，β，即 $\lim\limits_{x \to x_0} \alpha = 0$，$\lim\limits_{x \to x_0} \beta = 0$，使得

$$f(x) = \mu_1 + \alpha, \quad g(x) = \mu_2 + \beta,$$

于是有

$$f(x) \pm g(x) = (\mu_1 \pm \mu_2) + (\alpha \pm \beta).$$

由函数极限的定义可知，

$$\lim_{x \to x_0} [f(x) \pm g(x)] = \lim_{x \to x_0} (\mu_1 \pm \mu_2) + \lim_{x \to x_0} (\alpha \pm \beta),$$

根据 $\lim\limits_{x \to x_0} (\alpha \pm \beta) = \lim\limits_{x \to x_0} \alpha \pm \lim\limits_{x \to x_0} \beta = 0$，故

$$\lim_{x \to x_0} [f(x) \pm g(x)] = \mu_1 \pm \mu_2.$$

所以，$\lim\limits_{x \to x_0} [f(x) \pm g(x)] = \lim\limits_{x \to x_0} f(x) \pm \lim\limits_{x \to x_0} g(x)$.

结论 (2)(3)(4)(5) 可以类似证明. 结论 (1) 还可以推广到有限个函数的形式.

例如：

$$\lim_{x \to x_0} [f_1(x) + f_2(x) + f_3(x)] = \lim_{x \to x_0} f_1(x) + \lim_{x \to x_0} f_2(x) + \lim_{x \to x_0} f_3(x).$$

例 1　对于任意的有限值 x_0 与多项式函数 $P(x) = a_n x^n + a_{n-1} x^{n-1} + \cdots + a_1 x + a_0 (a_n \neq 0)$，求证：$\lim\limits_{x \to x_0} P(x) = P(x_0)$.

证明　已知 x_0 是有限值，根据极限的四则运算法则可得：

$$\lim_{x \to x_0} P_0(x)$$

$$= \lim_{x \to x_0} a_n x^n + \lim_{x \to x_0} a_{n-1} x^{n-1} + \cdots + \lim_{x \to x_0} a_1 x + \lim_{x \to x_0} a_0$$
$$= a_n x_0^n + a_{n-1} x_0^{n-1} + \cdots + a_1 x_0 + a_0,$$

又由 $P(x_0) = a_n x_0^n + a_{n-1} x_0^{n-1} + \cdots + a_1 x_0 + a_0$，可得

$$\lim_{x \to x_0} P(x) = P(x_0).$$

注释：

（1）如果 $x_0 = 0$，$\lim_{x \to 0} P(x) = a_0$；

（2）进一步还可以证明有理函数 $\dfrac{P(x)}{Q(x)}$，当 $x \to x_0$ 时的极限为

$$\lim_{x \to x_0} \frac{P(x)}{Q(x)} = \frac{P(x_0)}{Q(x_0)}, \quad Q(x_0) \neq 0.$$

例 2 求极限 $\lim\limits_{x \to 3} (2x^3 - 7x^2 + 3x + 5)$.

解 $\lim\limits_{x \to 3} (2x^3 - 7x^2 + 3x + 5) = 2 \times 3^3 - 7 \times 3^2 + 3 \times 3 + 5 = 5.$

例 3 求极限 $\lim\limits_{x \to 2} \dfrac{2x^3 - x^2 + 2}{x + 1}$.

解 $\lim\limits_{x \to 2} \dfrac{2x^3 - x^2 + 2}{x + 1} = \dfrac{2 \times 2^3 - 2^2 + 2}{2 + 1} = \dfrac{14}{3}.$

在例 4 中，应用了平方差公式：
$$x^2 - 16 = (x + 4)(x - 4).$$

例 4 求极限 $\lim\limits_{x \to 2} \left(\dfrac{x^2}{x^2 - 4} - \dfrac{1}{x - 2} \right)$.

解 $\lim\limits_{x \to 2} \left(\dfrac{x^2}{x^2 - 4} - \dfrac{1}{x - 2} \right) = \lim\limits_{x \to 2} \dfrac{x^2 - x - 2}{x^2 - 4}$

$$= \lim\limits_{x \to 2} \frac{(x - 2)(x + 1)}{(x - 2)(x + 2)}$$

$$= \lim\limits_{x \to 2} \frac{x + 1}{x + 2} = \frac{2 + 1}{2 + 2} = \frac{3}{4}.$$

在例 5 中，因为分母极限为 0，因此不能直接利用极限运算法则，对这种情形可先求这个分式的倒数的极限.

例 5 求 $\lim\limits_{x \to 2} \dfrac{5x}{x^2 - 4}$.

解 $\lim\limits_{x \to 2} \dfrac{x^2 - 4}{5x} = \dfrac{2^2 - 4}{5 \times 2} = \dfrac{0}{10} = 0.$ 再根据无穷小与无穷大的关系，可知

$$\lim_{x \to 2} \frac{5x}{x^2 - 4} = \infty.$$

在例 6 中，因为
$$\lim_{x \to \infty} (2x^2 - x + 3) = \infty,$$
$$\lim_{x \to \infty} (3x^2 + 1) = \infty,$$
即分子分母的极限都不存在，所以不能直接用极限运算法则进行计算. 我们可以先用 x^2 去除分子和分母，再取极限.

例 6 求 $\lim\limits_{x \to \infty} \dfrac{2x^2 - x + 3}{3x^2 + 1}$.

解 $\lim\limits_{x \to \infty} \dfrac{2x^2 - x + 3}{3x^2 + 1} = \lim\limits_{x \to \infty} \dfrac{2 - \dfrac{1}{x} + \dfrac{3}{x^2}}{3 + \dfrac{1}{x^2}} = \dfrac{2 - 0 + 0}{3 + 0} = \dfrac{2}{3}.$

在例 7 中，在有理函数 $\dfrac{5x^3 + 2x - 1}{2x^4 - x^2}$ 中分子次数 $n = 2$，分母次数 $m = 3$，用最高次幂 x^3 去除分子和分母，然后再求极限.

例 7 求 $\lim\limits_{x \to \infty} \dfrac{5x^3 + 2x - 1}{2x^4 - x^2}$.

解 $\lim\limits_{x \to \infty} \dfrac{5x^3 + 2x - 1}{2x^4 - x^2} = \lim\limits_{x \to \infty} \dfrac{\dfrac{5}{x} + \dfrac{2}{x^3} - \dfrac{1}{x^4}}{2 - \dfrac{1}{x^2}} = \dfrac{0}{2} = 0.$

例 8 求 $\lim\limits_{x \to \infty} \dfrac{2x^3+5}{4x^2+x}$.

解 $\lim\limits_{x \to \infty} \dfrac{4x^2+x}{2x^3+5} = 0$，再由无穷小与无穷大的关系，可知

$$\lim\limits_{x \to \infty} \dfrac{2x^3+5}{4x^2+x} = \infty.$$

例 9 求 $\lim\limits_{x \to 0} \dfrac{x}{\sqrt{1+3x}-1}$.

解 $\lim\limits_{x \to 0} \dfrac{x}{\sqrt{1+3x}-1} = \lim\limits_{x \to 0} \dfrac{x(\sqrt{1+3x}+1)}{3x}$

$$= \lim\limits_{x \to 0} \dfrac{\sqrt{1+3x}+1}{3} = \dfrac{2}{3}.$$

在例 10 中，应用了分子有理化和乘法公式：

$(\sqrt{n^2+1}-n)(\sqrt{n^2+1}-n)$

$=(\sqrt{n^2+1})^2-n^2=1.$

例 10 求 $\lim\limits_{n \to \infty} n(\sqrt{n^2+1}-n)$.

解 $\lim\limits_{n \to \infty} n(\sqrt{n^2+1}-n) = \lim\limits_{n \to \infty} \dfrac{n(\sqrt{n^2+1}-n)(\sqrt{n^2+1}+n)}{(\sqrt{n^2+1}+n)}$

$$= \lim\limits_{n \to \infty} \dfrac{n}{\sqrt{n^2+1}+n}$$

$$= \lim\limits_{n \to \infty} \dfrac{1}{\sqrt{1+\dfrac{1}{n^2}}+1} = \dfrac{1}{2}.$$

在例 11 中，当 $n \to \infty$ 时，$\dfrac{1}{n^2}+\dfrac{2}{n^2}+\cdots+\dfrac{n}{n^2}$ 是无穷多个函数相加，而极限运算法则只对有限个函数适用，因此这个极限不能用极限运算法则直接计算. 可先用等差数列的求和公式求出前项和，"化无穷为有限"后再用极限运算法则计算.

例 11 求 $\lim\limits_{n \to \infty} \left(\dfrac{1}{n^2}+\dfrac{2}{n^2}+\dfrac{3}{n^2}+\cdots+\dfrac{n}{n^2} \right)$.

解 $\lim\limits_{n \to \infty} \left(\dfrac{1}{n^2}+\dfrac{2}{n^2}+\dfrac{3}{n^2}+\cdots+\dfrac{n}{n^2} \right) = \lim\limits_{n \to \infty} \dfrac{1+2+3+\cdots+n}{n^2}$

$$= \lim\limits_{n \to \infty} \dfrac{n(n+1)}{2n^2} = \dfrac{1}{2}.$$

例 12 试求 $f(x) = \begin{cases} 3x, & -1 < x < 1 \\ 2, & x=1 \\ 3x^2, & 1 < x < 2 \end{cases}$ 当 $x \to 1$ 时的极限.

解 $\lim\limits_{x \to 1^-} f(x) = \lim\limits_{x \to 1^-} 3x = 3 \times 1 = 3$,

$\lim\limits_{x \to 1^+} f(x) = \lim\limits_{x \to 1^+} 3x^2 = 3 \times 1^2 = 3.$

因为左、右极限都存在且相等，所以 $\lim\limits_{x \to 1} f(x) = 3$.

习题 1－4

1. 计算下列极限.

(1) $\lim\limits_{x \to 0} \dfrac{x^2+5}{x-3}$;

(2) $\lim\limits_{x \to -1} \dfrac{x^2+2x+5}{x^2+1}$;

(3) $\lim\limits_{x \to 0}\left(\dfrac{x^3-3x+1}{x-4}+1\right)$；

(4) $\lim\limits_{x \to 4}\dfrac{x^2-6x+8}{x^2-5x+4}$；

(5) $\lim\limits_{x \to 1}\dfrac{x^2+2x+1}{x^3-x}$；

(6) $\lim\limits_{h \to 0}\dfrac{(x+h)^3-x^3}{h}$；

(7) $\lim\limits_{x \to \infty}\left(2-\dfrac{1}{x}+\dfrac{1}{x^2}\right)$；

(8) $\lim\limits_{x \to \infty}\dfrac{1+x-3x^2}{1+x^2+3x^3}$；

(9) $\lim\limits_{x \to \infty}\dfrac{x^4-5x}{x^2-3x+1}$；

(10) $\lim\limits_{x \to \infty}\dfrac{x^3+x}{x^4-3x^2+1}$；

(11) $\lim\limits_{x \to \infty}\left(1+\dfrac{1}{x}\right)\left(2-\dfrac{1}{x^2}\right)$；

(12) $\lim\limits_{x \to \infty}\left(\sqrt{x^2+1}-\sqrt{x^2-1}\right)$；

(13) $\lim\limits_{x \to \infty}\left(\dfrac{1}{1-x}-\dfrac{3}{1-x^3}\right)$；

(14) $\lim\limits_{x \to \infty}\left(\dfrac{x^3}{2x^2-1}-\dfrac{x^2}{2x+1}\right)$.

2. 计算下列极限.

(1) $\lim\limits_{x \to \infty}(2x^2-x+3)$；

(2) $\lim\limits_{x \to +\infty}\dfrac{\sqrt{x^2+2}}{x+1}$；

(3) $\lim\limits_{n \to \infty}\left(1+\dfrac{1}{2}+\dfrac{1}{4}+\cdots+\dfrac{1}{2^n}\right)$；

(4) $\lim\limits_{n \to \infty}\left(\sqrt{n^2+n}-n\right)$.

3. 设 $f(x)=\begin{cases} x^2+2x-3,\ x\leqslant 1 \\ x,\ 1<x<2 \\ 2x-2,\ x\geqslant 2 \end{cases}$，求 $\lim\limits_{x \to 1}f(x)$，$\lim\limits_{x \to 2}f(x)$，$\lim\limits_{x \to 3}f(x)$.

§1.5 两个重要极限

前几节给出了极限的定义，介绍了从已知极限出发，如何计算它们的和差积商的极限. 但对于给定的函数如何判定它们的极限是否存在，还没有谈到. 这一节将介绍判定极限存在的两个准则. 作为应用这两个准则的例子，将要讨论两个重要极限：

$$\lim_{x \to 0}\frac{\sin x}{x}=1 \ \text{及} \ \lim_{x \to \infty}\left(1+\frac{1}{x}\right)^x=\mathrm{e}.$$

这两个极限在下一章计算导数时有重要应用.

1.5.1 极限存在准则

极限存在准则一也称夹逼定理、夹挤定理.

定理 1（极限存在准则一） 若在点 a 的某邻域内（点 a 可除外）均有 $f(x)\leqslant g(x)\leqslant h(x)$，且

$$\lim_{x \to a}f(x)=A，\lim_{x \to a}h(x)=A，$$

则

$$\lim_{x \to a}g(x)=A.$$

这里给出的是 $x \to a$ 时的夹逼定理.

$x \to \infty$ 时的夹逼定理为:

若 $f(x) \leqslant g(x) \leqslant h(x)$,

且 $\lim\limits_{x \to \infty} f(x) = A$,

$\lim\limits_{x \to \infty} h(x) = A$,

则 $\lim\limits_{x \to \infty} g(x) = A$.

其证明可仿照 $x \to a$ 同样证明.

证明　对任意 $\varepsilon > 0$,因为 $\lim\limits_{x \to a} f(x) = A$,故存在 $\delta_1 > 0$,当 $0 < |x - a| < \delta_1$ 时,必有 $|f(x) - A| < \varepsilon$,可得

$$A - \varepsilon < f(x) < A + \varepsilon;$$

又因为 $\lim\limits_{x \to a} h(x) = A$,故存在 $\delta_2 > 0$,当 $0 < |x - a| < \delta_2$ 时,必有 $|h(x) - A| < \varepsilon$,可得

$$A - \varepsilon < h(x) < A + \varepsilon.$$

所以取 $\delta = \min\{\delta_1, \delta_2\}$,则当 $0 < |x - a| < \delta$ 时,有

$$A - \varepsilon < f(x) \leqslant g(x) \leqslant h(x) < A + \varepsilon,$$
$$A - \varepsilon < g(x) < A + \varepsilon,$$

故 $|g(x) - A| < \varepsilon$ 恒成立.

所以 $\lim\limits_{x \to a} g(x) = A$.

例 1　对于任意的正整数 $n \in \mathbf{N}^+$,求证:

$$\lim_{n \to \infty} \left(\frac{1}{\sqrt{n^2 + 1}} + \frac{1}{\sqrt{n^2 + 2}} + \cdots + \frac{1}{\sqrt{n^2 + n}} \right) = 1.$$

证明　对于任意正整数 $i = 1, 2, \cdots, n$,有不等式

$$\frac{1}{\sqrt{n^2 + n}} \leqslant \frac{1}{\sqrt{n^2 + i}} \leqslant \frac{1}{\sqrt{n^2 + 1}}$$

恒成立,于是有

$$\frac{n}{\sqrt{n^2 + n}} \leqslant \frac{1}{\sqrt{n^2 + 1}} + \frac{1}{\sqrt{n^2 + 2}} + \cdots + \frac{1}{\sqrt{n^2 + n}} \leqslant \frac{n}{\sqrt{n^2 + 1}}.$$

又

$$\lim_{n \to \infty} \frac{n}{\sqrt{n^2 + n}} = \lim_{n \to \infty} \frac{1}{\sqrt{1 + \dfrac{1}{n}}} = 1,$$

$$\lim_{n \to \infty} \frac{n}{\sqrt{n^2 + 1}} = \lim_{n \to \infty} \frac{1}{\sqrt{1 + \dfrac{1}{n^2}}} = 1,$$

故由夹逼定理可得

$$\lim_{n \to \infty} \left(\frac{1}{\sqrt{n^2 + 1}} + \frac{1}{\sqrt{n^2 + 2}} + \cdots + \frac{1}{\sqrt{n^2 + n}} \right) = 1.$$

极限存在准则二也称单调有界定理.

$a_1 = \sqrt{3}$,

$a_2 = \sqrt{3 + \sqrt{3}}$,

$a_3 = \sqrt{3 + \sqrt{3 + \sqrt{3}}}$,

$a_4 = \sqrt{3 + \sqrt{3 + \sqrt{3 + \sqrt{3}}}}$.

定理 2（极限存在准则二）　单调有界数列必有极限.

证明从略.

例 2　试证数列 $\{a_n\}$ 的极限存在,其中

$$a_n = \underbrace{\sqrt{3 + \sqrt{3 + \sqrt{\cdots + \sqrt{3}}}}}_{n}\ (n \text{ 重根式}).$$

证明　首先显然 $a_n < a_{n+1}$,故数列 $\{a_n\}$ 是单调递增的;然后应用数学归纳法证明数列 $\{a_n\}$ 是有界的.

(1) 当 $n = 1$ 时,$a_n = \sqrt{3} < 3$.

(2)假设当 $n=k$ 时，$a_k=\underbrace{\sqrt{3+\sqrt{3+\sqrt{\cdots+\sqrt{3}}}}}_{k}<3$；

当 $n=k+1$ 时，$a_{k+1}=\sqrt{3+a_k}<\sqrt{3+3}=\sqrt{6}<\sqrt{9}=3.$

综上所述，数列 $\{a_n\}$ 是有界的. 根据单调有界定理得：数列 $\{a_n\}$ 的极限存在.

1.5.2　重要极限一：$\lim\limits_{x\to 0}\dfrac{\sin x}{x}=1$

证明　先考察右极限 $\lim\limits_{x\to 0^+}\dfrac{\sin x}{x}=1$. 设单位圆的圆心角 $\angle AOB=x\left(0<x<\dfrac{\pi}{2}\right)$. 过点 A 作圆的切线与 OB 延长线交于点 D，过点 B 作 OA 的垂线，垂足为点 C（如图 1-6）. 由图可知 $\triangle AOB$、扇形 AOB、$\triangle AOD$ 的面积的大小关系是

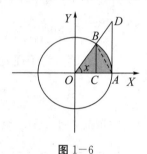

图 1-6

$$S_{\triangle AOB}<S_{扇形AOB}<S_{\triangle AOD},$$

可得 $\dfrac{1}{2}OA\cdot BC<\dfrac{1}{2}OA\cdot\overset{\frown}{AB}<\dfrac{1}{2}OA\cdot AD$，则

$$\dfrac{1}{2}\sin x<\dfrac{1}{2}x<\dfrac{1}{2}\tan x,$$

可得 $\sin x<x<\tan x$，两边除以 $\sin x$，得 $1<\dfrac{x}{\sin x}<\dfrac{1}{\cos x}$，

即

$$\cos x<\dfrac{\sin x}{x}<1.$$

又因为 $\lim\limits_{x\to 0^+}1=1$，$\lim\limits_{x\to 0^+}\cos x=1$，由夹逼定理可知 $\lim\limits_{x\to 0^+}\dfrac{\sin x}{x}=1.$

令 $x=-u$，则 $\lim\limits_{x\to 0^-}\dfrac{\sin x}{x}=\lim\limits_{u\to 0^+}\dfrac{\sin(-u)}{-u}=\lim\limits_{u\to 0^+}\dfrac{\sin u}{u}=1$，

所以

$$\lim\limits_{x\to 0}\dfrac{\sin x}{x}=1.$$

例 2　求极限 $\lim\limits_{x\to 0}\dfrac{\tan x}{x}$.

解　$\lim\limits_{x\to 0}\dfrac{\tan x}{x}=\lim\limits_{x\to 0}\left(\dfrac{\sin x}{x}\cdot\dfrac{1}{\cos x}\right)$

$\qquad=\lim\limits_{x\to 0}\dfrac{\sin x}{x}\cdot\lim\limits_{x\to 0}\dfrac{1}{\cos x}=1\cdot\dfrac{1}{\cos 0}=1.$

应注意，极限 $\lim\limits_{x\to 0}\dfrac{\sin x}{x}=1$，只有当 x 以弧度为度量单位，分子、分母均含有变量 x 时才成立. 故在本节以后，如无特别声明，凡是角都以弧度为单位.

应用极限 $\lim\limits_{x\to 0}\dfrac{\sin x}{x}=1$ 的前提：

(1) 分式属于 $\dfrac{0}{0}$ 形式的极限；(2) 分子分母的弧度变量要一致.

例 4 求极限 $\lim\limits_{x\to 0}\dfrac{x}{\sin x}$.

解 $\lim\limits_{x\to 0}\dfrac{x}{\sin x}=\lim\limits_{x\to 0}\dfrac{1}{\dfrac{\sin x}{x}}=\dfrac{1}{\lim\limits_{x\to 0}\dfrac{\sin x}{x}}=\dfrac{1}{1}=1.$

例 5 对于非零不相等实数 a，b，即满足 $ab\neq 0$，且 $a\neq b$. 求极限：

(1) $\lim\limits_{x\to 0}\dfrac{\sin bx}{ax}$；　　　　(2) $\lim\limits_{x\to b}\dfrac{\sin(x-b)}{x-a}$.

解 (1) 令 $t=bx$，则当 $x\to 0$ 时，$t\to 0$，且 $x=\dfrac{t}{b}$，故

$$\lim\limits_{x\to 0}\dfrac{\sin bx}{ax}=\lim\limits_{x\to 0}\left(\dfrac{b}{a}\cdot\dfrac{\sin bx}{bx}\right)$$

$$=\dfrac{b}{a}\lim\limits_{x\to 0}\dfrac{\sin bx}{bx}=\dfrac{b}{a}\lim\limits_{t\to 0}\dfrac{\sin t}{t}=\dfrac{b}{a}\cdot 1=\dfrac{b}{a}.$$

根据函数极限的定义可得 $\lim\limits_{x\to 0}\dfrac{1-\sin x}{x^2}=\infty$，即函数 $\dfrac{1-\sin x}{x^2}$ 在当 $x\to 0$ 时无穷大.

(2) 令 $t=x-b$，则当 $x\to b$ 时，$t\to 0$，且 $x=t+b$，所以

$$\lim\limits_{x\to b}\dfrac{\sin(x-b)}{x-a}=\lim\limits_{x\to b}\left[\dfrac{x-b}{x-a}\cdot\dfrac{\sin(x-b)}{x-b}\right]$$

$$=\dfrac{t}{t+b-a}\lim\limits_{t\to 0}\dfrac{\sin t}{t}=\dfrac{0}{0+b-a}\cdot 1=0.$$

注释：在例 5 中如果考虑 $a=b$ 的情形，仿照极限(1)(2)的求解过程，相应的结论可以进一步推广为：对任意的非零实数 $a\neq 0$，有

$$\lim\limits_{x\to 0}\dfrac{\sin ax}{ax}=1,\ \lim\limits_{x\to a}\dfrac{\sin(x-a)}{x-a}=1.$$

倍角公式：

$1-\cos x=2\sin^2\dfrac{x}{2}.$

例 6 求极限 $\lim\limits_{x\to 0}\dfrac{1-\cos x}{x^2}$.

解 $\lim\limits_{x\to 0}\dfrac{1-\cos x}{x}=\lim\limits_{x\to 0}\dfrac{2\sin^2\dfrac{x}{2}}{x}=\dfrac{1}{2}\lim\limits_{x\to 0}\left(\dfrac{\sin\dfrac{x}{2}}{\dfrac{x}{2}}\right)^2,$

和差化积公式：

$\sin 3x-\sin x$
$=2\cos 2x\sin x.$

令 $t=\dfrac{x}{2}$，则当 $x\to 0$ 时，$t\to 0$，于是有

$$\lim\limits_{x\to 0}\dfrac{1-\cos x}{x}=\dfrac{1}{2}\lim\limits_{t\to 0}\left(\dfrac{\sin t}{t}\right)^2=\dfrac{1}{2}\left(\lim\limits_{t\to 0}\dfrac{\sin t}{t}\right)^2=\dfrac{1}{2}\cdot 1^2$$

$$=\dfrac{1}{2}.$$

例 7 的另解：

$\lim\limits_{x\to 0}\dfrac{\sin 3x-\sin x}{x}$

$=\lim\limits_{x\to 0}\dfrac{\sin 3x}{x}-\lim\limits_{x\to 0}\dfrac{\sin x}{x}$

$=3\lim\limits_{x\to 0}\dfrac{\sin 3x}{3x}-\lim\limits_{x\to 0}\dfrac{\sin x}{x}.$

例 7 求极限 $\lim\limits_{x\to 0}\dfrac{\sin 3x-\sin x}{x}$.

解 $\lim\limits_{x\to 0}\dfrac{\sin 3x-\sin x}{x}=\lim\limits_{x\to 0}\dfrac{2\cos 2x\sin x}{x}$

$$=2\lim\limits_{x\to 0}\cos 2x\cdot\lim\limits_{x\to 0}\dfrac{\sin x}{x}$$

$$=2\times\cos 0\times 1=2.$$

例 8 求 $\lim\limits_{x\to 0}\dfrac{\arcsin x}{x}$.

解 令 $\arcsin x=u$，则 $\sin u=x$，当 $x\to 0$ 时 $u\to 0$，则有

$$\lim_{x\to 0}\frac{\arcsin x}{x}=\lim_{u\to 0}\frac{u}{\sin u}=1.$$

在这个例题中，我们运用了变量代换的方法，这是计算极限时常用的技巧. 作代换后，一定要把新变量的变化过程写清楚.

1.5.3 重要极限二：$\lim\limits_{x\to\infty}\left(1+\dfrac{1}{x}\right)^{x}=\mathrm{e}$

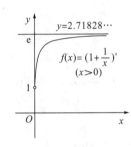

求解函数极限 $\lim\limits_{x\to\infty}\left(1+\dfrac{1}{x}\right)^{x}=\mathrm{e}$ 时，需注意自变量 x 趋近包含两种情形，即 $x\to+\infty$ 和 $x\to-\infty$ 两种，首先介绍数列极限

$$\lim_{n\to+\infty}\left(1+\frac{1}{n}\right)^{n}=\mathrm{e},$$

其中 $\mathrm{e}=2.71828\ 18284\ 59045\ 23536\ 02874\ 71352\cdots$ 称为自然常数. 事实上，对于正整数 $n\geqslant 1$，由

$$\left(1+\frac{1}{n}\right)^{n}<\left(1+\frac{1}{n+1}\right)^{n+1}$$

可知（应用二项式定理可以证明此不等关系式），当正整数 n 不断增大时，数列 $\left\{\left(1+\dfrac{1}{n}\right)^{n}\right\}$ 单调递增，但是若 n 取比较大的正整数时，数列的项值大小变化幅度很小，逐渐地趋近于某一常数.

1. 应用"单调有界数列必有极限"

首先证明 $\lim\limits_{n\to\infty}\left(1+\dfrac{1}{n}\right)^{n}$ 的极限存在.

（1）设数列 $\{y_n\}$ 为 $y_n=\left(1+\dfrac{1}{n}\right)^{n}$，应用二项式定理展开得

$$y_n=\left(1+\frac{1}{n}\right)^{n}=\mathrm{C}_n^0+\mathrm{C}_n^1\frac{1}{n}+\mathrm{C}_n^2\frac{1}{n^2}+\cdots+\mathrm{C}_n^k\frac{1}{n^k}+\cdots+\mathrm{C}_n^n\frac{1}{n^n}$$

$$=1+1+\frac{n(n-1)}{2!}\frac{1}{n^2}+\cdots+\frac{n(n-1)\cdots(n-k+1)}{k!}\frac{1}{n^k}+\cdots+$$

$$\frac{n(n-1)\cdots 2\cdot 1}{n!}\frac{1}{n^n}$$

$$=1+1+\frac{1}{2!}\left(1-\frac{1}{n}\right)+\frac{1}{3!}\left(1-\frac{1}{n}\right)\left(1-\frac{2}{n}\right)+\cdots+$$

$$\frac{1}{n!}\left(1-\frac{1}{n}\right)\left(1-\frac{2}{n}\right)\cdots\left(1-\frac{n-1}{n}\right),$$

$$y_{n+1} = \left(1 + \frac{1}{n+1}\right)^{n+1} = c_{n+1}^0 + c_{n+1}^1 \frac{1}{n+1} + c_{n+1}^2 \frac{1}{(n+1)^2} + \cdots +$$

$$c_{n+1}^k \frac{1}{(n+1)^k} + \cdots + c_{n+1}^n \frac{1}{(n+1)^n} + c_{n+1}^{n+1} \frac{1}{(n+1)^{n+1}}$$

$$= 1 + 1 + \frac{1}{2!}\left(1 - \frac{1}{n+1}\right) + \frac{1}{3!}\left(1 - \frac{1}{n+1}\right)\left(1 - \frac{2}{n+1}\right) + \cdots +$$

$$\frac{1}{n!}\left(1 - \frac{1}{n+1}\right)\cdots\left(1 - \frac{n-1}{n+1}\right) + \frac{1}{(n+1)!}\left(1 - \frac{1}{n+1}\right)\cdots\left(1 - \frac{n}{n+1}\right),$$

所以
$$y_n < y_{n+1}.$$

即数列 $\{y_n\}$ 是单调递增数列.

(2) $$0 < y_n = 1 + 1 + \frac{1}{2!}\left(1 - \frac{1}{n}\right) + \cdots + \frac{1}{k!}\left(1 - \frac{1}{n}\right)\left(1 - \frac{2}{n}\right)\cdots$$

$$\left(1 - \frac{k-1}{n}\right) + \cdots + \frac{1}{n!}\left(1 - \frac{1}{n}\right)\left(1 - \frac{2}{n}\right)\cdots\left(1 - \frac{n-1}{n}\right)$$

$$< 1 + 1 + \frac{1}{2!} + \frac{1}{3!} + \cdots + \frac{1}{k!} + \cdots + \frac{1}{n!}$$

$$< 1 + 1 + \left(1 - \frac{1}{2}\right) + \left(\frac{1}{2} - \frac{1}{3}\right) + \cdots + \left(\frac{1}{k-1} - \frac{1}{k}\right) + \cdots +$$

$$\left(\frac{1}{n-1} - \frac{1}{n}\right)$$

$$= 1 + 1 + 1 - \frac{1}{n} < 3,$$

所以数列 $\{y_n\}$ 是有界数列.

2. **定义**：$\lim\limits_{n \to \infty}\left(1 + \frac{1}{n}\right)^n = e$

下面利用夹逼定理可以证明 $\lim\limits_{x \to \infty}\left(1 + \frac{1}{x}\right)^x = e$.

证明　(1) 设 $n \leqslant x \leqslant n+1$，则 $\left(1 + \frac{1}{n+1}\right)^n \leqslant \left(1 + \frac{1}{x}\right)^x \leqslant \left(1 + \frac{1}{n}\right)^{n+1}$，且 x 与 n 同时趋于 $+\infty$.

$$\lim_{n \to \infty}\left(1 + \frac{1}{n+1}\right)^n = \lim_{n \to \infty}\frac{\left(1 + \frac{1}{n+1}\right)^{n+1}}{1 + \frac{1}{n+1}} = \frac{e}{1} = e,$$

$$\lim_{n \to \infty}\left(1 + \frac{1}{n}\right)^{n+1} = \lim_{n \to \infty}\left(1 + \frac{1}{n}\right)^n\left(1 + \frac{1}{n}\right) = e \cdot 1 = e.$$

由夹逼定理可得 $\lim\limits_{x \to +\infty}\left(1 + \frac{1}{x}\right)^x = e$.

(2) 设 $x = -(t+1)$，则 $x \to -\infty$ 时，$t \to +\infty$，从而

$$\lim_{x \to -\infty}\left(1 + \frac{1}{x}\right)^x = \lim_{t \to +\infty}\left(1 - \frac{1}{t+1}\right)^{-(t+1)} = \lim_{t \to +\infty}\left(\frac{t}{t+1}\right)^{-(t+1)}$$

$$= \lim_{t \to +\infty}\left(\frac{t+1}{t}\right)^{t+1} = \lim_{t \to +\infty}\left(1 + \frac{1}{t}\right)^{t+1}$$

$$=\lim_{t\to+\infty}\left[\left(1+\frac{1}{t}\right)^t\cdot\left(1+\frac{1}{t}\right)\right]=\mathrm{e}\cdot1=\mathrm{e}.$$

综合（1）（2）可知 $\lim\limits_{x\to\infty}\left(1+\frac{1}{x}\right)^x=\mathrm{e}.$

同理可证极限公式：

$$\lim_{x\to0}(1+x)^{\frac{1}{x}}=\mathrm{e}.$$

例 9 对于任意非零实数 a，b，试证：

(1) $\lim\limits_{x\to\infty}\left(1+\frac{a}{x}\right)^{bx}=\mathrm{e}^{ab}$；　　　　(2) $\lim\limits_{x\to0}(1+ax)^{\frac{b}{x}}=\mathrm{e}^{ab}.$

同理可得

$$\lim_{x\to\infty}\left(1-\frac{a}{x}\right)^{bx}=\frac{1}{\mathrm{e}^{ab}}$$

和

$$\lim_{x\to\infty}(1-ax)^{\frac{b}{x}}=\frac{1}{\mathrm{e}^{ab}}.$$

证明 （1）令 $t=\dfrac{x}{a}$，当 $x\to\infty$ 时，则有 $t\to\infty$. 因为

$$\left(1+\frac{a}{x}\right)^{bx}=\left(1+\frac{1}{t}\right)^{t\cdot ab}=\left[\left(1+\frac{1}{t}\right)^t\right]^{ab},$$

于是有

$$\lim_{x\to\infty}\left(1+\frac{a}{x}\right)^{bx}=\lim_{t\to\infty}\left[\left(1+\frac{1}{t}\right)^t\right]^{ab}=\left[\lim_{t\to\infty}\left(1+\frac{1}{t}\right)^t\right]^{ab}=\mathrm{e}^{ab}.$$

（2）令 $t=ax$，当 $x\to0$ 时，则有 $t\to0$. 因为

$$(1+ax)^{\frac{b}{x}}=(1+ax)^{\frac{1}{ax}\cdot ab}=\left[(1+t)^{\frac{1}{t}}\right]^{ab},$$

于是有

$$\lim_{x\to0}(1+ax)^{\frac{b}{x}}=\lim_{t\to0}\left[(1+t)^{\frac{1}{t}}\right]^{ab}=\left[\lim_{t\to0}(1+t)^{\frac{1}{t}}\right]^{ab}=\mathrm{e}^{ab}.$$

注释：在例 9 中，如果参数 $a=0$ 或 $b=0$，即 $ab=0$，则

$$\lim_{x\to\infty}\left(1+\frac{a}{x}\right)^{bx}=\lim_{x\to0}(1+ax)^{\frac{b}{x}}\equiv1$$

恒成立.

例 10 求 $\lim\limits_{x\to\infty}\left(1+\frac{1}{x}\right)^{\frac{x}{2}}.$

解 此极限与重要极限 $\lim\limits_{x\to\infty}\left(1+\frac{1}{x}\right)^x=\mathrm{e}$ 相似，可以利用幂的运算变形为重要极限的形式，然后再求极限.

$$\lim_{x\to\infty}\left(1+\frac{1}{x}\right)^{\frac{x}{2}}=\lim_{x\to\infty}\left[\left(1+\frac{1}{x}\right)^x\right]^{\frac{1}{2}}$$

$$=\left[\lim_{x\to\infty}\left(1+\frac{1}{x}\right)^x\right]^{\frac{1}{2}}=\mathrm{e}^{\frac{1}{2}}=\sqrt{\mathrm{e}}.$$

例 11 求 $\lim\limits_{x\to0}(1-2x)^{\frac{1}{x}}.$

解 此极限与重要极限 $\lim\limits_{x\to0}(1+x)^{\frac{1}{x}}=\mathrm{e}$ 相似，可以进行变量替换，令 $t=-2x$，则 $x=-\dfrac{t}{2}$，且当 $x\to0$ 时 $t\to0$，于是

$$\lim_{x\to0}(1-2x)^{\frac{1}{x}}=\lim_{t\to0}(1+t)^{-\frac{2}{t}}$$

$$=\lim_{t\to0}\left[(1+t)^{\frac{1}{t}}\right]^{-2}=\left[\lim_{t\to0}(1+t)^{\frac{1}{t}}\right]^{-2}=\mathrm{e}^{-2}.$$

例 12　求极限 $\lim\limits_{x\to\infty}\left(\dfrac{2-x}{3-x}\right)^{x+2}$.

解法一解答过程中，利用 $\left(\dfrac{2-x}{3-x}\right)^{x+2}$

$=\left(\dfrac{1-\dfrac{2}{x}}{1-\dfrac{3}{x}}\right)^{x}\cdot\left(\dfrac{1-\dfrac{2}{x}}{1-\dfrac{3}{x}}\right)^{2}$

和

$\lim\limits_{x\to\infty}\left(\dfrac{1-\dfrac{2}{x}}{1-\dfrac{3}{x}}\right)^{2}=1.$

解法一　因为 $\left(\dfrac{2-x}{3-x}\right)^{x+2}=\left(\dfrac{\dfrac{2}{x}-1}{\dfrac{3}{x}-1}\right)^{x+2}=\left(\dfrac{1-\dfrac{2}{x}}{1-\dfrac{3}{x}}\right)^{x+2}$，故

$\lim\limits_{x\to\infty}\left(\dfrac{2-x}{3-x}\right)^{x+2}=\lim\limits_{x\to\infty}\left(\dfrac{1-\dfrac{2}{x}}{1-\dfrac{3}{x}}\right)^{x}\cdot\lim\limits_{x\to\infty}\left(\dfrac{1-\dfrac{2}{x}}{1-\dfrac{3}{x}}\right)^{2}=\lim\limits_{x\to\infty}\left(\dfrac{1-\dfrac{2}{x}}{1-\dfrac{3}{x}}\right)^{x}$，

进而有

$\lim\limits_{x\to\infty}\left(\dfrac{2-x}{3-x}\right)^{x+2}=\lim\limits_{x\to\infty}\left(\dfrac{1-\dfrac{2}{x}}{1-\dfrac{3}{x}}\right)^{x}=\dfrac{\lim\limits_{x\to\infty}\left(1-\dfrac{2}{x}\right)^{x}}{\lim\limits_{x\to\infty}\left(1-\dfrac{3}{x}\right)^{x}}=\dfrac{\mathrm{e}^{-2}}{\mathrm{e}^{-3}}=\mathrm{e}.$

解法二　利用极限四则运算法则得，

$\lim\limits_{x\to\infty}\left(\dfrac{2-x}{3-x}\right)^{x+2}=\lim\limits_{x\to\infty}\left[\left(\dfrac{2-x}{3-x}\right)^{x}\cdot\left(\dfrac{2-x}{3-x}\right)^{2}\right]$

$=\lim\limits_{x\to\infty}\left(\dfrac{2-x}{3-x}\right)^{x}\cdot\lim\limits_{x\to\infty}\left(\dfrac{2-x}{3-x}\right)^{2}.$

由 $\lim\limits_{x\to\infty}\left(\dfrac{2-x}{3-x}\right)^{2}=\left(\lim\limits_{x\to\infty}\dfrac{2-x}{3-x}\right)^{2}=1$，又由

$\lim\limits_{x\to\infty}\left(\dfrac{2-x}{3-x}\right)^{x}=\lim\limits_{x\to\infty}\left(\dfrac{\dfrac{2-x}{x}}{\dfrac{3-x}{x}}\right)^{x}=\lim\limits_{x\to\infty}\left(\dfrac{1-\dfrac{2}{x}}{1-\dfrac{3}{x}}\right)^{x}=\dfrac{\lim\limits_{x\to\infty}\left(1-\dfrac{2}{x}\right)^{x}}{\lim\limits_{x\to\infty}\left(1-\dfrac{3}{x}\right)^{x}}$，

又由极限公式 $\lim\limits_{x\to\infty}\left(1+\dfrac{a}{x}\right)^{bx}=\mathrm{e}^{ab}$ 知

$\lim\limits_{x\to\infty}\left(1-\dfrac{2}{x}\right)^{x}=\mathrm{e}^{-2},\quad \lim\limits_{x\to\infty}\left(1-\dfrac{3}{x}\right)^{x}=\mathrm{e}^{-3}.$

因此，

$$\lim\limits_{x\to\infty}\left(\dfrac{2-x}{3-x}\right)^{x+2}=\dfrac{\mathrm{e}^{-2}}{\mathrm{e}^{-3}}\cdot 1=\mathrm{e}.$$

注释：对于比较复杂的指数形式求极限问题，如

$$\lim\limits_{x\to\infty}\left(\dfrac{cx+d}{ax+b}\right)^{ex+f},$$

这里参数 a，b，c，d，e 和 f 均为已知实数. 一般情况下，都是将其恒等变形或进行变量替换，将原形式转化为简单的形式或含有能够求极限的已知形式 $\lim\limits_{u\to\infty}\left(1+\dfrac{1}{u}\right)^{u}$ 的和差或积形式，进而可以方便求极限.

习题 1-5

1. 计算下列极限.

(1) $\lim\limits_{x \to 0}\dfrac{\sin(-2x)}{x}$;

(2) $\lim\limits_{x \to 0}\dfrac{2x}{\sin 3x}$;

(3) $\lim\limits_{x \to 0}\dfrac{\sin mx}{\sin nx}$;

(4) $\lim\limits_{x \to 0}\dfrac{\tan bx}{\sin ax}$;

(5) $\lim\limits_{x \to 0}x\cot x$;

(6) $\lim\limits_{x \to 0}\dfrac{\arctan x}{x}$;

(7) $\lim\limits_{x \to 0}\dfrac{1-\cos 2x}{x\sin x}$;

(8) $\lim\limits_{x \to a}\dfrac{\sin x-\sin a}{x-a}$.

2. 计算下列极限.

(1) $\lim\limits_{x \to \infty}\left(1-\dfrac{3}{x}\right)^{x}$;

(2) $\lim\limits_{x \to 0}(1+5x)^{\frac{1}{x}}$;

(3) $\lim\limits_{x \to \infty}\left(\dfrac{1+x}{x}\right)^{2x}$;

(4) $\lim\limits_{x \to 0}(1-x)^{-\frac{2}{x}}$;

(5) $\lim\limits_{x \to \infty}\left(1+\dfrac{k}{x}\right)^{mx}$;

(6) $\lim\limits_{x \to 0}\left(\dfrac{1+x}{1-x}\right)^{\frac{1}{x}}$;

(7) $\lim\limits_{x \to \infty}\left(\dfrac{2x+3}{2x+1}\right)^{x+1}$;

(8) $\lim\limits_{x \to 0}(1+\tan x)^{\cot x}$.

§1.6 无穷小的阶

无穷小这一概念表示为当自变量 $x \to x_0(\infty)$ 时，以 0 为极限的函数 $\alpha(x)$，即有 $\lim\limits_{x \to x_0(\infty)}\alpha(x)=0$，故无穷小本身就是一个极限问题，显然与函数极限之间有着密切联系，在 1.3 节定理 2 中就描述了这种联系. 除此之外，无穷小有许多优良的性质，可以用于求函数的极限问题，如两个无穷小的和、差、积均是无穷小，但是两个无穷小的商不一定是无穷小. 据其原因，是两个无穷小在趋近于零的速度不同. 为比较两无穷小趋近于零的速度快慢，首先要了解无穷小的阶这一概念.

1.6.1 无穷小的阶定义

对于函数 $\alpha(x)=\dfrac{1}{x}$，$\beta(x)=\dfrac{1}{x^2}$，显然，$\lim\limits_{x \to \infty}\alpha(x)=0$，$\lim\limits_{x \to \infty}\beta(x)=0$，可见 $\alpha(x)$ 与 $\beta(x)$ 都为当 $x \to \infty$ 时的无穷小. 但是无法明确地去判断 $\alpha(x)$ 与 $\beta(x)$ 趋近于零的速度快慢，虽然可以用含函数值的表格直观地来显示、比较函数值的变化，但是表

格表现内容的广度和维度都很有限，并不高效，详见表 1-2.

表 1-2　函数 $\alpha(x)=\dfrac{1}{x}$ 与 $\beta(x)=\dfrac{1}{x^2}$ 函数值的比较

自变量 x	函数 $\alpha(x)=\dfrac{1}{x}$	函数 $\beta(x)=\dfrac{1}{x^2}$
1	1	1
10	0.1	0.01
100	0.01	0.0001
1000	0.001	0.000001
10000	0.0001	0.00000001
100000	0.00001	0.0000000001
1000000	0.000001	0.000000000001
10000000	0.0000001	0.00000000000001
100000000	0.00000001	0.0000000000000001
1000000000	0.000000001	0.000000000000000001
10000000000	0.0000000001	0.00000000000000000001
↓	↓	↓
$+\infty$	0	0

备注：$10^{-1}=0.1$，$10^{-2}=0.01$，$10^{-3}=0.001$，$\cdots$.

就函数值的变化幅度而言，$\beta(x)$ 比 $\alpha(x)$ 函数值趋近于零的速度快，具体计算极限

$$\lim_{x\to\infty}\frac{\beta(x)}{\alpha(x)}=\lim_{x\to\infty}\frac{\dfrac{1}{x^2}}{\dfrac{1}{x}}=\lim_{x\to\infty}\frac{1}{x}=0,$$

即 $\dfrac{\beta(x)}{\alpha(x)}$ 也为当 $x\to\infty$ 时的无穷小. 同时根据无穷小与无穷大的关系，可知 $\lim\limits_{x\to\infty}\dfrac{\alpha(x)}{\beta(x)}=\infty$，即 $\dfrac{\alpha(x)}{\beta(x)}$ 为当 $x\to\infty$ 时的无穷大，这原因要归咎于 $\alpha(x)$ 函数值趋近于零的速度比 $\beta(x)$ 慢.

由此我们给出下述定义：

定义 1（无穷小的阶）　设当 $x\to x_0$ 时，$\alpha=\alpha(x)$，$\beta=\beta(x)$ 都是无穷小，且 $\beta(x)\neq0$.

（1）如果 $\lim\limits_{x\to x_0}\dfrac{\alpha}{\beta}=0$，则称当 $x\to x_0$ 时，α 是比 β 高阶的无穷小，记作 $\alpha=o(\beta)$.

（2）如果 $\lim\limits_{x\to x_0}\dfrac{\alpha}{\beta}=\infty$，则称当 $x\to x_0$ 时，α 是比 β 低阶的无

如：

（1）由 $\lim\limits_{x\to0}\dfrac{1-\cos x}{\sin2x}=0$，

则当 $x\to0$ 时，

$1-\cos x=o(\sin2x)$.

（2）由 $\lim\limits_{x\to0}\dfrac{1-\cos x}{\tan x}=0$，

则当 $x\to0$ 时，

$1-\cos x=o(\tan x)$.

穷小.

(3) 如果 $\lim\limits_{x \to x_0} \dfrac{\alpha}{\beta} = C \neq 0$，则称当 $x \to x_0$ 时，α 与 β 是同阶无穷小. 特别地，若 $C = 1$，即 $\lim\limits_{x \to x_0} \dfrac{\alpha}{\beta} = 1$，则称当 $x \to x_0$ 时，α 与 β 是等价无穷小，记作 $\alpha \sim \beta (x \to x_0)$.

此定义对 $x \to \infty$ 的情形也适用.

注释：

(1) 根据无穷小与无穷大的关系，若 $\lim\limits_{x \to x_0(\infty)} \dfrac{\alpha(x)}{\beta(x)} = \infty$，则有 $\lim\limits_{x \to x_0(\infty)} \dfrac{\beta(x)}{\alpha(x)} = 0$，低阶无穷小与高阶无穷小是相对的.

(2) 从定义 1 可见，虽然等阶无穷小是同阶无穷小的一个特殊情形，但是同阶无穷小不一定能够转化为等阶无穷小.

例 1 判断无穷小的阶. 当 $x \to 0$ 时，

(1) $1 - \cos x$ 与 $\sin x$；　　　(2) $1 - \cos x$ 与 x^2.

解　(1) 由 $1 - \cos x = 2\sin^2 \dfrac{x}{2}$ 可得

$$\frac{1 - \cos x}{\sin x} = \frac{2\sin^2 \dfrac{x}{2}}{2\sin \dfrac{x}{2} \cos \dfrac{x}{2}} = \frac{\sin \dfrac{x}{2}}{\cos \dfrac{x}{2}} = \tan \frac{x}{2},$$

故　　　$\lim\limits_{x \to 0} \dfrac{1 - \cos x}{\sin x} = \lim\limits_{x \to 0} \tan \dfrac{x}{2} = \tan 0 = 0.$

所以，$1 - \cos x = o(\sin x)(x \to 0)$，即 $1 - \cos x$ 为 $\sin x$ 当 $x \to 0$ 时的高阶无穷小.

(2) 由 $\dfrac{1 - \cos x}{x^2} = \dfrac{2\sin^2 \dfrac{x}{2}}{x^2} = \dfrac{1}{2} \cdot \left(\dfrac{\sin \dfrac{x}{2}}{\dfrac{x}{2}}\right)^2,$

根据极限公式 $\lim\limits_{x \to 0} \dfrac{\sin x}{x} = 1$，

$$\lim_{x \to 0} \frac{1 - \cos x}{x^2} = \frac{1}{2} \cdot \left(\lim_{x \to 0} \frac{\sin \dfrac{x}{2}}{\dfrac{x}{2}}\right)^2 = \frac{1}{2} \cdot 1^2 = \frac{1}{2}.$$

所以，$1 - \cos x$ 与 x^2 为当 $x \to 0$ 时的同阶无穷小，但不是等阶无穷小.

例 2 证明等阶无穷小. 当 $x \to 0$ 时，有

(1) $\sqrt{1 + x} - 1 \sim \dfrac{x}{2}$；　　　(2) $\ln(1 + x) \sim x$.

证明　(1) 由 $\dfrac{\sqrt{1 + x} - 1}{\dfrac{x}{2}} = \dfrac{2(\sqrt{1 + x} - 1)(\sqrt{1 + x} + 1)}{x(\sqrt{1 + x} + 1)}$

可得

$$\frac{\sqrt{1+x}-1}{\frac{x}{2}}=\frac{2\left[(\sqrt{1+x})^2-1\right]}{x(\sqrt{1+x}+1)}=\frac{2}{\sqrt{1+x}+1},$$

故 $\lim\limits_{x\to0}\dfrac{\sqrt{1+x}-1}{\dfrac{x}{2}}=\lim\limits_{x\to0}\dfrac{2}{\sqrt{1+x}+1}=\dfrac{2}{\sqrt{1+0}+1}=1.$

所以 $\sqrt{1+x}-1\sim\dfrac{x}{2}(x\to0)$.

对数运算性质:

(1) $\ln AB=\ln A+\ln B$;

(2) $\ln\dfrac{A}{B}=\ln A-\ln B$;

(3) $\ln A^n=n\ln A$.

（2）由对数的运算性质可知

$$\frac{\ln(1+x)}{x}=\frac{1}{x}\ln(1+x)=\ln(1+x)^{\frac{1}{x}},$$

根据极限公式 $\lim\limits_{x\to0}(1+x)^{\frac{1}{x}}=\mathrm{e}$，于是有

$$\lim\limits_{x\to0}\frac{\ln(1+x)}{x}=\lim\limits_{x\to0}\ln(1+x)^{\frac{1}{x}}$$
$$=\ln(\lim\limits_{x\to0}(1+x)^{\frac{1}{x}})=\ln\mathrm{e}=1,$$

所以，$\ln(1+x)\sim x(x\to0)$.

1.6.2 无穷小的替换

等阶无穷小还有一个重要性质:

定理 设 $\alpha(x)\sim\alpha_1(x)$，$\beta(x)\sim\beta_1(x)(x\to x_0)$，且

$\lim\limits_{x\to x_0}\dfrac{\alpha_1(x)}{\beta_1(x)}$存在，则

$$\lim\limits_{x\to x_0}\frac{\alpha(x)}{\beta(x)}=\lim\limits_{x\to x_0}\frac{\alpha_1(x)}{\beta_1(x)}.$$

证明 $\lim\limits_{x\to x_0}\dfrac{\alpha(x)}{\beta(x)}=\lim\limits_{x\to x_0}\left[\dfrac{\alpha(x)}{\alpha_1(x)}\cdot\dfrac{\alpha_1(x)}{\beta_1(x)}\cdot\dfrac{\beta_1(x)}{\beta(x)}\right]$

$$=\lim\limits_{x\to x_0}\frac{\alpha(x)}{\alpha_1(x)}\cdot\lim\limits_{x\to x_0}\frac{\alpha_1(x)}{\beta_1(x)}\cdot\lim\limits_{x\to x_0}\frac{\beta_1(x)}{\beta(x)}$$

$$=\lim\limits_{x\to x_0}\frac{\alpha_1(x)}{\beta_1(x)}.$$

注:熟记常用的等阶无穷小代换公式，利用无穷小的等阶代换来计算极限是一种非常有效的简便方法. 但必须记住，在乘除运算时可使用等阶代换，在加减运算时不要使用，否则可能会得到错误的答案.

常用的等阶无穷小公式，当 $x\to0$ 时:

$\sin x\sim x$，$\tan x\sim x$，$\arcsin x\sim x$，$\arctan x\sim x$，

$1-\cos x\sim\dfrac{x^2}{2}$，$\sqrt{1+x}-1\sim\dfrac{x}{2}$，$\ln(1+x)\sim x$

$a^x-1\sim x\ln a$，$\sqrt[n]{1+x}-1\sim\dfrac{x}{n}$，$\cdots$.

例3 求极限 $\lim\limits_{x\to0}\dfrac{2x^3+x}{\sin x}$.

解 由于 $\sin x\sim x(x\to0)$，根据等阶无穷小代换公式得

39

$$\lim_{x\to0}\frac{2x^3+x}{\sin x}=\lim_{x\to0}\frac{2x^3+x}{x}$$
$$=\lim_{x\to0}(2x^2+1)=2\cdot0^2+1=1.$$

例 4 求极限 $\lim\limits_{x\to0}\dfrac{\arctan x}{\sin 4x}$.

解 由于 $\arctan x\sim x(x\to0)$，$\sin 4x\sim4x(x\to0)$，根据等价无穷小代换公式得

$$\lim_{x\to0}\frac{\arctan x}{\sin 4x}=\lim_{x\to0}\frac{x}{4x}=\frac{1}{4}.$$

例 5 错误解法：由当 $x\to0$ 时，$\tan x\sim x$，有

$$\lim_{x\to0}\frac{\tan x-\sin x}{\sin^3 x}$$
$$=\lim_{x\to0}\frac{x-x}{\sin^3 x}$$
$$=\lim_{x\to0}\frac{0}{\sin^3 x}=0.$$

例 5 求极限 $\lim\limits_{x\to0}\dfrac{\tan x-\sin x}{\sin^3 x}$.

解 由 $\tan x-\sin x=\tan x-\tan x\cdot\cos x$
$$=\tan x(1-\cos x),$$

$$\lim_{x\to0}\frac{\tan x-\sin x}{\sin^3 x}=\lim_{x\to0}\frac{\tan x(1-\cos x)}{\sin^3 x}$$
$$=\lim_{x\to0}\frac{x\dfrac{x^2}{2}}{x^3}=\frac{1}{2}.$$

例 6 求 $\lim\limits_{x\to0}\dfrac{1-\cos x}{\tan x(\sqrt{1+x}-1)}$.

解 已知当 $x\to0$ 时，$\sqrt{1+x}-1\sim\dfrac{x}{2}$，根据等阶无穷小代换公式

$$\lim_{x\to0}\frac{1-\cos x}{\tan x(\sqrt{1+x}-1)}=\lim_{x\to0}\frac{\dfrac{1}{2}x^2}{x\cdot\dfrac{x}{2}}=1.$$

习题 1－6

1. 当 $x\to1$ 时，无穷小 $1-x$ 和 $1-x^3$ 是否同阶？是否等价？$1-x$ 与 $\dfrac{1}{2}(1-x)^2$ 又是否同阶？是否等价？

2. 证明：当 $x\to0$ 时，有
   （1）$\arcsin x\sim x$；　　　　　　　　　（2）$\arctan x\sim x$.

3. 比较下列无穷小.
   （1）x^2+5x 与 $x^3(x\to0)$；　　　　　　（2）x^2-6x+9 与 $x-3(x\to3)$；
   （3）$\sin^2 x$ 与 $x^2+x^3(x\to0)$；　　　　（4）$\sin\dfrac{1}{x}$ 与 $\dfrac{1}{x^2}(x\to\infty)$.

4. 利用等阶无穷小的性质求下列极限.
   （1）$\lim\limits_{x\to0}\dfrac{\tan 2x}{\sin 3x}$；　　　　　　　　（2）$\lim\limits_{x\to0}\dfrac{\sin(x^3)}{(\sin x)^2}$；

(3) $\lim\limits_{x \to \infty} \dfrac{\arcsin x}{x^2}$；

(4) $\lim\limits_{x \to 0} \dfrac{(1 - \cos x)\tan x}{x^2 \arctan x}$．

5. 试证当 $x \to 0$ 时，$(1 + x)^n - 1 \sim nx$（n 是正整数）．

§1.7　函数的连续性

连续函数是高等数学中的一类重要函数，从几何的角度，在平面直角坐标系中，连续函数的图象就是连绵不断、没有断开的曲线．

1.7.1　函数在点 x_0 处连续

定义 1　对于某个 $\delta > 0$，设函数 $f(x)$ 在邻域 $U(x_0, \delta) = \{x \mid |x - x_0| < \delta\}$ 上有定义，若

$$\lim_{x \to x_0} f(x) = f(x_0),$$

则称 $f(x)$ 在点 $x = x_0$ 处连续．

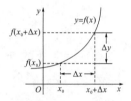

换言之，$f(x)$ 在点 $x = x_0$ 处连续用极限 $\varepsilon - \delta$ 定义的语言，等价描述为：对任意小的 $\varepsilon > 0$，存在正数 $\delta > 0$，当 $|x - x_0| < \delta$ 时，满足

$$|f(x) - f(x_0)| < \varepsilon.$$

为引入函数 $y = f(x)$ 在点 $x = x_0$ 处连续的另一种表述，将

$$\Delta x = x - x_0$$

称为自变量 x（在点 x_0）的**增量或改变量**．令 $y_0 = f(x_0)$，相应的函数 y（在点 x_0）的**增量或改变量**记为

$$\Delta y = f(x) - f(x_0) = f(x_0 + \Delta x) - f(x_0) = y - y_0.$$

于是有，$f(x)$ 在点 $x = x_0$ 处连续，使用增量的概念可以等价地描述为：

$$\lim_{\Delta x \to 0} \Delta y = 0.$$

函数增量是一种数学概念，指的是函数输入值发生变化时，其输出值的变化量．它可以帮助我们计算函数的变化量，从而更好地理解函数的特性．

自变量的增量 Δx 或函数的增量 Δy 可以是正数，也可以是负数或者 0．

定义 2　对于某个 $\delta > 0$，设函数 $f(x)$ 在左邻域 $U_-(x_0, \delta) = \{x \mid -\delta < x - x_0 \leqslant 0\}$ 上有定义，若

$$\lim_{x \to x_0^-} f(x) = f(x_0),$$

则称 $f(x)$ 在点 $x = x_0$ 处左连续．

定义 3　对于某个 $\delta > 0$，设函数 $f(x)$ 在右邻域 $U_+(x_0, \delta) = \{x \mid 0 \leqslant x - x_0 < \delta\}$ 上有定义，若

$$\lim_{x \to x_0^+} f(x) = f(x_0),$$

则称 $f(x)$ 在点 $x = x_0$ 处右连续.

根据极限存在的充要条件可知.

定理1 函数 $f(x)$ 在点 $x = x_0$ 处连续的充要条件是: $f(x)$ 在点 $x = x_0$ 处既左连续, 又右连续.

显然, 函数 $f(x)$ 在点 $x = x_0$ 处连续, 可推导 $f(x)$ 在点 $x = x_0$ 处极限存在, 即左右极限存在且相等.

例1 设函数 $y = 3x^2 - 1$, 求在下列条件下函数的增量 Δy:

(1) 当 x 从 1 变化到 1.5 时;

(2) 当 x 从 1 变化到 0.5 时;

(3) 当 x 为有任意增量 Δx 时.

解 (1) 当 x 从 1 变化到 1.5 时, $\Delta x = 1.5 - 1 = 0.5$, 故
$$\Delta y = (3 \times 1.5^2 - 1) - (3 \times 1^2 - 1) = 3.75;$$

(2) 当 x 从 1 变化到 0.5 时, $\Delta x = 0.5 - 1 = -0.5$, 故
$$\Delta y = (3 \times 0.5^2 - 1) - (3 \times 1^2 - 1) = -2.25;$$

(3) $\Delta y = f(x + \Delta x) - f(x) = [3(x + \Delta x)^2 - 1] - (3x^2 - 1)$
$$= [3x^2 + 6x\Delta x + 3(\Delta x)^2 - 1] - (3x^2 - 1)$$
$$= 6x\Delta x + 3(\Delta x)^2.$$

例2 讨论函数 $f(x) = \begin{cases} x+2, & x \geq 0 \\ x-2, & x < 0 \end{cases}$ 在点 $x = 0$ 处的连续性.

解 因为
$$\lim_{x \to 0^-} f(x) = \lim_{x \to 0^-} (x - 2) = 0 - 2 = -2,$$
$$\lim_{x \to 0^+} f(x) = \lim_{x \to 0^+} (x + 2) = 0 + 2 = 2,$$

又有 $f(0) = 0 + 2 = 2$, 于是有
$$\lim_{x \to 0^-} f(x) \neq f(0), \quad \lim_{x \to 0^+} f(x) = f(0),$$

所以, $f(x)$ 在 $x = 0$ 处右连续, 但不左连续. 由定理 1 可知, $f(x)$ 在 $x = 0$ 处不连续(见图 1-7).

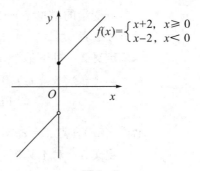

图 1-7

1.7.2　函数的间断点及其分类

定义 4(间断点)　对于某个 $\delta>0$，设函数 $f(x)$ 在空心邻域 $U°(x_0，\delta)=\{x\,|\,0<|x-x_0|<\delta\}$ 上有定义，对于

（1）$f(x)$ 在 $x=x_0$ 处无定义；

（2）极限 $\lim\limits_{x\to x_0}f(x)$ 不存在；

（3）$f(x)$ 在 $x=x_0$ 处有定义，且 $\lim\limits_{x\to x_0}f(x)\neq f(0)$.

若满足上述条件中至少 1 个条件，则称点 x_0 为函数 $f(x)$ 的**间断点**或**不连续点**，即函数 $f(x)$ 在点 $x=x_0$ 处不连续.

根据函数极限的存在准则，极限 $\lim\limits_{x\to x_0}f(x)$ 存在必须满足左极限 $\lim\limits_{x\to x_0^-}f(x)$ 和右极限 $\lim\limits_{x\to x_0^+}f(x)$ 均存在，且

$$\lim_{x\to x_0^-}f(x)=\lim_{x\to x_0^+}f(x),$$

可知，对于函数 $f(x)$ 在点 $x=x_0$ 处左极限和右极限中，至少有一个不存在，则点 $x=x_0$ 一定是 $f(x)$ 的间断点. 但是 $f(x)$ 在点 $x=x_0$ 处即使极限存在，且 $f(x)$ 在 $x=x_0$ 处有定义，点 $x=x_0$ 也可能是 $f(x)$ 的间断点.

据此，将函数的间断点分类如下：

1. 可去间断点

若函数 $f(x)$ 在 $x=x_0$ 处的极限 $\lim\limits_{x\to x_0}f(x)$ 存在，令 $\lim\limits_{x\to x_0}f(x)=A$，而 $f(x)$ 在点 $x=x_0$ 处无定义，或有定义但 $f(x_0)\neq A$，则称点 $x=x_0$ 为 $f(x)$ 的**可去间断点**.

如，对于函数 $f(x)=|\operatorname{sgn}x|=\begin{cases}1，& x\neq 0\\0，& x=0\end{cases}$，

由此可知 $f(0)=0$，而

$$\lim_{x\to 0}f(x)=\lim_{x\to 0}|\operatorname{sgn}x|=1\neq f(0),$$

故点 $x=0$ 为函数 $f(x)=|\operatorname{sgn}x|$ 的可去间断点(见图 1—8).

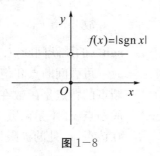

图 1—8

函数的连续性，描述函数的一种连绵不断变化的状态，即自变量的微小变动只会引起函数值的微小变动的情况. 确切说来，函数在某点连续是指，当自变量趋于该点时，函数值的极限值与函数在该点所取的函数值一致.

连续与极限的关系：

当 $f(x)$ 在 x_0 处有极限时，$f(x)$ 在 x_0 处可无定义，也可有 $\lim\limits_{x\to x_0}f(x)\neq f(x_0)$.

当 $f(x)$ 在 x_0 处连续时，$f(x)$ 在 x_0 一定有定义并且 $\lim\limits_{x\to x_0}f(x)=f(x_0)$ 必成立.

所以，函数 $y=f(x)$ 在点 x_0 处连续，则函数 $y=f(x)$ 在 x_0 点处必有极限，反之不成立.

2. 跳跃间断点

若函数 $f(x)$ 在 $x=x_0$ 处的左、右极限都存在，但

$$\lim_{x\to x_0^-}f(x)\neq\lim_{x\to x_0^+}f(x),$$

则称点 $x=x_0$ 为 $f(x)$ 的**跳跃间断点**.

如图 1-7 所示，点 $x=0$ 为函数

$$f(x)=\begin{cases}x+2, & x\geqslant0\\ x-2, & x<0\end{cases}$$

的跳跃间断点.

（1）对于函数

$$f(x)=[x]=\begin{cases}n-1, & x\in[n-1,\ n)\\ n, & x=n\end{cases}\quad(n\ \text{为任意整数}),$$

当 $x=n(n$ 为整数$)$时，有

$$\lim_{x\to n^-}f(x)=\lim_{x\to n^-}[x]=n-1,\quad \lim_{x\to n^+}f(x)=\lim_{x\to n^+}[x]=n,$$

故 $\lim\limits_{x\to n^-}f(x)\neq\lim\limits_{x\to n^+}f(x)$，所以，在整数点处 $f(x)=[x]$ 的左、右极限不相等，因此整数点 $x=n(n$ 为整数$)$都是函数 $f(x)=[x]$ 的跳跃间断点（见图 1-9）.

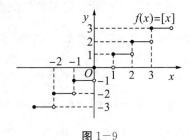

图 1-9

（2）对于函数

$$f(x)=\operatorname{sgn}x=\begin{cases}-1, & x<0\\ 0, & x=0\\ 1, & x>0\end{cases},$$

已知 $f(0)=0$，由

$$\lim_{x\to0^-}f(x)=-1,\quad \lim_{x\to0^+}f(x)=1,$$

故 $\lim\limits_{x\to0^-}f(x)\neq\lim\limits_{x\to0^+}f(x)$，所以，$x=0$ 是函数 $f(x)=\operatorname{sgn}x$ 的跳跃间断点.

可去间断点和跳跃间断点统称为**第一类间断点**，第一类间断点的特点是函数在该点处的左、右极限都存在. 因此，某一间断点 x_0 不是函数 $f(x)$ 的第一类间断点，可以判断函数 $f(x)$ 在该点 x_0 处的极限 $\lim\limits_{x\to x_0}f(x)$ 一定不存在.

函数的间断点的分类：

间断点 $\begin{cases} \text{第一类间断点} \\ \text{第二类间断点} \end{cases}$

第一类间断点 $\begin{cases} \text{可去间断点} \\ \text{跳跃间断点} \end{cases}$

第二类间断点 $\begin{cases} \text{无穷间断点} \\ \text{震荡间断点} \\ \cdots \end{cases}$

3. 第二类间断点

若函数 $f(x)$ 在 $x=x_0$ 处的左、右极限中至少有一个不存在，即左极限 $\lim\limits_{x \to x_0^-} f(x)$ 不存在，或右极限 $\lim\limits_{x \to x_0^-} f(x)$ 不存在，则称点 $x=x_0$ 为 $f(x)$ 的**第二类间断点**.

（1）函数 $f(x)=\dfrac{1}{|x|}$，显然对任意大的 $M>0$，存在的 $\delta=\dfrac{1}{M}>0$，当 $0<|x-0|<\delta$ 时，满足 $|f(x)|>M$，故当 $x \to 0$ 时，函数 $f(x)$ 的函数值的绝对值不断增大，由无穷大的定义可知：

$$\lim_{x \to 0} f(x) = \lim_{x \to 0} \frac{1}{|x|} = \infty,$$

将这样的点 $x=0$ 称为 $f(x)$ 的无穷间断点(见图 1-10).

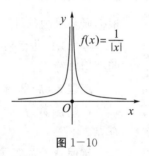

图 1-10

（2）函数 $f(x)=\sin\dfrac{1}{x}$，显然当 $x \to 0$ 时，$\dfrac{1}{x} \to \infty$，根据正弦函数的性质可得，函数 $f(x)$ 的函数值在 $-1 \sim 1$ 之间无穷次地摆动，但是函数并不满足周期性，将这样的点 $x=0$ 称为 $f(x)=\sin\dfrac{1}{x}$ 的**震荡间断点**(见图 1-11).

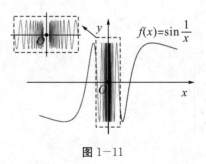

图 1-11

1.7.3 连续函数

如果函数 $f(x)$ 在区间 I 上有定义，对于任意 $x \in I$，$f(x)$ 在点 x 处都连续，则称 $f(x)$ 为区间 I 上的**连续函数**. 对于闭区间、开区间或半开半闭区间的端点(有限值)而言，函数 $f(x)$

黎曼（1826—1866），德国数学家，他提出黎曼函数（Riemann function）是一个特殊函数. 黎曼函数在高等数学中被广泛应用，在很多情况下可以作为反例来验证某些函数方面的待证命题.

函数可积性的勒贝格判别方法指出，一个有界函数是黎曼可积的，当且仅当它的所有不连续点组成的集合测度为 0. 黎曼函数的不连续点集合即为有理数集，是可数的，故其测度为 0，所以由勒贝格判据，它是黎曼可积的.

根据定义可知，黎曼函数的函数图象应该是一系列松散的点，而非连续曲线，这是因为它一方面处处极限为 0；另一方面在任意的小区间中，都包含着无数个值不为 0 的点. 通常来说，黎曼函数的图象是由它在函数值最大的有限个有理点的值组成的散点图来逼近的.

在区间的有限端点上连续是指**左连续或右连续**.

若函数 $f(x)$ 在区间 $[a,b]$ 上仅有有限个第一类间断点，则称 $f(x)$ 在区间 $[a,b]$ 上**分段连续**. 例如，函数 $f(x)=[x]$ 和 $f(x)=x-[x]$ 在区间 $[-3,3]$ 上是分段连续的；黎曼函数

$$R(x)=\begin{cases}\dfrac{1}{q}, & 当\ x=\dfrac{p}{q}(p,q\ 为正整数，\dfrac{p}{q}\ 为既约真分数)\\[2mm]0, & 当\ x=0,1\ 及\ (0,1)\ 上的无理数\end{cases}$$

在 $(0,1)$ 上任何无理点都连续，任何有理点都不连续，但是 $(0,1)$ 中含有无限个有理数，则黎曼函数 $R(x)$ 不是分段连续的.

若函数 $f(x)$ 在点 x_0 连续，则 $f(x)$ 在点 x_0 处一定存在极限，且极限值等于函数值 $f(x_0)$，即 $\lim\limits_{x\to x_0}f(x)=f(x_0)$. 从而，根据函数极限的性质推断出：存在 $\delta>0$，函数 $f(x)$ 在邻域的 $U(x_0,\delta)$ 上具有某些性态，如局部有界性、局部保号性及其四则运算等.

定理 2（局部有界性）　若函数 $f(x)$ 在点 x_0 连续，存在 $\delta>0$，则函数 $f(x)$ 在邻域 $U(x_0,\delta)=\{x\,|\,x-x_0|<\delta\}$ 上有界.

定理 3（局部保号性）　若函数 $f(x)$ 在点 x_0 连续，且 $f(x_0)>0$（或 <0），则对任何正数 $r<f(x_0)$（或 $r<-f(x_0)$），则存在某一个 $\delta>0$，使得对一切 $x\in U(x_0,\delta)$，有

$$f(x)>r（或\ f(x)<-r）.$$

注释：在具体应用局部保号性时，对于 $f(x_0)>0$，常取 $r=\dfrac{1}{2}f(x_0)$，存在一邻域 $U(x_0,\delta)$，使 $f(x)$ 在其上满足不等式

$$f(x)>\frac{1}{2}f(x_0).$$

定理 4（四则运算）　若函数 $f(x)$ 和 $g(x)$ 在点 x_0 连续，则函数 $f(x)\pm g(x)$，$f(x)\cdot g(x)$，$\dfrac{f(x)}{g(x)}$（这里 $g(x_0)\neq0$）也都在点 x_0 连续. 即

$$\lim_{x\to x_0}[f(x)\pm g(x)]=f(x_0)\pm g(x_0),$$
$$\lim_{x\to x_0}[f(x)\cdot g(x)]=f(x_0)\cdot g(x_0),$$
$$\lim_{x\to x_0}\frac{f(x)}{g(x)}=\frac{f(x_0)}{g(x_0)}.$$

下面给出复合函数连续性的结论.

定理 5（复合函数的连续性）　若函数 $y=f(u)$ 在点 $u=u_0$ $=g(x_0)$ 连续，$u=g(x)$ 在点 $x=x_0$ 连续，则复合函数 $f(g(x))$ 也在点 x_0 连续，即

$$\lim_{x\to x_0}f(g(x))=f(g(x_0)).$$

事实上，所有基本初等函数：

（1）幂函数：$y=x^\alpha$（α 为任意实数），其中包含根式形式（α 取非整数时）.

（2）指数函数：$y=a^x$（$a>0$ 且 $a\neq1$）.

（3）对数函数：$y=\log_a x$（$a>0$ 且 $a\neq1$）.

（4）三角函数：正弦函数 $y=\sin x$，余弦函数 $y=\cos x$，正切函数 $y=\tan x$，余切函数 $y=\cot x$，等等.

（5）反三角函数：反正弦函数 $y=\arcsin x$，反余弦函数 $y=\arccos x$，反正切函数 $y=\arctan x$，反余切函数 $y=\operatorname{arccot}x$，等等.

在它们的定义域内都是连续的. 因为初等函数是由基本初等函数与常数经过有限次四则运算和有限次复合所构成的函数. 因此初等函数在它们的定义域内都是连续的.

定理 6　初等函数在其定义域内是连续的.

例 3　求函数 $f(x)=\sqrt{\dfrac{x^2+1}{x^2-1}}+\sqrt{\dfrac{x^2+5}{x^2+1}}$ 的连续区间.

解　先求 $f(x)$ 的定义域，由 $x^2-1\neq0$ 得函数 $\sqrt{\dfrac{x^2+1}{x^2-1}}$ 的定义域是 $(-\infty,-1)\cup(1,+\infty)$，又由 $x^2+1\neq0$ 得函数 $\sqrt{\dfrac{x^2+5}{x^2+1}}$ 的定义域是 $(-\infty,+\infty)$，所以 $f(x)$ 的定义域是 $(-\infty,-1)\cup(1,+\infty)$. 由于初等函数在其定义区间上连续，所以，$f(x)$ 的连续区间是

$$(-\infty,-1)\cup(1,+\infty).$$

例 4　求 $\lim\limits_{x\to\frac{\pi}{6}}\ln\sin x$.

解　因为 $f(x)=\ln\sin x$ 是一个由对数函数和正弦函数复合而成的初等函数，$x=\dfrac{\pi}{6}$ 是函数 $f(x)$ 定义区间 $(0,\pi)$ 内的一点，根据连续函数的性质 $\lim\limits_{x\to\frac{\pi}{6}}f(x)=f(\dfrac{\pi}{6})$，故有

$$\lim_{x\to\frac{\pi}{6}}\ln\sin x=\ln\sin\frac{\pi}{6}=\ln\frac{1}{2}=-\ln2.$$

例 5　求 $\lim\limits_{x\to0}\dfrac{\log_a(1+x)}{x}$（$a>0$，$a\neq1$）.

根据函数的连续性，若已明确函数的定义域，对于其定义域内的某一点，可比较方便地去求其函数极限，即若已知点 $x=x_0$ 是 $f(x)$ 的定义域中一点，则

$$\lim_{x\to x_0}f(x)=f(x_0).$$

根据复合函数的连续性，若已明确由连续函数的复合形成的函数的定义域，对于其定义域内的某一点，可比较方便地去求连续函数极限，即若已知点 $x=x_0$ 是 $f(g(x))$ 的定义域中一点，则

$$\lim_{x \to x_0} f(g(x)) = f(\lim_{x \to x_0} g(x))$$
$$= f(g(x_0)).$$

解 由 $\dfrac{\log_a(1+x)}{x} = \dfrac{1}{x}\log_a(1+x) = \log_a(1+x)^{\frac{1}{x}}$，因为

$$\lim_{x \to 0}(1+x)^{\frac{1}{x}} = e,$$

所以，根据初等函数的连续性质即得

$$\lim_{x \to 0}\frac{\log_a(1+x)}{x} = \lim_{x \to 0}\log_a(1+x)^{\frac{1}{x}}$$
$$= \log_a\left[\lim_{x \to 0}(1+x)^{\frac{1}{x}}\right] = \log_a e.$$

特别地，当 $a=e$ 时，则有 $\lim\limits_{x \to 0}\dfrac{\ln(1+x)}{x} = 1$.

例 6 求 $\lim\limits_{x \to 0}\dfrac{a^x - 1}{x}$.

解 作变量代换，令 $u = a^x - 1$，则 $a^x = u+1$，$x = \log_a(1+u)$，当 $x \to 0$ 时 $u \to 0$，利用例 5，有

$$\lim_{x \to 0}\frac{a^x - 1}{x} = \lim_{u \to 0}\frac{u}{\log_a(1+u)}$$
$$= \lim_{u \to 0}\frac{1}{\dfrac{\log_a(1+u)}{u}} = \frac{1}{\lim\limits_{u \to 0}\dfrac{\log_a(1+u)}{u}}$$
$$= \frac{1}{\log_a e} = \ln a.$$

特别地，当 $a=e$ 时，有 $\lim\limits_{x \to 0}\dfrac{e^x - 1}{x} = 1$.

1.7.4 闭区间上连续函数的性质

连续函数的优点：
(1) 连续函数的图象是无间断的.
(2) 连续函数在闭区间内可达到其上界和下界.
(3) 连续函数的介值定理成立.
(4) 连续函数可以积分. 连续函数的定义及其几何意义和相关性质要求理解和熟练掌握. 连续函数是初等函数的基础，理解连续性对学习微积分很重要.

定义 5（最大值最小值） 设函数 $f(x)$ 为定义在数集 D 上的函数，若存在 $x_0 \in D$，使得对于一切 $x \in D$，有

$$f(x) \leqslant f(x_0)(f(x) \geqslant f(x_0)).$$

则称函数 $f(x)$ 在数集 D 上有**最大值或最小值**，符号分别记为 $f_{\max}$ 或 $f_{\min}$.

例如，函数 $f(x) = \dfrac{1}{x}$ 在区间 $(0,1]$ 有最小值 $f_{\min} = 1$，但无最大值. 事实上，对任意 $x \in (0,1]$，有 $f(x) \geqslant 1 = f(1)$，这里取 $x_0 = 1$，则 $f(x) \geqslant f(x_0)$ 恒成立；由于 $\lim\limits_{x \to 0^+} f(x) = \infty$，故不存在 $x_0' \in D$，满足 $f(x) \leqslant f(x_0')$，即 $f(x)$ 在 $[0,1]$ 上无最大值.

函数 $g(x) = \sin\dfrac{1}{x}$ 在区间 $(0,1]$ 有最小值 $f_{\min} = -1$，也有最大值 $f_{\max} = 1$. 事实上，对任意 $x \in (0,1]$，$\dfrac{1}{x}$ 均为实数，由正弦函数的性质知 $-1 \leqslant \sin\dfrac{1}{x} \leqslant 1$，故存在无限个正数

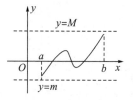

关于有界性定理的注解：

（1）结论的几何解释：连续曲线在一闭区间内的图象一定介于直线 $y=M$，$y=m$ 之间。

（2）要使结论成立，两个条件（闭区间和连续函数）缺一不可。

$$x_0 = \frac{1}{2k\pi + \frac{\pi}{2}} \in (0,\ 1].$$

这里零与正整数 $k \in \mathbf{N}^+$，满足 $f(x) \leqslant f(x_0)$，即存在最大值；同时，存在无限个正数

$$x_0' = \frac{1}{2k\pi - \frac{\pi}{2}} \in (0,\ 1].$$

这里正整数 $k \in \mathbf{N}^+$，满足 $f(x) \geqslant f(x_0')$，即存在最小值.

定理 7（有界性定理）　若函数 $f(x)$ 在闭区间 $[a,b]$ 上连续，那么 $f(x)$ 在闭区间 $[a,b]$ 上有界.

定理 8（最大值、最小值定理）　若函数 $f(x)$ 在闭区间 $[a,b]$ 上连续，那么 $f(x)$ 在闭区间 $[a,b]$ 上有最大值与最小值.

定理 9（介值定理）　若函数 $f(x)$ 在闭区间 $[a,b]$ 上连续，且 $f(a) \neq f(b)$. 若 μ 为介于 $f(a)$ 与 $f(b)$ 之间的任何实数，即 $f(a) < \mu < f(b)$，或 $f(b) < \mu < f(a)$. 则至少存在一点 $x_0 \in (a,b)$，使得

$$f(x_0) = \mu.$$

推论 10（根的存在定理）　若函数 $f(x)$ 在闭区间 $[a,b]$ 上连续，且 $f(a)$ 与 $f(b)$ 异号，即

$$f(a) \cdot f(b) < 0,$$

则至少存在一点 $x_0 \in (a,b)$，使得

$$f(x_0) = 0.$$

例 7　证明：方程 $x = a\sin x + b\,(a>0,\ b>0)$ 至少有一个正根，且不超过 $a+b$.

证明　设 $f(x) = x - a\sin x - b$，则

$$f(0) = -b,\quad f(a+b) = a[1 - \sin(a+b)].$$

已知 $f(0) < 0$，$f(a+b) \geqslant 0$.

（1）当 $f(a+b) = 0$ 时，则有 $\sin(a+b) = 1$，即

$$a+b = 2k\pi + \frac{\pi}{2},\quad k \in \mathbf{N}^+.$$

利用介值定理，首先需要是连续函数，然后找到闭区间，最后得到区间端点的函数值.

故 $x = a+b > 0$ 是方程 $x = a\sin x + b$ 的一个正根.

（2）当 $f(a+b) > 0$ 时，根据根的存在定理，至少存在一点 $x_0 \in (0,\ a+b)$，使得

$$f(x_0) = 0,$$

故 x 是方程 $x = a\sin x + b$ 的一个正根.

因此，方程 $x = a\sin x + b\,(a>0,\ b>0)$ 至少有一个正根，且不超过 $a+b$.

习题 1-7

1. 设函数 $y = -x^2 + 3x + 5$，求下列情况下的函数增量.

    (1) x 从 1 变化到 0.5 时；   (2) x 从 2 变化到 2.2 时；

    (3) x 从 x_0 变化到 $x_0 + \Delta x$ 时.

2. 试用函数连续性的定义，证明 $f(x) = x^2 - 2x - 2$ 在点 $x = 1$ 处连续.

3. 讨论函数 $f(x) = \begin{cases} x^2, & 0 \leqslant x \leqslant 1 \\ 2 - x, & 1 < x \leqslant 2 \end{cases}$ 在点 $x = 1$ 处的连续性，并画出函数的图形.

4. 当 k 为何值时，函数 $f(x) = \begin{cases} k + \sin x, & x \geqslant 0 \\ 2x + 3, & x < 0 \end{cases}$ 在点 $x = 0$ 处连续？

5. 已知 $\lim\limits_{x \to 1} \dfrac{x^2 - ax + 6}{x - 1} = b$，求 a 与 b 的值.

6. 求下列函数的间断点，并说明该间断点的类型.

    (1) $f(x) = \dfrac{x^2 - 1}{x^2 - 3x + 2}$；   (2) $f(x) = \dfrac{\sin x}{x}$；

    (3) $f(x) = \begin{cases} x - 1, & x \leqslant 1 \\ 3 - x, & x > 1 \end{cases}$；   (4) $f(x) = \cos^2 \dfrac{1}{x}$.

7. 求下列函数的连续区间.

    (1) $f(x) = \dfrac{1}{\sqrt[3]{x^2 - 3x + 2}}$；   (2) $f(x) = \lg(2 - x)$；

    (3) $f(x) = \sqrt{x - 4} + \sqrt{6 - x}$；   (4) $f(x) = \ln\arcsin x$.

8. 求函数 $f(x) = \begin{cases} 4 + x, & x \leqslant -2 \\ x^2, & -2 < x \leqslant 2 \\ 6 - x, & x > 2 \end{cases}$ 的连续区间. 若存在间断点，请说明该间断点的

    类型.

9. 求下列极限.

    (1) $\lim\limits_{x \to \frac{\pi}{4}} (\sin x + \cos x)$；   (2) $\lim\limits_{x \to -8} \sqrt[3]{x} \lg(2 - x)$；

    (3) $\lim\limits_{x \to 0} \dfrac{\sqrt{1 + x} - \sqrt{1 - x}}{x}$；   (4) $\lim\limits_{x \to +\infty} (\sqrt{x^2 + x + 1} - \sqrt{x^2 - x + 1})$；

    (5) $\lim\limits_{x \to 0} \dfrac{e^{2x} - 1}{x}$；   (6) $\lim\limits_{x \to \infty} \left(\dfrac{x^2}{x^2 - 2}\right)^x$；

    (7) $\lim\limits_{x \to \infty} \dfrac{x^k}{x^2 + 2x + 3}$（$k$ 为常数）；   (8) $\lim\limits_{x \to 1} \dfrac{\sin(1 - x)}{1 - x^2}$.

10. 设 $\lim\limits_{x \to \infty} \left(\dfrac{4x^2 + 3}{x - 2} + ax + b\right) = 0$，求常数 a，b 的值.

11. 证明方程 $x^5 - 3x^3 + 1 = 0$ 在区间 $(0, 1)$ 内至少有一个根.

§1.8 习题选解

习题 1−1 选解

1. $2n-1$

2. 2^n

3. $S_n=4n$ 或 $S_n=\dfrac{3n^2-n}{2}$

4. $q=-\sqrt[3]{\dfrac{1}{2}}$

5. **解** 由题意知，(1)当 n 为偶数时，

$$S_n=1-2^2+3^2-4^2+\cdots+(n-1)^2-n^2$$

$$=(1-2^2)+(3^2-4^2)+\cdots+[(n-1)^2-n^2]=-[3+7+\cdots+(2n-1)]$$

$$=-\frac{\dfrac{n}{2}(3+2n-1)}{2}=-\frac{n(n+1)}{2}.$$

(2) 当 n 为奇数时，所以 $S_n=S_{n+1}-a_{n+1}=-\dfrac{(n+1)(n+2)}{2}+(n+1)^2=\dfrac{n(n+1)}{2}$.

综上所述，$S_n=\begin{cases}-\dfrac{n(n+1)}{2}, & n\text{ 为正偶数}\\[3mm]\dfrac{n(n+1)}{2}, & n\text{ 为正奇数}\end{cases}$.

6. **解** 由题意知，$S_n=1\times\dfrac{1}{2^1}+3\times\dfrac{1}{2^2}+5\times\dfrac{1}{2^3}+\cdots+(2n-1)\times\dfrac{1}{2^n}$,   (1)

$$2S_n=1+3\times\frac{1}{2^1}+5\times\frac{1}{2^2}+\cdots+(2n-1)\times\frac{1}{2^{n-1}},\qquad(2)$$

(2)−(1)可得 $S_n=1+2\times\dfrac{1}{2^1}+2\times\dfrac{1}{2^2}+2\times\dfrac{1}{2^3}+\cdots+2\times\dfrac{1}{2^{n-1}}-(2n-1)\times\dfrac{1}{2^n}$

$$=1+2\times\left(\frac{1}{2^1}+\frac{1}{2^2}+\frac{1}{2^3}+\cdots+\frac{1}{2^{n-1}}\right)-(2n-1)\times\frac{1}{2^n}$$

$$=1+2\times\frac{\dfrac{1}{2}\left[1-\left(\dfrac{1}{2}\right)^{n-1}\right]}{1-\dfrac{1}{2}}-(2n-1)\times\frac{1}{2^n}=3-\frac{2n+3}{2^n}.$$

7. **解** 由题意可知 $S_n=\dfrac{7}{9}\Big[(10-1)+(100-1)+(1000-1)+\cdots+(\overbrace{100\cdots00}^{n\text{个}0}-1)\Big]$

$$=\frac{7}{9}\left[\frac{10(1-10^n)}{1-10}-n\right]=\frac{70(10^n-1)}{81}-\frac{7n}{9}.$$

8. 解 由题意知，$a_n = \dfrac{1}{1+2+3+\cdots+n} = \dfrac{2}{(1+n)n} = \dfrac{2}{n} - \dfrac{2}{n+1}$,

$$S_n = \frac{2}{1} - \frac{2}{2} + \frac{2}{2} - \frac{2}{3} + \frac{2}{3} - \frac{2}{4} + \cdots + \frac{2}{n} - \frac{2}{n+1} = 2 - \frac{2}{n+1} = \frac{2n}{n+1}.$$

习题 1－2 选解

1. 解 （1）$a_1 = \sin1$；$a_2 = \dfrac{1}{2}\sin4$；$a_3 = \dfrac{1}{3}\sin27$；$a_4 = \dfrac{1}{4}\sin81$.

（2）$a_1 = \dfrac{1}{\sqrt{2}}$；$a_2 = \dfrac{1}{\sqrt{5}} + \dfrac{1}{\sqrt{6}}$；$a_3 = \dfrac{1}{\sqrt{10}} + \dfrac{1}{\sqrt{11}} + \dfrac{1}{2\sqrt{3}}$；$a_4 = \dfrac{1}{\sqrt{17}} + \dfrac{1}{3\sqrt{2}} + \dfrac{1}{\sqrt{19}} + \dfrac{1}{2\sqrt{5}}$.

（3）$a_1 = mx$；$a_2 = \dfrac{m(m-1)}{2}x^2$；$a_3 = \dfrac{m(m-1)(m-2)}{3!}x^3 = \dfrac{m(m-1)(m-2)}{6}x^3$；

$a_4 = \dfrac{m(m-1)(m-2)(m-3)}{4!}x^4 = \dfrac{m(m-1)(m-2)(m-3)}{24}x^4$.

2. 解 （1）数列收敛.

（2）$a_{2k} = \dfrac{n+1}{n}$，$\lim\limits_{k\to\infty} a_{2k} = 1$；$a_{2k-1} = \dfrac{1}{n}$，$\lim\limits_{k\to\infty} a_{2k-1} = 0 (k=1, 2, \cdots)$，故数列发散.

（3）由 $a_n = \dfrac{1}{3^{n-2}}$，知 $\lim\limits_{n\to\infty} a_n = 0$，故数列收敛.

（4）由 $a_n = \dfrac{(-1)^n(2n-1)}{2n+1}$，知 $\lim\limits_{n\to\infty} a_n = \begin{cases} -1, & n=2k+1 \\ 1, & n=2k \end{cases} (k \in \mathbf{N}^+)$，故数列发散.

3. 解 由于 $|x_n - 1| < 10^{-4} \Rightarrow \left| \dfrac{n}{n-1} - 1 \right| = \dfrac{1}{n-1} < \dfrac{1}{10^4}$,

即 $n-1 > 10^4 \Rightarrow n > 10^4 + 1$，根据定义，当 n 从 $10^4 + 2$ 开始，$|x_n - 1| < 10^{-4}$.

4. 证明 （1）任给 $\varepsilon > 0$,

由 $\left| \dfrac{\sqrt{n^2+n}}{n} - 1 \right| = \left| \dfrac{\sqrt{n^2+n} - n}{n} \right| = \left| \dfrac{1}{\sqrt{n^2+n} + n} \right| < \dfrac{1}{\sqrt{n^2+n}} = \dfrac{1}{2n} < \varepsilon$，解得 $n > \dfrac{1}{2\varepsilon}$,

取 $N = \left[\dfrac{1}{2\varepsilon} \right]$，当 $n > N$ 时，$\left| \dfrac{\sqrt{n^2+n}}{n} - 1 \right| < \varepsilon$ 恒成立.

所以 $\lim\limits_{n\to\infty} \dfrac{\sqrt{n^2+n}}{n} = 1$.

（2）任给 $\varepsilon > 0$，由 $\left| \dfrac{\sin n}{n} - 0 \right| = \left| \dfrac{\sin n}{n} \right| \leqslant \dfrac{1}{n} < \varepsilon$，解得 $n > \left[\dfrac{1}{\varepsilon} \right]$,

取 $N = \left[\dfrac{1}{\varepsilon} \right]$，当 $n > N$ 时，$\left| \dfrac{\sin n}{n} - 0 \right| < \varepsilon$ 恒成立.

所以 $\lim\limits_{n\to\infty} \dfrac{\sin n}{n} = 0$.

（3）任给 $\varepsilon > 0$，由 $\left| \dfrac{3n-1}{2n-1} - \dfrac{3}{2} \right| = \left| \dfrac{1}{2(2n-1)} \right| = \dfrac{1}{4n-2} \leqslant \dfrac{1}{2n} < \varepsilon$，解得 $n > \dfrac{1}{2\varepsilon}$,

取 $N = \left[\dfrac{1}{2\varepsilon} \right]$，当 $n > N$ 时，$\left| \dfrac{3n-1}{2n-1} - \dfrac{3}{2} \right| < \varepsilon$ 恒成立.

所以 $\lim\limits_{n\to\infty}\dfrac{3n-1}{2n-1}=\dfrac{3}{2}$.

（4）分析：当 $a>1$ 时，若直接从定义出发作差 $\left|\sqrt[n]{a}-1\right|$，则该题做起来比较难. 因为 $\sqrt[n]{a}-1$ 的差是什么我们无从得知. 但因 $a>1$，则有 $\sqrt[n]{a}>1$. 故可考虑设 $\sqrt[n]{a}-1=b$（$b>0$），则有 $\sqrt[n]{a}-1=b\Rightarrow a=(1+b)^n$，再考虑使用放缩法.

证明 1　当 $a=1$ 时，结论显然成立.

当 $a>1$ 时，设 $\sqrt[n]{a}-1=b(b>0)$. 则

$a=(1+b)^n=\mathrm{C}_n^0\cdot 1+\mathrm{C}_n^1 b+\mathrm{C}_n^2 b^2+\cdots+\mathrm{C}_n^n b^n>1+\mathrm{C}_n^1 b=1+nb\Rightarrow a-1>nb\Rightarrow b<\dfrac{a-1}{n}$.

$\varepsilon>0$，由 $\left|\sqrt[n]{a}-1\right|=b<\dfrac{a-1}{n}<\varepsilon\Rightarrow n>\dfrac{a-1}{\varepsilon}$，

取 $N=\left[\dfrac{a-1}{\varepsilon}\right]$，则当 $n>N$ 时，$\left|\sqrt[n]{a}-1\right|<\varepsilon$ 恒成立.

当 $0<a<1$ 时，同理可证.

所以 $\lim\limits_{n\to\infty}\sqrt[n]{a}=1$.

证明 2　当 $a=1$ 时，结论显然成立.

当 $a>1$ 时，$\forall\varepsilon>0$，当 $a>1$ 时，由 $\left|\sqrt[n]{a}-1\right|=\sqrt[n]{a}-1<\varepsilon\Rightarrow\sqrt[n]{a}<\varepsilon+1\Rightarrow a^{\frac{1}{n}}<\varepsilon+1\Rightarrow\dfrac{1}{n}\ln a<\ln(\varepsilon+1)\Rightarrow n>\dfrac{\ln a}{\ln(\varepsilon+1)}$.

取 $N=\left[\dfrac{\ln a}{\ln(\varepsilon+1)}\right]$，则当 $n>N$ 时，$\left|\sqrt[n]{a}-1\right|<\varepsilon$ 恒成立.

当 $0<a<1$ 时，同理可证.

所以 $\lim\limits_{n\to\infty}\sqrt[n]{a}=1$.

（5）由于 $S_n=\dfrac{1}{n^2}+\dfrac{2}{n^2}+\cdots+\dfrac{n}{n^2}=\dfrac{n(1+n)}{2n^2}=\dfrac{n+1}{2n}$，

任给 $\varepsilon>0$，由 $\left|S_n-\dfrac{1}{2}\right|=\left|\dfrac{n+1}{2n}-\dfrac{1}{2}\right|=\dfrac{1}{2n}<\varepsilon$，解得 $n>\dfrac{1}{2\varepsilon}$，

取 $N=\left[\dfrac{1}{2\varepsilon}\right]$，当 $n>N$ 时，$\left|\dfrac{n+1}{2n}-\dfrac{1}{2}\right|<\varepsilon$ 恒成立.

所以 $\lim\limits_{n\to\infty}\left(\dfrac{1}{n^2}+\dfrac{2}{n^2}+\cdots+\dfrac{n}{n^2}\right)=\dfrac{1}{2}$.

（6）$S_n=\dfrac{1}{1\times 2}+\dfrac{1}{2\times 3}+\cdots+\dfrac{1}{n(n+1)}=1-\dfrac{1}{2}+\dfrac{1}{2}-\dfrac{1}{3}+\cdots+\dfrac{1}{n}-\dfrac{1}{n+1}=\dfrac{n}{n+1}$，

任给 $\varepsilon>0$，由 $\left|S_n-1\right|=\left|\dfrac{n}{n+1}-1\right|=\left|\dfrac{1}{n+1}\right|=\dfrac{1}{n}<\varepsilon$，解得 $n>\dfrac{1}{\varepsilon}$，

取 $N=\left[\dfrac{1}{\varepsilon}\right]$，当 $n>N$ 时，$\left|\dfrac{n}{n+1}-1\right|<\varepsilon$ 恒成立.

所以 $\lim\limits_{n\to\infty}\left[\dfrac{1}{1\times 2}+\dfrac{1}{2\times 3}+\cdots+\dfrac{1}{n(n+1)}\right]=1$.

习题 1−3 选解

1. **解** （1）当 $x\to\infty$ 时，$1+x^2\to\infty$，则 $\dfrac{1}{1+x^2}\to0$，所以 $\lim\limits_{x\to\infty}\dfrac{1}{1+x^2}=0$.

（2）当 $x\to+\infty$ 时，$2^x\to+\infty$，则 $\dfrac{1}{2^x}\to0$，所以 $\lim\limits_{x\to+\infty}\dfrac{1}{2^x}=0$.

（3）当 $x\to\infty$ 时，$\cos3x$ 的值在 -1 和 1 之间周期性变化，所以 $\lim\limits_{x\to\infty}\cos3x$ 不存在.

（4）当 $x\to-\infty$ 时，$3^x\to0$，所以 $\lim\limits_{x\to-\infty}3^x=0$.

（5）当 $x\to\infty$ 时，$e^{|x|}\to+\infty$，所以 $\lim\limits_{x\to\infty}e^{|x|}$ 不存在.

（6）当 $x\to1$ 时，$2-x^3\to1$，所以 $\lim\limits_{x\to1}(2-x^3)=1$.

（7）当 $x\to0$ 时，$\sin x\to0$，所以 $\lim\limits_{x\to0}\sin x=0$.

（8）当 $x\to0^+$ 时，$\sqrt{x}\to0^+$，所以 $\lim\limits_{x\to0^+}\sqrt{x}=0$.

（9）当 $x\to0$ 时，$\dfrac{1}{x}\to\infty$，$\sin\dfrac{1}{x}$ 的值在 -1 和 1 之间周期性变化，所以 $\lim\limits_{x\to\infty}\sin\dfrac{1}{x}$ 不存在.

（10）
$$\left.\begin{array}{l}\text{当 }x\to1^-\text{ 时，}1-x\to0^+\text{，则 }\dfrac{2}{1-x}\to+\infty\\[2mm]\text{当 }x\to1^+\text{ 时，}1-x\to0^-\text{，则 }\dfrac{2}{1-x}\to-\infty\end{array}\right\}\Rightarrow\lim\limits_{x\to1}\dfrac{2}{1-x}\text{ 不存在}.$$

2. **解** 求 $f(x)$ 当 $x=3$ 处的左、右极限，
$$\lim_{x\to3^+}f(x)=\lim_{x\to3^+}(2x-1)=5,\quad \lim_{x\to3^-}f(x)=\lim_{x\to3^-}x=3,$$
可见左、右极限存在但不相等，故 $\lim\limits_{x\to3}f(x)$ 不存在.

3. **解** 求 $f(x)$ 当 $x=0$ 处的左、右极限，
$$\lim_{x\to0^+}f(x)=\lim_{x\to0^+}\cos x=1,\quad \lim_{x\to0^-}f(x)=\lim_{x\to0^-}(1+x)=1,$$
可见左、右极限存在且相等，故 $\lim\limits_{x\to0}f(x)=1$.

4. **解** 当 $n\to\infty$ 时，（1）（2）是无穷小，（3）是无穷大，（4）既不是无穷小也不是无穷大.

5. **解** （1）因为 $\lim\limits_{x\to\infty}\dfrac{1}{x}=0$，$|\cos2x|\leqslant1$，所以 $\lim\limits_{x\to\infty}\dfrac{\cos2x}{x}=0$.

（2）因为 $\lim\limits_{x\to\infty}x^2=\infty$，$\lim\limits_{x\to\infty}\cos\dfrac{1}{x}$ 不存在，所以 $\lim\limits_{x\to\infty}x^2\cos\dfrac{1}{x}$ 不存在.

（3）因为 $\lim\limits_{x\to\infty}\dfrac{1}{x^2}=0$，$|\arctan x|<\dfrac{\pi}{2}$，所以 $\lim\limits_{x\to\infty}\dfrac{\arctan x}{x^2}=0$.

（4）由 $\lim\limits_{x\to\infty}\dfrac{x+\sin x}{x-\sin3x}=\lim\limits_{x\to\infty}\dfrac{1+\dfrac{\sin x}{x}}{1-\dfrac{\sin3x}{x}}$，而 $\lim\limits_{x\to\infty}\dfrac{1}{x}=0$，$|\sin x|\leqslant1$，$|\sin3x|\leqslant1$，知

$$\lim_{x\to\infty}\dfrac{\sin x}{x}=0,\quad \lim_{x\to\infty}\dfrac{\sin3x}{x}=0,\text{ 所以 }\lim_{x\to\infty}\dfrac{x+\sin x}{x-\sin3x}=\lim_{x\to\infty}\dfrac{1+\dfrac{\sin x}{x}}{1-\dfrac{\sin3x}{x}}=1.$$

6. **解**　不一定. 例如：$\lim\limits_{x\to 0}\dfrac{2x^2}{3x^2}=\dfrac{2}{3}$.

7. 略

习题 1-4 选解

1. **解**　(1) $\lim\limits_{x\to 0}\dfrac{x^2+5}{x-3}=\dfrac{0^2+5}{0-3}=-\dfrac{5}{3}$；

(2) $\lim\limits_{x\to -1}\dfrac{x^2+2x+5}{x^2+1}=\dfrac{(-1)^2+2(-1)+5}{(-1)^2+1}=2$；

(3) $\lim\limits_{x\to 0}\left(\dfrac{x^3-3x+1}{x-4}+1\right)=\dfrac{0^3-3\cdot 0+1}{0-4}+1=\dfrac{3}{4}$；

(4) $\lim\limits_{x\to 4}\dfrac{x^2-6x+8}{x^2-5x+4}=\lim\limits_{x\to 4}\dfrac{(x-2)(x-4)}{(x-4)(x-1)}=\lim\limits_{x\to 4}\dfrac{x-2}{x-1}=\dfrac{2}{3}$；

(5) $\lim\limits_{x\to 1}\dfrac{x^2+2x+1}{x^3-x}=\lim\limits_{x\to 1}\dfrac{(x+1)^2}{x(x-1)(x+1)}=\lim\limits_{x\to 1}\dfrac{x+1}{x(x-1)}=\infty$；

(6) $\lim\limits_{h\to 0}\dfrac{(x+h)^3-x^3}{h}=\lim\limits_{h\to 0}\dfrac{(x+h-x)\left[(x+h)^2+(x+h)x+x^2\right]}{h}$

$\qquad\qquad =\lim\limits_{h\to 0}\left[(x+h)^2+(x+h)x+x^2\right]=3x^2$；

(7) $\lim\limits_{x\to\infty}\left(2-\dfrac{1}{x}+\dfrac{1}{x^2}\right)=2$；

(8) $\lim\limits_{x\to\infty}\dfrac{1+x-3x^2}{1+x^2+3x^3}=\lim\limits_{x\to\infty}\dfrac{\dfrac{1}{x^3}+\dfrac{1}{x^2}-\dfrac{3}{x}}{\dfrac{1}{x^3}+\dfrac{1}{x}+3}=\dfrac{0+0-0}{0+0+3}=0$；

(9) $\lim\limits_{x\to\infty}\dfrac{x^4-5x}{x^2-3x+1}=\lim\limits_{x\to\infty}\dfrac{1-\dfrac{5}{x^3}}{\dfrac{1}{x^2}-\dfrac{3}{x^3}+\dfrac{1}{x^4}}=\infty$；

(10) $\lim\limits_{x\to\infty}\dfrac{x^3+x}{x^4-3x^2+1}=\lim\limits_{x\to\infty}\dfrac{\dfrac{1}{x}+\dfrac{1}{x^3}}{1-\dfrac{3}{x^2}+\dfrac{1}{x^4}}=0$；

(11) $\lim\limits_{x\to\infty}\left(1+\dfrac{1}{x}\right)\left(2-\dfrac{1}{x^2}\right)=1\times 2=2$；

(12) $\lim\limits_{x\to\infty}(\sqrt{x^2+1}-\sqrt{x^2-1})=\lim\limits_{x\to\infty}\dfrac{(\sqrt{x^2+1}-\sqrt{x^2-1})(\sqrt{x^2+1}+\sqrt{x^2-1})}{\sqrt{x^2+1}+\sqrt{x^2-1}}$

$\qquad\qquad =\lim\limits_{x\to\infty}\dfrac{2}{\sqrt{x^2+1}+\sqrt{x^2-1}}=0$；

(13) 方法一　$\lim\limits_{x\to\infty}\left(\dfrac{1}{1-x}-\dfrac{3}{1-x^3}\right)=\lim\limits_{x\to\infty}\dfrac{(1+x+x^2)-3}{1-x^3}$

$\qquad\qquad =\lim\limits_{x\to\infty}\dfrac{x+x^2-2}{1-x^3}=\lim\limits_{x\to\infty}\dfrac{\dfrac{1}{x^2}+\dfrac{1}{x}-\dfrac{2}{x^3}}{\dfrac{1}{x^3}-1}=0$；

方法二 $\lim\limits_{x\to\infty}\left(\dfrac{1}{1-x}-\dfrac{3}{1-x^3}\right)=0-0=0$；

(14) $\lim\limits_{x\to\infty}\left(\dfrac{x^3}{2x^2-1}-\dfrac{x^2}{2x+1}\right)=\lim\limits_{x\to\infty}\dfrac{x^3(2x+1)-x^2(2x^2-1)}{(2x^2-1)(2x+1)}=\lim\limits_{x\to\infty}\dfrac{x^3+x^2}{(2x^2-1)(2x+1)}$

$$=\lim\limits_{x\to\infty}\dfrac{x^3+x^2}{4x^3+2x^2-2x-1}=\lim\limits_{x\to\infty}\dfrac{1+\dfrac{1}{x}}{4+\dfrac{2}{x}-\dfrac{2}{x^2}-\dfrac{1}{x^3}}=\dfrac{1}{4}.$$

2. **解** (1) $\lim\limits_{x\to\infty}(2x^2-x+3)=+\infty$；

(2) $\lim\limits_{x\to+\infty}\dfrac{\sqrt{x^2+2}}{x+1}=\lim\limits_{x\to+\infty}\dfrac{\sqrt{\dfrac{x^2+2}{x^2}}}{1+\dfrac{1}{x}}=\lim\limits_{x\to+\infty}\dfrac{\sqrt{1+\dfrac{2}{x^2}}}{1+\dfrac{1}{x}}=1$；

(3) $\lim\limits_{n\to\infty}\left(1+\dfrac{1}{2}+\dfrac{1}{4}+\cdots+\dfrac{1}{2^n}\right)=\lim\limits_{n\to\infty}\dfrac{1\cdot\left(1-\dfrac{1}{2^n}\right)}{1-\dfrac{1}{2}}=2\lim\limits_{n\to\infty}\left(1-\dfrac{1}{2^n}\right)=2$；

(4) $\lim\limits_{n\to\infty}(\sqrt{n^2+n}-n)=\lim\limits_{n\to\infty}\dfrac{(\sqrt{n^2+n}-n)(\sqrt{n^2+n}+n)}{\sqrt{n^2+n}+n}=\lim\limits_{n\to\infty}\dfrac{n}{\sqrt{n^2+n}+n}$

$$=\lim\limits_{n\to\infty}\dfrac{1}{\sqrt{\dfrac{n^2+n}{n^2}}+1}=\lim\limits_{n\to\infty}\dfrac{1}{\sqrt{1+\dfrac{1}{n}}+1}=\dfrac{1}{2}.$$

3. **解** 由 $\lim\limits_{x\to1^+}f(x)=\lim\limits_{x\to1^+}x=1$，$\lim\limits_{x\to1^-}f(x)=\lim\limits_{x\to1^-}(x^2+2x-3)=0$ 知$\lim\limits_{x\to1}f(x)$不存在；

由 $\lim\limits_{x\to2^+}f(x)=\lim\limits_{x\to2^+}(2x-2)=2$，$\lim\limits_{x\to2^-}f(x)=\lim\limits_{x\to2^-}x=2$ 知$\lim\limits_{x\to2}f(x)=2$；

$\lim\limits_{x\to3}f(x)=\lim\limits_{x\to3}(2x-2)=4.$

习题 1−5 选解

1. **解** (1) $\lim\limits_{x\to0}\dfrac{\sin(-2x)}{x}=\lim\limits_{x\to0}\dfrac{\sin(-2x)}{-2x}\cdot(-2)=-2$；

(2) $\lim\limits_{x\to0}\dfrac{2x}{\sin3x}=\lim\limits_{x\to0}\dfrac{3x}{\sin3x}\cdot\dfrac{2}{3}=\dfrac{2}{3}$；

(3) $\lim\limits_{x\to0}\dfrac{\sin mx}{\sin nx}=\lim\limits_{x\to0}\dfrac{\sin mx}{mx}\cdot\dfrac{nx}{\sin nx}\cdot\dfrac{m}{n}=\dfrac{m}{n}$；

(4) $\lim\limits_{x\to0}\dfrac{\tan bx}{\sin ax}=\lim\limits_{x\to0}\dfrac{\sin bx}{\cos bx}\cdot\dfrac{1}{\sin ax}=\lim\limits_{x\to0}\dfrac{\sin bx}{\sin ax}\cdot\dfrac{1}{\cos bx}$

$$=\lim\limits_{x\to0}\dfrac{\sin bx}{bx}\cdot\dfrac{ax}{\sin ax}\cdot\dfrac{b}{a}=\dfrac{b}{a}$$；

(5) $\lim\limits_{x\to0}x\cot x=\lim\limits_{x\to0}x\cdot\dfrac{\cos x}{\sin x}=\lim\limits_{x\to0}\dfrac{x}{\sin x}\cdot\cos x=1\times1=1$；

(6) 令$\arctan x=t$，则 $x=\tan t$，$x\to0$ 时，$t\to0$，

$$\lim\limits_{x\to0}\dfrac{\arctan x}{x}=\lim\limits_{t\to0}\dfrac{t}{\tan t}=\lim\limits_{t\to0}\dfrac{t}{\sin t}\cdot\cos t=1\times1=1$$；

(7) $\lim\limits_{x\to 0}\dfrac{1-\cos 2x}{x\sin x}=\lim\limits_{x\to 0}\dfrac{2\sin^2 x}{x\sin x}=\lim\limits_{x\to 0}\dfrac{2\sin x}{x}=2$;

(8) $\lim\limits_{x\to a}\dfrac{\sin x-\sin a}{x-a}=\lim\limits_{x\to a}\dfrac{2\cos\dfrac{x+a}{2}\sin\dfrac{x-a}{2}}{x-a}=\lim\limits_{x\to a}\cos\dfrac{x+a}{2}\cdot\dfrac{\sin\dfrac{x-a}{2}}{\dfrac{x-a}{2}}=\cos a$.

2. 解　(1) $\lim\limits_{x\to\infty}\left(1-\dfrac{3}{x}\right)^x=\lim\limits_{x\to\infty}\left(1+\dfrac{-3}{x}\right)^{\frac{x}{-3}\cdot(-3)}=\left[\lim\limits_{x\to\infty}\left(1+\dfrac{-3}{x}\right)^{\frac{x}{-3}}\right]^{-3}=\mathrm{e}^{-3}$;

(2) $\lim\limits_{x\to 0}(1+5x)^{\frac{1}{x}}=\lim\limits_{x\to 0}(1+5x)^{\frac{1}{5x}\cdot 5}=\left[\lim\limits_{x\to 0}(1+5x)^{\frac{1}{5x}}\right]^5=\mathrm{e}^5$;

(3) $\lim\limits_{x\to\infty}\left(\dfrac{1+x}{x}\right)^{2x}=\lim\limits_{x\to\infty}\left(1+\dfrac{1}{x}\right)^{x\times 2}=\left[\lim\limits_{x\to\infty}\left(1+\dfrac{1}{x}\right)^x\right]^2=\mathrm{e}^2$;

(4) $\lim\limits_{x\to 0}(1-x)^{-\frac{2}{x}}=\lim\limits_{x\to 0}\left[1+(-x)\right]^{\frac{1}{-x}\cdot 2}=\left\{\lim\limits_{x\to 0}\left[1+(-x)\right]^{\frac{1}{-x}}\right\}^2=\mathrm{e}^2$;

(5) $\lim\limits_{x\to\infty}\left(1+\dfrac{k}{x}\right)^{mx}=\lim\limits_{x\to\infty}\left(1+\dfrac{k}{x}\right)^{\frac{x}{k}\cdot(km)}=\left[\lim\limits_{x\to\infty}\left(1+\dfrac{k}{x}\right)^{\frac{x}{k}}\right]^{km}=\mathrm{e}^{km}$;

(6) $\lim\limits_{x\to 0}\left(\dfrac{1+x}{1-x}\right)^{\frac{1}{x}}=\lim\limits_{x\to 0}\dfrac{(1+x)^{\frac{1}{x}}}{(1-x)^{\frac{1}{x}}}=\lim\limits_{x\to 0}\dfrac{(1+x)^{\frac{1}{x}}}{\left[1+(-x)\right]^{\frac{1}{-x}\cdot(-1)}}=\dfrac{\mathrm{e}}{\mathrm{e}^{-1}}=\mathrm{e}^2$;

(7) $\lim\limits_{x\to\infty}\left(\dfrac{2x+3}{2x+1}\right)^{x+1}=\lim\limits_{x\to\infty}\left(\dfrac{2x+3}{2x+1}\right)^x\cdot\left(\dfrac{2x+3}{2x+1}\right)=\lim\limits_{x\to\infty}\left(\dfrac{2x+3}{2x+1}\right)^x$

$$=\lim\limits_{x\to\infty}\left(\dfrac{1+\dfrac{3}{2x}}{1+\dfrac{1}{2x}}\right)^x=\dfrac{\lim\limits_{x\to\infty}\left(1+\dfrac{3}{2x}\right)^x}{\lim\limits_{x\to\infty}\left(1+\dfrac{1}{2x}\right)^x}=\dfrac{\lim\limits_{x\to\infty}\left(1+\dfrac{3}{2x}\right)^{\frac{2x}{3}\times\frac{3}{2}}}{\lim\limits_{x\to\infty}\left(1+\dfrac{1}{2x}\right)^{2x\times\frac{1}{2}}}=\dfrac{\mathrm{e}^{\frac{3}{2}}}{\mathrm{e}^{\frac{1}{2}}}=\mathrm{e};$$

(8) $\lim\limits_{x\to 0}(1+\tan x)^{\cot x}=\lim\limits_{x\to 0}(1+\tan x)^{\frac{1}{\tan x}}=\mathrm{e}.$

习题 1-6 选解

1. 解　$\lim\limits_{x\to 1}\dfrac{1-x}{1-x^3}=\lim\limits_{x\to 1}\dfrac{1-x}{(1-x)(1+x+x^2)}=\lim\limits_{x\to 1}\dfrac{1}{1+x+x^2}=\dfrac{1}{3}$,

故无穷小 $1-x$ 和 $1-x^3$ 同阶, 不等价.

$\lim\limits_{x\to 1}\dfrac{1-x}{\dfrac{1}{2}(1-x)^2}=2\lim\limits_{x\to 1}\dfrac{1-x}{(1-x)(1-x)}=2\lim\limits_{x\to 1}\dfrac{1}{1-x}=\infty.$

故无穷小 $1-x$ 与 $\dfrac{1}{2}(1-x)^2$ 不同阶, 不等价.

2. 证明　(1) 令 $\arcsin x=t$, $x=\sin t$, 且 $x\to 0$ 时, $t\to 0$.

$\lim\limits_{x\to 0}\dfrac{\arcsin x}{x}=\lim\limits_{t\to 0}\dfrac{t}{\sin t}=1$, 故 $\arcsin x\sim x$.

(2) 令 $\arctan x=t$, 则 $x=\tan t$, 且 $x\to 0$ 时, $t\to 0$.

$\lim\limits_{x\to 0}\dfrac{\arctan x}{x}=\lim\limits_{t\to 0}\dfrac{t}{\tan t}=\lim\limits_{t\to 0}\dfrac{t}{\sin t}\cdot\cos t=1\times 1=1$, 故 $\arctan x\sim x$.

3. 解　(1) $\lim\limits_{x\to 0}\dfrac{x^3}{x^2+5x}=\lim\limits_{x\to 0}\dfrac{x^2}{x+5}=0$, 故 $x^3=o(x^2+5x)$.

(2) $\lim\limits_{x\to 3}\dfrac{x^2-6x+9}{x-3}=\lim\limits_{x\to 3}\dfrac{(x-3)^2}{x-3}=0$, 故 $x^2-6x+9=o(x-3)$.

(3) $\lim\limits_{x\to 0}\dfrac{\sin^2 x}{x^2+x^3}=\lim\limits_{x\to 0}\dfrac{\sin^2 x}{x^2(1+x)}=\lim\limits_{x\to 0}\dfrac{1}{1+x}=1$，故 $\sin^2 x\sim x^2+x^3$.

(4) $\lim\limits_{x\to\infty}\dfrac{\dfrac{1}{x^2}}{\sin\dfrac{1}{x}}=\lim\limits_{x\to\infty}\dfrac{\dfrac{1}{x^2}}{\dfrac{1}{x}}=\lim\limits_{x\to\infty}\dfrac{1}{x}=0$，故 $\dfrac{1}{x^2}=o\left(\sin\dfrac{1}{x}\right)$.

4. **解** (1) $\lim\limits_{x\to 0}\dfrac{\tan 2x}{\sin 3x}=\lim\limits_{x\to 0}\dfrac{2x}{3x}=\dfrac{2}{3}$；

(2) $\lim\limits_{x\to 0}\dfrac{\sin(x^3)}{(\sin x)^2}=\lim\limits_{x\to 0}\dfrac{x^3}{x^2}=0$；

(3) 因为 $\lim\limits_{x\to\infty}\dfrac{1}{x^2}=0$，$|\arcsin x|\leqslant\dfrac{\pi}{2}$，所以 $\lim\limits_{x\to\infty}\dfrac{\arcsin x}{x^2}=0$；

(4) $\lim\limits_{x\to 0}\dfrac{(1-\cos x)\tan x}{x^2\arctan x}=\lim\limits_{x\to 0}\dfrac{\dfrac{1}{2}x^2\cdot x}{x^2\cdot x}=\dfrac{1}{2}$.

5. **证明 1** $(1+x)^n=C_n^0 x^n+C_n^1 x^{n-1}+C_n^2 x^{n-2}+\cdots+C_n^{n-1}x+C_n^n$

$$=x^n+nx^{n-1}+\dfrac{n(n-1)}{2}x^{n-2}+\cdots+nx+1,$$

$$\lim\limits_{x\to 0}\dfrac{(1+x)^n-1}{nx}=\lim\limits_{x\to 0}\dfrac{x^n+nx^{n-1}+\dfrac{n(n-1)}{2}x^{n-2}+\cdots+nx+1-1}{nx}$$

$$=\lim\limits_{x\to 0}\dfrac{x^{n-1}+nx^{n-2}+\dfrac{n(n-1)}{2}x^{n-3}+\cdots+n}{n}=1,$$

故当 $x\to 0$ 时，$(1+x)^n-1\sim nx$（n 是正整数）.

证明 2 $\lim\limits_{x\to 0}\dfrac{(1+x)^n-1}{nx}=\lim\limits_{x\to 0}\dfrac{e^{\ln(1+x)^n}-1}{nx}=\lim\limits_{x\to 0}\dfrac{e^{n\ln(1+x)}-1}{nx}=\lim\limits_{x\to 0}\dfrac{n\ln(1+x)}{nx}=\lim\limits_{x\to 0}\dfrac{nx}{nx}$

$=1$,

所以，当 $x\to 0$ 时，$(1+x)^n-1\sim nx$（n 是正整数）.

习题 1-7 选解

1. **解** (1) $\Delta y=-(0.5)^2+3\times 0.5+5-(-1^2+3\times 1+5)=-0.75$；

(2) $\Delta y=-(2.2)^2+3\times 2.2+5-(-2^2+3\times 2+5)=-0.24$；

(3) $\Delta y=-(x_0+\Delta x)^2+3\times(x_0+\Delta x)+5-(-x_0^2+3\times x_0+5)$

$=-x_0^2-2x_0\Delta x-(\Delta x)^2+3x_0+5+3\Delta x+x_0^2-3x_0-5$

$=(-2x_0+3)\Delta x-(\Delta x)^2$.

2. **解** $f(x)=x^2-2x-2$ 在点 $x=1$ 处有定义，

$\lim\limits_{x\to 1}f(x)=\lim\limits_{x\to 1}(x^2-2x-2)=-3$，而 $f(1)=-3$，因此 $\lim\limits_{x\to 1}f(x)=f(1)$.

根据函数连续性的定义，$f(x)=x^2-2x-2$ 在点 $x=1$ 处连续.

3. **解** 函数 $f(x)$ 在点 $x=1$ 处有定义，$f(1)=1$，

$\lim\limits_{x\to 1^+}f(x)=\lim\limits_{x\to 1^+}(2-x)=1$，$\lim\limits_{x\to 1^-}f(x)=\lim\limits_{x\to 1^-}x^2=1$，即 $\lim\limits_{x\to 1^+}f(x)=\lim\limits_{x\to 1^-}f(x)$，

所以函数 $f(x)$ 在 $x=1$ 处连续.

图略.

4. **解**　由于函数 $f(x)$ 在点 $x=0$ 处连续,

$$\lim_{x\to 0^+} f(x) = \lim_{x\to 0^+}(k+\sin x)=k, \quad \lim_{x\to 0^-} f(x) = \lim_{x\to 0^-}(2x+3)=3, \text{ 则 } k=3.$$

5. **解**　由 $\lim\limits_{x\to 1}\dfrac{x^2-ax+6}{x-1}=b$ 知 $x=1$ 是 $x^2-ax+6=0$ 的根,即 $1^2-a\times 1+6=0 \Rightarrow a=7$.

因此 $\lim\limits_{x\to 1}\dfrac{x^2-ax+6}{x-1}=\lim\limits_{x\to 1}\dfrac{x^2-7x+6}{x-1}=\lim\limits_{x\to 1}\dfrac{(x-1)(x-6)}{x-1}=-5=b$,

所以 $a=7$, $b=-5$.

6. **解**　(1) 由 $f(x)=\dfrac{x^2-1}{x^2-3x+2}=\dfrac{x^2-1}{(x-1)(x-2)}$ 知 $f(x)$ 在 $x=1$,$x=2$ 处无定义,

故 $x=1$,$x=2$ 是 $f(x)$ 的间断点.

由 $\lim\limits_{x\to 1}f(x)=\lim\limits_{x\to 1}\dfrac{x^2-1}{x^2-3x+2}=\lim\limits_{x\to 1}\dfrac{x+1}{x-2}=-2$,

知 $x=1$ 是 $f(x)$ 的第一类间断点中的可去间断点.

由 $\lim\limits_{x\to 2}f(x)=\lim\limits_{x\to 2}\dfrac{x^2-1}{x^2-3x+2}=\lim\limits_{x\to 2}\dfrac{x+1}{x-2}=\infty$,

知 $x=2$ 是 $f(x)$ 的第二类间断点中的无穷间断点.

(2) 由 $f(x)=\dfrac{\sin x}{x}$ 知 $x=0$ 时 $f(x)$ 无定义,故 $x=0$ 为 $f(x)$ 的间断点.

由 $\lim\limits_{x\to 0}f(x)=\lim\limits_{x\to 0}\dfrac{\sin x}{x}=1$ 知 $x=0$ 是 $f(x)$ 的第一类间断点中的可去间断点.

(3) 函数 $f(x)$ 的定义域为 $(-\infty,+\infty)$,而 $x=1$ 是分段函数的分段点.

由 $\lim\limits_{x\to 1^-}f(x)=\lim\limits_{x\to 1^-}(x-1)=0$, $\lim\limits_{x\to 1^+}f(x)=\lim\limits_{x\to 1^+}(3-x)=2$,即 $\lim\limits_{x\to 1}f(x)$ 不存在.

所以 $x=1$ 是 $f(x)$ 的第一类间断点中的跳跃间断点.

(4) 函数 $f(x)=\cos^2\dfrac{1}{x}$ 在 $x=0$ 处无定义,$x=0$ 是 $f(x)$ 的间断点.

当 $x\to 0$ 时,$\cos^2\dfrac{1}{x}$ 在 0 与 1 之间无穷次地来回摆动,

所以 $x=0$ 是函数 $f(x)$ 的第二类间断点中的振荡间断点.

7. **解**　函数的连续区间即为函数的定义域,所以

(1) $(-\infty,1)\cup(1,2)\cup(2,+\infty)$; (2) $(-\infty,2)$; (3) $[4,6]$; (4) $(0,1]$.

8. **解**　由 $f(-2-0)=\lim\limits_{x\to -2^-}f(x)=\lim\limits_{x\to -2^-}(4+x)=2$, $f(-2+0)=\lim\limits_{x\to -2^+}f(x)=\lim\limits_{x\to -2^+}x^2=4$

知 $f(-2-0)\neq f(-2+0)$,则 $x=-2$ 是 $f(x)$ 的第一类间断点中的跳跃间断点.

由 $f(2-0)=\lim\limits_{x\to 2^-}f(x)=\lim\limits_{x\to 2^-}x^2=4$, $f(2+0)=\lim\limits_{x\to 2^+}f(x)=\lim\limits_{x\to 2^+}(6-x)=4$

知 $f(2-0)=f(2+0)=f(2)$,则 $f(x)$ 在 $x=2$ 处连续.

所以,$f(x)$ 的连续区间为 $(-\infty,-2)\cup(-2,+\infty)$.

9. **解**　(1) $\lim\limits_{x\to \frac{\pi}{4}}(\sin x+\cos x)=\sin\dfrac{\pi}{4}+\cos\dfrac{\pi}{4}=\sqrt{2}$.

(2) $\lim\limits_{x \to -8} \sqrt[3]{x} \lg(2-x) = \sqrt[3]{-8} \cdot \lg(2+8) = -2 \cdot \lg 10 = -2.$

(3) $\lim\limits_{x \to 0} \dfrac{\sqrt{1+x} - \sqrt{1-x}}{x} = \lim\limits_{x \to 0} \dfrac{2x}{x(\sqrt{1+x} + \sqrt{1-x})} = \lim\limits_{x \to 0} \dfrac{2}{\sqrt{1+x} + \sqrt{1-x}}$

$\qquad = \dfrac{2}{\sqrt{1+0} + \sqrt{1-0}} = 1.$

(4) $\lim\limits_{x \to +\infty} (\sqrt{x^2+x+1} - \sqrt{x^2-x+1})$

$\qquad = \lim\limits_{x \to +\infty} \dfrac{(\sqrt{x^2+x+1} - \sqrt{x^2-x+1})(\sqrt{x^2+x+1} + \sqrt{x^2-x+1})}{\sqrt{x^2+x+1} + \sqrt{x^2-x+1}}$

$\qquad = \lim\limits_{x \to +\infty} \dfrac{2x}{\sqrt{x^2+x+1} + \sqrt{x^2-x+1}} = \lim\limits_{x \to +\infty} \dfrac{2}{\sqrt{1+\frac{1}{x}+\frac{1}{x^2}} + \sqrt{1-\frac{1}{x}+\frac{1}{x^2}}} = 1.$

(5) $\lim\limits_{x \to 0} \dfrac{e^{2x} - 1}{x} = \lim\limits_{x \to 0} \dfrac{2x}{x} = 2.$

(6) $\lim\limits_{x \to \infty} \left(\dfrac{x^2}{x^2-2}\right)^x = \lim\limits_{x \to \infty} \left(\dfrac{1}{1-\frac{2}{x^2}}\right)^x = \lim\limits_{x \to \infty} \dfrac{1}{\left(1-\frac{2}{x^2}\right)^x} = \lim\limits_{x \to \infty} \dfrac{1}{\left(1+\frac{-2}{x^2}\right)^{-\frac{x^2}{2} \cdot \left(-\frac{2}{x}\right)}}$

$\qquad = \left[\lim\limits_{x \to \infty} \left(1-\dfrac{2}{x^2}\right)^{-\frac{x^2}{2}}\right]^{-\frac{2}{x}} = e^{\lim\limits_{x \to \infty} -\frac{2}{x}} = 1.$

(7) ①当 $k > 2$ 时，$\lim\limits_{x \to \infty} \dfrac{x^k}{x^2+2x+3} = \lim\limits_{x \to \infty} \dfrac{1}{\frac{x^2}{x^k} + \frac{2x}{x^k} + \frac{3}{x^k}} = \lim\limits_{x \to \infty} \dfrac{1}{\frac{1}{x^{k-2}} + \frac{2}{x^{k-1}} + \frac{3}{x^k}} = \infty;$

②当 $k = 2$ 时，$\lim\limits_{x \to \infty} \dfrac{x^k}{x^2+2x+3} = \lim\limits_{x \to \infty} \dfrac{x^2}{x^2+2x+3} = \lim\limits_{x \to \infty} \dfrac{1}{1+\frac{2}{x}+\frac{3}{x^2}} = 1;$

③当 $k < 2$ 时，$\lim\limits_{x \to \infty} \dfrac{x^k}{x^2+2x+3} = \lim\limits_{x \to \infty} \dfrac{x^{k-2}}{1+\frac{2}{x}+\frac{3}{x^2}} = 0.$

根据①②③可知 $\lim\limits_{x \to \infty} \dfrac{x^k}{x^2+2x+3} = \begin{cases} 0, & k < 2 \\ 1, & k = 2 \\ \infty, & k > 2 \end{cases}.$

(8) $\lim\limits_{x \to 1} \dfrac{\sin(1-x)}{1-x^2} = \lim\limits_{x \to 1} \dfrac{\sin(1-x)}{(1-x)(1+x)} = \lim\limits_{x \to 1} \dfrac{\sin(1-x)}{1-x} \cdot \dfrac{1}{1+x} = \dfrac{1}{2}.$

10. **解**　由 $\lim\limits_{x \to \infty} \left(\dfrac{4x^2+3}{x-2} + ax + b\right) = \lim\limits_{x \to \infty} \dfrac{(4+a)x^2 + (b-2a)x + 3 - 2b}{x-2} = 0,$

可得 $\begin{cases} a+4=0 \\ b-2a=0 \end{cases} \Rightarrow \begin{cases} a=-4 \\ b=-8 \end{cases}.$

11. **证明**　设 $f(x) = x^5 - 3x^3 + 1$，则 $f(x)$ 在 $[0, 1]$ 上连续，且

$\quad f(0) = 1 > 0, \ f(1) = -1 < 0.$

所以，由零点定理知：方程 $x^5 - 3x^3 + 1 = 0$ 在区间 $(0, 1)$ 内至少有一个根.

第 2 章

导数与微分

  微积分的思想萌芽特别是积分学，可以追溯到古代．在古代希腊、中国和印度数学家们的著述中，不乏用无穷小过程计算特殊图形面积、体积以及曲线长度的例子．微分学的起源则要晚得多．自文艺复兴以来，自然科学开始迈入综合与突破的阶段，当时大约有四种主要类型的问题需要解决：①确定非匀速运动物体的速度、加速度与瞬时变化率的研究；②望远镜的光程设计需要确定透镜曲面上任一点的法线以及曲线的切线的问题；③确定炮弹的最大射程与寻求行星轨道的近日点与远日点等涉及的函数极大值与极小值问题；④行星沿轨道运动路程，行星矢径扫过的面积以及物体重心与引力计算所涉及的积分学的基本问题．17 世纪的许多著名科学家都为解决上述问题作了大量的研究工作，如法国的费尔玛（Fermat）、笛卡尔（Descartes）、罗伯瓦（Roberval）、笛沙格（Desargues），英国的巴罗（Barrow）、瓦里士（Wallis），德国的开普勒（Kepler），意大利的卡瓦列利（Cavalieri）都为微积分的创立作出了贡献．

  经过了半个世纪的酝酿，牛顿（Newton）和莱布尼茨（Leibniz）出场了．他们完成了微积分创立中最后也是最关键的步骤．在此过程中，牛顿着重从运动学来考虑，而莱布尼茨则侧重于从几何学考虑．他们共同分享着这份伟大的荣耀．

  牛顿在 1671 年写了《流数术和无穷级数》，这本书直到 1736 年才出版．书中指出，变量是由点、线、面的连续运动产生的，否定了以前自己认为的变量是无穷小元素的静止集合的定义．他把连续变量叫做流动量，把这些流动量的导数叫做流数．牛顿在流数术中所提出的中心问题是：已知连续运动的路径，求给定时刻的速度（微分法）；已知运动的速度，求给定时间内经过的路程（积分法）．1687 年牛顿发表了他的划时代的科学名著《自然哲学的数学原理》．在这部最早发表的包含微积分成果的书中，牛顿已经把微积分的大厦建立在极限的基础之上．

  莱布尼茨从 1672 年开始将他对数列研究的成果与微积分运算联系起来，1676 年莱布尼茨已经能够给出幂函数的微分与积分公式．不久他又给出了计算复合函数微分的链式法则．1677 年莱布尼茨在一篇手稿中明确阐述了微积分基本定理，最终于 1684 年发表了具有划时代意义的微积分文献《一种求极大与极小值和求切线的新方法》．莱布尼茨是历史上最伟大的符号学家之一，现在我们使用的微积分通用符号（如用 $\mathrm{d}y$ 和 $\mathrm{d}x$ 来表示函数 y 和自变量 x 的增量），以及积分符号"$\int$"（这显然是求和一词"sum"首字母的拉长）就是当时莱布尼茨选用的，这对微积分的发展有极大的影响．

将微积分学成书并传给后人的是欧拉（Euler）．他写了力学、代数、数学分析、解析几何与微分几何、变分法等方面的著作．与微积分学有关的《无穷小分析理论》是第一本沟通微积分与初等分析的著作，它发表于 1748 年；《微分学原理》发表于 1755 年；《积分学原理》发表于 1768—1770 年．这些著作都被看作数学史上的里程碑．

微分学是微积分的重要组成部分．这一章介绍微分学的基础知识，它的基本概念是导数和微分．这一章首先通过实例引入导数的概念，然后给出求函数的导数的一般法则和初等函数求导方法，最后介绍微分的概念、微分求法及其简单应用．

§2.1　导数

一般认为，求变速运动的瞬时速度，求已知曲线上一点处的切线，求函数的最大值、最小值，以及求曲线的弧长是微分学产生的四大动因. 牛顿和莱布尼茨就是分别在研究瞬时速度和曲线的切线时提出导数概念的. 这些问题的实质就是研究自变量 x 的增量 Δx 与相应的函数 $y = f(x)$ 的增量 Δy 之间的关系，即研究当 $\Delta x \to 0$ 时，$\dfrac{\Delta y}{\Delta x}$ 的极限是什么. 下面是两个关于导数的实际例子.

2.1.1　引例

艾萨克·牛顿（Isaac Newton，1643—1727），英国皇家学会会长，著名的物理学家、数学家、天文学家和自然哲学家，百科全书式的"全才"，著有《自然哲学的数学原理》《光学》等.

1. 变速直线运动的瞬时速度

设一物体作变速直线运动，其运动规律为 $s = s(t)$，其中 s 为物体在时刻 t 的位移（即距离），求在任一时刻 t_0 物体的瞬时速度.

设在时刻 t_0 的位移为 $s(t_0)$（如图 2−1），任取从时刻 t_0 到 $t_0 + \Delta t$ 这样一个时间间隔 Δt，物体的位移为 $\Delta s = s(t_0 + \Delta t) - s(t_0)$，比值 $\dfrac{\Delta s}{\Delta t}$ 表示这个时间间隔的平均速度

$$\bar{v} = \frac{\Delta s}{\Delta t} = \frac{s(t_0 + \Delta t) - s(t_0)}{\Delta t}.$$

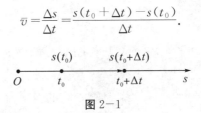

图 2−1

平均速度不能精确地反映物体在时刻 t_0 的瞬时速度，但 $|\Delta t|$ 越小，用平均速度来表示时刻 t_0 的瞬时速度就越准确. 因此，我们规定，当 $\Delta t \to 0$ 时，平均速度的极限（如果存在的话）称为物体在时刻 t_0 的瞬时速度，记为 $v(t_0)$，即

$$v(t_0) = \lim_{\Delta t \to 0} \frac{\Delta s}{\Delta t} = \lim_{\Delta t \to 0} \frac{s(t_0 + \Delta t) - s(t_0)}{\Delta t}.$$

这就是说，物体在时刻 t_0 的瞬时速度是函数 $s(t)$ 的增量与时间增量 Δt 之比当 $\Delta t \to 0$ 时的极限.

伽利略·伽利雷（Galileo Galilei，1564—1642），意大利数学家、物理学家、天文学家.

伽利略从实验中总结出自由落体定律：地球上的物体下落的速度与时间成正比，下落的距离与时间的平方成正比，物体下落的加速度与物体的质量无关.

例 1 已知自由落体的运动学方程是 $s=\dfrac{1}{2}gt^2$. 求：

（1）物体在 t_0 到 $t_0+\Delta t$ 这段时间内的平均速度；

（2）物体在 t_0 时刻的瞬时速度.

解 （1）因为

$$\Delta s=\frac{1}{2}g\ (t_0+\Delta t)^2-\frac{1}{2}gt_0^2=gt_0\Delta t+\frac{1}{2}g\ (\Delta t)^2,$$

所以 t_0 到 $t_0+\Delta t$ 这段时间内的平均速度为

$$\bar{v}=\frac{\Delta s}{\Delta t}=\frac{gt_0\Delta t+\dfrac{1}{2}g\ (\Delta t)^2}{\Delta t}=g\left(t_0+\frac{1}{2}\Delta t\right);$$

（2）由 $\bar{v}$ 的表达式可知，在 t_0 时刻的瞬时速度为

$$v(t_0)=\lim_{\Delta t\to 0}g\left(t_0+\frac{1}{2}\Delta t\right)=gt_0.$$

2. 曲线的切线的斜率

设曲线 L 是函数 $y=f(x)$ 的图形，$P_0(x_0，y_0)$ 为曲线上的一点，求曲线 L 在点 P_0 的切线的斜率（如图 2-2）.

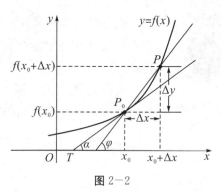

图 2-2

戈特弗里德·威廉·莱布尼茨（Gottfried Wilhelm Leibniz，1646—1716），德国哲学家、数学家，历史上少见的通才，被誉为 17 世纪的亚里士多德.

莱布尼茨和牛顿先后独立发现了微积分，而且他所使用的微积分的数学符号被更广泛地使用.

为了求出在点 P_0 的切线，在 L 上 P_0 附近任取一点 $P(x_0+\Delta x，y_0+\Delta y)$，$\Delta x$ 可正可负，$\Delta y=f(x_0+\Delta x)-f(x_0)$，作割线 P_0P，它的斜率为

$$\tan\varphi=\frac{\Delta y}{\Delta x}=\frac{f(x_0+\Delta x)-f(x_0)}{\Delta x}.$$

其中 φ 为割线 P_0P 的倾角. 当点 P 沿曲线 L 无限接近于 P_0 时，割线 P_0P 将随之转动. 若割线 P_0P 存在极限位置 P_0T，则称直线 P_0T 为曲线 L 在点 P_0 的切线. 因此，当 P 无限地接近 P_0 时，$\Delta x\to 0$，$\varphi\to\alpha$（α 为切线 P_0T 的倾角），所以割线 P_0P 的斜率将趋于极限

$$\tan\alpha=\lim_{\Delta x\to 0}\tan\varphi=\lim_{\Delta x\to 0}\frac{\Delta y}{\Delta x}=\lim_{\Delta x\to 0}\frac{f(x_0+\Delta x)-f(x_0)}{\Delta x}.$$

除了这两个例子，还可以讨论化学反应速度、种群增长等问题，最终会发现，这些问题虽然具体内容不同，但就其数量关系来看却有共同的特点——都是研究函数增量与自变量增量比值的极限问题.

如果上面的极限存在，该极限就是曲线 L 在点 P_0 处的切线 P_0T 的斜率，记为 k，即

$$k = \lim_{\Delta x \to 0} \frac{\Delta y}{\Delta x} = \lim_{\Delta x \to 0} \frac{f(x_0 + \Delta x) - f(x_0)}{\Delta x}.$$

这就是说，切线的斜率等于函数 $f(x)$ 在点 x_0 处的增量 Δy 与相应的自变量增量 Δx 之比当 $\Delta x \to 0$ 时的极限.

2.1.2 导数的定义

从上面两个实例可以看出，虽然它们所表示的实际意义不同，但是从抽象的数量关系来看，都可以归纳为同一个数学模型，即

$$\lim_{\Delta x \to 0} \frac{\Delta y}{\Delta x} = \lim_{\Delta x \to 0} \frac{f(x_0 + \Delta x) - f(x_0)}{\Delta x}.$$

这里 Δx 称为自变量的增量，Δy 称为函数的增量. 比值 $\frac{\Delta y}{\Delta x}$ 的极限表示了函数 $f(x)$ 在点 x_0 的变化率，反映了函数在某一点处随自变量变化的快慢程度.

导数在数学上表示变化率.

设函数 $y = f(x)$，则 $f(x)$ 在点 x_0 处的导数 $f'(x_0)$ 反映了函数 y 相对自变量 x 变化的"快慢"程度，即变化率.

定义 1 设函数 $y = f(x)$ 在点 x_0 的某邻域内有定义，当自变量 x 在点 x_0 取得增量 Δx（点 $x_0 + \Delta x$ 仍在该邻域内）时，相应的函数的增量为

$$\Delta y = f(x_0 + \Delta x) - f(x_0).$$

如果极限

$$\lim_{\Delta x \to 0} \frac{\Delta y}{\Delta x} = \lim_{\Delta x \to 0} \frac{f(x_0 + \Delta x) - f(x_0)}{\Delta x} \tag{1}$$

存在，则称函数 $y = f(x)$ 在点 x_0 可导，并称上述极限值为函数 $y = f(x)$ 在点 x_0 处的导数，记为 $f'(x_0)$，即

$$f'(x_0) = \lim_{\Delta x \to 0} \frac{\Delta y}{\Delta x} = \lim_{\Delta x \to 0} \frac{f(x_0 + \Delta x) - f(x_0)}{\Delta x}.$$

如果令 $\Delta x = x - x_0$，导数的定义也可以写成下面的形式：

$$f'(x_0) = \lim_{x \to x_0} \frac{f(x) - f(x_0)}{x - x_0}.$$

也可记为 $y'|_{x=x_0}$，$\dfrac{\mathrm{d}y}{\mathrm{d}x}\Big|_{x=x_0}$，或 $\dfrac{\mathrm{d}f(x)}{\mathrm{d}x}\Big|_{x=x_0}$.

如果定义 1 中的极限不存在，则称函数 $y = f(x)$ 在点 x_0 处不可导，或导数不存在. 如果不可导的原因是上述极限趋于无穷大，为描述方便，也说函数 $y = f(x)$ 在点 x_0 处的导数为无穷大，记为 $f'(x_0) = \infty$.

上面讲的是函数在一点处可导. 如果函数 $y = f(x)$ 在开区间 I 内的每一点处都可导，就称函数 $f(x)$ 在开区间 I 内可导. 这时，对于任一 $x \in I$，都对应着 $f(x)$ 的一个确定的导数值，这样就构成了一个新的函数，这个函数叫做原来函数 $y = f(x)$ 的导函数，记作 y'，$f'(x)$，$\dfrac{\mathrm{d}y}{\mathrm{d}x}$ 或 $\dfrac{\mathrm{d}f(x)}{\mathrm{d}x}$.

注意在导函数的定义式中，虽然 x 可以取区间 I 内的任何数值，但在极限过程中，x 是常量，Δx 是变量.

在公式(1)中把 x_0 换成 x，即得导函数的定义式

$$y' = \lim_{\Delta x \to 0} \frac{f(x + \Delta x) - f(x)}{\Delta x}.$$

导函数 $f'(x)$ 简称导数，而 $f'(x_0)$ 是 $f(x)$ 在 x_0 处的导数或导数 $f'(x)$ 在 x_0 处的函数值，即

$$f'(x_0) = f'(x)\big|_{x = x_0}.$$

根据导数定义，可以求一些简单函数的导数.

例 2　求 $f(x) = \dfrac{1}{x}$ 在点 x_0 处的导数.

求 $y = f(x)$ 的导数 $f'(x)$ 可以分为以下三个步骤：

(1) 求增量
$\Delta y = f(x_0 + \Delta x) - f(x_0)$；

(2) 算比值
$\dfrac{\Delta y}{\Delta x} = \dfrac{f(x_0 + \Delta x) - f(x_0)}{\Delta x}$；

(3) 取极限
$f'(x) = \lim\limits_{\Delta x \to 0} \dfrac{f(x_0 + \Delta x) - f(x_0)}{\Delta x}$.

解　第一步求增量 Δy

$$\Delta y = f(x_0 + \Delta x) - f(x_0) = \frac{1}{x_0 + \Delta x} - \frac{1}{x_0};$$

第二步算比值 $\dfrac{\Delta y}{\Delta x}$

$$\frac{\Delta y}{\Delta x} = \frac{\dfrac{1}{x_0 + \Delta x} - \dfrac{1}{x_0}}{\Delta x} = \frac{1}{\Delta x} \cdot \frac{x_0 - (x_0 + \Delta x)}{(x_0 + \Delta x) x_0}$$

$$= \frac{1}{\Delta x} \cdot \frac{-\Delta x}{(x_0 + \Delta x) x_0} = \frac{-1}{(x_0 + \Delta x) x_0};$$

第三步取极限 $\lim\limits_{\Delta x \to 0} \dfrac{\Delta y}{\Delta x}$

$$\lim_{\Delta x \to 0} \frac{\Delta y}{\Delta x} = \lim_{\Delta x \to 0} \frac{-1}{(x_0 + \Delta x) x_0} = -\frac{1}{x_0^2}.$$

因此，$f'(x_0) = -\dfrac{1}{x_0^2}$ 或 $\dfrac{\mathrm{d}}{\mathrm{d}x}\left(\dfrac{1}{x}\right)\bigg|_{x = x_0} = -\dfrac{1}{x_0^2}$.

在用导数定义求导比较熟练后，其步骤可以简化.

例 3　求 $f(x) = x^n \ (x \in \mathbf{N}^+)$ 的导数.

解　$\Delta y = f(x + \Delta x) - f(x) = (x + \Delta x)^n - x^n$

$= C_n^0 x^n + C_n^1 x^{n-1} \Delta x + C_n^2 x^{n-2} (\Delta x)^2 + \cdots + C_n^n (\Delta x)^n - x^n$

$= n x^{n-1} \Delta x + C_n^2 x^{n-2} (\Delta x)^2 + \cdots + C_n^n (\Delta n)^n,$

$\lim\limits_{\Delta x \to 0} \dfrac{\Delta y}{\Delta x} = \lim\limits_{\Delta x \to 0} \dfrac{n x^{n-1} \Delta x + C_n^2 x^{n-2} (\Delta x)^2 + \cdots + C_n^n (\Delta n)^n}{\Delta x}$

$= \lim\limits_{\Delta x \to 0} \left[n x^{n-1} + C_n^2 x^{n-2} \Delta x + \cdots + C_n^n (\Delta n)^{n-1} \right] = n x^{n-1},$

故 $(x^n)' = n x^{n-1}$.

这个公式很有用，常以各种形式出现. 以后会证明，当 n 为任意实数时，公式都是成立的，这就是幂函数的导数公式

$$(x^\alpha)' = \alpha x^{\alpha - 1} \ (\alpha \in \mathbf{R}).$$

利用这个公式，可以很方便地求出幂函数的导数. 例如

$$(x^5)' = 5x^4, \quad \left(\frac{1}{x}\right)' = (x^{-1})' = -1 \cdot x^{-2} = -\frac{1}{x^2},$$

$$(\sqrt{x})' = (x^{\frac{1}{2}})' = \frac{1}{2} x^{-\frac{1}{2}} = \frac{1}{2\sqrt{x}}.$$

由前面对切线斜率问题的讨论和导数定义可知,曲线 $y = f(x)$ 上某一点处的切线斜率,可用该点处的导数 $f'(x)$ 表示.

例 4 求由 $y = \dfrac{1}{x}$ 的切线和坐标轴所围成的三角形区域的面积.

解 由例 2 可知,过此曲线上任一点 $P(x_0, y_0)$ 的切线方程为

$$y - y_0 = -\frac{1}{x_0^2}(x - x_0).$$

求在 x 轴上的截距,令 $y = 0$,得

$$-\frac{1}{x_0} = -\frac{1}{x_0^2}(x - x_0),$$

则 $-\dfrac{1}{x_0} = -\dfrac{x}{x_0^2} + \dfrac{1}{x_0}$,即 $\dfrac{x}{x_0^2} = \dfrac{2}{x_0}$,可得 $x = 2x_0$.

由于 $y = \dfrac{1}{x}$ 是具有对称性的方程,用对称性可求得在 y 轴上的截距,有 $y = 2y_0$.

反比例函数 $y = \dfrac{1}{x}$ 上任一点处的切线,与坐标轴围成的三角形面积为定值 2,这是一个值得注意的结论.

因此,所围成的三角形区域(如图 2-3)的面积

$$S_{\triangle ABC} = \frac{1}{2} |2x_0| \cdot |2y_0| = 2|x_0 y_0| = 2.$$

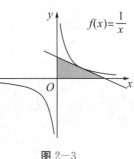

图 2-3

从上面的例子可以看到,在了解导数概念的同时,不能忽视导数在几何上的意义.下面再重新强调一下这个问题.

导数的物理意义:
由例 1 知,瞬时速度 v 是路程函数 $s = s(t)$ 对时间 t 的导数,即

$$v = \lim_{\Delta t \to 0} \frac{\Delta s}{\Delta t}$$

$$= \lim_{\Delta t \to 0} \frac{s(t + \Delta t) - s(t)}{\Delta t}$$

$$= \frac{\mathrm{d}s}{\mathrm{d}t};$$

而加速度 a 是速度函数 $v = v(t)$ 对时间 t 的导数,即

$$a = \lim_{\Delta t \to 0} \frac{\Delta v}{\Delta t}$$

$$= \lim_{\Delta t \to 0} \frac{v(t + \Delta t) - v(t)}{\Delta t}$$

$$= \frac{\mathrm{d}v}{\mathrm{d}t}.$$

2.1.3 导数的几何意义

由切线斜率问题的讨论以及导数定义可知,函数 $y = f(x)$ 在点 x_0 处的导数 $f'(x_0)$ 在几何上表示曲线 $y = f(x)$ 在点 $(x_0, f(x)_0)$ 处的切线斜率,即

$$f'(x_0) = \tan\alpha,$$

其中 α 是切线的倾角(如图 2-4).

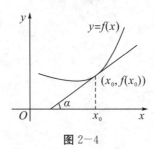

图 2-4

根据切线的几何意义并应用直线的点斜式方程,可知曲线 $y = f(x)$ 在点 $(x_0, f(x_0))$ 处的切线方程为

$$y - y_0 = f'(x_0)(x - x_0).$$

过切点 $(x_0, f(x_0))$ 且与切线垂直的直线叫做曲线 $y = f(x)$ 在点 $(x_0, f(x_0))$ 处的法线. 如果 $f'(x_0) \neq 0$, 法线的斜率为 $-\dfrac{1}{f'(x_0)}$, 则法线方程为

$$y - y_0 = -\frac{1}{f'(x_0)}(x - x_0).$$

例 5 求曲线 $y = x^3$ 在点 $(2, 8)$ 处的切线和法线方程.

解 由于 $y' = (x^3)' = 3x^2$, 可知

$$y' = (x^3)' \big|_{x=2} = 3 \cdot 2^2 = 12,$$

即点 $(2, 8)$ 处的切线斜率为 12（如图 2-5），切线方程为

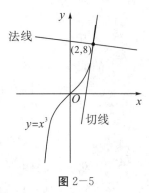

图 2-5

$$y - 8 = 12(x - 2), \quad 即 \ 12x - y - 16 = 0.$$

法线方程为

$$y - 8 = -\frac{1}{12}(x - 2), \quad 即 \ x + 12y - 98 = 0.$$

2.1.4 求导举例

前面已经了解了幂函数的导数公式，利用导数定义，还可以推出一些常用函数的导数公式.

例 6 求 $y = C$（C 是常数）的导数.

解 $\Delta y = f(x + \Delta x) - f(x) = C - C = 0$,

$$y' = \lim_{\Delta x \to 0} \frac{\Delta y}{\Delta x} = \lim_{\Delta x \to 0} \frac{0}{\Delta x} = \lim_{\Delta x \to 0} 0 = 0,$$

因此, $(C)' = 0$. 也就是说，常数的导数为零.

例 7 求 $y = \sin x$ 的导数.

解 $\Delta y = f(x + \Delta x) - f(x) = \sin(x + \Delta x) - \sin x$

$$= 2\cos\left(x + \frac{\Delta x}{2}\right)\sin\frac{\Delta x}{2},$$

$$y' = \lim_{\Delta x \to 0} \frac{\Delta y}{\Delta x} = \lim_{\Delta x \to 0} \frac{2\cos\left(x + \dfrac{\Delta x}{2}\right)\sin\dfrac{\Delta x}{2}}{\Delta x}$$

本节推出如下基本初等函数的导数公式：

$$(C)' = 0;$$

$$(x^\alpha)' = \alpha x^{\alpha-1};$$

$$(\log_a x)' = \frac{1}{x \ln a};$$

$$(\ln x)' = \frac{1}{x};$$

$$(\sin x)' = \cos x;$$

$$(\cos x)' = -\sin x.$$

还有一些基本初等函数，用导数定义求导不易，以后将用另外的方法来求导.

$$= \lim_{\Delta x \to 0} \left[\cos\left(x + \frac{\Delta x}{2} \right) \cdot \frac{\sin \frac{\Delta x}{2}}{\frac{\Delta x}{2}} \right] = \cos x,$$

因此，$(\sin x)' = \cos x$，同理可证 $(\cos x)' = -\sin x$.

例 8　求 $y = \ln x$ 的导数.

解　$\Delta y = f(x + \Delta x) - f(x) = \ln(x + \Delta x) - \ln x$

$$= \ln\left(\frac{x + \Delta x}{x} \right) = \ln\left(1 + \frac{\Delta x}{x} \right),$$

$$y' = \lim_{\Delta x \to 0} \frac{\Delta y}{\Delta x} = \lim_{\Delta x \to 0} \frac{\ln\left(1 + \frac{\Delta x}{x} \right)}{\Delta x} = \lim_{\Delta x \to 0} \ln\left(1 + \frac{\Delta x}{x} \right)^{\frac{1}{\Delta x}}$$

$$= \lim_{\Delta x \to 0} \ln\left[\left(1 + \frac{\Delta x}{x} \right)^{\frac{x}{\Delta x}} \right]^{\frac{1}{x}} = \ln e^{\frac{1}{x}} = \frac{1}{x},$$

因此，$(\ln x)' = \frac{1}{x}$，同理可证 $(\log_a x)' = \frac{1}{x} \log_a e = \frac{1}{x \ln a}$.

这就是对数函数的导数公式.

2.1.5　单侧导数

导数是通过极限定义的，而极限有左极限和右极限的概念，因此就有下面的左导数与右导数的概念.

定义 2　设函数 $y = f(x)$ 在点 x_0 处的左侧 $(x_0 - \delta, x_0]$ 上有定义，如果极限

$$\lim_{\Delta x \to 0^-} \frac{f(x_0 + \Delta x) - f(x_0)}{\Delta x}$$

存在，则称此极限为函数 $y = f(x)$ 在点 x_0 处的左导数，记为 $f'_-(x_0)$，即

左导数也可以写成

$$f'_-(x_0) = \lim_{x \to x_0^-} \frac{f(x) - f(x_0)}{x - x_0}.$$

右导数也可以写成

$$f'_+(x_0) = \lim_{x \to x_0^+} \frac{f(x) - f(x_0)}{x - x_0}.$$

$$f'_-(x_0) = \lim_{\Delta x \to 0^-} \frac{f(x_0 + \Delta x) - f(x_0)}{\Delta x}.$$

类似的，可以定义函数 $y = f(x)$ 在点 x_0 处的右导数，即

$$f'_+(x_0) = \lim_{\Delta x \to 0^+} \frac{f(x_0 + \Delta x) - f(x_0)}{\Delta x}.$$

左导数和右导数统称为单侧导数.

根据函数极限存在的充要条件是左极限、右极限存在并且相等的结论可得下面的结论：

$f(x)$ 在点 x_0 处可导的充要条件是 $f(x)$ 在点 x_0 处的左导数 $f'_-(x_0)$ 和右导数 $f'_+(x_0)$ 都存在并且相等.

如果函数 $f(x)$ 在开区间 (a, b) 内可导，且左导数 $f'_-(b)$ 和右导数 $f'_+(a)$ 都存在，就说 $f(x)$ 在闭区间 $[a, b]$ 上可导.

2.1.6　可导与连续的关系

定理 1　如果函数 $y = f(x)$ 在点 x_0 处可导，则 $f(x)$ 在点

x_0 处一定连续.

证明 由于 $y=f(x)$ 在点 x_0 处可导，即 $\lim\limits_{\Delta x \to 0} \dfrac{\Delta y}{\Delta x}$ 存在（设 $\lim\limits_{\Delta x \to 0} \dfrac{\Delta y}{\Delta x}=A$），则

$$\lim_{\Delta x \to 0} \Delta y = \lim_{\Delta x \to 0}\left(\frac{\Delta y}{\Delta x}\cdot \Delta x\right)=\lim_{\Delta x \to 0}\frac{\Delta y}{\Delta x}\cdot \lim_{\Delta x \to 0}\Delta x = A\cdot 0 = 0.$$

所以 $f(x)$ 在点 x_0 处一定连续.

这个定理的逆定理是不成立的，即 $f(x)$ 在点 x_0 处连续，但 $f(x)$ 在点 x_0 处不一定可导. 举例说明如下：

例 9 证明 $f(x)=|x|$ 在 $x=0$ 处连续但不可导.

证： 显然 $f(x)=|x|$ 在 $x=0$ 处是连续的（如图 2-6），这是因为

函数 $f(x)=\sqrt[3]{x}$ 在 $x=0$ 处有

$$\lim_{x\to 0}\frac{f(x)-f(0)}{x}=\lim_{x\to 0}\frac{\sqrt[3]{x}-0}{x}$$
$$=\lim_{x\to 0}x^{-\frac{2}{3}}=+\infty,$$

即导数为无穷大，故导数不存在.

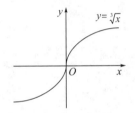

这一结论在几何上表现为曲线 $f(x)=\sqrt[3]{x}$ 在原点处具有垂直于 x 轴的切线 $x=0$.

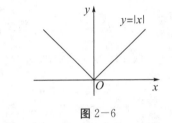

图 2-6

$$\Delta y = f(0+\Delta x)-f(0)=|0+\Delta x|-|0|=|\Delta x|,$$
$$\lim_{\Delta x \to 0}\Delta y=\lim_{\Delta x \to 0}|\Delta x|=0,$$

故 $f(x)=|x|$ 在 $x=0$ 处连续. 由于

$$f_-'(0)=\lim_{\Delta x\to 0^-}\frac{\Delta y}{\Delta x}=\lim_{\Delta x\to 0^-}\frac{|\Delta x|}{\Delta x}=\lim_{\Delta x\to 0^-}\frac{-\Delta x}{\Delta x}=-1,$$

$$f_+'(0)=\lim_{\Delta x\to 0^+}\frac{\Delta y}{\Delta x}=\lim_{\Delta x\to 0^+}\frac{|\Delta x|}{\Delta x}=\lim_{\Delta x\to 0^+}\frac{\Delta x}{\Delta x}=1,$$

可知 $f(x)=|x|$ 在 $x=0$ 处的左导数 $f_-'(0)=-1$ 及右导数 $f_+'(0)=1$ 虽然都存在，但不相等，故 $f(x)=|x|$ 在 $x=0$ 处不可导.

由此可见，连续是函数可导的必要条件，而不是充分条件.

习题 2-1

1. 已知直线运动物体的运动方程为 $s=3t^2+2t+1$，计算：

　(1) 从 $t=2$ 到 $t=2+\Delta t$ 之间的平均速度；

　(2) 当 $\Delta t=1$，$\Delta t=0.1$，$\Delta t=0.01$ 时的平均速度；

　(3) 当 $t=2$ 时的瞬时速度.

2. 已知 $f'(x_0)$ 存在，求下列极限.

(1) $\lim\limits_{\Delta x \to 0} \dfrac{f(x_0 + 2\Delta x) - f(x_0)}{\Delta x}$；

(2) $\lim\limits_{\Delta x \to 0} \dfrac{f(x_0 - \Delta x) - f(x_0)}{\Delta x}$；

(3) $\lim\limits_{h \to 0} \dfrac{f(x_0 + h) - f(x_0 - h)}{h}$.

3. 用导数定义求下列函数在点 x 处的导数.

(1) $y = \cos x$；

(2) $y = \sqrt{x + 1}\ (x > -1)$.

4. 求下列曲线在指定点的切线方程和法线方程.

(1) $y = \dfrac{12}{x}$，点 $(3，4)$；

(2) $y = \ln x$，点 $(e，1)$.

5. $f(x) = \begin{cases} x^2 + 2, & x < 1 \\ 3x - 1, & x \geqslant 1 \end{cases}$ 在点 $x = 1$ 处是否可导，为什么？

6. 设 $f(x) = \begin{cases} x^2, & x \leqslant 1 \\ a + bx, & x > 1 \end{cases}$，当 $a，b$ 为何值时，$f(x)$ 在 $x = 1$ 处可导.

§2.2 求导法则

上节利用导数的定义求出了几个基本初等函数的导数. 但是，对于比较复杂的函数，如果仍按定义求导数，不仅繁琐，有时甚至是不可能的. 由于实践中大量遇到的是初等函数，而初等函数是由基本初等函数经过有限次的四则运算及有限次的复合运算得到的，因此，只要解决了基本初等函数的求导与函数四则运算和复合函数的求导问题，初等函数的求导问题也就解决了.

2.2.1 函数的和、差、积、商的求导法则

定理 1 如果函数 $u = u(x)$ 与 $v = v(x)$ 都在点 x 可导，那么它们的和、差、积、商（除分母为零的点外）都在点 x 可导，且

(1) $[u(x) \pm v(x)]' = u'(x) \pm v'(x)$；

(2) $[u(x) \cdot v(x)]' = u'(x)v(x) + u(x)v'(x)$；

(3) $\left[\dfrac{u(x)}{v(x)}\right]' = \dfrac{u'(x)v(x) - u(x)v'(x)}{v^2(x)}\ (v(x) \neq 0)$.

证明 在此只对（2）进行证明.（1）（3）请读者自证.

由于 $\Delta u = u(x + \Delta x) - u(x)$，可知

$$u(x + \Delta x) = u(x) + \Delta u.$$

同理，$v(x + \Delta x) = v(x) + \Delta v$. 令 $y = u(x) \cdot v(x)$，则有

（2）的证明过程可以通过矩形面积来理解.

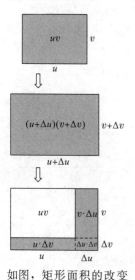

如图，矩形面积的改变量是

$\Delta(uv) = v \cdot \Delta u + u \cdot \Delta v + \Delta u \cdot \Delta v$,

当 Δu 和 Δv 非常小时，小区域 $\Delta u \cdot \Delta v$ 面积会非常小，基本上可以忽略不计，即

$$\Delta(uv) \approx v \cdot \Delta u + u \cdot \Delta v.$$

将上式除以 Δx 再取极限，近似符号就会变成等号，即

$$\lim_{\Delta x \to 0} \frac{\Delta(uv)}{\Delta x} = v \cdot$$

$$\lim_{\Delta x \to 0} \frac{\Delta u}{\Delta x} + u \cdot \lim_{\Delta x \to 0} \frac{\Delta v}{\Delta x}.$$

这就是导数的乘法运算法则

$$(uv)' = u'v + uv'.$$

$$\begin{aligned}
\Delta y &= u(x + \Delta x)v(x + \Delta x) - u(x)v(x) \\
&= [u(x) + \Delta u][v(x) + \Delta v] - u(x)v(x) \\
&= u(x)\Delta v + v(x)\Delta u + \Delta u \Delta v,
\end{aligned}$$

$$\begin{aligned}
\lim_{\Delta x \to 0} \frac{\Delta y}{\Delta x} &= \lim_{\Delta x \to 0} \frac{u(x)\Delta v + v(x)\Delta u + \Delta u \Delta v}{\Delta x} \\
&= \lim_{\Delta x \to 0} \left[u(x)\frac{\Delta v}{\Delta x} + v(x)\frac{\Delta u}{\Delta x} + \frac{\Delta u}{\Delta x}\Delta v \right] \\
&= u(x)\lim_{\Delta x \to 0}\frac{\Delta v}{\Delta x} + v(x)\lim_{\Delta x \to 0}\frac{\Delta u}{\Delta x} + \lim_{\Delta x \to 0}\frac{\Delta u}{\Delta x} \cdot \lim_{\Delta x \to 0}\Delta v \\
&= u(x)v'(x) + v(x)u'(x) + u'(x) \cdot 0.
\end{aligned}$$

上式是因为 $v(x)$ 在点 x 可导，则在点 x 必连续，所以 $\lim\limits_{\Delta x \to 0}\Delta v = 0$. 于是可得

$$[u(x)v(x)]' = u(x)v'(x) + v(x)u'(x).$$

特别地，当 $v(x) = C$（C 为常数）时，有 $[Cu(x)]' = Cu'(x)$.

定理 1 中的法则（1）（2）可以推广到任意有限个可导函数的情形. 例如，设 $u = u(x)$，$v = v(x)$，$w = w(x)$ 均可导，则有

$$(u + v - w)' = u' + v' - w',$$
$$(u \cdot v \cdot w)' = u'vw + uv'w + uvw'.$$

利用公式

$$(Cu)' = Cu',$$

可以通过上一节中已证明的导数公式

$$(\ln x)' = \frac{1}{x}$$

推导出一般对数函数的导数公式

$$\begin{aligned}
(\log_a x)' &= \left(\frac{\ln x}{\ln a}\right)' \\
&= \frac{1}{\ln a} \cdot (\ln x)' \\
&= \frac{1}{\ln a} \cdot \frac{1}{x} \\
&= \frac{1}{x\ln a}.
\end{aligned}$$

同样地，可得余切函数的导数公式

$$(\cot x)' = -\csc^2 x.$$

例 1 设 $y = \dfrac{\sqrt[3]{x}}{x^2} - 2x^3 + 1$，求 y'.

解 $y' = (x^{-\frac{5}{3}} - 2x^3 + 1)' = -\dfrac{5}{3}x^{-\frac{8}{3}} - 6x^2.$

例 2 设 $y = x\ln x$，求 y'.

解 $y' = (x\ln x)' = x'\ln x + x(\ln x)' = \ln x + x \cdot \dfrac{1}{x}$
$= \ln x + 1.$

例 3 设 $y = \dfrac{x-1}{x^2+1}$，求 y'.

解 $y' = \left(\dfrac{x-1}{x^2+1}\right)' = \dfrac{(x-1)'(x^2+1) - (x-1)(x^2+1)'}{(x^2+1)^2}$
$= \dfrac{(x^2+1) - 2x(x-1)}{(x^2+1)^2} = \dfrac{2x - x^2 + 1}{(x^2+1)^2}.$

例 4 设 $y = \tan x$，求 y'.

解 $y' = \left(\dfrac{\sin x}{\cos x}\right)' = \dfrac{(\sin x)'\cos x - (\cos x)'\sin x}{(\cos x)^2}$
$= \dfrac{\cos^2 x + \sin^2 x}{\cos^2 x} = \dfrac{1}{\cos^2 x} = \sec^2 x.$

从而得到正切函数的导数公式

同样地，可得余割函数的导数公式

$$(\csc x)' = -\cot x \csc x.$$

$$(\tan x)' = \sec^2 x.$$

例 5　设 $y = \sec x$，求 y'.

解　$y' = \left(\dfrac{1}{\cos x}\right)' = -\dfrac{(\cos x)'}{\cos^2 x} = \dfrac{\sin x}{\cos^2 x} = \tan x \sec x.$

从而得到正割函数的导数公式

$$(\sec x)' = \tan x \sec x.$$

在基本初等函数中，只有指数函数和反三角函数的导数公式还未能推出. 为此，再引入下面的反函数求导法则.

2.2.2　反导数求导法则

从几何直观看，设 $y = f(x)$ 与 $x = \varphi(y)$ 互为反函数，如图，它们表示同一条曲线.

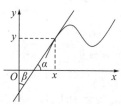

$$\tan\alpha = f'(x) = \frac{\mathrm{d}y}{\mathrm{d}x},$$

$$\tan\beta = \varphi'(y) = \frac{\mathrm{d}x}{\mathrm{d}y}.$$

由于 $\alpha + \beta = \dfrac{\pi}{2}$，所以

$$\tan\alpha = \tan\left(\frac{\pi}{2} - \beta\right)$$

$$= \cot\beta = \frac{1}{\tan\beta},$$

即 $f'(x) = \dfrac{1}{\varphi'(y)}.$

定理 2　设函数 $y = f(x)$ 为函数 $x = \varphi(y)$ 的反函数，若 $x = \varphi(y)$ 在某区间上单调、连续并存在导数 $\varphi'(y)$，且 $\varphi'(y) \neq 0$，则反函数 $y = f(x)$ 在相应的区间上也可导，且

$$f'(x) = \frac{1}{\varphi'(y)} \ \text{或} \ \frac{\mathrm{d}y}{\mathrm{d}x} = \frac{1}{\dfrac{\mathrm{d}x}{\mathrm{d}y}}.$$

证明　由于 $\varphi(y)$ 在某区间上单调且连续，可知它的反函数 $f(x)$ 在相应的区间上也单调且连续，则 $\Delta x \to 0$ 时 $\Delta y \to 0$，且 $\varphi'(y) \neq 0$. 于是

$$\lim_{\Delta x \to 0}\frac{\Delta y}{\Delta x} = \lim_{\Delta x \to 0}\frac{1}{\dfrac{\Delta x}{\Delta y}} = \frac{1}{\lim\limits_{\Delta y \to 0}\dfrac{\Delta x}{\Delta y}} = \frac{1}{\varphi'(y)},$$

即

$$f'(x) = \frac{1}{\varphi'(y)}.$$

根据反函数求导法则，就可以通过已知的对数函数、三角函数的导数公式，求出指数函数、反三角函数的导数.

例 6　求 $y = a^x$ 的导数，$a > 0$ 且 $a \neq 1$.

解　由于 $y = a^x$ 的反函数是 $x = \log_a y$，则

$$y'_x = \frac{1}{x'_y} = \frac{1}{(\log_a y)'} = \frac{1}{\dfrac{1}{y\ln a}} = y\ln a = a^x \ln a.$$

从而得到指数函数的导数公式

$$(a^x)' = a^x \ln a.$$

特别地，当 $a = \mathrm{e}$ 时，$(\mathrm{e}^x)' = \mathrm{e}^x.$

例 7　求 $y = \arcsin x$ 的导数.

解　由于 $y = \arcsin x$ 的反函数是 $x = \sin y$，则

$$y'_x = \frac{1}{x'_y} = \frac{1}{(\sin y)'} = \frac{1}{\cos y} = \frac{1}{\sqrt{1 - \sin^2 y}} = \frac{1}{\sqrt{1 - x^2}}.$$

从而得到反正弦函数的导数公式

同样地，可得反余弦函数的导数公式

$$(\arccos x)' = -\frac{1}{\sqrt{1 - x^2}}.$$

$$(\arcsin x)' = \frac{1}{\sqrt{1-x^2}}.$$

例 8 设 $y = \arctan x$，求 y'.

解 由于 $y = \arctan x$ 的反函数是 $x = \tan y$，则

$$y'_x = \frac{1}{x'_y} = \frac{1}{(\tan y)'} = \frac{1}{\sec^2 y} = \frac{1}{1+\tan^2 y} = \frac{1}{1+x^2}.$$

从而得到反正切函数的导数公式

$$(\arctan x)' = \frac{1}{1+x^2}.$$

同样地，可得反余切函数的导数公式

$$(\operatorname{arccot} x)' = -\frac{1}{1+x^2}.$$

2.2.3 复合函数求导法则

我们知道，函数 $\sin x$ 的导数是 $\cos x$，那么 $\sin 2x$ 的导数是否为 $\cos 2x$ 呢？答案是否定的。为说明这一点，将 $\sin 2x$ 改写为 $2\sin x\cos x$，由乘积的求导法则，有

$$
\begin{aligned}
(\sin 2x)' &= (2\sin x\cos x)' = 2(\sin x\cos x)' \\
&= 2[(\sin x)'\cos x + \sin x(\cos x)'] \\
&= 2(\cos^2 x - \sin^2 x) = 2\cos 2x.
\end{aligned}
$$

可见不能把 $y = \sin 2x$ 当作一个简单的正弦函数来求导，它实际上是一个复合函数(由 $y = \sin u$，$u = 2x$ 复合而成)。因此，有必要研究复合函数的求导法则。

定理 3 设函数 $y = f(u)$ 在点 u 处可导，函数 $u = g(x)$ 在对应点 x 处可导，则复合函数 $y = f[g(x)]$ 在点 x 处也可导，且

$$y'_x = y'_u \cdot u'_x \text{ 或 } \frac{dy}{dx} = \frac{dy}{du} \cdot \frac{du}{dx}.$$

证明 由于 $u = g(x)$ 在点 x 处可导，则 $u = g(x)$ 在点 x 处必连续，可知 $\lim\limits_{\Delta x \to 0}\Delta u = 0$，即 $\Delta x \to 0$ 时，$\Delta u \to 0$。则

$$\lim_{\Delta x \to 0}\frac{\Delta y}{\Delta x} = \lim_{\Delta x \to 0}\left(\frac{\Delta y}{\Delta u} \cdot \frac{\Delta u}{\Delta x}\right) = \lim_{\Delta x \to 0}\frac{\Delta y}{\Delta u} \cdot \lim_{\Delta x \to 0}\frac{\Delta u}{\Delta x}$$

$$= \lim_{\Delta u \to 0}\frac{\Delta y}{\Delta u} \cdot \lim_{\Delta x \to 0}\frac{\Delta u}{\Delta x},$$

所以 $y'_x = y'_u \cdot u'_x$.

复合函数的求导法则也称为"链式法则"(chain rule)，它可推广到有限个函数复合的情形。

复合函数的求导法则还可以推广到多次复合的情形。例如，设 $y = f(u)$，$u = g(v)$，$v = h(x)$，重复应用上述定理可以得到复合函数 $y = f\{g[h(x)]\}$ 的导数为

$$y'_x = y'_u \cdot u'_v \cdot v'_x \text{ 或 } \frac{dy}{dx} = \frac{dy}{du} \cdot \frac{du}{dv} \cdot \frac{dv}{dx}.$$

例 9 设 $y = (2x^2 + 1)^5$，求 y'.

解 (可把右边展开后用求导的四则运算法则来计算，但

过于麻烦. 这里把函数 $y=(2x^2+1)^5$ 看作是由 $y=u^5$ 和 $u=2x^2+1$ 复合而成, 利用复合函数的求导法则来求导.)

令 $y=u^5$, $u=2x^2+1$, 则

$$\frac{\mathrm{d}y}{\mathrm{d}x}=\frac{\mathrm{d}y}{\mathrm{d}u}\cdot\frac{\mathrm{d}u}{\mathrm{d}x}=\frac{\mathrm{d}}{\mathrm{d}u}(u^5)\cdot\frac{\mathrm{d}}{\mathrm{d}x}(2x^2+1)$$

$$=5u^4\cdot 4x=5(2x^2+1)^4\cdot 4x=20x(2x^2+1)^4.$$

这里要注意, 复合函数求导后需要把所引进的中间变量代换成原来的变量.

例 10　设 $y=\sin^2\dfrac{1}{x}$, 求 y'.

解　$y=\sin^2\dfrac{1}{x}$ 可以分解成 $y=u^2$, $u=\sin v$, $v=\dfrac{1}{x}$, 利用链式法则可得

$$\frac{\mathrm{d}y}{\mathrm{d}x}=\frac{\mathrm{d}y}{\mathrm{d}u}\cdot\frac{\mathrm{d}u}{\mathrm{d}v}\cdot\frac{\mathrm{d}v}{\mathrm{d}x}=\frac{\mathrm{d}}{\mathrm{d}u}(u^2)\cdot\frac{\mathrm{d}}{\mathrm{d}v}(\sin v)\cdot\frac{\mathrm{d}}{\mathrm{d}x}\left(\frac{1}{x}\right)$$

$$=2u\cdot\cos v\cdot\left(-\frac{1}{x^2}\right)=2\sin\left(\frac{1}{x}\right)\cdot\cos\left(\frac{1}{x}\right)\cdot\left(-\frac{1}{x^2}\right)$$

$$=-\frac{\sin\left(\dfrac{2}{x}\right)}{x^2}.$$

对复合函数求导法则运用得比较熟练后, 可不再写出中间变量, 直接按 "逐层求导" 的思想来进行计算即可.

例 11　求下列函数的导数.

(1) $y=\mathrm{e}^{\tan x}$;　　　　　　(2) $y=\arcsin\sqrt{x}$;

(3) $y=2^{\sin^2\frac{x}{2}}$;　　　　　　(4) $y=\ln\sin[\ln\sin(\ln\sin x)]$.

解　(1) $y'=\mathrm{e}^{\tan x}\cdot(\tan x)'=\mathrm{e}^{\tan x}\cdot\sec^2 x$;

对有多次复合步骤的复合函数求导, 在运用链式法则时, 切记不要漏掉一个链环, 这就需要先弄清楚这个复合函数是由哪些简单函数复合而成的, 在求导时每次只求外层函数的导数. 在必要时, 还要用引入中间变量的方法复核一遍. 复合函数的求导在初等函数的求导中是至关重要的, 务求正确熟练掌握.

(2) $y'=\dfrac{1}{\sqrt{1-(\sqrt{x})^2}}\cdot(\sqrt{x})'$

　　　$=\dfrac{1}{\sqrt{1-x}}\cdot\dfrac{1}{2\sqrt{x}}=\dfrac{1}{2\sqrt{x-x^2}}$;

(3) $y'=2^{\sin^2\frac{x}{2}}\ln 2\cdot\left(\sin^2\dfrac{x}{2}\right)'$

　　　$=2^{\sin^2\frac{x}{2}}\ln 2\cdot 2\sin\dfrac{x}{2}\cdot\left(\sin\dfrac{x}{2}\right)'$

　　　$=2^{\sin^2\frac{x}{2}}\ln 2\cdot 2\sin\dfrac{x}{2}\cdot\cos\dfrac{x}{2}\cdot\left(\dfrac{x}{2}\right)'$

　　　$=2^{\sin^2\frac{x}{2}}\ln 2\cdot\sin x\cdot\dfrac{1}{2}$

　　　$=2^{\sin^2\frac{x}{2}-1}\ln 2\cdot\sin x$;

(4) $y'=\dfrac{1}{\sin[\ln\sin(\ln\sin x)]}\cdot\cos[\ln\sin(\ln\sin x)]\cdot$

　　　$\dfrac{1}{\sin(\ln\sin x)}\cdot\cos(\ln\sin x)\cdot\dfrac{1}{\sin x}\cdot\cos x$

$$=\cot[\ln\sin(\ln\sin x)]\cdot\cot(\ln\sin x)\cdot\cot x.$$

在计算函数的导数时，有时还需要同时运用函数的和、差、积、商的求导法则和复合函数的求导法则.

例 12 求下列函数的导数.

(1) $y=\cos x\sqrt{1+\sin^2 x}$;   (2) $y=\dfrac{x}{\sqrt{1+x^2}}$;

(3) $y=\ln\sqrt{\dfrac{1+\sin x}{1-\sin x}}$;   (4) $y=\ln|x|$.

解   (1) $y'=(\cos x)'\sqrt{1+\sin^2 x}+\cos x(\sqrt{1+\sin^2 x})'$

$$=-\sin x\cdot\sqrt{1+\sin^2 x}+\cos x\cdot\frac{\sin x\cos x}{\sqrt{1+\sin^2 x}}$$

$$=\frac{-2\sin^3 x}{\sqrt{1+\sin^2 x}}.$$

(2) $y'=\dfrac{x'\sqrt{1+x^2}-x(\sqrt{1+x^2})'}{(\sqrt{1+x^2})^2}$

$$=\frac{\sqrt{1+x^2}-x\cdot\dfrac{1}{2\sqrt{1+x^2}}(1+x^2)'}{1+x^2}$$

$$=\frac{\sqrt{1+x^2}-\dfrac{x^2}{\sqrt{1+x^2}}}{1+x^2}=\frac{\dfrac{(1+x^2)-x^2}{\sqrt{1+x^2}}}{1+x^2}$$

$$=\frac{\dfrac{1}{\sqrt{1+x^2}}}{1+x^2}=\frac{1}{\sqrt{(1+x^2)^3}}.$$

(3) $y'=\left(\dfrac{1}{2}\ln\dfrac{1+\sin x}{1-\sin x}\right)'$

$$=\frac{1}{2}[\ln(1+\sin x)-\ln(1-\sin x)]'$$

$$=\frac{1}{2}\left[\frac{1}{1+\sin x}(1+\sin x)'-\frac{1}{1-\sin x}(1-\sin x)'\right]$$

$$=\frac{1}{2}\left(\frac{\cos x}{1+\sin x}+\frac{\cos x}{1-\sin x}\right)$$

$$=\frac{\cos x}{2}\cdot\frac{(1-\sin x)+(1+\sin x)}{1-\sin^2 x}$$

$$=\frac{\cos x}{2}\cdot\frac{2}{\cos^2 x}=\frac{1}{\cos x}=\sec x.$$

本题求导前先利用对数性质把函数化简，以简化运算.

(4) 当 $x>0$ 时，$y=\ln|x|=\ln x$，则 $y'=\dfrac{1}{x}$;

当 $x<0$ 时，$y=\ln|x|=\ln(-x)$，则

$$y'=\frac{1}{(-x)}\cdot(-x)'=\frac{1}{(-x)}\cdot(-1)=\frac{1}{x}.$$

综上所述，可得 $y' = \dfrac{1}{x}$.

例 13　求证 $(x^{\alpha})' = \alpha x^{\alpha-1}$，$\alpha \in \mathbf{R}$.

证明　（本题可运用指数恒等式 $\mathrm{e}^{\ln x} = x$ 来证明.）

$$(x^{\alpha})' = (\mathrm{e}^{\ln x^{\alpha}})' = (\mathrm{e}^{\alpha \ln x})' = \mathrm{e}^{\alpha \ln x} \cdot (\alpha \ln x)' = \mathrm{e}^{\alpha \ln x} \cdot \alpha \cdot \dfrac{1}{x}$$

$$= x^{\alpha} \cdot \alpha \cdot x^{-1} = \alpha x^{\alpha-1}.$$

从而得到冥函数的导数公式

$$(x^{\alpha})' = \alpha x^{\alpha-1}.$$

2.2.4　初等函数的求导问题

求任何函数的导数当然可以按导数的定义来进行，但主要的还是靠基本求导法则与公式来统一处理，读者应通过强化训练力求熟练，特别是要熟练掌握本节提供的求导的法则和基本公式，依据这些就能求出一切初等函数的导数.

前面已经介绍了所有基本初等函数的导数公式，函数的和、差、积、商的求导法则，复合函数的求导法则，因此可以说，到现在一切初等函数的求导问题已经完全解决了. 这是因为，根据初等函数的定义可知，初等函数由一个解析式表示，并且这个式子是由基本初等函数经过有限次的四则运算和有限次的函数复合步骤构成的，所以任何初等函数都可以按照基本初等函数的求导公式和上述求导法则求出导数来，并且其导数仍是初等函数. 由此可知，这些公式不仅要熟记，而且要能熟练地运用. 特别是复合函数的求导法则在求导运算中占有更为重要的地位，应该给以足够的注意.

为了读者的方便，现在把前面学过的导数公式和求导法则归纳如下：

1. 基本初等函数的导数公式

(1) $(C)' = 0$；　　　　　　　　　(2) $(x^{\alpha})' = \alpha x^{\alpha-1}$；

(3) $(a^{x})' = a^{x} \ln a$；　　　　　　(4) $(\mathrm{e}^{x})' = \mathrm{e}^{x}$；

(5) $(\log_{a} x)' = \dfrac{1}{x \ln a}$；　　　　(6) $(\ln x)' = \dfrac{1}{x}$；

(7) $(\sin x)' = \cos x$；　　　　　(8) $(\cos x)' = -\sin x$；

(9) $(\tan x)' = \sec^{2} x$；　　　　(10) $(\cot x)' = -\csc^{2} x$；

(11) $(\sec x)' = \sec x \tan x$；

(12) $(\csc x)' = -\csc x \cot x$；

(13) $(\arcsin x)' = \dfrac{1}{\sqrt{1-x^{2}}}$；

(14) $(\arccos x)' = -\dfrac{1}{\sqrt{1-x^{2}}}$；

(15) $(\arctan x)' = \dfrac{1}{1+x^{2}}$；

(16) $(\operatorname{arccot}x)' = -\dfrac{1}{1+x^2}$.

2. 函数的和、差、积、商的求导法则

(1) $(u \pm v)' = u' \pm v'$;

(2) $(uv)' = u'v + uv'$;

(3) $\left(\dfrac{u}{v}\right)' = \dfrac{u'v - uv'}{v^2}$ ($v \neq 0$).

3. 反导数的求导法则

设 $y = f(x)$ 是 $x = \varphi(y)$ 的反函数，则

$$f'(x) = \frac{1}{\varphi'(y)} \ (\varphi'(y) \neq 0).$$

4. 复合函数的求导法则

设 $y = f(u)$，$u = g(x)$，则复合函数 $y = f[g(x)]$ 的导数为

$$y'_x = y'_u \cdot u'_x \ \text{或} \ \frac{\mathrm{d}y}{\mathrm{d}x} = \frac{\mathrm{d}y}{\mathrm{d}u} \cdot \frac{\mathrm{d}u}{\mathrm{d}x}.$$

习题 2－2

1. 求下列函数的导数.

(1) $y = x^{10} + 10^x$; (2) $y = \mathrm{e}^{-x^2}$; (3) $y = x\mathrm{e}^x$;

(4) $y = 2^{\frac{x}{\ln x}}$; (5) $y = \mathrm{e}^x \cos x$; (6) $y = \dfrac{\mathrm{e}^x}{\sin x}$;

(7) $y = \sin(2^x)$; (8) $y = x\mathrm{e}^x(\sin x + \cos x)$; (9) $y = \dfrac{1}{\arccos x}$;

(10) $y = \dfrac{\arctan x}{\sqrt{1+x^2}}$.

2. 求下列函数的导数.

(1) $y = \arctan(x^2)$; (2) $y = \mathrm{e}^{\arctan\sqrt{x}}$; (3) $y = a^{\sin^3 x}$;

(4) $y = x\mathrm{e}^{1-\cos x}$; (5) $y = \sin^2 x \cdot \sin(x^2)$; (6) $y = \mathrm{e}^{\sqrt{\ln x}}$.

3. 求下列函数的导数.

(1) $y = x \cdot 10^{\sqrt{x}}$; (2) $y = \sqrt{x\sqrt{x\sqrt{x}}}$; (3) $y = \ln\dfrac{1}{x+\sqrt{x^2-1}}$;

(4) $y = \dfrac{1}{\tan^2(2x)}$; (5) $y = x^2\sqrt{1+\sqrt{x}}$; (6) $y = \ln\ln^2(\ln^3 x)$.

4. 已知 $f(u)$ 是 u 的可导函数，求下列函数的导数.

(1) $y = f(e^x)e^{2x}$；　　(2) $y = f^2(\arctan x)$；　　　　(3) $y = ax^3 + x^2 f\left(\dfrac{a}{x}\right)$.

§2.3　隐函数的导数

如果 y 是 x 的函数，y 可以用含自变量 x 的等式 $y = f(x)$ 表示，这样的函数叫做显函数. 之前遇到的函数基本上都是显函数，例如 $y = \sin x$，$y = \ln(x + \sqrt{1 - x^2})$ 等.

如果变量 x，y 之间的函数关系是由一个方程 $F(x, y) = 0$ 所确定的，则这种函数称为隐函数. 例如，用方程 $x + y^3 - 1 = 0$ 表示一个函数，因为当变量 x 在 $(-\infty, +\infty)$ 内取值时，变量 y 有确定的值与之对应. 如当 $x = 0$ 时，$y = 1$；当 $x = -1$ 时，$y = \sqrt[3]{2}$；等等. 本节将讨论隐函数的求导方法.

2.3.1　隐函数的导数

像下列方程

$$y - x - \frac{1}{2}\sin y = 0,$$

$$e^x - e^y - xy = 0$$

不能从中解出 y 来，它们所确定的隐函数就不能化为显函数.

一般地，如果在方程 $F(x, y) = 0$ 中，当 x 取某区间内的任一值时，相应地总有满足方程的 y 值存在，那么就说方程 $F(x, y) = 0$ 在该区间内确定了一个隐函数.

把一个隐函数化成显函数，叫做隐函数的显化. 例如从方程 $x + y^3 - 1 = 0$ 解出 $y = \sqrt[3]{1 - x}$，就把隐函数化成了显函数. 隐函数的显化有时是有困难的，甚至是不可能的，例如由方程 $e^x - e^y - xy = 0$ 确定的隐函数就不能化为显函数. 但在实际问题中，有时需要计算隐函数的导数，因此，希望能有一种方法，不管隐函数能否显化，都能直接由方程求出它所确定的隐函数的导数来. 下面通过具体例子来说明这种方法.

$\dfrac{\mathrm{d}}{\mathrm{d}x}(x^2)$，$\dfrac{\mathrm{d}}{\mathrm{d}y}(y^2)$，

$\dfrac{\mathrm{d}}{\mathrm{d}x}(y^2)$ 的区别：

(1) $\dfrac{\mathrm{d}}{\mathrm{d}x}(x^2)$ 是对函数 $y = x^2$ 求导，此时 x 是自变量，y 是函数，所以

$$\frac{\mathrm{d}y}{\mathrm{d}x} = \frac{\mathrm{d}}{\mathrm{d}x}(x^2) = 2x.$$

(2) $\dfrac{\mathrm{d}}{\mathrm{d}y}(y^2)$ 可以看作一个函数 $u = y^2$ 对自变量 y 求导，与上面一样，即

方程 $x^2 + y^2 = 4$ 的图象是半径为 2、圆心在原点的圆. 该圆处处有切线，不用写出 $y = \pm\sqrt{4 - x^2}$ 并求导，就能求出它们的斜率. 这只需要方程的两边同时对 x 求导：

$$\frac{\mathrm{d}}{\mathrm{d}x}(x^2 + y^2) = \frac{\mathrm{d}}{\mathrm{d}x}(4)，\text{即} \ \frac{\mathrm{d}}{\mathrm{d}x}(x^2) + \frac{\mathrm{d}}{\mathrm{d}x}(y^2) = \frac{\mathrm{d}}{\mathrm{d}x}(4)，$$

则有

$$2x + 2y\frac{\mathrm{d}y}{\mathrm{d}x} = 0,$$

解得

$$\frac{\mathrm{d}y}{\mathrm{d}x} = -\frac{x}{y}.$$

$$\frac{\mathrm{d}u}{\mathrm{d}y}=\frac{\mathrm{d}}{\mathrm{d}y}(y^2)=2y.$$

(3) $\dfrac{\mathrm{d}}{\mathrm{d}x}(y^2)$ 的分母是 $\mathrm{d}x$，说明函数的自变量是 x，而 y 不是自变量，它本身就是一个函数，可记作 $y=f(x)$. 则化为复合函数求导问题，y^2 是由两个函数 $u=y^2$ 与 $y=f(x)$ 复合而成. 按照复合函数求导法则，则有

$$\frac{\mathrm{d}u}{\mathrm{d}x}=\frac{\mathrm{d}u}{\mathrm{d}y}\cdot\frac{\mathrm{d}y}{\mathrm{d}x}$$
$$=\frac{\mathrm{d}}{\mathrm{d}y}(y^2)\cdot\frac{\mathrm{d}y}{\mathrm{d}x}$$
$$=2y\frac{\mathrm{d}y}{\mathrm{d}x}.$$

求隐函数导数的一般步骤：

第一步，将方程两边同时对自变量 x 求导，遇到 y 时，就把 y 看成 x 的函数，因而遇到 y 的函数时，要看作 x 的复合函数.

第二步，从所得关系式中，解出 $\dfrac{\mathrm{d}y}{\mathrm{d}x}$，就是所求的隐函数的导数.

此处也可以直接用反函数求导法来求：

$$\frac{\mathrm{d}x}{\mathrm{d}y}=\frac{1}{\dfrac{\mathrm{d}y}{\mathrm{d}x}}.$$

这就是说，圆上点 $(x，y)$ 处的切线斜率是 $-\dfrac{x}{y}$. 现在用它来求圆上点 $(1，\sqrt{3})$ 处的切线方程，则斜率为 $-\dfrac{x}{y}\bigg|_{x=1,y=\sqrt{3}}=\dfrac{-\sqrt{3}}{3}$.

从这里我们可以知道，隐函数 $F(x，y)=0$ 并不需要化成显函数 $y=f(x)$ 才能求导，隐函数的求导法是用复合函数求导法直接对方程 $F(x，y)=0$ 两边求导.

例 1　求椭圆 $\dfrac{x^2}{9}+\dfrac{y^2}{4}=1$ 在点 $P\left(1，\dfrac{4\sqrt{2}}{3}\right)$ 处的切线方程.

解　方程两边同时对 x 求导，得

$$\frac{2x}{9}+\frac{2y\cdot y'}{4}=0,$$

把 $x=1$，$y=\dfrac{4\sqrt{2}}{3}$ 代入，得 $y'=-\dfrac{\sqrt{2}}{6}$.

故所求切线方程为 $y-\dfrac{4\sqrt{2}}{3}=-\dfrac{\sqrt{2}}{6}(x-1)$，即 $x+3\sqrt{2}\,y-9=0$.

例 2　设方程 $y+x-\mathrm{e}^{xy}=0$ 确定了隐函数 $y=f(x)$，求 $\dfrac{\mathrm{d}y}{\mathrm{d}x}$.

解　方程两边同时对 x 求导，得

$$\frac{\mathrm{d}y}{\mathrm{d}x}+1-\mathrm{e}^{xy}\left(y+x\frac{\mathrm{d}y}{\mathrm{d}x}\right)=0,$$

因此得

$$\frac{\mathrm{d}y}{\mathrm{d}x}=\frac{y\mathrm{e}^{xy}-1}{1-x\mathrm{e}^{xy}}.$$

例 3　已知方程 $2\arctan\dfrac{y}{x}=\ln(x^2+y^2)$，求 $\dfrac{\mathrm{d}y}{\mathrm{d}x}$ 和 $\dfrac{\mathrm{d}x}{\mathrm{d}y}$.

解　方程两边同时对 x 求导，得

$$2\cdot\frac{1}{1+\left(\dfrac{y}{x}\right)^2}\cdot\frac{\mathrm{d}}{\mathrm{d}x}\left(\frac{y}{x}\right)=\frac{1}{x^2+y^2}\cdot\frac{\mathrm{d}}{\mathrm{d}x}(x^2+y^2).$$

即

$$2\cdot\frac{x^2}{x^2+y^2}\cdot\frac{x\cdot\dfrac{\mathrm{d}y}{\mathrm{d}x}-y}{x^2}=\frac{1}{x^2+y^2}\cdot\left(2x+2y\cdot\frac{\mathrm{d}y}{\mathrm{d}x}\right).$$

可得

$$\frac{\mathrm{d}y}{\mathrm{d}x}=\frac{x+y}{x-y}.$$

方程两边再同时对 y 求导，得

$$2\cdot\frac{1}{1+\left(\dfrac{y}{x}\right)^2}\cdot\frac{\mathrm{d}}{\mathrm{d}y}\left(\frac{y}{x}\right)=\frac{1}{x^2+y^2}\cdot\frac{\mathrm{d}}{\mathrm{d}y}(x^2+y^2).$$

即　$2\times\dfrac{x^2}{x^2+y^2}\cdot\dfrac{x-y\cdot\frac{\mathrm{d}x}{\mathrm{d}y}}{x^2}=\dfrac{1}{x^2+y^2}\cdot\left(2x\cdot\dfrac{\mathrm{d}x}{\mathrm{d}y}+2y\right).$

可得

$$\frac{\mathrm{d}x}{\mathrm{d}y}=\frac{x-y}{x+y}.$$

2.3.2　对数求导法

将函数两边先取对数，然后再求导的方法称为对数求导法.
它常用于下列两类函数的求导：

第一类：幂指类复合函数 $y=[f(x)]^{g(x)}$.

第二类：整体结构仅含乘、除、乘方、开方的函数.

例 4　求证 $\dfrac{\mathrm{d}}{\mathrm{d}x}(x^\alpha)=\alpha x^{\alpha-1}$，$\alpha\in\mathbf{R}$.

证明　前面已用指数恒等式 $\mathrm{e}^{\ln x}=x$ 进行过证明，此处再用对数求导法证明.

令 $y=x^\alpha$，等式两边取自然对数，得

$$\ln y=\alpha\ln x.$$

上式两边对 x 求导，得

$$\frac{1}{y}\cdot\frac{\mathrm{d}y}{\mathrm{d}x}=\alpha\cdot\frac{1}{x}.$$

可得

$$\frac{\mathrm{d}y}{\mathrm{d}x}=y\cdot\alpha\cdot\frac{1}{x}=x^\alpha\cdot\alpha\cdot\frac{1}{x}=\alpha x^{\alpha-1}.$$

所以 $\dfrac{\mathrm{d}}{\mathrm{d}x}(x^\alpha)=\alpha x^{\alpha-1}$.

> 此处运用了隐函数求导法，其中
> $$\frac{\mathrm{d}}{\mathrm{d}x}(\ln y)=\frac{1}{y}\cdot\frac{\mathrm{d}y}{\mathrm{d}x}.$$

例 5　设 $y=(\tan x)^x$，求 y'.

解　两边取对数，得

$$\ln y=x\ln\tan x.$$

上式两边对 x 求导，得

$$\frac{1}{y}\cdot y'=\ln\tan x+x\cdot\frac{1}{\tan x}\cdot\sec^2 x.$$

可得

$$y'=y\cdot\left(\ln\tan x+x\cdot\frac{1}{\tan x}\cdot\sec^2 x\right)$$

$$=(\tan x)^x\left(\ln\tan x+\frac{x}{\sin x\cos x}\right).$$

> 像这样的幂指函数也可以利用指数恒等式，化为
> $$(\tan x)^x=\mathrm{e}^{\ln(\tan x)^x},$$
> 再按照复合函数求导法来求导.

例 6　设 $y=\sqrt[3]{\dfrac{(x+1)^2}{(x-1)(x+2)}}$，求 y'.

解　两边取对数，得

81

$$\ln y = \frac{1}{3}\left[2\ln(x+1) - \ln(x-1) - \ln(x+2)\right].$$

上式两边对 x 求导，得

$$\frac{1}{y} \cdot y' = \frac{1}{3}\left(\frac{2}{x+1} - \frac{1}{x-1} - \frac{1}{x+2}\right).$$

可得

$$y' = y \cdot \frac{1}{3}\left(\frac{2}{x+1} - \frac{1}{x-1} - \frac{1}{x+2}\right)$$

$$= \frac{1}{3}\sqrt[3]{\frac{(x+1)^2}{(x-1)(x+2)}}\left(\frac{2}{x+1} - \frac{1}{x-1} - \frac{1}{x+2}\right).$$

椭圆的参数方程中参数 t 的几何意义如下图所示：

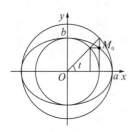

2.3.3　参数方程所确定的函数的导数

在几何与物理问题中，常常使用参数方程. 例如椭圆方程的参数方程是

$$\begin{cases} x = a\cos t \\ y = b\sin t \end{cases} (0 \leqslant t \leqslant 2\pi),$$

消去参数 t，即可得到椭圆的普通方程 $\dfrac{x^2}{a^2} + \dfrac{y^2}{b^2} = 1$.

一般地，参数方程表示为

$$\begin{cases} x = \varphi(t) \\ y = \psi(t) \end{cases} (\alpha \leqslant t \leqslant \beta).$$

x 与 y 间的关系由参数 t 相联系，在一定的条件下，y 与 x 之间可能存在函数关系，这样产生的函数称为参数式函数. 下面讨论如何求参数式函数的导数.

一种很自然的想法是由参数方程消去参数 t，得到 x 与 y 之间的关系式，不论这种关系体现为显函数还是隐函数，都可以利用已有知识解决其求导问题. 然而消去参数可能很繁杂，有时甚至无法消去参数，因此上述想法不一定可行. 这样，就有必要研究不依赖于消去参数，而仅从参数方程本身就可以求出导数 $\dfrac{\mathrm{d}y}{\mathrm{d}x}$ 的方法.

定理　若 $\varphi(t)$，$\psi(t)$ 均可导，$\varphi(t)$ 存在可导的反函数，且 $\varphi'(t) \neq 0$，则由参数方程 $\begin{cases} x = \varphi(t) \\ y = \psi(t) \end{cases} (\alpha \leqslant t \leqslant \beta)$ 确定的函数 $y = \psi(t)$ 对 x 可导，且有

$$\frac{\mathrm{d}y}{\mathrm{d}x} = \frac{\psi'(t)}{\varphi'(t)}.$$

证明　记 $x = \varphi(t)$ 的反函数为 $t = \varphi^{-1}(x)$，于是

$$y = \psi(t) = \psi\left[\varphi^{-1}(x)\right].$$

因为 $\dfrac{dy}{dx}$ 是 x 的函数，所以此公式应表示为

$$\begin{cases} x = \varphi(t) \\ \dfrac{dy}{dx} = \dfrac{\psi'(t)}{\varphi'(t)}, \end{cases}$$

但为了方便起见，通常把 $x = \varphi(t)$ 省去.

由复合函数及反函数的求导法则知

$$\frac{dy}{dx} = \frac{dy}{dt} \cdot \frac{dt}{dx} = \frac{\dfrac{dy}{dt}}{\dfrac{dx}{dt}} = \frac{\psi'(t)}{\varphi'(t)}.$$

这就是由参数方程所确定的函数的求导公式.

例 7　已知椭圆的参数方程为 $\begin{cases} x = a\cos t \\ y = b\sin t \end{cases}$，求椭圆在 $t = \dfrac{\pi}{4}$ 相应的点处的切线方程（如图 2−7）.

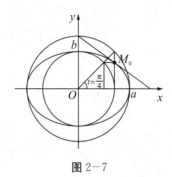

图 2−7

解　当 $t = \dfrac{\pi}{4}$ 时，椭圆上的相应点 M_0 的坐标是

$$x_0 = a\cos\frac{\pi}{4} = \frac{a\sqrt{2}}{2},$$

$$y_0 = b\sin\frac{\pi}{4} = \frac{b\sqrt{2}}{2},$$

按照参数式函数的求导公式，可得曲线在点 M_0 的切线斜率为

$$\frac{dy}{dx}\bigg|_{t=\frac{\pi}{4}} = \frac{(b\sin t)'}{(a\cos t)'}\bigg|_{t=\frac{\pi}{4}} = \frac{b\cos t}{-a\sin t}\bigg|_{t=\frac{\pi}{4}} = -\frac{b}{a}.$$

代入点斜式方程，得所求切线方程为

$$y - \frac{b\sqrt{2}}{2} = -\frac{b}{a}\left(x - \frac{a\sqrt{2}}{2}\right).$$

化简后得

$$bx + ay - \sqrt{2}ab = 0.$$

物体以一定的初速度斜向射出，在空气阻力可以忽略的情况下，物体所做的运动叫做斜抛运动. 此时物体作匀变速曲线运动，它的运动轨迹是抛物线.

例 8　已知斜抛物体的运动轨迹（如图 2−8）的参数方程为

$$\begin{cases} x = v_0\cos a \cdot t \\ y = v_0\sin a \cdot t - \dfrac{1}{2}gt^2, \end{cases}$$

求在任意时刻 t 该物体的运动速度的大小和方向.

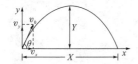

斜抛运动可以看成是做水平方向的匀速直线运动和竖直上抛运动的合运动，或沿 v_0 方向的直线运动和自由落体运动的合运动.

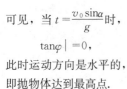

可见，当 $t = \dfrac{v_0 \sin\alpha}{g}$ 时，

$$\tan\varphi \mid = 0,$$

此时运动方向是水平的，即抛物体达到最高点.

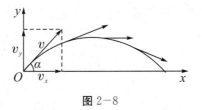

图 2-8

解 先求速度的大小. 由于速度分量分别为

$$v_x = \frac{dx}{dt} = v_0 \cos a , \quad v_y = \frac{dy}{dt} = v_0 \sin a - gt,$$

则物体在时刻 t 的速度大小为

$$v = \sqrt{v_x^2 + v_y^2} = \sqrt{v_0^2 \cos^2 a + (v_0 \sin a - gt)^2}.$$

再求速度的方向. 由于速度是沿轨迹切线方向的，所以只需求出轨迹的切线斜率. 设此时切线的倾角为 φ，则由导数的几何意义，得

$$\tan\varphi = \frac{dy}{dx} = \frac{\dfrac{dy}{dt}}{\dfrac{dx}{dt}} = \frac{v_0 \sin\alpha - gt}{v_0 \cos\alpha}.$$

习题 2-3

1. 已知方程 $xy^2 + e^y = \cos(x + y^2)$，求 $\dfrac{dy}{dx}$.

2. 求曲线 $x^{\frac{2}{3}} + y^{\frac{2}{3}} = a^{\frac{2}{3}}$ 在点 $\left(\dfrac{\sqrt{2}}{4}a, \dfrac{\sqrt{2}}{4}a\right)$ 处的切线方程和法线方程.

3. 求下列函数的导数.

   (1) $y = (1 + \cos x)^{\frac{1}{x}}$；

   (2) $y = (2x - 1)\sqrt{x\sqrt{(3x+1)\sqrt{x-1}}}$.

4. 求曲线 $\begin{cases} x = \dfrac{2t}{1+t^2} \\ y = \dfrac{1-t^2}{1+t^2} \end{cases}$ 在 $t = 2$ 处的切线方程和法线方程.

§2.4 相关变化率、高阶导数

函数在某一点的导数描述了这个函数在这一点附近的变化率，因此导数常用于求变化率问题. 而在实际问题中，变量与变量之间的函数关系一般比较复杂，往往是由几个相关的函数确定的. 因而, 函数的变化率往往也需要由几个相关的函数的变化率来确定. 在另一些实际问题中, 不仅需要求函数的导数, 还需要对其导数再求导. 本节将讨论相关变化率和高阶导数.

2.4.1　相关变化率

导数的本质是通过极限的概念对函数进行局部的线性逼近. 导数的应用往往来源于此.

前面已经讲过导数在几何方面的应用, 利用导数的几何意义可以求出曲线上给定点处的切线方程和法线方程.

导数的实际应用通常是讨论变化率问题.

例 1　在一个容器里装有 1L 纯酒精, 如果以每秒 $\frac{1}{10}$L 的速度往容器里注水, 求酒精浓度的变化规律.

在生物学中, 生物体的生长速率可以用导数来衡量. 例如一棵树的高度随时间的变化可以表示为函数 $h(t)$. 树木的生长速率就是高度关于时间 t 的导数, 即 $h'(t)$.

解　注水 t 秒后容器内混合液为 $\left(1+\frac{t}{10}\right)$L, 内含纯酒精 1L, 故混合液中酒精浓度为

$$p=\frac{1}{1+\frac{t}{10}}=\frac{10}{10+t}.$$

由此

$$p'=\frac{-10\,(10+t)'}{(10+t)^2}=-\frac{10}{(10+t)^2}.$$

导数是负值说明浓度下降. 下降的速度随着时间 t 按 $\frac{10}{(10+t)^2}$ 变化.

例 2　物质在化学分解中, 开始时的质量为 m_0, 经过时间 t 后, 所剩下的质量为 m, 它们之间满足关系式

$$m=m_0\mathrm{e}^{-kt}.$$

其中 k 是常数. 试求该物质的变化率 (即分解速度).

解　物质的分解速度 v 就是质量 m 对时间 t 的导数, 即

$$v=\frac{\mathrm{d}m}{\mathrm{d}t}=-km_0\mathrm{e}^{-kt}.$$

本例中 $m=m_0\mathrm{e}^{-kt}$, 所以

$$v=-km,$$

因此得到了下述结论: 该物质的分解速度与该物质本身在时刻 t 的质量成正比.

这就是该物质的变化率.

下面讨论稍复杂一些的变化率问题, 即所谓相关变化率问题. 设 $x=x(t)$ 及 $y=y(t)$ 都是可导函数, 而变量 x 与 y 间存在某种关系, 从而变化率 $\frac{\mathrm{d}x}{\mathrm{d}t}$ 与 $\frac{\mathrm{d}y}{\mathrm{d}t}$ 间也存在一定关系. 这两个相互依赖的变化率称为相关变化率. 相关变化率问题就是研究这两个变化率之间的关系, 以便从其中一个变化率求出另一个变化率.

例 3　将一块石头扔进平静的池塘后, 水面会泛起一阵涟漪, 假定它是一组以石头落水位置为圆心的同心圆, 如果最外

层的圆的半径 r 以 0.3m/s 的速度向外扩展，当这个圆的半径是 2m 时，圆面积 A 的增长速度是多少？

解 这一问题可换一个数学提法，即已知：

（1）圆面积 $A=\pi r^2$；（2）在 $r=2\text{m}$ 时，变量 r 关于时间 t 的变化率是

$$\frac{\mathrm{d}r}{\mathrm{d}t}\bigg|_{r=2}=0.3\text{m/s}.$$

求：在 $r=2\text{m}$ 时，A 关于时间 t 的变化率 $\dfrac{\mathrm{d}A}{\mathrm{d}t}$.

这是一个复合函数的变化率问题，应用链式法则有

$$\frac{\mathrm{d}A}{\mathrm{d}t}=\frac{\mathrm{d}(\pi r^2)}{\mathrm{d}t}=\frac{\mathrm{d}(\pi r^2)}{\mathrm{d}r}\cdot\frac{\mathrm{d}r}{\mathrm{d}t}=2\pi r\cdot\frac{\mathrm{d}r}{\mathrm{d}t},$$

代入 $r=2\text{m}$ 得

$$\frac{\mathrm{d}A}{\mathrm{d}t}\bigg|_{r=2}=2\pi\times2\times0.3=1.2\pi(\text{m}^2/\text{s}).$$

因此，当圆半径是 2m 时，圆面积 A 的增长速度是 $1.2\pi\text{m}^2/\text{s}$.

例4 一气体储存器装有 1000cm^3 气体，其压强为 5N/cm^2. 若压强以每小时 0.05N/cm^2 的速度减少，则气体体积的增加率是多少？

解 设压强为 p，体积为 V，根据题意它们都是 t 的函数. 现在的问题是，已知压强的变化率 $\dfrac{\mathrm{d}p}{\mathrm{d}t}$，要求体积的变化率 $\dfrac{\mathrm{d}V}{\mathrm{d}t}$. 这是一个相关变化率问题. 为此先建立 p 与 V 之间的关系.

由物理学知道，在温度不变的条件下，理想气体的压强 p 与体积 V 之间有下列关系：

$$pV=c.$$

因为 $V=1000$ 时，$p=5$，所以 $c=5\times1000=5000$，从而

$$V=\frac{5000}{p}.$$

将上式两端对 t 求导，即得

$$\frac{\mathrm{d}V}{\mathrm{d}t}=-\frac{5000}{p^2}\cdot\frac{\mathrm{d}p}{\mathrm{d}t}.$$

因为压强 p 以每小时 0.05N/cm^2 的速度减少，所以 $\dfrac{\mathrm{d}p}{\mathrm{d}t}=-0.05$，将此式及 $p=5$ 代入 $\dfrac{\mathrm{d}V}{\mathrm{d}t}$ 的表达式中，得

$$\frac{\mathrm{d}V}{\mathrm{d}t}=-\frac{5000}{5^2}\times(-0.05)=10.$$

即气体体积的增加率为 $10\text{cm}^3/\text{h}$.

理想气体（ideal gas）状态方程是描述理想气体处于平衡态时的状态方程.

处于平衡态的气体，其状态可以用压强 p 和体积 V 这两个独立变量来描述.

2.4.2 高阶导数

前面说过，变速直线运动的速度 $v(t)$ 是位移函数 $s(t)$ 对时间 t 的导数，即

$$v(t) = \frac{\mathrm{d}s}{\mathrm{d}t} \text{ 或 } v = s'(t).$$

而加速度 a 是速度 $v(t)$ 对时间 t 的导数，即

$$a = \frac{\mathrm{d}v}{\mathrm{d}t} = \frac{\mathrm{d}}{\mathrm{d}t}\left(\frac{\mathrm{d}s}{\mathrm{d}t}\right) \text{ 或 } a = [s'(t)]'.$$

这种导数的导数 $[s'(t)]'$ 叫做 s 对 t 的二阶导数，记作 $\dfrac{\mathrm{d}^2 s}{\mathrm{d}t^2}$ 或 $s''(t)$. 所以，变速直线运动的加速度 a 是位移函数 $s(t)$ 对时间 t 的二阶导数.

定义 若函数 $y = f(x)$ 的导数 $f'(x)$ 在点 x 处可导，则称 $f'(x)$ 在点 x 处的导数为函数 $y = f(x)$ 在点 x 处的二阶导数，记作 $f''(x)$，y'' 或 $\dfrac{\mathrm{d}^2 y}{\mathrm{d}x^2}$，即

$$f''(x) = \lim_{\Delta x \to 0} \frac{f'(x + \Delta x) - f'(x)}{\Delta x}.$$

类似地，可由二阶导数 $f''(x)$ 定义三阶导数 $f'''(x)$，由三阶导数 $f'''(x)$ 定义四阶导数 $f^{(4)}(x)$. 一般地，可由 $n-1$ 阶导数 $f^{(n-1)}(x)$ 定义 n 阶导数，记作 $f^{(n)}(x)$，$y^{(n)}$ 或 $\dfrac{\mathrm{d}^n y}{\mathrm{d}x^n}$，即

$$f^{(n)}(x) = [f^{(n-1)}(x)]'.$$

二阶或二阶以上的导数统称为高阶导数，

若函数 $y = f(x)$ 具有 n 阶导数，则称函数 $f(x)$ 是 n 阶可导的.

由高阶导数定义可知，利用前面学过的求导方法就可求函数的高阶导数.

例 5 求 n 次多项式 $p(x) = a_0 x^n + a_1 x^{n-1} + \cdots + a_{n-1} x + a_n$ 的各阶导数.

解 $p'(x) = na_0 x^{n-1} + (n-1)a_1 x^{n-2} + \cdots + a_{n-1}$，

$p''(x) = n(n-1)a_0 x^{n-2} + (n-1)(n-2)a_1 x^{n-3} + \cdots + 2a_{n-2}$，

……

$y^{(n)} = n(n-1)(n-2) \cdot 3 \cdot 2 \cdot 1 \cdot a_0 = n! a_0$，

$y^{(n+1)} = y^{(n+2)} = \cdots = 0$.

这就是说，n 次多项式的一切高于 n 阶的导数都是零.

把 $x = 0$ 代入，可知 $p(0) = a_n$，$p'(0) = a_{n-1}$，$p''(0) = 2!$

a_{n-2}，……，

将 n 阶导数记为 $\dfrac{\mathrm{d}^n y}{\mathrm{d}x^n}$ 是有历史渊源的，它来源于二阶差商的概念.

$\dfrac{\mathrm{d}^n y}{\mathrm{d}x^n}$ 的分母上的 n 可以视为 Δx 的乘方，分子上的 n 则代表阶数.

布鲁克·泰勒（Brook Taylor，1658—1731），英国著名数学家，以泰勒公式和泰勒级数而闻名，这些公式和级数在数学分析中具有重要意义.

则 n 次多项式可写成

$$p(x)=p(0)+\frac{p'(0)}{1!}x+\frac{p''(0)}{2!}x^2+\cdots+\frac{p^{(n)}(0)}{n!}x^n.$$

它称为多项式函数在 $x=0$ 点的泰勒（Taylor）公式.

例6 求 $y=\dfrac{1}{x}$ 的 n 阶导数.

解 $y'=-x^{-2}$,

$y''=(-1)(-2)x^{-3}=(-1)^2 \cdot 2!x^{-3}$,

$y'''=(-1)(-2)(-3)x^{-4}=(-1)^3 \cdot 3!x^{-4}$,

…

$y^{(n)}=(-1)^n \cdot n!x^{-(n+1)}.$

由此可知，求 n 阶导数时，常常将各阶导数保持一定的形式，这样便于总结规律，写出高阶导数的一般形式.

例7 求正弦函数 $y=\sin x$ 的 n 阶导数.

解 $y'=\cos x=\sin\left(x+\dfrac{\pi}{2}\right)$,

$y''=\cos\left(x+\dfrac{\pi}{2}\right)=\sin\left(x+\dfrac{\pi}{2}+\dfrac{\pi}{2}\right)=\sin\left(x+2 \cdot \dfrac{\pi}{2}\right)$,

$y'''=\cos\left(x+2 \cdot \dfrac{\pi}{2}\right)=\sin\left(x+3 \cdot \dfrac{\pi}{2}\right)$,

$y^{(4)}=\cos\left(x+3 \cdot \dfrac{\pi}{2}\right)=\sin\left(x+4 \cdot \dfrac{\pi}{2}\right)$.

一般地，可得

$$y^{(n)}=\sin\left(x+n \cdot \frac{\pi}{2}\right).$$

所以正弦函数的 n 阶导数公式为

$$(\sin x)^{(n)}=\sin\left(x+n \cdot \frac{\pi}{2}\right).$$

用类似方法，可得余弦函数的 n 阶导数公式

$(\cos x)^{(n)}=\cos\left(x+n \cdot \frac{\pi}{2}\right).$

例8 求 $y=\ln(1+x)$ 的 n 阶导数.

解 $y'=\dfrac{1}{1+x}$, $y''=-\dfrac{1}{(1+x)^2}$, $y'''=\dfrac{1 \cdot 2}{(1+x)^3}$,

$y^{(4)}=-\dfrac{1 \cdot 2 \cdot 3}{(1+x)^4}.$

一般地，可得 $y^{(n)}=(-1)^{n+1}\dfrac{(n-1)!}{(1+x)^n}$，即

$$[\ln(1+x)]^{(n)}=(-1)^{n+1}\frac{(n-1)!}{(1+x)^n}.$$

通常规定 $0!=1$，所以这个公式当 $n=1$ 时也成立.

例9 设 $u=u(x)$, $v=v(x)$ 在点 x 具有 n 阶导数，求 $y=u(x)v(x)$ 的 n 阶导数.

解 $y'=u'v+uv'$,

$y''=u''v+u'v'+u'v'+uv''=u''v+2u'v'+uv''$,

$$y''' = u'''v + u''v' + 2u''v' + 2u'v'' + u'v'' + uv'''$$
$$= u'''v + 3u''v' + 3u'v'' + u'v'''.$$

可以看出,二阶导数的系数是 $(u+v)^2$ 展开式的系数,三阶导数的系数是 $(u+v)^3$ 展开式的系数. 一般地,用数学归纳法可证

此公式一般写作

$(uv)^{(n)} = \sum\limits_{k=0}^{n} C_n^k u^{(n-k)} v^{(k)}.$

$$(uv)^{(n)} = u^{(n)}v + nu^{(n-1)}v' + \frac{n(n-1)}{2!}u^{(n-2)}v'' + \cdots +$$
$$\frac{n(n-1)\cdots(n-k+1)}{k!}u^{(n-k)}v^{(k)} + \cdots + uv^{(n)}.$$

上式称为求两个函数乘积高阶导数的莱布尼茨(Leibniz)公式,其系数恰好是 $(u+v)^n$ 展开式的系数.

例 10 求由方程 $x - y + \frac{1}{2}\sin y = 0$ 所确定的隐函数 $y = y(x)$ 的二阶导数 $\dfrac{\mathrm{d}^2 y}{\mathrm{d}x^2}$.

解 方程的两边对 x 求导,得

$$1 - \frac{\mathrm{d}y}{\mathrm{d}x} + \frac{1}{2}\cos y \cdot \frac{\mathrm{d}y}{\mathrm{d}x} = 0,$$

右端分式中的 y 是由方程

$x - y + \frac{1}{2}\sin y = 0$

所确定的隐函数.

于是 $\dfrac{\mathrm{d}y}{\mathrm{d}x} = \dfrac{2}{2 - \cos y}.$

上式两边再对 x 求导,得

$$\frac{\mathrm{d}^2 y}{\mathrm{d}x^2} = \frac{-2\sin y \cdot \dfrac{\mathrm{d}y}{\mathrm{d}x}}{(2 - \cos y)^2} = \frac{-4\sin y}{(2 - \cos y)^3}.$$

习题 2—4

1. 一块金属圆片受热膨胀,假定圆片半径 r 以 $0.01\mathrm{cm/s}$ 的速度增加,并假定在膨胀过程中圆片始终保持圆形. 试求当半径为 $2\mathrm{cm}$ 时,圆片面积 A 的增加速率.

2. 已知桥面高出河的水面 $25\mathrm{m}$,桥下有一小船以 $13\mathrm{m/s}$ 的速度出发向远处直线驶去. 求当小船驶出 $60\mathrm{m}$ 时,小船与桥面的距离关于时间的变化率.

3. 求下列函数的二阶导数.

(1) $y = x\mathrm{e}^{x^2}$;

(2) $y = \dfrac{1}{1+x^2}$;

(3) $y = \sqrt{a^2 - x^2}$;

(4) $y = \sin^4 x + \cos^4 x$.

4. 设 $f(x) = \arctan x$,求 $f''(1)$.

5. 求函数 $y = x\ln x$ 的 n 阶导数的一般表达式.

6. 已知方程 $y = x + \ln y$,求 $\dfrac{\mathrm{d}^2 y}{\mathrm{d}x^2}$.

§2.5 微分

前面已经讨论了微分学的第一类问题,即函数的变化率问题,并由此引入了导数的概念. 下面讨论微分学第二类问题,即用无穷小的观点来处理函数增量问题,并将由此引入函数微分的概念. 本节还将介绍函数的微分与导数的关系、微分的计算以及微分在近似计算中的应用.

2.5.1 微分的概念

在实际问题中,常需要计算当自变量有一微小增量时函数的相应增量. 先看一个实例:

一块正方形金属薄片,当周围温度变化时,其边长由 x 变到 $x+\Delta x$(如图 2-9),问此薄片的面积改变了多少?

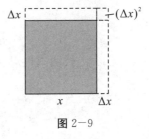

图 2-9

设这个正方形的边长为 x,面积为 S,则 S 是 x 的函数
$$S = S(x) = x^2.$$

当边长由 x 变到 $x+\Delta x$ 时(Δx 可为正也可为负,但 $\Delta x \neq 0$),此薄片所改变的面积就是函数 $S = x^2$ 的相应增量
$$\Delta S = (x+\Delta x)^2 - x^2 = 2x\Delta x + (\Delta x)^2.$$

这种做法实际上包含了一个重要思想——线性化. 这是因为线性函数是最简单的函数,线性化可以找到给定点处函数的线性逼近. 其实质是"以直代曲".

从上式可以看出,ΔS 分成两部分:第一部分 $2x\Delta x$ 是 Δx 的线性函数;而第二部分 $(\Delta x)^2$ 当 $\Delta x \to 0$ 时,是 Δx 的高阶无穷小,即 $(\Delta x)^2 = o(\Delta x)$. 在实际问题中,往往只需求得 ΔS 具有一定精确度的近似值. 由图 2-9 可以看出,如果边长改变很微小,即 $|\Delta x|$ 很小时,$(\Delta x)^2$ 就更微不足道了,因此可把它略去,这就得到面积的改变量 ΔS 的近似值
$$\Delta S \approx 2x\Delta x.$$

一般说来,当函数 $y = f(x)$ 比较复杂时,改变量 Δy 不容易计算,可以用关于 Δx 的线性函数 $A\Delta x$(A 是与 Δx 无关的常数)来作近似,如果它们的差 $\Delta y - A\Delta x$ 是 Δx 的高阶无穷小

（$\Delta x \to 0$），那么，这种近似就是可行的，$A\Delta x$ 就称为函数 $y = f(x)$ 在某一点的微分，下面给出微分的定义．

定义　设函数 $y = f(x)$ 在某区间内有定义，x_0 及 $x_0 + \Delta x$ 在这区间内，如果函数增量 Δy 可表示为

$$\Delta y = A\Delta x + o(\Delta x),$$

其中 A 是不依赖于 Δx 的常数，那么称函数 $y = f(x)$ 在点 x_0 是可微的，而 $A\Delta x$ 叫做函数 $y = f(x)$ 在点 x_0 处相应于自变量增量 Δx 的微分，记作 $\mathrm{d}y$ ，即

$$\mathrm{d}y = A\Delta x.$$

> 在 $A \neq 0$ 的情况下，由于 $\mathrm{d}y = A\Delta x$ 是 Δx 的线性函数，称 $\mathrm{d}y$ 是 Δy 的线性主部．当 $\Delta x \to 0$ 时，$\Delta y \approx \mathrm{d}y.$

由上述定义，自然会想到下述问题：可微函数需要满足什么条件？如果函数 $y = f(x)$ 在点 x_0 可微，那么与 Δx 无关的那个常数 A 等于什么？下面的定理回答了这两个问题。

定理　函数 $y = f(x)$ 在点 x_0 可微的充要条件是 $y = f(x)$ 在点 x_0 可导，且 $A = f'(x_0)$，即

$$\mathrm{d}y = f'(x_0)\Delta x.$$

证明　先证必要性．设函数 $y = f(x)$ 在点 x_0 可微，即

$$\Delta y = A\Delta x + o(\Delta x),$$

其中 A 与 Δx 无关，将等式两端同时除以 Δx，且令 $\Delta x \to 0$ 求极限，得

$$\lim_{\Delta x \to 0} \frac{\Delta y}{\Delta x} = \lim_{\Delta x \to 0} \left[A + \frac{o(\Delta x)}{\Delta x} \right] = A,$$

即 $f'(x_0) = A$．因此，必要性得证．

再证充分性．设函数 $y = f(x)$ 在点 x_0 可导，即

$$\lim_{\Delta x \to 0} \frac{\Delta y}{\Delta x} = f'(x_0)$$

存在．根据极限与无穷小的关系，有

$$\frac{\Delta y}{\Delta x} = f'(x_0) + o(\Delta x),$$

上式两端同时乘以 Δx，得

$$\Delta y = f'(x_0)\Delta x + o(\Delta x) \cdot \Delta x,$$

其中 $f'(x_0)$ 与 Δx 无关，当 $\Delta x \to 0$ 时 $o(\Delta x) \cdot \Delta x$ 是 Δx 的高阶无穷小，由微分的定义知 $y = f(x)$ 在点 x_0 可微．

这个定理说明，函数 $y = f(x)$ 在点 x_0 可微与可导是等价的，且 $A = f'(x_0)$，即

$$\mathrm{d}y = f'(x_0)\Delta x.$$

如果函数 $y = f(x)$ 在区间 I 上每一点都可微，则称函数在区间 I 上可微，其微分为

$$\mathrm{d}y = f'(x)\Delta x.$$

前面是把 $\dfrac{dy}{dx}$ 当作整体记号引入的，现在引入微分概念后，这个记号就具有新的意义，即可以把它当作分数来处理。

一般将自变量的增量 Δx 规定为自变量的微分，记为 dx，即 $\Delta x = dx$。于是函数 $y = f(x)$ 的微分又可记作

$$dy = f'(x)dx,$$

从而有
$$\frac{dy}{dx} = f'(x).$$

这就是说，函数的微分 dy 与自变量的微分 dx 之商等于该函数的导数。因此，导数也叫做"微商"。

例 1 对于函数 $y = \sin x$，写出 Δy 与 dy 的表达式。

解 $\Delta y = \sin(x + \Delta x) - \sin x = 2\cos\left(x + \dfrac{\Delta x}{2}\right)\sin\dfrac{\Delta x}{2}$，

$dy = (\sin x)'\Delta x = \cos x \Delta x.$

可见 dy 的表达式比 Δy 要简单得多，因此计算 dy 比计算 Δy 要简单得多。

在微分的定义式
$$dy = f'(x)\Delta x$$
中，Δx 是自变量的任意增量，不一定是无穷小。由定义，微分 dy 依赖于两个变量 x 和 Δx。只有这两个变量的值都给定时，才能算出微分的值。

例 2 求函数 $y = x^2 + 1$ 在 $x = 1$，$\Delta x = 0.1$ 时函数增量及微分。

解 $\Delta y = [(1 + 0.1)^2 + 1] - (1^2 + 1) = 0.21$，

$dy = f'(x)\Delta x = 2 \times 0.1 = 0.2.$

例 3 设 $y = \ln x$，求 dy，并计算函数在 $x = 2$ 处的微分。

解 $y' = \dfrac{1}{x}$，则 $dy = \dfrac{1}{x}dx$。故 $dy|_{x=2} = \dfrac{1}{x}\Big|_{x=2}dx = \dfrac{1}{2}dx.$

2.5.2 微分的几何意义

假设 $M(x_0, y_0)$ 是曲线 $y = f(x)$ 上的固定一点，如图 2-10 所示，当自变量 x 有微小的改变量时，就得到曲线上另一点 N $(x_0 + \Delta x, y_0 + \Delta y)$。

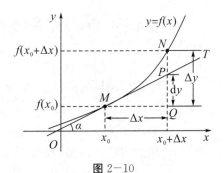

图 2-10

从图 2-10 可以看到
$$\frac{dy}{\Delta x} = \tan\alpha = f'(x_0),$$
所以有
$$dy = f'(x_0)\Delta x.$$

由图 2-10 可知：$MQ = \Delta x$，$QN = \Delta y$。过点 M 作曲线的切线，它的倾角为 α，则有 $QP = MQ\tan\alpha = \Delta x \cdot f'(x_0)$，即 $dy = QP$。由此可见，当 Δy 是曲线 $y = f(x)$ 上点 M 的纵坐标的改变量时，dy 就是曲线在该点处切线的纵坐标的改变量。所以当 $|\Delta x|$ 很小时，用 dy 来近似代替 Δy 所产生的误差

$|\Delta y - \mathrm{d}y|$ 比 $|\Delta x|$ 要小得多，因此在点 M 的邻近可以用切线段来近似代替曲线段.

2.5.3　微分基本公式与微分运算法则

由于求微分的问题归结为求导数问题，因此，求导数与求微分的方法称为微分法. 对于可微函数 $y = f(x)$ 而言，要计算它的微分，只需计算出它的导数 $f'(x)$，然后利用公式

$$\mathrm{d}y = f'(x)\mathrm{d}x$$

求出即可.

利用导数与微分的关系，我们还可以得到如下的微分公式与微分法则，利用这些公式和法则可以直接求出函数的微分.

1. 基本初等函数的微分公式

应该注意，微分与导数有密切的联系，可导⇔可微. 但是二者又有区别：函数 $f(x)$ 在 x_0 处的导数 $f'(x_0)$ 是一个定值，而 $f(x)$ 在 x_0 处的微分

$$\mathrm{d}y = f'(x_0)\Delta x$$
$$= f'(x_0)(x - x_0)$$

是 x 的线性函数，且当 $\Delta x \to 0$ 时，$\mathrm{d}y$ 是无穷小.

由基本初等函数的导数公式，可以直接得到基本初等函数的微分公式，列表如下：

基本初等函数的导数公式	基本初等函数的微分公式
(1) $(C)' = 0$（C 为常数）	(1) $\mathrm{d}(C) = 0$（C 为常数）
(2) $(x^{\alpha})' = \alpha x^{\alpha-1}$	(2) $\mathrm{d}(x^{\alpha}) = \alpha x^{\alpha-1}\mathrm{d}x$
(3) $(a^x)' = a^x \ln a$	(3) $\mathrm{d}(a^x) = a^x \ln a\,\mathrm{d}x$
(4) $(\mathrm{e}^x)' = \mathrm{e}^x$	(4) $\mathrm{d}(\mathrm{e}^x) = \mathrm{e}^x\mathrm{d}x$
(5) $(\log_a x)' = \dfrac{1}{x\ln a}$	(5) $\mathrm{d}(\log_a x) = \dfrac{1}{x\ln a}\mathrm{d}x$
(6) $(\ln x)' = \dfrac{1}{x}$	(6) $\mathrm{d}(\ln x) = \dfrac{1}{x}\mathrm{d}x$
(7) $(\sin x)' = \cos x$	(7) $\mathrm{d}(\sin x) = \cos x\,\mathrm{d}x$
(8) $(\cos x)' = -\sin x$	(8) $\mathrm{d}(\cos x) = -\sin x\,\mathrm{d}x$
(9) $(\tan x)' = \sec^2 x$	(9) $\mathrm{d}(\tan x) = \sec^2 x\,\mathrm{d}x$
(10) $(\cot x)' = -\csc^2 x$	(10) $\mathrm{d}(\cot x) = -\csc^2 x\,\mathrm{d}x$
(11) $(\sec x)' = \sec x \tan x$	(11) $\mathrm{d}(\sec x) = \sec x \tan x\,\mathrm{d}x$
(12) $(\csc x)' = -\csc x \cot x$	(12) $\mathrm{d}(\csc x) = -\csc x \cot x\,\mathrm{d}x$
(13) $(\arcsin x)' = \dfrac{1}{\sqrt{1-x^2}}$	(13) $\mathrm{d}(\arcsin x) = \dfrac{1}{\sqrt{1-x^2}}\mathrm{d}x$
(14) $(\arccos x)' = -\dfrac{1}{\sqrt{1-x^2}}$	(14) $\mathrm{d}(\arccos x) = -\dfrac{1}{\sqrt{1-x^2}}\mathrm{d}x$
(15) $(\arctan x)' = \dfrac{1}{1+x^2}$	(15) $\mathrm{d}(\arctan x) = \dfrac{1}{1+x^2}\mathrm{d}x$

基本初等函数的导数公式	基本初等函数的微分公式
(16) $(\operatorname{arccot}x)' = -\dfrac{1}{1+x^2}$	(16) $\mathrm{d}(\operatorname{arccot}x) = -\dfrac{1}{1+x^2}\mathrm{d}x$

2. 微分的四则运算法则

由函数导数四则运算法则，可得相应的微分四则运算法则，对照列表如下（设 $u=u(x)$，$v=v(x)$ 都可导）：

导数四则运算法则	微分四则运算法则
(1) $(u\pm v)' = u'\pm v'$	(1) $\mathrm{d}(u\pm v)=\mathrm{d}u\pm\mathrm{d}v$
(2) $(Cu)' = Cu'$（C 为常数）	(2) $\mathrm{d}(Cu)=C\mathrm{d}u$（$C$ 为常数）
(3) $(uv)' = u'v+uv'$	(3) $\mathrm{d}(uv)=v\mathrm{d}u+u\mathrm{d}v$
(4) $\left(\dfrac{u}{v}\right)' = \dfrac{u'v-uv'}{v^2}$（$v\neq0$）	(4) $\mathrm{d}\left(\dfrac{u}{v}\right)=\dfrac{v\mathrm{d}u-u\mathrm{d}v}{v^2}$（$v\neq0$）

3. 复合函数的微分法则

由复合函数的求导法则，可以推出相应的复合函数微分法则.

设函数 $y=f(u)$ 及 $u=\varphi(x)$ 都可微，则复合函数 $y=f[\varphi(x)]$ 的微分为

$$\mathrm{d}y=y'\mathrm{d}x=f'[\varphi(x)]\varphi'(x)\mathrm{d}x.$$

由于 $\varphi'(x)\mathrm{d}x=\mathrm{d}\varphi(x)=\mathrm{d}u$，所以复合函数 $y=f[\varphi(x)]$ 的微分也可以写成

$$\mathrm{d}y=f'(u)\mathrm{d}u.$$

要注意的是，当 u 不是自变量时，$\mathrm{d}u\neq\Delta u$，因此也有

$$\mathrm{d}y\neq f'(u)\Delta u.$$

注意到上式中 u 是一个中间变量（$u=\varphi(x)$），而当 u 是自变量时，函数 $y=f(u)$ 的微分也是上述形式. 由此可见，不管 u 是自变量还是关于另一个变量的可微函数，$y=f(u)$ 的微分形式

$$\mathrm{d}y=f'(u)\mathrm{d}u$$

总是不变的. 这一性质称为一阶微分形式不变性. 计算复合函数的导数或微分时要经常用到这一结论.

综上所述，有了基本初等函数的微分公式、函数的四则运算微分法则及复合函数的微分法则，原则上可以求出所有初等函数的微分了.

例 4　设 $y=\mathrm{e}^{x^2+3x}$，求 $\mathrm{d}y$.

解　方法一　由于 $y'=(2x+3)\mathrm{e}^{x^2+3x}$，所以

$$\mathrm{d}y=(2x+3)\mathrm{e}^{x^2+3x}\mathrm{d}x.$$

方法二　利用一阶微分形式不变性，将 $x^2 + 3x$ 看作中间变量 u，则

$$dy = de^u = e^u du = e^{x^2+3x} d(x^2+3x) = (2x+3)e^{x^2+3x} dx.$$

如果计算熟练后，中间变量过程可以不写出来.

例 5　设 $y = \ln\sin\dfrac{1}{x}$，求 dy.

运用一阶微分形式不变性求函数的微分，其本质还是类似于"逐层求导"的"逐层微分".

解　$\begin{aligned}dy &= d\left(\ln\sin\dfrac{1}{x}\right) = \dfrac{1}{\sin\dfrac{1}{x}} d\left(\sin\dfrac{1}{x}\right)\\[2mm]
&= \dfrac{1}{\sin\dfrac{1}{x}} \cdot \cos\dfrac{1}{x} d\left(\dfrac{1}{x}\right)\\[2mm]
&= \dfrac{1}{\sin\dfrac{1}{x}} \cdot \cos\dfrac{1}{x} \cdot \left(-\dfrac{1}{x^2}\right)dx = -\dfrac{\cot\dfrac{1}{x}}{x^2}dx.\end{aligned}$

例 6　设 $y = e^{-ax}\sin bx$，求 dy.

解　$\begin{aligned}dy &= d(e^{-ax}\sin bx)\\
&= \sin bx\, d(e^{-ax}) + e^{-ax} d(\sin bx)\\
&= \sin bx \cdot e^{-ax}(-a)dx + e^{-ax}\cos bx \cdot b\, dx\\
&= e^{-ax}(b\cos bx - a\sin bx)dx.\end{aligned}$

例 7　设 $y = f[\varphi(x^2) + \psi^2(x)]$，求 dy.

解　$\begin{aligned}dy &= df[\varphi(x^2) + \psi^2(x)]\\
&= f'[\varphi(x^2) + \psi^2(x)] \cdot d[\varphi(x^2) + \psi^2(x)]\\
&= f'[\varphi(x^2) + \psi^2(x)] \cdot [\varphi'(x^2)d(x^2) + 2\psi(x)d\psi(x)]\\
&= f'[\varphi(x^2) + \psi^2(x)] \cdot [\varphi'(x^2)2x\,dx + 2\psi(x)\psi'(x)dx]\\
&= 2f'[\varphi(x^2) + \psi^2(x)] \cdot [x\varphi'(x^2) + \psi(x)\psi'(x)]dx.\end{aligned}$

利用一阶微分形式不变性，还可以使隐函数求导变得简便. 这是因为，求导数时总是要指明对哪一个变量的导数，而谈到微分时，则由于有一阶微分形式不变性，因此可以把各个变量"平等地"对待. 这就使得微分运算常常比求导运算更加灵活方便.

例 8　已知方程 $e^{x+y} = xy$，求 $\dfrac{dy}{dx}$.

解　两端求微分得
$$d(e^{x+y}) = d(xy),$$
即
$$e^{x+y}(dx + dy) = y\,dx + x\,dy,$$
所以
$$\dfrac{dy}{dx} = \dfrac{y - e^{x+y}}{e^{x+y} - x}.$$

例 9　已知方程 $2\arctan\dfrac{y}{x} = \ln(x^2 + y^2)$，求 $\dfrac{dy}{dx}$ 和 $\dfrac{dx}{dy}$.

解　方程两边同时微分，得
$$2 \times \dfrac{1}{1 + \left(\dfrac{y}{x}\right)^2} \cdot d\left(\dfrac{y}{x}\right) = \dfrac{1}{x^2 + y^2} \cdot d(x^2 + y^2),$$

可得 $2 \times \dfrac{x^2}{x^2 + y^2} \cdot \dfrac{x\,dy - y\,dx}{x^2} = \dfrac{1}{x^2 + y^2} \cdot (2x\,dx + 2y\,dy),$

化简，得
$$x\,\mathrm{d}y - y\,\mathrm{d}x = x\,\mathrm{d}x + y\,\mathrm{d}y,$$

即
$$(x-y)\mathrm{d}y = (x+y)\mathrm{d}x.$$

所以 $\dfrac{\mathrm{d}y}{\mathrm{d}x} = \dfrac{x+y}{x-y}$，则 $\dfrac{\mathrm{d}x}{\mathrm{d}y} = \dfrac{x-y}{x+y}$.

2.5.4　微分在近似计算中的应用

在一些工程问题与经济问题中，经常需要计算一些复杂函数的取值，直接计算将是很困难的. 利用微分往往可将复杂的计算公式用简单的近似公式来代替.

通过前面的讨论已经知道，如果 $y = f(x)$ 在点 x_0 处的导数 $f'(x_0) \neq 0$，且当 $|\Delta x|$ 很小时，$\Delta y \approx \mathrm{d}y$，即 $\Delta y \approx f'(x)\mathrm{d}x$，这个式子也可以写成
$$f(x_0 + \Delta x) - f(x_0) \approx f'(x_0)\Delta x,$$

令 $x = x_0 + \Delta x$，即 $\Delta x = x - x_0$，上式又化为
$$f(x) \approx f(x_0) + f'(x_0)(x - x_0).$$

这就是常用于计算 $f(x)$ 的近似值的公式，其中 $|\Delta x|$ 越小，精确度越高.

此公式的意义在于，欲求 $y = f(x)$ 在点 x 的值，当其不易计算，而 $f(x_0)$ 与 $f'(x_0)$ 易算且 x 在 x_0 附近时，可通过该公式近似地求得 $f(x)$ 的值.

例 10　半径为 10cm 的金属圆片加热后，半径伸长了 0.05cm，问面积增大了多少？

解　设半径为 r，圆面积为 A，则
$$A = \pi r^2.$$

现在 $r = 10\text{cm}$，$\Delta x = 0.05\text{cm}$，要求出面积的对应改变量 ΔA. 由于 Δr 很小，所以可用微分来代替 ΔA.
$$\Delta A \approx \mathrm{d}A = 2\pi r \cdot \Delta r = 2\pi \times 10 \times 0.05 \approx 3.1416(\text{cm}^2).$$

例 11　利用微分计算 $\cos 30°12'$ 的近似值.

解　要先把 $30°12'$ 化为弧度
$$30°12' = \frac{\pi}{6} + \frac{\pi}{900},$$

在近似计算公式中，若取 $x_0 = 0$，当 x 很小时，有
$$f(x) \approx f(0) + f'(0)x.$$
就可推出下面一些常用的近似计算公式：

(1) $\sqrt[n]{1+x} \approx 1 + \dfrac{x}{n}$；

(2) $\sin x \approx x$；

(3) $\tan x \approx x$；

(4) $\mathrm{e}^x \approx 1 + x$；

(5) $\ln(1+x) \approx x$.

注：上面三角函数中的 x 均为弧度数.

所求的是余弦函数的值，故设 $f(x) = \cos x$，取 $x_0 = \dfrac{\pi}{6}$，$\Delta x = \dfrac{\pi}{900}$，由于 $|\Delta x|$ 比较小，故可用计算近似值的公式. 因为
$$f\left(\frac{\pi}{6}\right) = \cos\frac{\pi}{6} = \frac{\sqrt{3}}{2},\ f'\left(\frac{\pi}{6}\right) = -\sin\frac{\pi}{6} = -\frac{1}{2},$$

所以 $f(30°12') \approx f\left(\dfrac{\pi}{6}\right) + f'\left(\dfrac{\pi}{6}\right) \times \dfrac{\pi}{900} = \dfrac{\sqrt{3}}{2} - \dfrac{1}{2} \times \dfrac{\pi}{900}$.

故 $\cos 30°12' \approx \dfrac{\sqrt{3}}{2} - \dfrac{\pi}{1800} \approx 0.8643$.

习题 2-5

1. 已知 $y = x^3 - x$，在 $x = 2$ 时，计算当 $\Delta x = 0.01$ 时的 Δy 及 $\mathrm{d}y$.

2. 求下列函数的微分.

    (1) $y = 1 + x\mathrm{e}^x$；
                              (2) $y = \arcsin\sqrt{x}$；

    (3) $y = \sqrt{x^2+1} - \ln(x + \sqrt{x^2+1})$；
          (4) $y = \sqrt[5]{x^{\frac{1}{2}} \cdot \dfrac{1-x^2}{1+x^2}}$.

3. 设 $y = \arctan[f(x) \cdot g(x)]$，求 $\mathrm{d}y$.

4. 利用微分求下列方程所确定的隐函数 $y = f(x)$ 的导数.

    (1) $x^2 + y^3 - 1 = 0$；
                              (2) $2y - x = (x - y)\ln(x - y)$.

5. 计算下列函数的近似值.

    (1) $\sqrt{0.97}$；
                                (2) $\tan 136°$.

6. 有一批半径为 1cm 的铁球，为了改变球面的光度，要镀上一层铜，厚度是 0.01cm，试估计每镀一个铁球需用多少克铜(铜的密度为 $8.9\mathrm{g/cm}^3$).

§2.6 习题选解

习题 2-1 选解

1. **解** (1) 位移改变量为

$$\Delta s = [3(2+\Delta t)^2 + 2(2+\Delta t) + 1] - (3 \times 2^2 + 2 \times 2 + 1) = 14\Delta t + 3(\Delta t)^2,$$

则平均速度为 $\bar{v} = \dfrac{14\Delta t + 3(\Delta t)^2}{\Delta t} = 14 + 3\Delta t$.

(2) 当 $\Delta t = 1$ 时，平均速度 $\bar{v} = 14 + 3 \times 1 = 17$；

    当 $\Delta t = 0.1$ 时，平均速度 $\bar{v} = 14 + 3 \times 0.1 = 14.3$；

    当 $\Delta t = 0.01$ 时，平均速度 $\bar{v} = 14 + 3 \times 0.01 = 14.03$.

(3) 当 $t = 2$ 时的瞬时速度为

$$\lim_{\Delta t \to 0} \frac{\Delta s}{\Delta t} = \lim_{\Delta t \to 0} \frac{14\Delta t + 3(\Delta t)^2}{\Delta t} = \lim_{\Delta t \to 0}(14 + 3\Delta t) = 14.$$

3. **解** (1) $\Delta y = \cos(x + \Delta x) - \cos x = -2\sin\left(x + \dfrac{\Delta x}{2}\right)\sin\dfrac{\Delta x}{2}$，

$$\lim_{\Delta x \to 0} \frac{\Delta y}{\Delta x} = \lim_{\Delta x \to 0} \frac{-2\sin\left(x + \dfrac{\Delta x}{2}\right)\sin\dfrac{\Delta x}{2}}{\Delta x} = -\lim_{\Delta x \to 0}\sin\left(x + \frac{\Delta x}{2}\right) \cdot \lim_{\Delta x \to 0} \frac{\sin\dfrac{\Delta x}{2}}{\dfrac{\Delta x}{2}}$$

$$= -\sin x \cdot 1 = -\sin x$$

故 $(\cos x)' = -\sin x$.

(2) $\Delta y = \sqrt{(x+\Delta x)+1} - \sqrt{x+1} = \dfrac{\Delta x}{\sqrt{(x+\Delta x)+1} + \sqrt{x+1}}$,

$$\lim_{\Delta x \to 0} \frac{\Delta y}{\Delta x} = \lim_{\Delta x \to 0} \frac{\dfrac{\Delta x}{\sqrt{(x+\Delta x)+1} + \sqrt{x+1}}}{\Delta x} = \lim_{\Delta x \to 0} \frac{1}{\sqrt{(x+\Delta x)+1} + \sqrt{x+1}} = \frac{1}{2\sqrt{x+1}},$$

故 $\left(\sqrt{x+1}\right)' = \dfrac{1}{2\sqrt{x+1}}$.

4. **解** (1) $y' = -\dfrac{12}{x^2}$, $y'|_{x=3} = -\dfrac{12}{3^2} = -\dfrac{4}{3}$,

切线方程为 $y - 4 = -\dfrac{4}{3}(x-3)$, 即 $4x + 3y - 24 = 0$;

法线方程为 $y - 4 = \dfrac{3}{4}(x-3)$, 即 $3x - 4y + 7 = 0$.

(2) $y' = \dfrac{1}{x}$, $y'|_{x=e} = \dfrac{1}{e}$.

切线方程为 $y - 1 = \dfrac{1}{e}(x-e)$, 即 $x - ey = 0$;

法线方程为 $y - 1 = -e(x-e)$, 即 $ex + y - e^2 - 1 = 0$.

5. **解** 由于 $\lim\limits_{x \to 1^-} f(x) = \lim\limits_{x \to 1^-}(x^2+2) = 3$, $\lim\limits_{x \to 1^+} f(x) = \lim\limits_{x \to 1^+}(3x-1) = 2$,
可知 $f(x)$ 在点 $x = 1$ 处的极限不存在, 则 $f(x)$ 在点 $x = 1$ 处不连续.
根据可导必连续的定理, 可知 $f(x)$ 在点 $x = 1$ 处必不可导.

6. **解** 由可导必连续定理, 有 $\lim\limits_{x \to 1} f(x) = f(1)$,
而 $f(1) = 1^2 = 1$, $\lim\limits_{x \to 1^+} f(x) = \lim\limits_{x \to 1^+}(a+bx) = a+b$, 可知 $a+b = 1$;
再求 $f(x)$ 在 $x = 1$ 处的导数, $\Delta y = f(1+\Delta x) - f(1) = f(1+\Delta x) - 1$,

$$\lim_{\Delta x \to 0^-} \frac{\Delta y}{\Delta x} = \lim_{\Delta x \to 0^-} \frac{(1+\Delta x)^2 - 1}{\Delta x} = \lim_{\Delta x \to 0^-}(2+\Delta x) = 2,$$

$$\lim_{\Delta x \to 0^+} \frac{\Delta y}{\Delta x} = \lim_{\Delta x \to 0^+} \frac{[a+b(1+\Delta x)]-1}{\Delta x} = \lim_{\Delta x \to 0^-} \frac{(a+b-1)+b\Delta x}{\Delta x} = b \text{(这里是因为前面}$$
已得出 $a+b = 1$).

又由 $f(x)$ 在 $x = 1$ 处可导, 可知 $\lim\limits_{\Delta x \to 0^-} \dfrac{\Delta y}{\Delta x} = \lim\limits_{\Delta x \to 0^+} \dfrac{\Delta y}{\Delta x}$, 即 $b = 2$, 则 $a = -1$.

习题 2—2 选解

1. **解** (1) $10x^9 + 10^x \ln 10$; (2) $-2x e^{-x^2}$; (3) $e^x(1+x)$; (4) $\dfrac{2^{\frac{x}{\ln x}} \ln 2 (\ln x - 1)}{\ln^2 x}$;

(5) $e^x(\cos x - \sin x)$; (6) $\dfrac{e^x}{\sin^2 x}(\sin x - \cos x)$; (7) $2^x \ln 2 \cdot \cos(2^x)$;

(8) $e^x(\sin x + \cos x + 2x \cos x)$; (9) $\dfrac{1}{(\arccos x)^2 \sqrt{1-x^2}}$;

(10) $\dfrac{1-x\arctan x}{(1+x^2)^{\frac{3}{2}}}$.

2. **解** (1) $\dfrac{2x}{1+x^4}$；(2) $\dfrac{\mathrm{e}^{\arctan x}}{2\sqrt{x}\,(1+x)}$；(3) $3\sin^2 x\cos x\cdot a^{\sin^3 x}\ln a$；

(4) $\mathrm{e}^{1-\cos x}(1+x\sin x)$；(5) $\sin 2x\sin(x^2)+2x\sin^2 x\cos(x^2)$；(6) $\dfrac{\mathrm{e}^{\sqrt{\ln x}}}{2x\sqrt{\ln x}}$.

3. **解** (1) $10^{\sqrt{x}}\left(1+\dfrac{\sqrt{x}}{2}\ln 10\right)$；(2) $\dfrac{7}{8\sqrt[8]{x}}$；(3) $\dfrac{-1}{\sqrt{x^2-1}}$；(4) $-4\cot 2x\cdot\csc(2x)$；

(5) $\dfrac{9x\sqrt{x}+8x}{4\sqrt{1+\sqrt{x}}}$；(6) $\dfrac{6}{x\ln x\ln(\ln^3 x)}$.

4. **解** (1) $\mathrm{e}^{3x}f'(\mathrm{e}^x)+2\mathrm{e}^{2x}f(\mathrm{e}^x)$；(2) $2f(\arctan x)f'(\arctan x)\cdot\dfrac{1}{1+x^2}$；

(3) $3ax^2+2xf\left(\dfrac{a}{x}\right)-af'\left(\dfrac{a}{x}\right)$.

习题 2-3 选解

1. **解**　方程两边同时对 x 求导，得

$$y^2+x\cdot 2y\cdot y'+\mathrm{e}^y\cdot y'=-\sin(x+y^2)\cdot(1+2y\cdot y').$$

即

$$[\mathrm{e}^y+2xy+2y\sin(x+y^2)]y'=-y^2-\sin(x+y^2).$$

故 $\dfrac{\mathrm{d}y}{\mathrm{d}x}=y'=\dfrac{-y^2-\sin(x+y^2)}{\mathrm{e}^y+2xy+2y\sin(x+y^2)}$.

2. **解**　方程两边同时对 x 求导，得

$$\frac{2}{3}x^{-\frac{1}{3}}+\frac{2}{3}y^{-\frac{1}{3}}\cdot y'=0\Rightarrow y'=-\frac{x^{-\frac{1}{3}}}{y^{-\frac{1}{3}}}=-\frac{\sqrt[3]{y}}{\sqrt[3]{x}}=-\sqrt[3]{\frac{y}{x}}.$$

把 $x=\dfrac{\sqrt{2}}{4}a$，$y=\dfrac{\sqrt{2}}{4}a$ 代入可得 $y'=-1$. 故切线方程为 $y-\dfrac{\sqrt{2}}{4}a=-1\left(x-\dfrac{\sqrt{2}}{4}a\right)$，即

$2x+2y-\sqrt{2}a=0$；法线方程为 $y-\dfrac{\sqrt{2}}{4}a=x-\dfrac{\sqrt{2}}{4}a$，即 $x-y=0$.

3. **解**　(1) 把 $y=(1+\cos x)^{\frac{1}{x}}$ 两边取对数，有

$$\ln y=\ln(1+\cos x)^{\frac{1}{x}},\ 即\ \ln y=\frac{1}{x}\ln(1+\cos x).$$

上式两边对 x 求导，得

$$\frac{1}{y}\cdot y'=-\frac{1}{x^2}\ln(1+\cos x)+\frac{1}{x}\cdot\frac{1}{1+\cos x}\cdot(-\sin x).$$

可得 $y'=(1+\cos x)^{\frac{1}{x}}\left[-\dfrac{\ln(1+\cos x)}{x^2}-\dfrac{\sin x}{x(1+\cos x)}\right]$.

(2) 把 $y=(2x-1)\sqrt{x\sqrt{(3x+1)\sqrt{x-1}}}$ 两边取对数，有

$$\ln y=\ln(2x-1)+\frac{1}{2}\ln x+\frac{1}{4}\ln(3x+1)+\frac{1}{8}\ln(x-1).$$

上式两边对 x 求导，得

$$\frac{1}{y} \cdot y' = \frac{2}{2x-1} + \frac{1}{2} \cdot \frac{1}{x} + \frac{1}{4} \cdot \frac{3}{3x+1} + \frac{1}{8} \cdot \frac{1}{x-1}.$$

可得 $y' = (2x-1)\sqrt{x\sqrt{(3x+1)\sqrt{x-1}}} \left[\frac{2}{2x-1} + \frac{1}{2x} + \frac{3}{4(3x+1)} + \frac{1}{8(x-1)} \right].$

4. **解**　由导数的几何意义知，曲线切线的斜率为 $k = \frac{\mathrm{d}y}{\mathrm{d}x}\Big|_{t=2}$，而

$$\frac{\mathrm{d}y}{\mathrm{d}t} = \frac{-2t(1+t^2)-2t(1-t^2)}{(1+t^2)^2} = -\frac{4t}{(1+t^2)^2}, \quad \frac{\mathrm{d}x}{\mathrm{d}t} = \frac{2(1+t^2)-2t \cdot 2t}{(1+t^2)^2} = \frac{2(1-t^2)}{(1+t^2)^2},$$

所以 $k = \frac{\mathrm{d}y}{\mathrm{d}x}\Big|_{t=2} = \left(\frac{\mathrm{d}y}{\mathrm{d}t} \Big/ \frac{\mathrm{d}x}{\mathrm{d}t} \right)\Big|_{t=2} = -\frac{2t}{1-t^2}\Big|_{t=2} = \frac{4}{3}.$

且当 $t=2$ 时，$x = \frac{4}{5}$，$y = -\frac{3}{5}$，可知曲线在该点处的切线方程为 $y + \frac{3}{5} = \frac{4}{3}\left(x - \frac{4}{5} \right)$，即 $4x - 3y - 5 = 0.$

而法线方程为 $y + \frac{3}{5} = -\frac{3}{4}\left(x - \frac{4}{5} \right)$，即 $3x + 4y = 0.$

习题 2－4 选解

1. **解**　圆片面积 A 与半径 r 的关系是 $A = \pi r^2.$

已知圆片半径的变化率 $\frac{\mathrm{d}r}{\mathrm{d}t} = 0.01(\mathrm{cm/s})$，要求圆片面积 A 的变化率 $\frac{\mathrm{d}A}{\mathrm{d}t}$．将上式两端对 t 求导，即得

$$\frac{\mathrm{d}A}{\mathrm{d}t} = 2\pi r \cdot \frac{\mathrm{d}r}{\mathrm{d}t}.$$

将 $\frac{\mathrm{d}r}{\mathrm{d}t} = 0.01$ 及 $r=2$ 代入上式，即得圆片面积的增加速率为

$$v\big|_{r=2} = \frac{\mathrm{d}A}{\mathrm{d}t}\Big|_{r=2} = 2\pi \times 2 \times 0.01 = 0.04\pi(\mathrm{cm^2/s}).$$

2. **解**　设小船行驶的时间为 t，驶出的路程为 x，小船与桥面的距离为 S，显然，S 作为 t 的函数，可表示为

$$S = S(x) = \sqrt{25^2 + x^2},$$

其中 $x = x(t)$，题目所求的变化率 $\frac{\mathrm{d}S}{\mathrm{d}t}$ 可以由相关的变化率 $\frac{\mathrm{d}S}{\mathrm{d}x} \cdot \frac{\mathrm{d}x}{\mathrm{d}t}$ 确定．由于

$$\frac{\mathrm{d}S}{\mathrm{d}x}\Big|_{x=60} = \frac{x}{\sqrt{25^2+x^2}}\Big|_{x=60} = \frac{12}{13} \text{ 且 } \frac{\mathrm{d}x}{\mathrm{d}t} = 13.$$

由此可知

$$\frac{\mathrm{d}S}{\mathrm{d}x}\Big|_{x=60} = \frac{12}{13} \times 13 = 12.$$

即此时小船与桥面的距离关于时间的变化率为 $12\mathrm{m/s}.$

3. **解**　(1) $y' = \mathrm{e}^{x^2} + x\mathrm{e}^{x^2} \cdot 2x = (2x^2+1)\mathrm{e}^{x^2},$

$\quad\quad y'' = 4x \cdot \mathrm{e}^{x^2} + (2x^2+1) \cdot \mathrm{e}^{x^2} \cdot 2x = (4x^3+6x)\mathrm{e}^{x^2};$

(2) $y' = -\dfrac{2x}{(1+x^2)^2}$,

$$y'' = -\dfrac{2(1+x^2)^2 - 2x \cdot 2(1+x^2) \cdot 2x}{(1+x^2)^4} = \dfrac{2(3x^4 + 2x^2 - 1)}{(1+x^2)^4};$$

(3) $y' = \dfrac{-2x}{2\sqrt{a^2 - x^2}} = -\dfrac{x}{\sqrt{a^2 - x^2}}$,

$$y'' = -\dfrac{\sqrt{a^2 - x^2} - x \cdot \dfrac{-x}{\sqrt{a^2 - x^2}}}{(\sqrt{a^2 - x^2})^2} = -\dfrac{\dfrac{a^2}{\sqrt{a^2 - x^2}}}{a^2 - x^2} = -\dfrac{a^2}{\sqrt{(a^2 - x^2)^3}};$$

(4) $y' = 4\sin^3 x \cos x + 4\cos^3 x(-\sin x) = 4\sin x \cos x(\sin^2 x - \cos^2 x)$,

$\quad = 2\sin 2x(-\cos 2x) = -\sin 4x$,

$y'' = -\cos 4x \cdot 4 = -4\cos 4x.$

4. **解**　$f'(x) = \dfrac{1}{1+x^2}$，$f''(x) = -\dfrac{2x}{(1+x^2)^2}$，故 $f''(1) = -\dfrac{2 \times 1}{(1+1^2)^2} = -\dfrac{1}{2}.$

5. **解**　$y' = \ln x + x \cdot \dfrac{1}{x} = 1 + \ln x$，$y'' = \dfrac{1}{x} = x^{-1}$,

$\quad y''' = -\dfrac{1}{x^2} = -x^{-2} = (-1)x^{-2}$,

$\quad y^{(4)} = 2x^{-3} = (-1)(-2)x^{-3}$,

$\quad y^{(5)} = -6x^{-4} = (-1)(-2)(-3)x^{-4}$,

$\quad \cdots$

$\quad y^{(n)} = (-1)^n(n-2)!\, x^{-(n-1)}.$

6. **解**　将方程两边对 x 求导，得 $y' = 1 + \dfrac{1}{y} \cdot y'$，即 $yy' = y + y'$.

将上式两边再对 x 求导，得 $y'^2 + y \cdot y'' = y' + y''$，则 $y'' = \dfrac{y' - y'^2}{y - 1}.$

再由前面的式子可以解出 y'，得 $y' = \dfrac{y}{y-1}$，从而 $y'' = \dfrac{\dfrac{y}{y-1} - \left(\dfrac{y}{y-1}\right)^2}{y-1} = \dfrac{y}{(1-y)^3}.$

习题 2-5 选解

1. **解**　$\Delta y = [(2+\Delta x)^3 - (2+\Delta x)] - (2^3 - 2) = 11\Delta x + 6(\Delta x)^2 + (\Delta x)^3$,

$\quad \mathrm{d}y = 11\Delta x$,

所以当 $\Delta x = 0.01$ 时，$\Delta y = 0.110601$，$\mathrm{d}y = 0.11.$

2. **解**　(1) $\mathrm{d}y = e^x \mathrm{d}x + x e^x \mathrm{d}x = (1+x)e^x \mathrm{d}x.$

(2) $\mathrm{d}y = \dfrac{1}{\sqrt{1-(\sqrt{x})^2}}\mathrm{d}(\sqrt{x}) = \dfrac{1}{\sqrt{1-x}} \cdot \dfrac{1}{2\sqrt{x}}\mathrm{d}x = \dfrac{1}{2\sqrt{x-x^2}}\mathrm{d}x.$

(3) $\mathrm{d}y = \dfrac{x}{\sqrt{x^2+1}}\mathrm{d}x - \dfrac{1}{x+\sqrt{x^2+1}}\mathrm{d}(x+\sqrt{x^2+1})$

$\quad = \dfrac{x}{\sqrt{x^2+1}}\mathrm{d}x - \dfrac{1}{x+\sqrt{x^2+1}}\left(1 + \dfrac{x}{\sqrt{x^2+1}}\right)\mathrm{d}x = \dfrac{x-1}{\sqrt{x^2+1}}\mathrm{d}x.$

(4) 两边同时取对数，有

$$\ln y = \frac{1}{10}\ln x + \frac{1}{5}\ln(1-x^2) - \frac{1}{5}\ln(1+x^2),$$

两边同时微分，得

$$\frac{1}{y}\mathrm{d}y = \frac{1}{10}\cdot\frac{1}{x}\mathrm{d}x + \frac{1}{5}\cdot\frac{-2x}{1-x^2}\mathrm{d}x - \frac{1}{5}\cdot\frac{2x}{1+x^2}\mathrm{d}x,$$

可得　$\mathrm{d}y = y\cdot\left[\frac{1}{10x} - \frac{2x}{5(1-x^2)} - \frac{2x}{5(1+x^2)}\right]\mathrm{d}x,$

所以　$\mathrm{d}y = \sqrt[5]{x^{\frac{1}{2}}\cdot\frac{1-x^2}{1+x^2}}\cdot\left[\frac{1}{10x} - \frac{2x}{5(1-x^2)} - \frac{2x}{5(1+x^2)}\right]\mathrm{d}x.$

3. **解**　$\mathrm{d}y = \dfrac{1}{1+[f(x)\cdot g(x)]^2}\mathrm{d}[f(x)\cdot g(x)]$

$$= \frac{1}{1+[f(x)\cdot g(x)]^2}[f'(x)\mathrm{d}x\cdot g(x) + f(x)\cdot g'(x)\mathrm{d}x]$$

$$= \frac{f'(x)g(x) + f(x)\cdot g'(x)}{1+[f(x)\cdot g(x)]^2}\mathrm{d}x.$$

4. **解**　（1）两边同时微分，得 $2x\mathrm{d}x + 3y^2\mathrm{d}y = 0$，故 $\dfrac{\mathrm{d}y}{\mathrm{d}x} = -\dfrac{2x}{3y^2}.$

（2）两边同时微分，得

$$2\mathrm{d}y - \mathrm{d}x = (\mathrm{d}x - \mathrm{d}y)\ln(x-y) + (x-y)\frac{1}{x-y}(\mathrm{d}x - \mathrm{d}y),$$

即　　$[3+\ln(x-y)]\mathrm{d}y = [\ln(x-y)+2]\mathrm{d}x,$

所以　$\dfrac{\mathrm{d}y}{\mathrm{d}x} = \dfrac{2+\ln(x-y)}{3+\ln(x-y)}.$

5. **解**　（1）设 $f(x) = \sqrt{x}$，取 $x_0 = 1$，$\Delta x = -0.03$，则

$$f(0.97) \approx f(1) + f'(1)\Delta x = 1 + \frac{1}{2\sqrt{x}}\Big|_{x=1}\times -0.03 = 0.0985.$$

（2）设 $f(x) = \tan x$，取 $x_0 = 135°$，$\Delta x = 1° = \dfrac{\pi}{180}$，则

$$f(136°) \approx f(135°) + f'(135°)\Delta x = \tan 135° + \sec^2 x\big|_{x=135°}\times\frac{\pi}{180}$$

$$= -1 + 2\times\frac{\pi}{180} = -1 + \frac{\pi}{90} \approx -0.96509.$$

6. **解**　设铁球半径为 $x\,\mathrm{cm}$，则体积为 $y = \dfrac{4}{3}\pi x^3$，当半径从 x 增加到 $x+\Delta x$ 时，体积的增量 $\Delta y \approx \mathrm{d}y$，由于

$$\mathrm{d}y = 4\pi x^2\mathrm{d}x = 4\pi x^2\Delta x,$$

则当 $x=1$，$\Delta x = 0.01$ 时，$\mathrm{d}y = \dfrac{\pi}{25}$，故 $\Delta y \approx \dfrac{\pi}{25}.$

即镀铜后体积约增加了 $\dfrac{\pi}{25}\,\mathrm{cm}^3.$

由密度公式 $\rho = \dfrac{m}{V}$，可知镀一个铁球需用铜的质量为

$$m = \rho V = \frac{\pi}{25}\times 8.9 \approx \frac{3.1416}{25}\times 8.9 \approx 1.12(\mathrm{g}).$$

第 3 章

导数的应用

  17 世纪最伟大的数学成就是微积分的发明. 微积分是描述运动过程的数学，它的产生为力学、天文学以及后来的电磁学、工程学、经济学等提供了必不可少的工具. 微积分产生的前提有两个：几何坐标和函数概念. 而这两个方面由于笛卡尔和费马等人的工作，其基础已基本具备，数学也因此由常量数学来到了变量数学时期. 而在变量数学时期，17 世纪后期由牛顿－莱布尼茨创立的微积分是最主要的成就，微积分的诞生是全部数学史上，也是人类历史上最伟大最有影响的创举，微积分带来后来一切科学和技术领域的革命.

  微积分的思想可以追溯到久远的古代，从古希腊的阿基米德到中国三国时期的刘徽等人都曾用分割的策略解决像计算面积和求圆的周长这样的问题. 但是，这种方法必须面对如何分割和分割到什么程度的问题，也就是人们后来才意识到的难以捉摸的"无穷小"和"极限"过程等问题. 人们经历了漫长的岁月也终究未能取得突破. 最后，牛顿和莱布尼茨两位先驱在前人工作的基础上创立了微分法和积分法，再经伯努利兄弟和欧拉的改进、扩展和提高，上升到了分析学的高度. 但早期的微积分由于缺乏可靠的基础，很快陷入深重的危机之中. 随后登上历史舞台的数学大师柯西、黎曼、刘维尔和魏尔斯特拉斯等人挽狂澜于既倒，扶大厦之将倾，赋予了微积分特别的严格性和精确性，但是，直到现代数学天才康托尔、沃尔泰拉、贝尔和勒贝格等把严格性和精确性同集合论与艰深的实数理论结合起来后，创建微积分的过程才终于到达终点.

  20 世纪杰出的数学家约翰·冯·诺伊曼(1903—1957)在论述微积分时写道："微积分是现代数学的最高成就，对它的重要性怎样估计都不过分." 离开微积分，人类将停止前进的步伐.

  今天，在微积分出现 3 个多世纪之后，它依然值得我们这样赞美. 微积分俨如一座桥梁，使学生们通过它从基础性的初等数学走向富于挑战性的高等数学，并且面对令人眼花缭乱的转换，从有限量转向无限量，从离散性转身连续性，从肤浅的表象转向深刻的本质.

  导数是微积分的基础，也是一门研究函数变化的分支学科. 它常常被用来描述和分析特定函数在给定点或给定区域的变化，在现代数学、物理、化学、生物学和经济学等诸多领域都有广泛的应用.

  本章将借助导数进一步厘清函数的含义，以便更好地理解、探究函数的特性，研究函数及其曲线的一些普遍的、通用的性态，例如函数的极值、最值、曲线的凹凸、拐点、分段函数的断点等；并利用这些知识来解决一些实际问题，为此，先来学习微分中值定理.

§3.1　中值定理

微分中值定理是微积分中的一个重要定理. 它是导数应用的基础，也是研究函数变化的依据之一. 在微分学中，中值定理有三种形式：罗尔定理、拉格朗日中值定理和柯西中值定理. 这些中值定理不仅仅是微积分理论的重要基础，也是许多实际问题的解决方法.

微分中值定理揭示了函数在区间上的宏观的、整体的性质与函数在某一点上（中值点 ξ）的微观的局部的性质之间的关系，是联系函数及其导数的桥梁和纽带.

3.1.1　一个明显的几何事实

为了使大家能了解中值定理在几何上的直观背景，我们先来考察下述几何事实：在曲线段 $\overset{\frown}{AB}$ 之间，有一点 P，在那里，曲线的切线平行于弦 AB，如图 3−1.

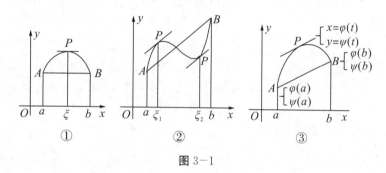

图 3−1

古希腊数学家在几何研究中，曾得到如下结论："过抛物线弓形的顶点的切线必平行于抛物线弓形的底." 这正是拉格朗日中值定理的特殊情况——罗尔定理. 希腊著名数学家阿基米德正是巧妙地利用这一结论，求出抛物线弓形的面积.

下面就来揭示这一几何事实所包含的数量关系.

设曲线段 $\overset{\frown}{AB}$ 的函数为 $y=f(x)$（$a\leqslant x\leqslant b$），则曲线段 $\overset{\frown}{AB}$ 是函数 $f(x)$ 的图象（如图 3−1 ①②），而曲线在点 $P(\xi, f(\xi))$ 处的切线斜率就是 $f'(\xi)$，而弦 AB 的斜率等于 $\dfrac{f(b)-f(a)}{b-a}$，点 P 处的切线平行于弦 AB，也就是二者的斜率相等，于是得到一个公式

$$f'(\xi)=\frac{f(b)-f(a)}{b-a},$$

在图 3−1①所示的特殊情形下，弦 AB 是水平的，即 $f(a)=f(b)$. 点 P 的切线，作为水平

即　　　　　　$f(b)-f(a)=f'(\xi)(b-a).$　　　　　(1)

假如曲线段 $\overset{\frown}{AB}$ 是用参数表示的，方程为

$$\begin{cases} x=\varphi(t) \\ y=\psi(t) \end{cases}(a\leqslant t\leqslant b)，如图 3−1③所示，$$

则曲线在点 $P(\varphi(\xi), \psi(\xi))$ 处的切线斜率是 $\dfrac{\psi'(\xi)}{\varphi'(\xi)}$，而弦

弦 AB 的平行线，斜率就应该等于 0，即 $f'(\xi)=0$.

观察可知，公式 (1) (2) 的一端只涉及所讨论的函数本身，而公式的另一端只涉及函数的导数，通过这些公式，我们的讨论可以从一种形式转变到另一种形式.

由右边的讨论可知，连续与可导是公式 (1) (2) 成立的充分条件，而非必要条件.

AB 的斜率是 $\dfrac{\psi(b)-\psi(a)}{\varphi(b)-\varphi(a)}$. 点 P 处的切线的斜率等于弦 AB 的斜率，于是又得到一个公式

$$\frac{\psi'(\xi)}{\varphi'(\xi)}=\frac{\psi(b)-\psi(a)}{\varphi(b)-\varphi(a)}. \tag{2}$$

公式 (1) (2) 是上述同一几何事实的两种不同的数量表达. 舍去其具体的几何含义，公式 (1) 不过是联系函数 $f(x)$ 在两点 a，b 之值和它的导数 $f'(x)$ 在 (a,b) 中某一点 ξ 之值的关系式；公式 (2) 则是联系两个函数 $\varphi(t)$，$\psi(t)$ 在点 a，b 之值和它们的导数 $\varphi'(t)$，$\psi'(t)$ 在某一中间点 ξ 之值的关系式. (1) (2) 统称为中值公式.

最后，再来考察中值公式成立的条件. 为此，回到它们的几何背景，先看水平弦 AB 的情形. 是不是在任何情形下，曲线段 $\overset{\frown}{AB}$ 当中都能找到一个具有水平切线的点 P 呢? 其实不然，如果曲线段 $\overset{\frown}{AB}$ 不连续，这样的点 P 就可能不存在，如图 3-2 ①；即使曲线段 $\overset{\frown}{AB}$ 连续，但在某些点没有切线，这样的点 P 也可能不存在，例如图 3-2 ②. 由此可见，要想这样的点 P 总存在，曲线段就该是连续的，而且除端点外处处有不垂直于 x 轴的切线. 对于弦 AB 不是水平的一般情形，显然也是这样的. 这表明，要想中值公式成立，就应要求所考虑的函数不仅是连续的，而且是可导的.

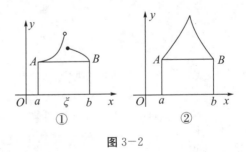

图 3-2

3.1.2 罗尔定理与拉格朗日中值定理

a 的 δ 邻域 $U(a,\delta)$ 的几何表示:

$$\underset{a-\delta \quad\quad a \quad\quad a+\delta}{\longleftarrow\!\!\!\!\!\bullet\!\!\!\!\!\longrightarrow} x$$

邻域 以点 a 为中心的任何开区间称为点 a 的邻域，记作 $U(a)$. 设 δ 是任一正数，则开区间 $(a-\delta,a+\delta)$ 就是点 a 的一个邻域，这个邻域称为点 a 的 δ 邻域，记作 $U(a,\delta)$，即

$$U(a,\delta)=\{x\,|\,a-\delta<x<a+\delta\}.$$

引理 [费马(Fermat)定理] 对于一个函数 $y=f(x)$，若

(1) 函数 $f(x)$ 在 x_0 点的某邻域 $U(x_0,\delta)$ 内有定义，并且在此邻域内恒有 $f(x)\leqslant f(x_0)$ 或者 $f(x)\geqslant f(x_0)$；

(2) 函数 $f(x)$ 在 x_0 点可导，则必有

法国数学家费马在《求最大值和最小值的方法》(1637)中给出了原始形式费马定理. 费马定理在现行教科书中，一般作为微分中值定理的引理. 但应当注意的是，在当时微积分还处于初创阶段，没有明确的导数、极限、连续的概念，所以现在看到的费马定理是后人根据微积分理论和费马发现的实质重新给出的.

$$f'(x_0)=0.$$

证明　由条件（2）知 $f'(x_0)$ 存在，按导数的定义则应有
$$f'_-(x_0)=f'_+(x_0)=f'(x_0).$$
因为 $f(x)\leqslant f(x_0)$，所以对 $(x_0-\delta,\ x_0)$ 上的各点 x 有
$$\frac{f(x)-f(x_0)}{x-x_0}\geqslant 0.$$
而对 $(x_0,\ x_0+\delta)$ 上的各点 x 有
$$\frac{f(x)-f(x_0)}{x-x_0}\leqslant 0.$$
又因为
$$f'(x_0)=f'_-(x_0)=\lim_{x\to x_0^-}\frac{f(x)-f(x_0)}{x-x_0}\geqslant 0,$$
$$f'(x_0)=f'_+(x_0)=\lim_{x\to x_0^+}\frac{f(x)-f(x_0)}{x-x_0}\leqslant 0,$$
而 $f'(x_0)$ 是一个定数，因此它必须等于零，即 $f'(x_0)=0$.

定理 1（拉格朗日中值定理）　若函数 $f(x)$ 在 $[a,b]$ 上连续，在 (a,b) 内可导，那么在 (a,b) 内至少存在一点 ξ，使得
$$f'(\xi)=\frac{f(b)-f(a)}{b-a}.$$

这个定理从几何图形上看是很明显的. 图 3-3 画出了 $[a,b]$ 上的一条曲线 $y=f(x)$，连接 A，B 两点，则弦 AB 的斜率是
$$k=\frac{f(b)-f(a)}{b-a}.$$

约瑟夫 · 拉格朗日 (Joseph Lagrange, 1736—1813)，法国籍意大利裔数学家和天文学家. 拉格朗日一生才华横溢，在数学、物理和天文等领域作出了很多重大的贡献，其中尤以数学方面的成就最为突出. 他的成就包括著名的拉格朗日中值定理，拉格朗日力学、拉格朗日点等.

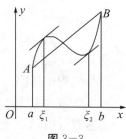

图 3-3

如果 $f(x)$ 在 (a,b) 内可导，也就是过曲线 $y=f(x)$ 上每一点都可以作一条不垂直于 x 轴的切线，那么在弧段 $\overset{\frown}{AB}$ 上（除端点外）至少能找到一点 $P(\xi,f(\xi))$，在 P 点处的切线 l 与弦 AB 平行，即两者的斜率相等. 而切线 l 的斜率是 $f'(\xi)$，故
$$f'(\xi)=\frac{f(b)-f(a)}{b-a}.$$

这就是拉格朗日中值定理所表达的内容，也是该定理的几何意义.

另外，还要指出的是，定理既没有指明 ξ 在 (a,b) 内的确切位置，也没有确定的个数，而只是确定了 ξ 的存在性，但是，这并不影响其在微分中的广泛应用.

拉格朗日中值定理结论的变形

$$f'(\xi) = \frac{f(b) - f(a)}{b - a} \Leftrightarrow f(b) - f(a) = f'(\xi)(b - a).$$

定理 2（罗尔定理）　设函数 $y = f(x)$ 在闭区间 $[a,b]$ 上连续，在开区间 (a,b) 内可导，且 $f(a) = f(b)$，则在 (a,b) 内至少存在一点 ξ，使得 $f'(\xi) = 0$.

罗尔定理从几何图形上来看也是很明显的. 它指出，如果连续曲线弧 $\overset{\frown}{AB}$ 除端点 A，B 外处处有不垂直于 x 轴的切线，且两个端点的纵坐标相等，那在曲线弧 $\overset{\frown}{AB}$ 上至少能找到一点 $P(\xi, f(\xi))$，在该点处曲线的切线是水平的（如图 3-4），这便是罗尔定理的几何意义.

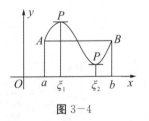

图 3-4

米歇尔·罗尔（Michel Rolle，1652—1719），法国数学家. 他著名的有罗尔定理（1691）. 他也发明了现在的标准记法以表示 x 的 n 次方根.

下面对两个定理进行证明.

证明　不妨设 $f(x)$ 在 $[a,b]$ 上不恒为常数.

（1）若 $f(x)$ 恒为常数，则 $f'(x) = 0$ 在 (a,b) 上处处成立，则定理的结论是明显的.

（2）若 $f(x)$ 在 $[a,b]$ 上连续，由闭区间连续函数的性质，$f(x)$ 必在 $[a,b]$ 上达到最大值 M 和最小值 m，现在分两种情形来证明：

①首先考虑特殊情形：如果 $f(a) = f(b)$，由于 $f(x)$ 不恒为常数，因此必有 $M > m$，且 M 和 m 中至少有一个不等于 $f(a)$［或 $f(b)$］.

这时根据闭区间上连续函数的性质，在 (a,b) 内至少有一点 ξ，使得

$$f(\xi) = M \text{ 或 } f(\xi) = m,$$

那么对 (a,b) 内任一点 x，必有

$$f(x) \leqslant f(\xi) \text{ 或 } f(x) \geqslant f(\xi).$$

于是由费马定理，即得 $f'(\xi) = 0$，此即罗尔定理.

定理的结论的表达式也称中值公式或拉格朗日公式，它也经常使用另

外一种形式来表示：

由于 ξ 是 $(a，b)$ 中的一个点，故可表示成 $a+\theta(b-a)(0<\theta<1)$ 的形式，于是定理的结论就可改写为在 $(0，1)$ 中至少存在一个 θ 值，使

$$f'[a+\theta(b-a)]=\frac{f(b)-f(a)}{b-a}$$

或 $f(b)-f(a)=f'[a+\theta(b-a)](b-a)$.

推论 1 所表示的函数的曲线是平行于 x 轴的直线 $y=C$（包括 $y=0$）.

推论 2 表明：

(1) 导数相等的两个函数不一定相等，但若这两个函数不相等，则两者之间至多相差一个常数.

(2) 若两个函数曲线 $f(x)$ 和 $g(x)$ 在同一区间 I 上曲线形状相同，则两者在任意一点的函数值仅相差同一常数.

对于中值定理一定要掌握它们的条件和结论，要了解为什么有这些条件.

由于罗尔定理是其他中

② 现在考虑一般情形：$f(a)\neq f(b)$，此时作辅助函数

$$g(x)=f(x)-\frac{f(b)-f(a)}{b-a}x.$$

由连续函数性质及导数运算法则，可知 $g(x)$ 在 $[a，b]$ 上连续，在 $(a，b)$ 内可导，并且

$$g(a)=\frac{bf(a)-af(b)}{b-a}=g(b).$$

这就是说 $g(x)$ 满足上面的特殊情形，因此在 $(a，b)$ 内至少存在一点 ξ，使

$$g'(\xi)=f'(\xi)-\frac{f(b)-f(a)}{b-a}=0,$$

即

$$f'(\xi)=\frac{f(b)-f(a)}{b-a}.$$

因此，从拉格朗日中值定理立刻可以得到下面两个重要的推论：

推论 1　若在区间 I 内 $f'(x)\equiv 0$，则在 I 内 $f(x)=C$（$x\in I$，C 为常数）

证明　设任意 $a，b\in I$，且 $a<b$，则 $f(x)$ 在 $[a，b]$ 上连续，在 $(a，b)$ 内可导，因此必存在一点 $\xi\in(a，b)$ 使

$$f(b)-f(a)=f'(\xi)(b-a),$$

又因为 $f'(x)=0$，故

$$f(b)-f(a)=0\cdot(b-a)=0,$$

所以

$$f(b)=f(a).$$

由 $a，b$ 的任意性可知

$$f(x)=C.$$

推论 2　若在区间 I 内，$F'(x)=G'(x)$，则在 I 内有：

$$F(x)=G(x)+C（C 为常数）$$

证明　因为 $[F(x)-G(x)]'=F'(x)-G'(x)=0$，由推论 1 知：$F(x)-G(x)=C$（$C$ 为常数），

所以　　　　　　$F(x)=G(x)+C.$

例 1　设 $f(x)=\begin{cases}1，x=0\\x，0<x\leqslant 1\end{cases}$，则 $f(x)$ 满足条件：在 $(0，1)$ 上可导，且 $f(0)=f(1)=1$，但是 $f(x)$ 在 $[0，1]$ 上的 $x=0$ 点处不连续，故不存在 $\xi\in(0，1)$，使得 $f'(\xi)=0$.

例 2　设 $f(x)=x(0\leqslant x\leqslant 1)$，则 $f(x)$ 在 $[0，1]$ 上连续，在 $(0，1)$ 内可导，但 $f(0)\neq f(1)$，则罗尔定理结论不成立.

值定理的特例，例1、例2、例3说明罗尔定理若有一个条件不满足，则结论不一定成立. 因此罗尔定理告诉我们，只要证得三个条件成立，一定有结论 $f'(\xi)=0$.

例4说明罗尔定理若三个条件中的某个条件不满足，结论也可能成立. 因此，这三个条件均满足是罗尔定理成立的充分而不必要的条件.

例3 设 $f(x)=\begin{cases} x, & 0 \leqslant x < \dfrac{1}{2} \\ 1-x, & \dfrac{1}{2} \leqslant x \leqslant 1 \end{cases}$，则 $f(x)$ 在 $[0, 1]$ 上连续，且 $f(0)=f(1)=0$，但 $f(x)$ 在$(0, 1)$内的点 $x=\dfrac{1}{2}$ 处不可导，罗尔定理结论同样不成立.

例4 设 $f(x)=\begin{cases} \dfrac{x}{2}-x^2, & 0 \leqslant x \leqslant \dfrac{1}{2} \\ 0, & \dfrac{1}{2} < x \leqslant 1 \end{cases}$，则 $f(x)$ 在 $[0, 1]$ 上连续，在$(0, 1)$内的点 $x=\dfrac{1}{2}$ 处不可导，但在 $x=\dfrac{1}{4}$ 处仍有 $f'\left(\dfrac{1}{4}\right)=0$.

例5 验证函数 $f(x)=x^3-3x$ 在区间 $[0, 2]$ 上拉格朗日中值定理成立，并求 ξ.

解 显然函数 $f(x)=x^3-3x$ 在区间 $[0, 2]$ 上连续，在$(0, 2)$内可导，并且 $f'(x)=3x^2-3$. 则由
$$f(2)-f(0)=f'(\xi)(2-0),$$
即
$$(2^3-3\times2)-0=2(3\xi^2-3),$$
得
$$3\xi^2=4 \text{ 即 } \xi=\dfrac{2\sqrt{3}}{3}\in(0, 2),$$
所以拉格朗日中值定理成立.

函数 $f(x)=\arctan x$ 的定义域是 **R**.

例6 应用中值定理证明：$|\arctan x_1-\arctan x_2| \leqslant |x_1-x_2|$.

证明 设 $f(x)=\arctan x$，且 $x_2 < x_1$，则 $f(x)$ 在 $[x_2, x_1]$ 上连续，在(x_2, x_1)内可导，由中值定理知，必有 $\xi \in (x_2, x_1)$，使得
$$\arctan x_1-\arctan x_2=(\arctan x)'\Big|_{x=\xi}(x_1-x_2)=\dfrac{1}{1+\xi^2}(x_1-x_2),$$
即 $|\arctan x_1-\arctan x_2|=\dfrac{1}{1+\xi^2}|x_1-x_2| \leqslant |x_1-x_2|$，
所以 $|\arctan x_1-\arctan x_2| \leqslant |x_1-x_2|$.

例7 证明 $\dfrac{x}{1+x} < \ln(1+x) < x \ (x>0)$.

证明 设 $f(x)=\ln(1+x)$，当 $x>0$ 时，$f(x)$ 在 $[0, x]$ 上连续，在$(0, x)$内可导，则由中值定理知，必有 $\xi \in (0, x)$，使得
$$f(x)-f(0)=[\ln(1+x)]'\big|_{x=\xi}(x-0)=\dfrac{1}{1+\xi}(x-0),$$
即
$$\ln(1+x)=\dfrac{x}{1+\xi}.$$

又因为 $\dfrac{1}{1+x}<\dfrac{1}{1+\xi}<1$，可得

$$\frac{x}{1+x}<\frac{x}{1+\xi}<x,$$

所以 $\qquad \dfrac{x}{1+x}<\ln(1+x)<x.$

3.1.3 柯西中值定理

柯西（Cauchy，1789—1857），少年天才，深受拉格朗日和拉普拉斯的喜爱与器重，他们对他钻研数学给予很大鼓励与帮助.

柯西最伟大的功勋是对实分析与复分析的研究. 他最早为极限和收敛这些具有根本意义的概念给出了完全令人满意的定义. 很多数学的定理和公式也都以他的名字来命名，如柯西极限存在准则、柯西不等式、柯西积分公式等.

柯西中值定理 若 $f(x)$ 与 $g(x)$ 在闭区间 $[a,b]$ 上连续，在开区间 (a,b) 内可导，并且 $g'(x)\neq0$，则在 (a,b) 内至少存在一点 ξ，使得

$$\frac{f(b)-f(a)}{g(b)-g(a)}=\frac{f'(\xi)}{g'(\xi)}.$$

证明 首先可以肯定 $g(a)\neq g(b)$，否则若 $g(a)=g(b)$，那么由罗尔定理知，$g'(x)$ 在 (a,b) 内存在零点，这与题设矛盾.

作辅助函数

$$F(x)=f(x)-\frac{f(b)-f(a)}{g(b)-g(a)}g(x).$$

由连续函数性质及导数运算法则，可知 $F(x)$ 在 $[a,b]$ 上连续，在 (a,b) 内可导，并且

$$F(a)=\frac{f(a)g(b)-f(b)g(a)}{g(b)-g(a)}=F(b).$$

所以函数 $F(x)$ 满足前面的罗尔定理，因此在 (a,b) 内至少存在一点 ξ，使得

$$F'(\xi)=f'(\xi)-\frac{f(b)-f(a)}{g(b)-g(a)}g'(\xi)=0,$$

即 $\qquad \dfrac{f(b)-f(a)}{g(b)-g(a)}=\dfrac{f'(\xi)}{g'(\xi)}.$

若取 $g(x)=x$，则从本定理的结论立即可以得到拉格朗日中值定理. 故拉格朗日中值定理是柯西中值定理的特例之一.

例 8 证明对 $\forall x\in(-\infty,+\infty)$，有

$$\arctan x+\text{arccot}\,x=\frac{\pi}{2}.$$

证明 设 $f(x)=\arctan x+\text{arccot}\,x$，则

$$f'(x)=(\arctan x)'+(\text{arccot}\,x)'=\frac{1}{1+x^2}-\frac{1}{1+x^2}=0,$$

类似的，还可以证明：当 $-1\leqslant x\leqslant 1$ 时，

$$\arcsin x+\arccos x=\frac{\pi}{2}.$$

所以 $\quad f(x)=\arctan x+\text{arccot}\,x=C$（$C$ 为常数）.

那么令 $x=1$，得

$$C=f(1)=\arctan 1+\text{arccot}\,1=\frac{\pi}{4}+\frac{\pi}{4}=\frac{\pi}{2},$$

所以 $\qquad \arctan x + \mathrm{arccot} x = \dfrac{\pi}{2}$.

例 9 不用求出函数 $f(x)=(x-1)(x-2)(x-3)(x-4)$ 的导数,说明方程 $f'(x)=0$ 有几个实根,并指出它们所在的区间.

解 由于 $f(x)$ 在 $[1,2]$ 上连续,在 $(1,2)$ 内可导,且 $f(1)=f(2)$,所以由罗尔定理可知,存在 $\xi_1 \in (1,2)$,使得 $f'(\xi_1)=0$;

同理可证存在 $\xi_2 \in (2,3)$,$\xi_3 \in (3,4)$,使得
$$f'(\xi_2)=f'(\xi_3)=0,$$
即 ξ_1,ξ_2,ξ_3 都是 $f'(x)=0$ 的根.

另外,$f'(x)=0$ 为三次方程,所以它最多只有三个根,因此 ξ_1,ξ_2,ξ_3 是 $f'(x)=0$ 的所有根.

例 10 试证明:对函数 $f(x)=px^2+qx+r$ 应用拉格朗日中值定理时,所求得的点 ξ 总是位于区间的正中间.

证明 由题知 $f(x)$ 在 **R** 上连续且可导,则对 $\forall a,b \in \mathbf{R}$,且 $a<b$,有 $f(x)$ 在 $[a,b]$ 上连续,在 (a,b) 内可导,那么必有 $\xi \in (a,b)$,使得
$$f(b)-f(a)=f'(\xi)(b-a),$$
即 $\qquad p(b^2-a^2)+q(b-a)=(2p\xi+q)(b-a),$
得 $\qquad p(b+a)+q=2p\xi+q,$
所以 $\qquad 2\xi=a+b$ 得 $\xi=\dfrac{a+b}{2}$.

例 11 设 $0<a<b$,$n>1$,证明:
$$na^{n-1}(b-a)<b^n-a^n<nb^{n-1}(b-a).$$

分析:b^n-a^n 可看成 $f(x)=x^n$ 在 $x=b$ 和 $x=a$ 时的差,可利用拉格朗日中值定理.

证明 设 $f(x)=x^n$,则 $f(x)$ 在 $[a,b]$ 上连续,在 (a,b) 内可导,则必有 $\xi \in (a,b)$,使得
$$f(b)-f(a)=f'(\xi)(b-a)=n\xi^{n-1}(b-a),$$
即 $\qquad b^n-a^n=n\xi^{n-1}(b-a),$
又 $\qquad 0<a<\xi<b$,则 $a^{n-1}<\xi^{n-1}<b^{n-1}$,
所以 $\qquad na^{n-1}(b-a)<b^n-a^n<nb^{n-1}(b-a)$.

分析:要证的结论可以变形为:
$$\xi f'(\xi)+f(\xi)=0,$$
即 $[xf(x)]'|_{x=\xi}=0$,
故可构造辅助函数:
$$F(x)=xf(x).$$

例 12 已知函数 $f(x)$ 在 $[0,1]$ 上连续,在 $(0,1)$ 内可导,且 $f(0)=f(1)=0$,试证明:在 $(0,1)$ 内至少存在一点 ξ,使得
$$f'(\xi)=-\frac{f(\xi)}{\xi}.$$

证明 设 $F(x)=xf(x)$,可知 $F(x)$ 在 $[0,1]$ 上连续,在 $(0,1)$ 内可导,且 $F(0)=F(1)=0$,故 $F(x)$ 在 $[0,1]$ 上满足罗尔定理,则必有 $\xi \in (0,1)$,使得

$$F'(\xi) = \xi f'(\xi) + f(\xi) = 0, \quad \text{即} \quad f'(\xi) = -\frac{f(\xi)}{\xi}.$$

例 13 证明：若函数 $f(x)$ 在 $(-\infty, +\infty)$ 内满足关系式 $f'(x) = f(x)$，且 $f(0) = 1$，则 $f(x) = e^x$.

证明 设 $F(x) = \dfrac{f(x)}{e^x}$，$x \in (-\infty, +\infty)$，则

$$F'(x) = \left[\frac{f(x)}{e^x}\right]' = \frac{e^x f'(x) - e^x f(x)}{(e^x)^2} = \frac{e^x \left[f'(x) - f(x)\right]}{(e^x)^2} = 0,$$

因此 $\qquad\qquad F(x) = \dfrac{f(x)}{e^x} = C$（$C$ 为常数）.

又 $\qquad\qquad F(0) = \dfrac{f(0)}{e^0} = \dfrac{1}{1} = 1$，即 $C = 1$，

所以 $\qquad\qquad \dfrac{f(x)}{e^x} = 1$ 得 $f(x) = e^x$.

习题 3-1

1. 验证函数 $f(x) = x^3$ 在 $[0, 1]$ 上中值定理成立，并求 ξ.
2. 验证函数 $f(x) = \arctan x$ 在 $[0, 1]$ 上中值定理成立，并求 ξ.
3. 利用拉格朗日中值定理证明不等式.
   (1) $|\sin x - \sin y| \leqslant |x - y|$；　　　　(2) 当 $x > 1$ 时，$e^x > ex$.
4. 若 $f'(x) \equiv k$，试证 $f(x) = kx + C$.
5. 设 $0 < a < b$，证明：$\dfrac{b-a}{b} < \ln \dfrac{b}{a} < \dfrac{b-a}{a}$.

§3.2　洛必达法则

洛必达（L' Hospitat，1661—1704），又译为罗必塔. 曾跟随约翰·伯努利学习数学，法国数

前一节学习了柯西中值定理，它有什么用呢? 它的一个重要应用就是求一些待定型的极限. 当 $x \to a$（或 $x \to \infty$）时，若函数 $f(x)$，$g(x)$ 都趋于 0 或 ∞，极限 $\lim\limits_{\substack{x \to a \\ (x \to \infty)}} \dfrac{f(x)}{g(x)}$ 可能存在也可能不存在. 因此，通常把这种极限类型称为待定型，简记为 $\dfrac{0}{0}$ 型和 $\dfrac{\infty}{\infty}$ 型. 其他还有一些待定型，总结归纳下来，前面曾遇到过的不能直接运用极限运算法则求极限的问题的类型大致有以下七种：

学家，伟大的数学思想传播者.

他的重要著作《阐明曲线的无穷小分析》（1696）是世界上第一本系统的微积分学教科书，对传播新创建的微积分理论起了很大的作用.

注意：对于当 $x \to \infty$ 时的 $\dfrac{0}{0}$ 型待定型，只需作简单的变换

$$t = \frac{1}{x},$$

就化成右边的情形，因为当 $x \to \infty$ 时，$t \to 0$.

注意：洛必达法则可以重复使用多次，直至得到结果.

（1）$\dfrac{0}{0}$ 型；（2）$\dfrac{\infty}{\infty}$ 型；（3）$0 \cdot \infty$ 型；（4）$\infty - \infty$ 型；

（5）1^{∞} 型；（6）∞^{0} 型；（7）0^{0} 型.

请注意，这七种记号并无实际的数学意义，它们只是用来表明求函数极限时的某种情形，这七种情形统称为待定型. 待定型不一定有极限. 但如果有，应该怎样求呢？前面已经讲述了一些通过恒等变形和运用两个重要极限来解决较简单的待定型的极限问题. 下面将在函数可导的基础上，应用中值定理给出一种求待定型极限的方法，通常叫做洛必达（L'Hospitat）法则.

3.2.1　洛必达法则的两种情形

洛必达法则 1　设函数 $f(x)$ 与 $g(x)$ 在 $x = a$ 附近（除点 $x = a$ 外）处处可微，且 $g'(x) \neq 0$，如果

$$\lim_{x \to a} f(x) = 0, \ \lim_{x \to a} g(x) = 0, \tag{1}$$

那么，只要极限 $\lim\limits_{x \to a} \dfrac{f'(x)}{g'(x)}$ 存在，则极限 $\lim\limits_{x \to a} \dfrac{f(x)}{g(x)}$ 也存在，且

$$\lim_{x \to a} \frac{f(x)}{g(x)} = \lim_{x \to a} \frac{f'(x)}{g'(x)}.$$

证明　函数 $f(x)$ 与 $g(x)$ 在点 a 附近除点 a 外处处可微，因此也就处处连续. 它们在点 a 甚至可能没有定义，但不妨规定

$$f(a) = 0, \ g(a) = 0.$$

因为在 $x \to a$ 的过程中，研究 $\dfrac{f(x)}{g(x)}$ 的极限状况，这与 $f(x)$ 与 $g(x)$ 在点 a 的值是没有关系的. 这样，由于有（1）式，$f(x)$ 与 $g(x)$ 在点 a 处就连续了. 于是，对于点 a 附近任何 x（$x \neq a$），由于 $f(a) = 0$，$g(a) = 0$，所以有

$$\frac{f(x)}{g(x)} = \frac{f(x) - f(a)}{g(x) - g(a)}.$$

因此，根据柯西中值定理（定理的条件都是满足的），则在 x 与 a 之间必有一点 ξ 使得：

$$\frac{f(x)}{g(x)} = \frac{f(x) - f(a)}{g(x) - g(a)} = \frac{f'(\xi)}{g'(\xi)}.$$

当 $x \to a$ 时，$\xi \to a$，从而有

$$\lim_{x \to a} \frac{f(x)}{g(x)} = \lim_{\xi \to a} \frac{f'(\xi)}{g'(\xi)} = \lim_{x \to a} \frac{f'(x)}{g'(x)}.$$

如果当 $x \to a$ 时 $\dfrac{f'(x)}{g'(x)}$ 仍属于 $\dfrac{0}{0}$ 型，且 $f'(x)$ 与 $g'(x)$ 能满

注意：对于当 $x\to\infty$ 时的 $\dfrac{\infty}{\infty}$ 型待定型，只需作简单的变换

$$t=\frac{1}{x},$$

就化成右边的情形，因为当 $x\to\infty$ 时，$t\to0$.

对法则进行分析，可知以下两点：

（1）洛必达法则解决的是 $\dfrac{0}{0}$ 型或 $\dfrac{\infty}{\infty}$ 型的极限问题，凡不属于这两种类型的极限，均不能直接使用洛必达法则.

（2）对于 $\dfrac{0}{0}$ 型或 $\dfrac{\infty}{\infty}$ 型极限，只要 $\lim\limits_{\substack{x\to a\\(x\to\infty)}}\dfrac{f'(x)}{g'(x)}$ 存在，则 $\lim\limits_{\substack{x\to a\\(x\to\infty)}}\dfrac{f(x)}{g(x)}$ 就存在，而且两者相等（极限为 ∞ 时亦不例外）.

当 $x\to0$ 时，$1-\cos x\sim\dfrac{x^2}{2}$.

足定理中 $f(x)$ 与 $g(x)$ 所要满足的条件，那么可以继续使用洛必达法则，即

$$\lim_{x\to a}\frac{f(x)}{g(x)}=\lim_{x\to a}\frac{f'(x)}{g'(x)}=\lim_{x\to a}\frac{f''(x)}{g''(x)}.$$

洛必达法则 2　设函数 $f(x)$ 与 $g(x)$ 在 $x=a$ 附近（除点 $x=a$ 外）处处可微，且 $g'(x)\neq0$，如果

$$\lim_{x\to a}f(x)=\infty,\ \lim_{x\to a}g(x)=\infty,$$

那么，只要极限 $\lim\limits_{x\to a}\dfrac{f'(x)}{g'(x)}$ 存在，则极限 $\lim\limits_{x\to a}\dfrac{f(x)}{g(x)}$ 也存在，且

$$\lim_{x\to a}\frac{f(x)}{g(x)}=\lim_{x\to a}\frac{f'(x)}{g'(x)}.$$

证明从略.

3.2.2　$\dfrac{0}{0}$ 型 $\dfrac{\infty}{\infty}$ 型待定型

例 1　求 $\lim\limits_{x\to0}\dfrac{1-\cos x}{x^2}\left(\dfrac{0}{0}\text{型}\right)$.

解　方法一　应用重要极限 $\lim\limits_{x\to0}\dfrac{\sin x}{x}=1$，

$$\lim_{x\to0}\frac{1-\cos x}{x^2}=\lim_{x\to0}\frac{1-\left(1-2\sin^2\frac{x}{2}\right)}{x^2}=\lim_{x\to0}\frac{2\sin^2\frac{x}{2}}{x^2}$$

$$=\lim_{x\to0}\frac{2\left(\sin\frac{x}{2}\right)^2}{4\cdot\left(\frac{x}{2}\right)^2}=\frac{1}{2}\lim_{x\to0}\left(\frac{\sin\frac{x}{2}}{\frac{x}{2}}\right)^2=\frac{1}{2}.$$

方法二　无穷小的等价代换

$$\lim_{x\to0}\frac{1-\cos x}{x^2}=\lim_{x\to0}\frac{\frac{x^2}{2}}{x^2}=\frac{1}{2}.$$

方法三　洛必达法则

$$\lim_{x\to0}\frac{1-\cos x}{x^2}\overset{\text{L'H}}{=\!=\!=}\lim_{x\to0}\frac{(1-\cos x)'}{(x^2)'}=\lim_{x\to0}\frac{\sin x}{2x}=\frac{1}{2}\lim_{x\to0}\frac{\sin x}{x}=\frac{1}{2}.$$

例 2　求 $\lim\limits_{x\to0}\dfrac{x-x\cos x}{x-\sin x}\left(\dfrac{0}{0}\text{型}\right)$.

解　方法一　$\lim\limits_{x\to0}\dfrac{x-x\cos x}{x-\sin x}\overset{\text{L'H}}{=\!=\!=}\lim\limits_{x\to0}\dfrac{1-\cos x+x\sin x}{1-\cos x}$

$$\overset{\text{L'H}}{=\!=\!=}\lim_{x\to0}\frac{\sin x+\sin x+x\cos x}{\sin x}$$

$$=\lim_{x\to0}\left(2+\frac{x\cos x}{\sin x}\right)$$

$$=2+\lim_{x\to0}\frac{x}{\sin x}\cdot\lim_{x\to0}\cos x$$

$$=2+1=3.$$

方法二 $\lim\limits_{x \to 0}\dfrac{x-x\cos x}{x-\sin x}=\lim\limits_{x \to 0}\dfrac{x(1-\cos x)}{x-\sin x}=\lim\limits_{x \to 0}\dfrac{x \cdot \dfrac{x^2}{2}}{x-\sin x}$

$$=\lim\limits_{x \to 0}\dfrac{\dfrac{x^3}{2}}{x-\sin x}\overset{\text{L'H}}{=\!=\!=}\lim\limits_{x \to 0}\dfrac{\dfrac{3}{2}x^2}{1-\cos x}$$

$$=\lim\limits_{x \to 0}\dfrac{\dfrac{3}{2}x^2}{\dfrac{x^2}{2}}=3.$$

洛必达法则是求待定型极限的有效工具，但如果仅用洛必达法则往往会计算量大、十分繁琐．一般要与分子或分母有理化、无穷小等价代换等其他方法相结合，以便使计算简洁、方便．例 2 的方法二就先用了无穷小等价代换化简，然后再用洛必达法则．

例 3 求 $\lim\limits_{x \to 0}\dfrac{\ln(1+x)}{x^2}\left(\dfrac{0}{0}型\right).$

解 **方法一** 应用重要极限二

$$\lim\limits_{x \to 0}\dfrac{\ln(1+x)}{x^2}=\lim\limits_{x \to 0}\dfrac{\dfrac{1}{x}\ln(1+x)}{x}=\lim\limits_{x \to 0}\dfrac{\ln(1+x)^{\frac{1}{x}}}{x}$$

$$=\dfrac{\ln \lim\limits_{x \to 0}(1+x)^{\frac{1}{x}}}{\lim\limits_{x \to 0}x}=\dfrac{\ln e}{\lim\limits_{x \to 0}x}=\dfrac{1}{\lim\limits_{x \to 0}x}=\infty.$$

当 $x \to 0$ 时，$\ln(1+x)\sim x.$

方法二 应用无穷小等价代换

$$\lim\limits_{x \to 0}\dfrac{\ln(1+x)}{x^2}=\lim\limits_{x \to 0}\dfrac{x}{x^2}=\lim\limits_{x \to 0}\dfrac{1}{x}=\infty.$$

方法三 应用洛必达法则

$$\lim\limits_{x \to 0}\dfrac{\ln(1+x)}{x^2}\overset{\text{L'H}}{=\!=\!=}\lim\limits_{x \to 0}\dfrac{\dfrac{1}{x+1}}{2x}=\lim\limits_{x \to 0}\dfrac{1}{2x(x+1)}=\infty.$$

例 4 求 $\lim\limits_{x \to 1}\dfrac{x^3-3x+2}{x^3-x^2-x+1}\left(\dfrac{0}{0}型\right).$

伯努利家族（Bernoulli family）又译作贝努利家族，指 17—18 世纪瑞士的一个连续出过十多位数理科学家的家族，原籍比利时安特卫普．1583 年遭天主教迫害迁往德国法兰克福，最后定居瑞士巴塞尔．其中以雅各布·伯努利（Jakob Bernoulli）、约翰·伯努利（Johann Bernoulli,）、丹尼尔·伯努利（Daniel Bernoulli）这三人的成就最大．

解 $\lim\limits_{x \to 1}\dfrac{x^3-3x+2}{x^3-x^2-x+1}\overset{\text{L'H}}{=\!=\!=}\lim\limits_{x \to 1}\dfrac{3x^2-3}{3x^2-2x-1}$

$$\overset{\text{L'H}}{=\!=\!=}\lim\limits_{x \to 1}\dfrac{6x}{6x-2}=\dfrac{3}{2}.$$

例 5 求 $\lim\limits_{x \to 0}\dfrac{1-\sqrt{1-x^2}}{\dfrac{x^2}{2}}\left(\dfrac{0}{0}型\right).$

解 **方法一** 使用分子有理化，从而消去"0"因素

$$\lim\limits_{x \to 0}\dfrac{1-\sqrt{1-x^2}}{\dfrac{x^2}{2}}=\lim\limits_{x \to 0}\dfrac{(1-\sqrt{1-x^2})(1+\sqrt{1-x^2})}{\dfrac{x^2}{2}\cdot(1+\sqrt{1-x^2})}$$

$$=\lim\limits_{x \to 0}\dfrac{1-(1-x^2)}{\dfrac{x^2}{2}\cdot(1+\sqrt{1-x^2})}$$

$$=\lim\limits_{x \to 0}\dfrac{2}{1+\sqrt{1-x^2}}=1.$$

方法二　使用洛必达法则

$$\lim_{x \to 0}\frac{1-\sqrt{1-x^2}}{\dfrac{x^2}{2}}\overset{\text{L'H}}{=\!=\!=}\lim_{x \to 0}\frac{-\dfrac{-2x}{2\sqrt{1-x^2}}}{x}=\lim_{x \to 0}\frac{1}{\sqrt{1-x^2}}=1.$$

例 6　求 $\lim\limits_{x \to 0}\dfrac{e^x-\sin x-1}{1-\sqrt{1-x^2}}\left(\dfrac{0}{0}\text{型}\right).$

解　方法一　$\lim\limits_{x \to 0}\dfrac{e^x-\sin x-1}{1-\sqrt{1-x^2}}\overset{\text{L'H}}{=\!=\!=}\lim\limits_{x \to 0}\dfrac{e^x-\cos x}{-\dfrac{-2x}{2\sqrt{1-x^2}}}$

$$=\lim_{x \to 0}\frac{e^x-\cos x}{x}\cdot\sqrt{1-x^2}$$

$$=\lim_{x \to 0}\frac{e^x-\cos x}{x}$$

$$\overset{\text{L'H}}{=\!=\!=}\lim_{x \to 0}\frac{e^x+\sin x}{1}=e^0+\sin 0=1.$$

例 6 若不直接使用洛必达法则，可先分母有理化，再使用洛必达法则，如方法二所示.

方法二　$\lim\limits_{x \to 0}\dfrac{e^x-\sin x-1}{1-\sqrt{1-x^2}}=\lim\limits_{x \to 0}\dfrac{(e^x-\sin x-1)(1+\sqrt{1-x^2})}{(1-\sqrt{1-x^2})(1+\sqrt{1-x^2})}$

$$=\lim_{x \to 0}\frac{(e^x-\sin x-1)(1+\sqrt{1-x^2})}{x^2}$$

$$=\lim_{x \to 0}(1+\sqrt{1-x^2})\lim_{x \to 0}\frac{e^x-\sin x-1}{x^2}$$

$$=2\lim_{x \to 0}\frac{e^x-\sin x-1}{x^2}$$

$$\overset{\text{L'H}}{=\!=\!=}2\lim_{x \to 0}\frac{e^x-\cos x}{2x}$$

$$\overset{\text{L'H}}{=\!=\!=}\lim_{x \to 0}\frac{e^x+\sin x}{1}=e^0+\sin 0=1.$$

例 6 还可以先用无穷小等价代换，再使用洛必在法则，当 $x \to 0$ 时 $1-\sqrt{1-x^2}\sim\dfrac{x^2}{2}.$

方法三　$\lim\limits_{x \to 0}\dfrac{e^x-\sin x-1}{1-\sqrt{1-x^2}}=\lim\limits_{x \to 0}\dfrac{e^x-\sin x-1}{\dfrac{x^2}{2}}$

$$\overset{\text{L'H}}{=\!=\!=}\lim_{x \to 0}\frac{e^x-\cos x}{x}$$

$$\overset{\text{L'H}}{=\!=\!=}\lim_{x \to 0}\frac{e^x+\sin x}{1}$$

$$=e^0+\sin 0=1.$$

例 7　求 $\lim\limits_{x \to 0}\dfrac{x-\sin x}{x^2(e^x-1)}\left(\dfrac{0}{0}\text{型}\right).$

方法一，先用无穷小等价代换，再使用洛必达法则：$x \to 0$ 时 $e^x-1\sim x.$

解　方法一　$\lim\limits_{x \to 0}\dfrac{x-\sin x}{x^2(e^x-1)}=\lim\limits_{x \to 0}\dfrac{x-\sin x}{x^3}\overset{\text{L'H}}{=\!=\!=}\lim\limits_{x \to 0}\dfrac{1-\cos x}{3x^2}$

$$\overset{\text{L'H}}{=\!=\!=}\lim_{x \to 0}\frac{\sin x}{6x}=\frac{1}{6}.$$

方法二，若直接使用洛必达法则，则计算量要大很多.

方法二 $\lim\limits_{x\to 0}\dfrac{x-\sin x}{x^2(e^x-1)}\overset{\text{L'H}}{=\!=\!=}\lim\limits_{x\to 0}\dfrac{1-\cos x}{2x(e^x-1)+x^2 e^x}$

$\qquad\qquad\overset{\text{L'H}}{=\!=\!=}\lim\limits_{x\to 0}\dfrac{\sin x}{2(e^x-1)+2x e^x+2x e^x+x^2 e^x}$

$\qquad\qquad=\lim\limits_{x\to 0}\dfrac{\sin x}{2(e^x-1)+4x e^x+x^2 e^x}$

$\qquad\qquad\overset{\text{L'H}}{=\!=\!=}\lim\limits_{x\to 0}\dfrac{\cos x}{2e^x+4e^x+4x e^x+2x e^x+x^2 e^x}$

$\qquad\qquad=\lim\limits_{x\to 0}\dfrac{\cos x}{6e^x+6x e^x+x^2 e^x}$

$\qquad\qquad=\dfrac{\cos 0}{6e^0+6\cdot 0\cdot e^0+0^2\cdot e^0}=\dfrac{1}{6}.$

例 8 求 $\lim\limits_{x\to +\infty}\dfrac{\dfrac{\pi}{2}-\arctan x}{\ln\left(1+\dfrac{1}{x}\right)}\left(\dfrac{0}{0}\text{型}\right).$

解 方法一 $\lim\limits_{x\to +\infty}\dfrac{\dfrac{\pi}{2}-\arctan x}{\ln\left(1+\dfrac{1}{x}\right)}\overset{\text{L'H}}{=\!=\!=}\lim\limits_{x\to +\infty}\dfrac{-\dfrac{1}{1+x^2}}{-\dfrac{x}{x+1}\cdot\dfrac{1}{x^2}}$

$\qquad\qquad\qquad=\lim\limits_{x\to +\infty}\dfrac{x^2+x}{x^2+1}=1.$

当 $x\to +\infty$ 时，$\dfrac{1}{x}\to 0$，则 $\ln\left(1+\dfrac{1}{x}\right)\sim\dfrac{1}{x}.$

方法二 $\lim\limits_{x\to +\infty}\dfrac{\dfrac{\pi}{2}-\arctan x}{\ln\left(1+\dfrac{1}{x}\right)}=\lim\limits_{x\to +\infty}\dfrac{\dfrac{\pi}{2}-\arctan x}{\dfrac{1}{x}}$

$\qquad\qquad\overset{\text{L'H}}{=\!=\!=}\lim\limits_{x\to +\infty}\dfrac{-\dfrac{1}{1+x^2}}{-\dfrac{1}{x^2}}$

$\qquad\qquad=\lim\limits_{x\to +\infty}\dfrac{x^2}{x^2+1}=1.$

通过洛必达法则可知：

$\lim\limits_{x\to +\infty}\dfrac{x}{e^x}=\lim\limits_{x\to +\infty}\dfrac{1}{e^x}=0,$

$\lim\limits_{x\to +\infty}\dfrac{\ln x}{x}=\lim\limits_{x\to +\infty}\dfrac{1}{x}=0.$

所以，当 $x\to +\infty$ 时，

$e^x\to +\infty$ 快于 $x\to +\infty$；

$x\to +\infty$ 快于 $\ln x\to +\infty$；

$e^x\to +\infty$ 又快于 $x^a\to +\infty$ $(a>0)$；

$x\to +\infty$ 又快于 $(\ln x)^{\beta}\to +\infty$ $(\beta>0)$；

所以

$\lim\limits_{x\to +\infty}\dfrac{x^a}{e^x}=0$；

$\lim\limits_{x\to +\infty}\dfrac{(\ln x)^{\beta}}{x}=0$；

$\lim\limits_{x\to +\infty}\dfrac{e^{-\frac{1}{x}}}{x^a}=0$；

等等.

例 9 求 $\lim\limits_{x\to +\infty}\dfrac{\ln x}{x^a}(a\in\mathbf{R}^+)\left(\dfrac{\infty}{\infty}\text{型}\right).$

解 $\lim\limits_{x\to +\infty}\dfrac{\ln x}{x^a}\overset{\text{L'H}}{=\!=\!=}\lim\limits_{x\to +\infty}\dfrac{\dfrac{1}{x}}{ax^{a-1}}=\lim\limits_{x\to +\infty}\dfrac{1}{ax^a}=0.$

例 10 求 $\lim\limits_{x\to +\infty}\dfrac{x^a}{e^x}(a\in\mathbf{R}^+)\left(\dfrac{\infty}{\infty}\text{型}\right).$

解 $\lim\limits_{x\to +\infty}\dfrac{x^a}{e^x}\overset{\text{L'H}}{=\!=\!=}\lim\limits_{x\to +\infty}\dfrac{ax^{a-1}}{e^x}\overset{\text{L'H}}{=\!=\!=}\cdots$

$\qquad\qquad\overset{\text{L'H}}{=\!=\!=}\lim\limits_{x\to +\infty}\dfrac{a(a-1)(a-2)\cdots(a-k+1)x^{a-k}}{e^x}.$

(1) 若 $a\in\mathbf{N}^+$，则求导 a 次后，即变成

$\qquad\lim\limits_{x\to +\infty}\dfrac{a(a-1)(a-2)\cdots(a-a+1)}{e^x}=\lim\limits_{x\to +\infty}\dfrac{a!}{e^x}=0.$

（2）若 $a \notin \mathbf{N}^+$，则必存在 $k \in \mathbf{N}^+$，使 $k-1<a<k \Rightarrow a-k<0$，于是求导 k 次后，得

$$\lim_{x \to +\infty} \frac{a(a-1)(a-2)\cdots(a-k+1)x^{a-k}}{e^x}$$

$$= \lim_{x \to +\infty} \frac{a(a-1)(a-2)\cdots(a-k+1)}{x^{k-a}e^x} = 0.$$

综合（1）（2）得 $\lim\limits_{x \to +\infty} \dfrac{x^a}{e^x} = 0.$

3.2.3　其他待定型

除 $\dfrac{0}{0}$ 与 $\dfrac{\infty}{\infty}$ 型两种待定型外，还有 $0 \cdot \infty$，$\infty - \infty$，1^∞，∞^0，0^0 等五种待定型. 由于它们都可以化为 $\dfrac{0}{0}$ 与 $\dfrac{\infty}{\infty}$ 型，因此也可用洛必达法则.

例 11　求 $\lim\limits_{x \to 0^+} x^m \ln x (x>0，m>0)(0 \cdot \infty 型).$

解　$\lim\limits_{x \to 0^+} x^m \ln x = \lim\limits_{x \to 0^+} \dfrac{\ln x}{x^{-m}} \left(\dfrac{\infty}{\infty} 型\right) \overset{L'H}{=\!=\!=} \lim\limits_{x \to 0^+} \dfrac{\frac{1}{x}}{-mx^{-m-1}}$

$$= \lim_{x \to 0^+} \frac{x^m}{-m} = 0.$$

例 12　求 $\lim\limits_{x \to 0}\left(\dfrac{1}{\sin x} - \dfrac{1}{x}\right)(\infty - \infty 型).$

解　方法一　$\lim\limits_{x \to 0}\left(\dfrac{1}{\sin x} - \dfrac{1}{x}\right) = \lim\limits_{x \to 0}\dfrac{x - \sin x}{x \sin x}$

$$\overset{L'H}{=\!=\!=} \lim_{x \to 0} \frac{1 - \cos x}{\sin x + x \cos x}$$

$$\overset{L'H}{=\!=\!=} \lim_{x \to 0} \frac{\sin x}{2\cos x - x \sin x} = 0.$$

方法二　$\lim\limits_{x \to 0}\left(\dfrac{1}{\sin x} - \dfrac{1}{x}\right) = \lim\limits_{x \to 0}\dfrac{x - \sin x}{x \sin x} = \lim\limits_{x \to 0}\dfrac{x - \sin x}{x^2}$

$$\overset{L'H}{=\!=\!=} \lim_{x \to 0} \frac{1 - \cos x}{2x} \overset{L'H}{=\!=\!=} \lim_{x \to 0} \frac{\sin x}{2} = 0.$$

例 13　求 $\lim\limits_{x \to 0}\left(\dfrac{1}{x^2} - \dfrac{\cos^2 x}{\sin^2 x}\right)(\infty - \infty 型).$

解　$\lim\limits_{x \to 0}\left(\dfrac{1}{x^2} - \dfrac{\cos^2 x}{\sin^2 x}\right) = \lim\limits_{x \to 0}\dfrac{\sin^2 x - x^2 \cos^2 x}{x^2 \sin^2 x}$

$$= \lim_{x \to 0} \frac{\sin^2 x - x^2 \cos^2 x}{x^4}$$

$$= \lim_{x \to 0} \frac{(\sin x + x\cos x)(\sin x - x\cos x)}{x^4}$$

$$= \lim_{x \to 0} \frac{\sin x + x\cos x}{x} \cdot \frac{\sin x - x\cos x}{x^3}$$

$0 \cdot \infty$ 型转化为 $\dfrac{0}{0}$ 与 $\dfrac{\infty}{\infty}$ 型的过程：

$0 \cdot \infty = 0 \cdot \dfrac{1}{0} = \dfrac{0}{0}$ 或

$0 \cdot \infty = \dfrac{1}{\infty} \cdot \infty = \dfrac{\infty}{\infty}.$

$\infty - \infty$ 型转化为 $\dfrac{0}{0}$ 与 $\dfrac{\infty}{\infty}$ 型的过程：

$\infty - \infty = \dfrac{1}{0} - \dfrac{1}{0} = \dfrac{0-0}{0 \cdot 0}$

$= \dfrac{0}{0}.$

例 13 通分以后变成：

$\dfrac{\sin^2 x - x^2 \cos^2 x}{x^2 \sin^2 x}.$

此时立即使用洛必达法则会非常麻烦，正确做法应为：对分母进行无穷小等价代换，对分子使用平方差公式化简后，再使用洛必达法则.

$$=2\lim_{x\to 0}\frac{\sin x-x\cos x}{x^3}$$

$$\xlongequal{\text{L}'\text{H}}2\lim_{x\to 0}\frac{\cos x-\cos x+x\sin x}{3x^2}$$

$$=\frac{2}{3}\lim_{x\to 0}\frac{x\sin x}{x^2}=\frac{2}{3}\lim_{x\to 0}\frac{\sin x}{x}=\frac{2}{3}.$$

例 14 求 $\lim\limits_{x\to 0^+}x^x$ (0^0 型).

0^0 型转化为 $\dfrac{0}{0}$ 与 $\dfrac{\infty}{\infty}$ 型 的过程：

$0^0=\mathrm{e}^{\ln 0^0}=\mathrm{e}^{0\cdot\ln 0}=\mathrm{e}^{0\cdot\infty}$

或

$0^0\Rightarrow\ln 0^0=0\cdot\ln 0=$
$0\cdot\infty.$

解 方法一 设 $y=x^x$，则 $y=\mathrm{e}^{\ln x^x}=\mathrm{e}^{x\ln x}$，

因此 $\lim\limits_{x\to 0^+}x^x=\lim\limits_{x\to 0^+}\mathrm{e}^{x\ln x}=\mathrm{e}^{\lim\limits_{x\to 0^+}x\ln x}$，

而 $\lim\limits_{x\to 0^+}x\ln x=\lim\limits_{x\to 0^+}\dfrac{\ln x}{\dfrac{1}{x}}=\lim\limits_{x\to 0^+}\dfrac{\dfrac{1}{x}}{-\dfrac{1}{x^2}}=\lim\limits_{x\to 0^+}(-x)=0$，

所以 $\lim\limits_{x\to 0^+}x^x=\mathrm{e}^0=1.$

方法二 设 $y=\lim\limits_{x\to 0^+}x^x$，则有

$\ln y=\ln\lim\limits_{x\to 0^+}x^x=\lim\limits_{x\to 0^+}\ln x^x=\lim\limits_{x\to 0^+}x\ln x$

$$=\lim_{x\to 0^+}\frac{\ln x}{\dfrac{1}{x}}\xlongequal{\text{L}'\text{H}}\lim_{x\to 0^+}\frac{\dfrac{1}{x}}{-\dfrac{1}{x^2}}=\lim_{x\to 0^+}(-x)=0,$$

方法一，若使用洛必达 求极限，则由对数求导 法有：

$(x^x)'=x^x(\ln x+1).$

由例 15 的方法一、方法 二相比较可知，有些时 候用洛必达法则求极限 未必是最佳方案。

所以由 $\ln y=0$ 得 $y=\lim\limits_{x\to 0^+}x^x=\mathrm{e}^0=1.$

例 15 求 $\lim\limits_{x\to 0^+}\dfrac{x^x-1}{x\ln x}\left(\dfrac{0}{0}\text{型}\right).$

解 方法一 $\lim\limits_{x\to 0^+}\dfrac{x^x-1}{x\ln x}\xlongequal{\text{L}'\text{H}}\lim\limits_{x\to 0^+}\dfrac{x^x(\ln x+1)}{\ln x+1}=\lim\limits_{x\to 0^+}x^x$

$$=\lim_{x\to 0^+}\mathrm{e}^{\ln x^x}=\lim_{x\to 0^+}\mathrm{e}^{x\ln x}=\mathrm{e}^{\lim\limits_{x\to 0^+}x\cdot\ln x}$$

当 $x\to 0^+$ 时，$x^x=\mathrm{e}^{x\ln x}$，则

$x^x-1=\mathrm{e}^{x\ln x}-1\sim x\ln x.$

$$=\mathrm{e}^{\lim\limits_{x\to 0^+}\frac{\ln x}{\frac{1}{x}}}\xlongequal{\text{L}'\text{H}}\mathrm{e}^{\lim\limits_{x\to 0^+}\frac{\frac{1}{x}}{-\frac{1}{x^2}}}$$

$$=\mathrm{e}^{\lim\limits_{x\to 0^+}(-x)}=\mathrm{e}^0=1.$$

方法二 $\lim\limits_{x\to 0^+}\dfrac{x^x-1}{x\ln x}=\lim\limits_{x\to 0^+}\dfrac{\mathrm{e}^{x\ln x}-1}{x\ln x}=\lim\limits_{x\to 0^+}\dfrac{x\ln x}{x\ln x}=1.$

例 16 求 $\lim\limits_{x\to 0}\left(\dfrac{\sin x}{x}\right)^{\frac{1}{x^2}}$ (1^∞ 型).

1^∞ 型转化为 $\dfrac{0}{0}$ 与 $\dfrac{\infty}{\infty}$ 型 的过程：

$1^\infty=\mathrm{e}^{\ln 1^\infty}=\mathrm{e}^{\infty\cdot\ln 1}=\mathrm{e}^{0\cdot\infty}$

解 方法一 应用重要极限二

$$\lim_{x\to 0}\left(\frac{\sin x}{x}\right)^{\frac{1}{x^2}}=\lim_{x\to 0}\left(1+\frac{\sin x-x}{x}\right)^{\frac{1}{x^2}}$$

$$=\lim_{x\to 0}\left[\left(1+\frac{\sin x-x}{x}\right)^{\frac{x}{\sin x-x}}\right]^{\frac{\sin x-x}{x^3}}$$

或

$1^\infty \Rightarrow \ln 1^\infty = \infty \cdot \ln 1 = 0 \cdot \infty$.

$$= \lim_{x \to 0} \left[\left(1 + \frac{\sin x - x}{x} \right)^{\frac{x}{\sin x - x}} \right]^{\lim_{x \to 0} \frac{\sin x - x}{x^3}} = e^{-\frac{1}{6}}.$$

而 $\lim_{x \to 0} \frac{\sin x - x}{x^3} \overset{\text{L'H}}{=\!=\!=} \lim_{x \to 0} \frac{\cos x - 1}{3x^2} \overset{\text{L'H}}{=\!=\!=} \lim_{x \to 0} \frac{-\sin x}{6x} = -\frac{1}{6}$.

方法二　设 $y = \lim_{x \to 0} \left(\dfrac{\sin x}{x} \right)^{\frac{1}{x^2}}$，那么有

当 $x \to 0$ 时，$\sin x \sim x$，则 $x^2 \sin x \sim x^3$.

$$\ln y = \lim_{x \to 0} \ln \left(\frac{\sin x}{x} \right)^{\frac{1}{x^2}} = \lim_{x \to 0} \frac{1}{x^2} \ln \frac{\sin x}{x} = \lim_{x \to 0} \frac{\ln \dfrac{\sin x}{x}}{x^2}$$

$$\overset{\text{L'H}}{=\!=\!=} \lim_{x \to 0} \frac{\dfrac{x}{\sin x} \cdot \dfrac{x \cos x - \sin x}{x^2}}{2x}$$

$$= \lim_{x \to 0} \frac{x \cos x - \sin x}{2x^2 \sin x} = \lim_{x \to 0} \frac{x \cos x - \sin x}{2x^3}$$

$$\overset{\text{L'H}}{=\!=\!=} \lim_{x \to 0} \frac{\cos x - x \sin x - \cos x}{6x^2} = \lim_{x \to 0} \frac{-x \sin x}{6x^2} = -\frac{1}{6}.$$

所以 $\ln y = -\dfrac{1}{6}$，即 $y = \lim_{x \to 0} \left(\dfrac{\sin x}{x} \right)^{\frac{1}{x^2}} = e^{-\frac{1}{6}}$.

例 17　求 $\lim_{x \to 0^+} (\cot x)^{\frac{1}{\ln x}}$（$\infty^0$ 型）.

解　设 $y = \lim_{x \to 0^+} (\cot x)^{\frac{1}{\ln x}}$，则

∞^0 型转化为 $\dfrac{0}{0}$ 与 $\dfrac{\infty}{\infty}$ 型的过程：

$\infty^0 = e^{\ln \infty^0} = e^{0 \cdot \ln \infty} = e^{0 \cdot \infty}$

或

$\infty^0 \Rightarrow \ln \infty^0 = 0 \cdot \ln \infty = 0 \cdot \infty$.

$$\ln y = \lim_{x \to 0^+} \ln (\cot x)^{\frac{1}{\ln x}} = \lim_{x \to 0^+} \frac{1}{\ln x} \ln \cot x = \lim_{x \to 0^+} \frac{\ln \cot x}{\ln x}$$

$$\overset{\text{L'H}}{=\!=\!=} \lim_{x \to 0} \frac{\dfrac{1}{\cot x} \cdot (-\csc^2 x)}{\dfrac{1}{x}} = -\lim_{x \to 0} \frac{x}{\cos x \sin x}$$

$$= -\lim_{x \to 0} \frac{1}{\cos x} \cdot \frac{x}{\sin x} = -1,$$

即 $\qquad\qquad\qquad \ln y = -1$，

所以 $\qquad\qquad\qquad y = \lim_{x \to 0^+} (\cot x)^{\frac{1}{\ln x}} = e^{-1}$.

因为 $|\sin x| \leqslant 1$，$\lim_{x \to \infty} \dfrac{1}{x} = 0$，所以 $\lim_{x \to \infty} \dfrac{\sin x}{x} = 0$.

例 18　求 $\lim_{x \to \infty} \dfrac{x + \sin x}{x}$.

解　本题若用洛必达法则，有

$$\lim_{x \to \infty} \frac{x + \sin x}{x} \overset{\text{L'H}}{=\!=\!=} \lim_{x \to \infty} (1 + \cos x) = ?$$

这时右边极限不存在，但事实上极限是存在的，只是不能用洛必达法则求得，其极限为

$$\lim_{x \to \infty} \frac{x + \sin x}{x} = \lim_{x \to \infty} \left(1 + \frac{\sin x}{x} \right) = 1 + \lim_{x \to \infty} \frac{\sin x}{x} = 1.$$

例 19　求 $\lim_{x \to \infty} \dfrac{x + \sin x}{x - \sin x}$（$\dfrac{\infty}{\infty}$ 型）.

解　本题若用洛必达法则，则有

$$\lim_{x\to\infty}\frac{x+\sin x}{x-\sin x}=\lim_{x\to\infty}\frac{1+\cos x}{1-\cos x}=?$$

这时右边极限不存在，但事实上极限是存在的，只是不能用洛必达法则求得，其极限为

$$\lim_{x\to\infty}\frac{x+\sin x}{x-\sin x}=\lim_{x\to\infty}\frac{1+\dfrac{\sin x}{x}}{1-\dfrac{\sin x}{x}}=1.$$

最后，需要指出，洛必达法则是求待定型极限的一种方法. 洛必达法则只说明当 $\lim\limits_{\substack{x\to a\\(x\to\infty)}}\dfrac{f'(x)}{g'(x)}=A$ 时，那么 $\lim\limits_{\substack{x\to a\\(x\to\infty)}}\dfrac{f(x)}{g(x)}$ 也存在且就是 A（A 有限或无限，即包括 $A=\infty$ 的情形）. 也就是说在遇到 $\lim\limits_{\substack{x\to a\\(x\to\infty)}}\dfrac{f'(x)}{g'(x)}$ 不存在的时候，并不能判定 $\lim\limits_{\substack{x\to a\\(x\to\infty)}}\dfrac{f(x)}{g(x)}$ 也不存在，只是这时不能利用洛必达法则，而须用其他方法讨论 $\lim\limits_{\substack{x\to a\\(x\to\infty)}}\dfrac{f(x)}{g(x)}$.

习题 3—2

1. 用洛必达法则求下列极限.

(1) $\lim\limits_{x\to0}\dfrac{\ln(1+x)}{x}$；

(2) $\lim\limits_{x\to0}\dfrac{e^x-e^{-x}}{\sin x}$；

(3) $\lim\limits_{x\to a}\dfrac{\sin x-\sin a}{x-a}$；

(4) $\lim\limits_{x\to\pi}\dfrac{\sin3x}{\tan5x}$；

(5) $\lim\limits_{x\to\frac{\pi}{2}}\dfrac{\ln\sin x}{(\pi-2x)^2}$；

(6) $\lim\limits_{x\to a}\dfrac{x^m-a^m}{x^n-a^n}$；

(7) $\lim\limits_{x\to0^+}\dfrac{\ln\tan7x}{\ln\tan2x}$；

(8) $\lim\limits_{x\to\frac{\pi}{2}}\dfrac{\tan x}{\tan3x}$；

(9) $\lim\limits_{x\to+\infty}\dfrac{\ln\left(1+\dfrac{1}{x}\right)}{\operatorname{arccot}x}$；

(10) $\lim\limits_{x\to0}\dfrac{\ln(1+x^2)}{\sec x-\cos x}$；

(11) $\lim\limits_{x\to0}x\cot2x$；

(12) $\lim\limits_{x\to0}x^2e^{\frac{1}{x^2}}$；

(13) $\lim\limits_{x\to1}\left(\dfrac{2}{x^2-1}-\dfrac{1}{x-1}\right)$；

(14) $\lim\limits_{x\to\infty}\left(1+\dfrac{a}{x}\right)^x$；

(15) $\lim\limits_{x\to0^+}x^{\sin x}$；

(16) $\lim\limits_{x\to0^+}\left(\dfrac{1}{x}\right)^{\tan x}$；

(17) $\lim\limits_{x\to0^+}(\tan x)^{\sin x}$；

(18) $\lim\limits_{x\to+\infty}\left(\dfrac{\pi}{2}-\arctan x\right)^{\frac{1}{\ln x}}$.

2. 验证极限 $\lim\limits_{x\to\infty}\dfrac{x+\sin x}{x-\cos x}$ 存在，但不能用洛必达法则求出.

3. 验证极限 $\lim\limits_{x\to\infty}\dfrac{x^2\sin\dfrac{1}{x}}{\sin x}$ 存在，但不能用洛必达法则求出.

§3.3　函数单调性的判别法与函数的极值

解决曲线的切线问题和函数的极大、极小值问题是微积分的起源原因之一．这项工作较为古老，最早可追溯到古希腊时期．阿基米德为求出一条曲线所包含任意图形的面积，曾借助于穷竭法．由于穷竭法非常繁琐笨拙，后来渐渐被人遗忘，直到 16 世纪才又被重新重视．开普勒在探索行星运动规律时，遇到了如何确定椭圆形面积和椭圆弧长的问题，无穷大和无穷小的概念被引入并代替了繁琐的穷竭法．尽管这种方法并不完善，但却为自卡瓦列里到费马以来的数学家开辟了一个十分广阔的思考空间．

法国数学家费马大约在 1629 年研究了作曲线的切线和求函数极值的方法．1637 年左右，他写了一篇手稿《求最大值与最小值的方法》，建立了求切线、极大值和极小值以及定积分的方法，对微积分作出了重大贡献．17 世纪，德国数学家莱布尼茨提出了函数的概念．他于 1684 年 10 月在《博学学报》上发表了《一种求极大值与极小值和切线的新方法》，这是历史上最早公开发表的关于微分学的文献．牛顿在 1687 年出版的《自然哲学的数学原理》也写道："十年前在我和最杰出的几何学家莱布尼茨的通信中，我表明我已经知道确定极大值和极小值的方法、作切线的方法．"而后来再经过约翰·伯努利、欧拉、拉格朗日等人的努力，函数的单调性与极值有了完满的解决．

3.3.1　函数的单调性

初等数学讲述了用定义来判断函数的单调性，但是，对于比较复杂的函数的单调性，用定义来判断却常常很困难，有没有一种简便的判定方法呢？下面利用导数来对函数的单调性进行研究．

如图 3−5 所示可以直观地说明，函数 $f(x)$ 的单调性与导数 $f'(x)$ 的符号间的关系：在区间 (x_1, x_2) 上，曲线在每一点处的切线的倾角 α 都是锐角，故 $\tan\alpha = f'(x) > 0$，此时曲线上升，即函数 $f(x)$ 单调递增．

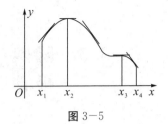

图 3-5

在区间 (x_2, x_4) 上，曲线在每一点处（个别点如点 x_3 除外）切线的倾角 α 都是钝角，故 $\tan\alpha = f'(x) < 0$，此时曲线下降，即函数 $f(x)$ 单调递减，而 $f'(x_3) = 0$ 不影响增减性.

在点 x_2，x_3 处，曲线的切线平行于 x 轴，故 $f'(x_2) = f'(x_3) = 0$. 这种使一阶导数为 0 的点，叫做函数 $f(x)$ 的驻点（或叫稳定点），函数在这些点（驻点）的附近变化缓慢.

归纳以上讨论，即得

定理 1（函数单调性判定定理）　若函数 $f(x)$ 在区间 $[a, b]$ 上连续，在 (a, b) 内可导，那么：

（1）如果在 (a, b) 内，$f'(x) \geqslant 0$，则函数 $y = f(x)$ 在 $[a, b]$ 上单调递增；

（2）如果在 (a, b) 内，$f'(x) \leqslant 0$，则函数 $y = f(x)$ 在 $[a, b]$ 上单调递减.

证明　设任意 $x_1, x_2 \in (a, b)$，且 $x_1 < x_2$，由中值定理有 $\xi \in (x_1, x_2)$，使得

$$f(x_2) - f(x_1) = f'(\xi)(x_2 - x_1)，那么：$$

①若 $f'(x) \geqslant 0$，则 $f'(\xi) \geqslant 0$，那么 $f(x_2) \geqslant f(x_1)$，故 $f(x)$ 在 $[a, b]$ 上单调递增；

②若 $f'(x) \leqslant 0$，则 $f'(\xi) \leqslant 0$，那么 $f(x_2) \leqslant f(x_1)$，故 $f(x)$ 在 $[a, b]$ 上单调递减.

如果上式中不出现等号，就说函数 $f(x)$ 是严格递增（或严格递减）的.

例 1　求函数 $f(x) = 3x - x^3$ 的单调区间.

解　函数 $f(x)$ 的定义域为 $(-\infty, +\infty)$，

$$f'(x) = 3 - 3x^2 = 3(1 - x)(1 + x)，$$

由　　　　$f'(x) = 3(1 - x)(1 + x) > 0$ 得 $-1 < x < 1$，

所以　　　　$f(x)$ 在 $(-1, 1)$ 上单调递增.

由　　　　$f'(x) = 3(1 - x)(1 + x) < 0$ 得 $x < -1$ 或 $x > 1$，

所以　$f(x)$ 在 $(-\infty, -1)$ 与 $(1, +\infty)$ 上单调递减.

例 2　确定下列函数的单调区间.

（1）$y = e^x + \arctan x$；　　　　　　　　（2）$y = 2x - \sin^3 x$.

解　（1）函数的定义域为 $(-\infty, +\infty)$，

函数单调性判定定理其实就是拉格朗日中值定理的推论 3.

要是把这个判定定理中的闭区间换成其他各种区间（包括无穷区间），结论也成立.

只需由 $f'(x)$ 的符号就可以确定 $f(x)$ 的单调区间.

欧　拉（Euler，1707—1783），瑞士数学家和物理学家，近代数学先驱之一．13 岁入读巴塞尔大学，15 岁大学毕业，16 岁获硕士学位．欧拉是一位数学神童，也是有史以来最多产的数学家，他的全集共计 75 卷．在他生命的最后 7 年中，双目已经完全失明，尽管如此，他还是以惊人的速度产出了生平一半的著作．欧拉的专著和论文多达 800 多种．《无穷小分析引论》《微分学原理》《积分学原理》等都成为数学中的经典著作．数学史学家把欧拉同阿基米德、牛顿、高斯并列为数学史上的"四杰"．

由 $f'(x)$ 的符号可以判断 $f(x)$ 的单调性，因此，由 $f''(x)$ 的符号也可以判断 $f'(x)$ 的单调性，以此类推．

由 $y'=\mathrm{e}^x+\dfrac{1}{1+x^2}>0$ 知函数 $f(x)$ 在 $(-\infty,+\infty)$ 上单调递增．

（2）函数的定义域为 $(-\infty,+\infty)$，

由 $y'=2-3\sin^2 x\cos x=2-\dfrac{3}{2}\sin x\cdot\sin 2x>0$

知函数 $f(x)$ 在 $(-\infty,+\infty)$ 上单调递增．

例 3　讨论函数 $f(x)=\dfrac{1}{x}$ 的单调性．

解　函数的定义域为 $(-\infty,0)\cup(0,+\infty)$，

因为 $f'(x)=-\dfrac{1}{x^2}<0$，

所以 $f(x)$ 在 $(-\infty,0)$ 与 $(0,+\infty)$ 上单调递减．

例 4　求证：$x>\sin x\,(x>0)$．

证明　设 $f(x)=x-\sin x$，则 $f(0)=0$，且
$$f'(x)=1-\cos x\geqslant 0\,(x>0),$$
所以 $f(x)$ 在 $[0,+\infty)$ 内单调递增，那么
$$f(x)>f(0)，即\ x-\sin x>0,$$
所以　　　　　　$x>\sin x$．

例 5　证明：当 $x>0$ 时，$x>\ln(1+x)$．

证明　设 $f(x)=x-\ln(1+x)$，则 $f(0)=0$，当 $x>0$ 时，
$$f'(x)=1-\dfrac{1}{1+x}=\dfrac{x}{1+x}>0.$$
因为 $f(x)$ 在 $[0,+\infty)$ 上单调递增，所以对任意 $x>0$，均有
$$f(x)>f(0)=0，即\ x-\ln(1+x)>0,$$
所以　　　　　　$x>\ln(1+x)$．

例 6　求证：当 $x>0$ 时，$\sin x>x-\dfrac{x^3}{6}$．

证明　设 $f(x)=\sin x-x+\dfrac{x^3}{6}$，$f(0)=0$，
$$f'(x)=\cos x-1+\dfrac{x^2}{2}，f'(0)=0,$$
$$f''(x)=x-\sin x>0,$$
则 $f'(x)$ 在 $[0,+\infty)$ 上单调递增．所以
$$f'(x)>f'(0)=0,$$
则 $f(x)$ 在 $[0,+\infty)$ 上单调递增．所以
$$f(x)>f(0)=0，即\ \sin x-x+\dfrac{x^3}{6}>0,$$
所以　　　　　　$\sin x>x-\dfrac{x^3}{6}$．

例 7　证明方程 $x-\dfrac{1}{2}\sin x=0$ 有且只有一个根 $x=0$．

证明　设 $f(x) = x - \dfrac{1}{2}\sin x$，则有

$$f'(x) = 1 - \frac{1}{2}\cos x > 0.$$

所以 $f(x)$ 在 $(-\infty, +\infty)$ 上单调递增. $f(x)$ 不可能有两个零点，即至多有一个零点，而 $x = 0$ 是方程的一个根，因此原结论成立.

3.3.2　函数的极值

如图 3−6 所示，连续函数 $y = f(x)$ 在其升降的分界点 x_2 处，$f(x_2)$ 比 x_2 左右附近各点的函数值都大；而在 x_1，x_4 处 $f(x_1)$，$f(x_2)$ 比各自左右附近各点的函数值都小. 我们把这种连续函数升降的分界点处的函数值称为函数的极值. 由此给出函数极值的定义.

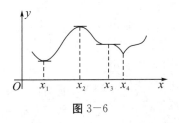

图 3−6

对于驻点或者一阶导数不存在的点，它们都可能是极值点. 但是不是极值点，则需要进一步进行考察.

定义 1　设函数 $y = f(x)$ 在点 x_0 的某邻域内连续，如果对该邻域内异于 x_0 的任意点 x（即 $x \neq x_0$）总有 $f(x) < f(x_0)$，则称 $f(x_0)$ 为函数 $f(x)$ 的极大值，点 x_0 称为函数 $f(x)$ 的极大值点；如果对该邻域内异于 x_0 的任意点 x（即 $x \neq x_0$）总有 $f(x) > f(x_0)$，则称 $f(x_0)$ 为函数 $f(x)$ 的极小值，点 x_0 称为函数 $f(x)$ 的极小值点.

极大值、极小值统称为极值，极大值点和极小值点统称为极值点.

驻点和极值点的关系：首先它们的定义不同，驻点是使一阶导数为零的点，而极值点表明该点的值大于（或小于）其小邻域上任何其他点的值. 而费马定理指出：如果函数在极值点处可导，则它一定是驻点. 然而即使函数在某点处不可导，它仍然可能是

下面进一步来考察，如果 x_0 是 $f(x)$ 的极值点，x_0 应该满足什么条件：

由前面费马定理可知，若 $f(x)$ 在 x_0 可导，x_0 是极值点，则必有 $f'(x_0) = 0$；若 $f(x)$ 在 x_0 不可导，这时 x_0 也可能是极值点. 例如，$y = |x|$，它在 $x = 0$ 处不可导，但 $x = 0$ 是极小值点.

这就告诉我们，$f(x)$ 的极值点只要从 $f(x)$ 的驻点和使 $f'(x)$ 不存在的点当中去找即可. 但这些点只是可能达到极值的点，并不一定是极值点.

例如，$y = x^3$，$x = 0$ 是其驻点，但 $f'(x) \geqslant 0$，函数单调递

极值点.

另外驻点仅是可导函数取得极值的必要条件.

增，故 $x=0$ 不是极值点，如图 3−7①所示.

又如，$f(x)=\begin{cases}2x, & x\geqslant 0\\ x, & x<0\end{cases}$，$f'(0)$ 不存在，但 $f(x)$ 在整个定义域上严格单调递增，$x=0$ 也不极值点，如图 3−7②所示.

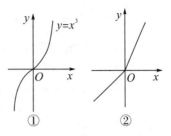

图 3−7

综合以上讨论，可以得到下面的定理 2：

定理 2（极值存在的必要条件）　若 x_0 是 $f(x)$ 的极值点，那么 x_0 只可能是 $f(x)$ 的驻点或 $f(x)$ 的不可导点.

定理 2 给出的只是极值点存在的必要条件，那么根据定理 2，求出可能使 $f(x)$ 达到极值的点之后，就必须进一步加以判定这些点究竟是不是极值点.

下面，给出极值点的两个充分性判别法：

定理 3（极值判别法一）　设 $f(x)$ 在 $(x_0-\delta, x_0)$ 和 $(x_0, x_0+\delta)$ 内（其中 $\delta>0$）可导，那么：

（1）若在 $(x_0-\delta, x_0)$ 内 $f'(x_0)<0$，而在 $(x_0, x_0+\delta)$ 内 $f'(x_0)>0$，则 $f(x_0)$ 为极小值；

（2）若在 $(x_0-\delta, x_0)$ 内 $f'(x_0)>0$，而在 $(x_0, x_0+\delta)$ 内 $f'(x_0)<0$，则 $f(x_0)$ 为极大值；

（3）$f'(x)$ 在这两个区间内不变号，则 x_0 不是极值点.

证明　（1）由函数单调性的判定定理可知，此时 $f(x)$ 在 $(x_0-\delta, x_0)$ 内严格单调递减，而在 $(x_0, x_0+\delta)$ 内严格单调递增，故 $f(x_0)$ 必为极小值；

（2）同理可证；

（3）此时 $f(x)$ 在 $(x_0-\delta, x_0+\delta)$ 内严格单调，从而 x_0 不可能是极值点.

为了求得函数在某区间上的极值点，一般需要求出函数在该区间上的全体驻点和一阶导数不存在的点，逐一考察它是不是它的小邻域上的极值.

由上述定理 3 和前面的讨论可得求函数 $f(x)$ 极值的步骤：

（1）确定 $f(x)$ 的定义域.

（2）求 $f'(x)$.

（3）解 $f'(x)=0$，求出定义域内的全部驻点及使 $f'(x)$ 不存在的点，按从小到大顺序排列为 $x_1, x_2, x_3, \cdots, x_n$.

（4）列表检查 x 从小到大经过以上各点时，$f'(x)$ 的符号变化情况：经过 x_i 时，若 $f'(x)$ 左正右负，则 $f(x_i)$ 为极大值；若 $f'(x)$ 左负右正，则 $f(x_i)$ 为极小值；若 $f'(x)$ 左、右同号，则 $f(x_i)$ 不是极值.

例8 讨论函数 $y=(x-1)\cdot\sqrt[3]{x^2}$ 的极值.

解 方法一 函数的定义域为 $(-\infty,+\infty)$,

$$y'=f'(x)=(x^{\frac{5}{3}}-x^{\frac{2}{3}})'=\frac{5}{3}x^{\frac{2}{3}}-\frac{2}{3}x^{-\frac{1}{3}}=\frac{5x-2}{3\cdot\sqrt[3]{x}},$$

因此由 $f'(x)=0$ 得 $x=\dfrac{2}{5}$ 为驻点；且 $x=0$ 时, $f'(x)$ 不存在,

所以只可能在这两点有极值(见表 3-1).

表 3-1

x	$(-\infty,0)$	0	$\left(0,\dfrac{2}{5}\right)$	$\dfrac{2}{5}$	$\left(\dfrac{2}{5},\infty\right)$
$f'(x)$	$+$	不存在	$-$	0	$+$
$f(x)$	↑	极大值 0	↓	极小值 $-\dfrac{3\cdot\sqrt[3]{20}}{25}$	↑

所以, 当 $x=0$ 时, $f(0)_{极大值}=0$; 当 $x=\dfrac{2}{5}$ 时,

$f\left(\dfrac{2}{5}\right)_{极小值}=-\dfrac{3\cdot\sqrt[3]{20}}{25}.$

方法二 函数的定义域为 $(-\infty,+\infty)$,

$$y'=f'(x)=(x^{\frac{5}{3}}-x^{\frac{2}{3}})'=\frac{5}{3}x^{\frac{2}{3}}-\frac{2}{3}x^{-\frac{1}{3}}=\frac{5x-2}{3\cdot\sqrt[3]{x}},$$

方法一的列表与方法二的"根轴法"相比较, 多数情况下根轴法要简洁些, 但是在后面函数作图时, 还是列表比较好. 所以, 不同的数学方法, 在不同的地方各有优劣.

因此由 $f'(x)=0$ 得 $x=\dfrac{2}{5}$ 为驻点, 且 $x=0$ 当时, $f'(x)$ 不存在, 应用根轴法(见图 3-8).

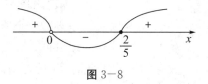

图 3-8

所以, 当 $x=0$ 时, $f(0)_{极大值}=0$; 当 $x=\dfrac{2}{5}$ 时,

$f\left(\dfrac{2}{5}\right)_{极小值}=-\dfrac{3\cdot\sqrt[3]{20}}{25}.$

例9 求函数 $f(x)=x^4-2x^3$ 的单调区间和极值.

解 方法一 函数的定义域为 $(-\infty,+\infty)$,

$$f'(x)=4x^3-6x^2=4x^2\left(x-\frac{3}{2}\right),$$

所以由 $f'(x)=0$ 得驻点为: $x_1=0$, $x=\dfrac{3}{2}$ (见表 3-2).

表 3−2

x	$(-\infty, 0)$	0	$\left(0, \dfrac{3}{2}\right)$	$\dfrac{3}{2}$	$\left(\dfrac{3}{2}, +\infty\right)$
$f'(x)$	$-$	0	$-$	0	$+$
$f(x)$	↓	无极值	↓	极小值 $-\dfrac{27}{16}$	↑

所以，$f(x)$ 在 $\left(-\infty, \dfrac{3}{2}\right)$ 上单调递减，$f(x)$ 在 $\left(\dfrac{3}{2}, +\infty\right)$ 上单调递增，且当 $x=\dfrac{3}{2}$ 时，$f\left(\dfrac{3}{2}\right)_{极小值}=-\dfrac{27}{16}$.

方法二　函数的定义域为 $(-\infty, +\infty)$，
$$f'(x)=4x^3-6x^2=4x^2\left(x-\dfrac{3}{2}\right),$$

所以由 $f'(x)=0$ 得驻点为 $x_1=0$，$x=\dfrac{3}{2}$，应用根轴法（如图 3−9 所示）：

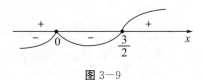

图 3−9

所以，$f(x)$ 在 $\left(-\infty, \dfrac{3}{2}\right)$ 上单调递减，$f(x)$ 在 $\left(\dfrac{3}{2}, +\infty\right)$ 上单调递增，且当 $x=\dfrac{3}{2}$ 时，$f\left(\dfrac{3}{2}\right)_{极小值}=-\dfrac{27}{16}$.

使用极值第一判别法需要列表考察（或应用根轴法），这在有些场合显得不够方便，所以对于可导函数，又有以下求极值的方法：

从图 3−6 所示可知，曲线的切线在经过 x_2 点时，其斜率 $f'(x)$ 由正变负，故 $f''(x)<0$，从而 $f'(x)$ 单调递减，故 $f(x_2)$ 是极大值.

曲线的切线在经过 x_1 时，其斜率 $f'(x)$ 由负变正，此时 $f''(x)>0$，从而 $f'(x)$ 单调递增，此时 $f(x_1)$ 为极小值.

从而得到可导函数极值的第二判别法.

定理 4（极值判别法二）　设 $f'(x_0)=0$

(1) 若 $f''(x_0)<0$，则 $f(x_0)$ 是极大值；

(2) 若 $f''(x_0)>0$，则 $f(x_0)$ 是极小值.

证明　(1) 按二阶导数的定义，并且注意到 $f'(x_0)=0$，有

由于一阶导数是函数曲线的切线的斜率，而二阶导数是一阶导数的导数，因此，二阶导数是一阶导数的变化率. 既然一阶导数的正负可以判断函数的增减性，二阶导数自然可以判断一阶导数的增减性，那么是否可用二阶导数来判断切线斜率的增减性呢？

定理 4 表明，如果函数 $f(x)$ 在驻点 x_0 处的二阶导数 $f''(x_0)\neq 0$，那么该驻点 x_0 一定是极值点，并且可以由二阶

导数 $f''(x_0)$ 的符号来判定 $f(x_0)$ 是极大值还是极小值.

$$f''(x_0) = \lim_{x \to x_0} \frac{f'(x) - f'(x_0)}{x - x_0} = \lim_{x \to x_0} \frac{f'(x)}{x - x_0} < 0.$$

于是由极限性质可知，在 x_0 附近存在 $\delta > 0$，当 $x_0 - \delta < x < x_0$ 时，$f'(x_0) > 0$；当 $x_0 < x < x_0 + \delta$ 时，$f'(x_0) < 0$，于是由定理 3 即知，$f(x_0)$ 是极大值.

但如果 $f''(x_0) = 0$，定理 4 就不能用. 事实上，当 $f'(x_0) = 0$，$f''(x_0) = 0$ 时，$f(x)$ 在 x_0 处可能有极小值，也可能有极大值，也可能没有极值，例如，$f(x) = x^4$，$f(x) = -x^4$，$f(x) = x^3$ 三个函数在 $x = 0$ 处就分别属于这三种情况. 因此，如果函数在驻点处的二阶导数为零，那么还是得用定理 3 来判定函数的极值.

（2）同理可证.

所以，极值判别法二的解题步骤：

（1）确定 $f(x)$ 的定义域.

（2）求 $f'(x)$，$f''(x)$.

（3）由 $f'(x) = 0$ 求得定义域内的所有驻点：x_1，x_2，x_3，$\cdots$，x_n.

（4）将 $x_i (i = 1, 2, 3, \cdots, n)$ 依次代入 $f''(x)$ 中：若 $f''(x_i) > 0$，则 $f(x_i)$ 为极小值；若 $f''(x_i) < 0$，则 $f(x_i)$ 为极大值.

例 10 求函数 $f(x) = \dfrac{x}{1+x^2}$ 的极值.

解 $f(x)$ 的定义域为 $(-\infty, +\infty)$，

$$f'(x) = \frac{1+x^2 - 2x^2}{(1+x^2)^2} = \frac{1-x^2}{(1+x^2)^2} = \frac{(1-x)(1+x)}{(1+x^2)^2},$$

由 $f'(x) = 0$ 得驻点：$x = -1$，$x = 1$. 又因为

$$f''(x) = \left[\frac{1-x^2}{(1+x^2)^2}\right]' = \frac{-2x(1+x^2)^2 - (1-x^2) \cdot 2(1+x^2) \cdot 2x}{(1+x^2)^4}$$

本题用极值判别法二，需要求 $f''(x)$，运算量不小，其实不如使用极值判别法一简单、方便.

$$= \frac{-2x(1+x^2) - 4x(1-x^2)}{(1+x^2)^3} = \frac{2x^3 - 6x}{(1+x^2)^3} = \frac{2x(x^2-3)}{(1+x^2)^3},$$

则由 $f''(-1) = \dfrac{1}{2} > 0$，知 $f(-1) = -\dfrac{1}{2}$ 为 $f(x)$ 的极小值；

由 $f''(1) = -\dfrac{1}{2} < 0$，知 $f(1) = \dfrac{1}{2}$ 为 $f(x)$ 的极大值.

例 11 求 $f(x) = e^x \cos x$ 的极值.

本题若用极值判别法一，则需要列表或使用根轴法，而极值点却有无穷多个，虽然可以找出极值出现的规律，但始终不方便、简洁. 而应用极值判别法二却清晰、简洁.

解 由 $\quad f'(x) = e^x(\cos x - \sin x) = 0$

得 $\tan x = 1$，解得驻点为 $x = n\pi + \dfrac{\pi}{4} (n \in \mathbf{Z})$.

又 $\quad\quad\quad\quad f''(x) = -2e^x \sin x$，

则当 $x = 2k\pi + \dfrac{\pi}{4}$ 时，$f''(x) < 0$；

当 $x = (2k+1)\pi + \dfrac{\pi}{4}$ 时，$f''(x) > 0$.

通过对例 10 与例 11 比较分析可知，极值判别法一与极值判别法二各

所以当 $x = 2k\pi + \dfrac{\pi}{4}$ 时，$f_{极大值}\left(2k\pi + \dfrac{\pi}{4}\right) = \dfrac{\sqrt{2}}{2}e^{2k\pi + \frac{\pi}{4}}$；

当 $x = (2k+1)\pi + \dfrac{\pi}{4}$ 时，

有优缺点，这也再次说明没有一种数学方法是可以包打天下，能解决所有数学问题的，任何时候解决任何数学问题都要"具体问题具体分析".

$$f_{极小值}\left[(2k+1)\pi+\frac{\pi}{4}\right]=-\frac{\sqrt{2}}{2}\mathrm{e}^{(2k+1)\pi+\frac{\pi}{4}}.$$

例 12 试证明：如果函数 $f(x)=ax^3+bx^2+cx+d$ 满足条件 $b^2-3ac<0$，那么这一函数没有极值.

证明 $\qquad f'(x)=3ax^2+2bx+c$，

则由条件 $b^2-3ac<0$，可推出 $a\neq 0$ 且 $c\neq 0$.

又因为 $f'(x)$ 是 x 的二次三项式，并且

$$\Delta=(2b)^2-4\times 3ac=4(b^2-3ac)<0,$$

所以当 $a>0$ 时，$f'(x)>0$，$f(x)$ 在 $(-\infty,+\infty)$ 上单调递增；

当 $a<0$ 时，$f'(x)<0$，$f(x)$ 在 $(-\infty,+\infty)$ 上单调递减.

所以对于任意 $a\in(-\infty,+\infty)$ 且 $a\neq 0$，$f(x)$ 在 $(-\infty,+\infty)$ 上总是单调的，从而 $f(x)$ 在 $(-\infty,+\infty)$ 内无极值.

例 13 假设 $f(x)$ 在 $(a,+\infty)$ 上连续，$f''(x)$ 在 $(a,+\infty)$ 内存在且大于零，记 $F(x)=\dfrac{f(x)-f(a)}{x-a}(x>a)$，试证明：$F(x)$ 在 $(a,+\infty)$ 上单调增加.

证明 $\quad F'(x)=\dfrac{f'(x)(x-a)-\left[f(x)-f(a)\right]}{(x-a)^2}$

$$=\frac{1}{x-a}\left[f'(x)-\frac{f(x)-f(a)}{x-a}\right],$$

由拉格朗日中值定理知，存在 $\xi\in(a,x)$，使得

$$\frac{f(x)-f(a)}{x-a}=f'(\xi).$$

由于 $f''(x)>0$，则 $f'(x)$ 在 $(a,+\infty)$ 上单调增加，且对 $\xi\in(a,x)$，均有

$$f'(x)>f'(\xi)，从而 F'(x)>0.$$

所以，$F(x)$ 在 $(a,+\infty)$ 上单调增加.

例 14 设 $f(x)$，$g(x)$ 是恒大于零的可导函数，且 $f'(x)g(x)-f(x)g'(x)<0$，则当 $a<x<b$ 时，证明：$f(x)g(b)>f(b)g(x)$.

证明 由 $f'(x)g(x)-f(x)g'(x)<0$，$g^2(x)>0$，所以

$$\left[\frac{f(x)}{g(x)}\right]'=\frac{f'(x)g(x)-f(x)g'(x)}{g^2(x)}<0,$$

故 $\dfrac{f(x)}{g(x)}$ 单调递减，则当 $a<x<b$ 且 $f(x)$，$g(x)$ 恒大于 0 时，

$$\frac{f(x)}{g(x)}>\frac{f(b)}{g(b)},$$

从而 $\qquad\qquad f(x)g(b)>f(b)g(x).$

习题 3-3

1. 判定函数 $f(x) = \arctan x - x$ 的单调性.

2. 判定函数 $f(x) = x + \cos x \, (0 \leq x \leq 2\pi)$ 的单调性.

3. 确定下列函数的单调区间.

   (1) $y = 2x^3 - 6x^2 - 18x - 7$；

   (2) $y = 2x + \dfrac{8}{x} \, (x > 0)$；

   (3) $y = \dfrac{10}{4x^3 - 9x^2 + 6x}$；

   (4) $y = \ln(x + \sqrt{1 + x^2})$.

4. 证明下列不等式.

   (1) 当 $x > 0$ 时，$1 + \dfrac{1}{2}x > \sqrt{1 + x}$；

   (2) 当 $x > 0$ 时，$1 + x\ln(x + \sqrt{1 + x^2}) > \sqrt{1 + x^2}$；

   (3) 当 $0 < x < \dfrac{\pi}{2}$ 时，$\sin x + \tan x > 2x$.

5. 试证方程 $\sin x = x$ 只有一个实根.

6. 求下列函数的极值.

   (1) $y = x^2 - 2x + 3$；

   (2) $y = 2x^3 - 3x^2$；

   (3) $y = 2x^3 - 6x^2 - 18x + 7$；

   (4) $y = x - \ln(1 + x)$；

   (5) $y = x^{\frac{1}{x}} \, (x > 0)$；

   (6) $y = 2e^x + e^{-x}$.

7. 试问 a 为何值时，函数 $f(x) = a\sin x + \dfrac{1}{3}\sin 3x$ 在 $x = \dfrac{\pi}{3}$ 处取得极值？它是极大值还是极小值？并求此极值.

8. 单调函数的导函数是否必为单调函数？研究下面这个例子：$f(x) = x + \sin x$.

§3.4 函数的最值

在工农业生产、工程技术及科学实验中，常常会遇到这样一类问题：在一定条件下，怎样使"产品最多""用料最省""成本最低""效率最高"等. 这类问题在数学上通常可归结为求某函数（通常称为目标函数）的最大值或最小值问题. 下面就来研究这类问题.

函数的最值与极值的区别和联系：

（1）最值是整体性概念，是所有函数值相比较，所以函数在某一区

观察图 3-10，可知函数 $y = f(x)$ 在 $[a, b]$ 上 b 点处的函数值最大，在 x_2 点处的函数值最小. 极大值点有 x_1，x_3，x_5，极小值点有 x_2，x_4，x_6. 而极大值不一定都大于每一个极小值. 从图中可以看出点 x_6 处的极小值大于 x_1，x_3 点处的极大值. 从而可得出函数在闭区间上的最大值、最小值的定义.

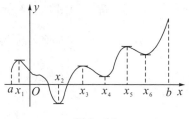

图 3—10

间上的最大值及最小值也叫全局极值.

极值是局部性概念：只与极值点左、右附近各点的函数值相比较而言.

（2）在定义域内，极大（极小）值可能有多个，而最大（最小）值最多只能各有一个.

（3）极值不一定是最值，但除端点外，在区间内部的最值则一定是极值.

如果 $f(x)$ 在闭区间 $[a,b]$ 上有最大（小）值，则这个最大（小）值必出现在 $f(a)$，$f(b)$ 和 $f(x)$ 在 (a,b) 内的所有极大（小）值之中. 这个原理说明，在求函数 $f(x)$ 的最大（小）值，应先确定 $f(x)$ 的极值点.

3.4.1　闭区间上连续函数的最值

定义 1　函数 $y=f(x)$ 在闭区间 $[a,b]$ 上的一切点处（包括端点）的函数值中最大者（最小者）为最大值（最小值）.

下面给出函数 $y=f(x)$ 在闭区间 $[a,b]$ 上的最大值和最小值的求法：

（1）求 $f(x)$ 在 (a,b) 内的一切驻点及使 $f'(x)$ 不存在的点，并按从小到大的顺序排列为 $x_i(i=1,2,3,\cdots,n)$；

（2）算出 $f(x_i)$ 及区间 $[a,b]$ 两端点的函数值 $f(a)$，$f(b)$；

（3）比较 $f(x_1)$，$f(x_2)$，$f(x_3)$，$\cdots$，$f(x_n)$，$f(a)$，$f(b)$ 的大小，其中最大的一个是最大值，最小的一个是最小值.

例 1　求函数 $f(x)=x^4-2x^2+5$ 在区间 $[-2,2]$ 上的最大值与最小值.

解　因为
$$f'(x)=4x^3-4x=4x(x^2-1),$$
所以由 $f'(x)=0$ 得驻点 $x_1=-1$，$x_2=0$，$x_3=1$. 又因为
$$f(-2)=13,\ f(-1)=4,\ f(0)=5,\ f(1)=4,\ f(2)=13,$$
所以 $f(x)$ 在区间 $[-2,2]$ 上的最大值为 $f(\pm2)=13$，最小值为 $f(\pm1)=4$.

3.4.2　实际问题中开区间内的最值问题

在实际问题中，如果在开区间 (a,b) 的内部使 $f'(x)$ 为零或使 $f'(x)$ 不存在的点有且只有一个 x_0，而且从实际问题本身又可以知道在 (a,b) 内必定有最大值或最小值，那么 $f(x_0)$ 就是所要求的最大值或最小值，而不需要再做其他讨论或运算了.

开区间上仅有唯一驻点或使 $f'(x)$ 不存在的点，而最值又必存在，就可以使用简洁计算方式.

例 2　用边长为 60cm 的正方形铁皮做一个无盖水箱，先在四角分别截去一个小正方形，然后把四边翻转 $90°$，再焊接而成. 问水箱底边的长应取多少，才能使水箱容积最大？最大容积是多少？

这种情形在解决许多实际问题时应用很广，应该切实掌握.

解 如图 3-11 所示，设水箱底边长为 $x\,\mathrm{cm}$，则水箱高为 $h=\dfrac{60-x}{2}$，那么水箱容积为

$$V=v(x)=x^2h=\frac{60x^2-x^3}{2}\,(0<x<60),$$

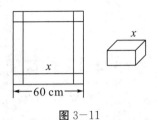

图 3-11

则

$$v'(x)=60x-\frac{3}{2}x^2.$$

由 $v'(x)=0$，得 $(0，60)$ 内的唯一驻点 $x=40(\mathrm{cm})$，而 $v(x)$ 必存在最大值，所以

$$v(40)=40^2\times\frac{60-40}{2}=16000(\mathrm{cm}^3)$$

即为所求最大值.

答：水箱底边长为 40cm 时，容积最大，最大容积为 $16000\mathrm{cm}^3$.

例 3 矩形横梁的强度同它断面的高的平方与宽的积成正比. 要将直径为 d 的圆木锯成强度最大的横梁，断面的宽和高应是多少？

解 如图 3-12 所示，设断面宽为 x，高为 h，则

$$h^2=d^2-x^2.$$

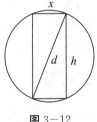

图 3-12

横梁强度函数为

$$f(x)=kxh^2(k\text{ 为强度系数，} k>0),$$

即

$$f(x)=kx(d^2-x^2)=k(xd^2-x^3)\,(0<x<d),$$

所以

$$f'(x)=k(d^2-3x^2),$$

则由 $f'(x)=0$ 可得在 $(0，d)$ 的唯一驻点 $x=\dfrac{\sqrt{3}}{3}d$.

因为 $f(x)$ 必存在最大值，而函数 $f(x)$ 在 $(0，d)$ 内又只有唯一驻点，所以

$$f\left(\frac{\sqrt{3}}{3}d\right)=k \cdot \frac{\sqrt{3}}{3}d\left[d^2-\left(\frac{\sqrt{3}}{3}d\right)^2\right]=\frac{2\sqrt{3}}{9}kd^3$$

便是所求最大值，此时 $h=\sqrt{d^2-x^2}=\dfrac{\sqrt{6}}{3}d$.

答：当宽为 $\dfrac{\sqrt{3}}{3}d$，高为 $\dfrac{\sqrt{6}}{3}d$ 时，横梁强度最大.

一般地，求最值应用题可分为四步：
(1) 设未知数；
(2) 寻找各相关数据；
(3) 列出所求最值的函数关系式；
(4) 求出最值.
因此，求最值的实际问题，均可按"设、找、列、算"的程序来解.

例 4 已知电源电压为 ε，内电阻为 r，问当外电路负载电阻 R 取什么值时，输出功率最大？

解 如图 $3-13$ 所示，由欧姆定律知电流强度 $I=\dfrac{\varepsilon}{R+r}$，则在负载电阻 R 上输出功率为

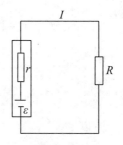

图 $3-13$

$$P=P(R)=I^2R=\frac{\varepsilon^2 R}{(R+r)^2},$$

$$P'(R)=\left[\frac{\varepsilon^2 R}{(R+r)^2}\right]'=\varepsilon^2\frac{(R+r)^2-2R(R+r)}{(R+r)^4}$$

$$=\varepsilon^2\frac{r-R}{(R+r)^3}.$$

由 $P'(R)=0$ 得唯一驻点：$R=r$. 由题知 $P(R)$ 必有最大值，而函数又仅有唯一驻点，故最大值为：

$$P(r)=I^2r=\frac{\varepsilon^2 r}{(r+r)^2}=\frac{\varepsilon^2}{4r}.$$

答：当外电路负载电阻 R 等于内电阻 r 时，输出功率最大.

例 5 某公司要建造一个体积为 $50\mathrm{m}^3$ 的有盖圆柱形氨水池. 问这个氨水池的高和底面半径取多大时，用料最省？

解 在这里用料最省就是要求氨水池的表面积最小. 如图 $3-14$ 所示，设氨水池的底面半径 r，高为 h，则其表面积

在求最值时，常因实际问题有最值存在，故又可用以下结论来简化求最值的过程，条件有两条：

第一条：$f(x)$ 在开区间内有最值；

第二条：在此开区间内只有一个可疑极值点[驻点或使 $f'(x)$ 不存在的点]．

满足以上两条，则有结论：此可疑极值点的函数值必为所求最值.

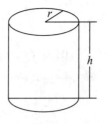

图 3—14

$$S = 2\pi r^2 + 2\pi rh.$$

且由 $V = \pi r^2 h$ 可得 $h = \dfrac{V}{\pi r^2}$. 所以

$$S = S(r) = 2\pi r^2 + 2\pi r\, \frac{V}{\pi r^2} = 2\pi r^2 + \frac{2V}{r},$$

所以

$$S'(r) = 4\pi r - \frac{2V}{r^2}.$$

由 $S'(r) = 0$，得唯一驻点 $r = \sqrt[3]{\dfrac{V}{2\pi}}$，$S(r)$ 应有最小值. 而 $S(r)$ 又仅有唯一驻点，所以当 $r = \sqrt[3]{\dfrac{V}{2\pi}}$ 时，$S(r)$ 为最小，此时高为

$$h = \frac{V}{\pi r^2} = \frac{2\pi r^3}{\pi r^2} = 2r,$$

所以

$$h = 2r = 2 \times \sqrt[3]{\frac{50}{2\pi}} \approx 4 (\mathrm{m}).$$

答：当圆柱形氨水池的高和底面直径相等时，用料最小.

例 6 把一根长度为 a 的铁丝截成两段，其中一段折成正方形，另一段弯成圆周，问如何截时，可使所围成的正方形和圆的面积之和最小？

解 设截成正方形的一段长为 x，则另一段长为 $a-x$，面积之和为

$$S = \left(\frac{x}{4}\right)^2 + \pi\left(\frac{a-x}{2\pi}\right)^2 = \frac{x^2}{16} + \frac{(a-x)^2}{4\pi}\,(0 < x < a),$$

则

$$S' = \frac{x}{8} - \frac{a-x}{2\pi},$$

由 $S' = 0$，得 $(0, a)$ 内的唯一驻点 $x = \dfrac{4a}{\pi+4}$，

而从题意可知最小值必存在，故当 $x = \dfrac{4a}{\pi+4}$ 时，S 取得最小值.

答：当 $x = \dfrac{4a}{\pi+4}$ 时，所围成的正方形和圆的面积之和最小.

例 7　在曲线 $y^2 = 2px$ 上求一点 A，使点 A 到 $M(p, p)$ 的距离最短.

解　由于 x 是 y 的单值函数，取 y 为自变量，设 A 点的坐标为 (x, y)，则

$$s = |MA| = \sqrt{(x-p)^2 + (y-p)^2}$$
$$= \sqrt{\left(\frac{y^2}{2p} - p\right)^2 + (y-p)^2}, \quad y \in (-\infty, +\infty),$$

设
$$u = s^2 = \left(\frac{y^2}{2p} - p\right)^2 + (y-p)^2,$$

$$\frac{\mathrm{d}u}{\mathrm{d}y} = 2\left(\frac{y^2}{2p} - p\right) \cdot \frac{y}{p} + 2(y-p) = \frac{y^3}{p^2} - 2p,$$

注：s^2 与 s，当 $s > 0$ 时有相同的极值点. 于是作相应的转换后可减少计算量，使问题得以简化.

由 $\frac{\mathrm{d}u}{\mathrm{d}y} = 0$，得 $y \in (-\infty, +\infty)$ 内的唯一驻点 $y = \sqrt[3]{2}\, p$.

由题知最短距离必存在，在开区间内又仅有唯一驻点，故当 $x = \dfrac{p}{\sqrt[3]{2}}$，$y = \sqrt[3]{2}\, p$ 时，u 最小，故 s 亦为最小.

习题 3－4

1. 求下列函数在指定区间上的最大值和最小值.
   (1) $y = 2x^3 - 3x^2 \ (-1 \leqslant x \leqslant 4)$；
   (2) $y = x^4 - 8x^2 + 1 \ (-1 \leqslant x \leqslant 3)$.

2. 问函数 $y = x^2 - \dfrac{54}{x} \ (x < 0)$ 在何处取得最小值？

3. 问函数 $y = \dfrac{x}{x^2 + 1} \ (x > 0)$ 在何处取得最大值？

4. 铁路上 AB 段的距离为 100 公里，工厂 C 与 A 相距 40 公里. 今要在 AB 中间一点 D 向工厂 C 修一条公路（见图 3－15），使从原料供应站 B 运货到工厂 C 所用运费最省. 问 D 点应该设在何处？已知每单位重量物品每公里的铁路运费是 3 元，每公里的公路运费是 5 元.

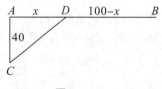

图 3－15

5. 底为 a、高为 h 的三角形，试求其内接最大矩形的面积.

§3.5 曲线的凹向与拐点及渐近线

3.5.1 曲线的凹向与拐点

前面已经讨论了函数的单调性、极值与最值，它们对了解函数的性态是有很大作用的．为了更深入和较精确地掌握函数的性质，在这里将进一步讨论函数的凹向（也称凸性）的概念及其与二阶导数的关系．

直观地考察曲线（函数的图形）的弯曲情况，会发现在某一段上，曲线位于其任意一条切线的上方——曲线上凹；而在另一段上，曲线位于其任意一条切线的下方——曲线下凹（如图3-16所示）．

函数曲线的凹凸性还有另外一种定义方式：

设 $f(x)$ 在 $[a, b]$ 上连续，若对于 $[a, b]$ 中任意两点 x_1, x_2 恒有：

（1） $f\left(\dfrac{x_1+x_2}{2}\right) > \dfrac{f(x_1)+f(x_2)}{2}$，则 $f(x)$ 在 $[a, b]$ 上是向上凸的，简称上凸（下凹）；

（2） $f\left(\dfrac{x_1+x_2}{2}\right) < \dfrac{f(x_1)+f(x_2)}{2}$，则 $f(x)$ 在 $[a, b]$ 上是向下凸的，简称下凸（上凹）．

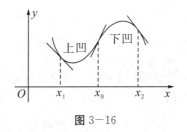

图 3-16

由此，给出如下的定义：

定义 1 在 (a, b) 内，若：

（1）曲线位于每一点处切线的上方，则称曲线在 (a, b) 内上凹；

（2）曲线位于每一点处切线的下方，则称曲线在 (a, b) 内下凹；

（3）曲线上凹与下凹的分界点 $(x_0, f(x_0))$ 叫曲线的拐点．

那么，函数曲线的上凹与下凹与函数的二阶导数有什么关系呢？下面就来讨论这一问题．

定理 1 如果 $f(x)$ 在 (a, b) 内具有二阶导数，则对于 (a, b) 内的任意两点 x_0, x_1，都有夹于 x_0, x_1 之间的点 η，使

$$f(x_1) = f(x_0) + (x_1 - x_0)f'(x_0) + \frac{1}{2}(x_1 - x_0)^2 f''(\eta). \quad (1)$$

（1）式显然是拉格朗日中值定理的公式

$$f(x_1) = f(x_0) + f'(\xi)(x_1 - x_0)$$

的一种改进的形式．

（1）式其实是泰勒公式的二阶近似，但因为前面没有讲泰勒公式，所

以，从另一角度来论述
(1)式成立.

证明　要证(1)式，可设 $\psi(x)=f(x)-f(x_0)-(x-x_0)$ $f'(x_0)$，$\varphi(x)=\dfrac{1}{2}(x-x_0)^2$，则由柯西中值定理可得 $\xi\in(x_0,$ $x_1)$，使得

$$\frac{\psi(x_1)-\psi(x_0)}{\varphi(x_1)-\varphi(x_0)}=\frac{\psi'(\xi)}{\varphi'(\xi)},$$

即　　$\dfrac{f(x_1)-f(x_0)-(x_1-x_0)f'(x_0)-0}{\dfrac{1}{2}(x_1-x_0)^2-0}=\dfrac{f'(\xi)-f'(x_0)}{\xi-x_0},$

得　　$\dfrac{f(x_1)-f(x_0)-(x_1-x_0)f'(x_0)}{\dfrac{1}{2}(x_1-x_0)^2}=\dfrac{f'(\xi)-f'(x_0)}{\xi-x_0}.$

现在再对上式右端应用拉格朗日中值定理，有 $\eta\in(x_0,$ $\xi)$，使得

$$\frac{f'(\xi)-f'(x_0)}{\xi-x_0}=f''(\eta),$$

即有　　$\dfrac{f(x_1)-f(x_0)-(x_1-x_0)f'(x_0)}{\dfrac{1}{2}(x_1-x_0)^2}=f''(\eta),$

所以有 $f(x_1)=f(x_0)+(x_1-x_0)f'(x_0)+\dfrac{1}{2}(x_1-x_0)^2f''(\eta).$

下面证明二阶导数与函数凹向之间的关系：

定理 2　如果函数 $f(x)$ 在区间 (a,b) 内具有二阶导数，且 $f''(x)\geqslant0$，则函数 $f(x)$ 在区间 (a,b) 内的曲线是上凹的曲线.

证明　在定理的假设条件下，需要证明函数 $f(x)$ 的曲线上任意一点的切线都位于曲线的下侧（如图 3-17 所示）.

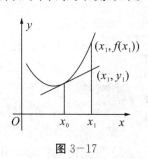

图 3-17

设 $(x_0,f(x_0))$ 是曲线上的一点，则过该点的切线方程便是

$$y=f(x_0)+(x-x_0)f'(x_0),$$

于是对于切线上的任意一点 (x_1,y_1) 有

$$y_1=f(x_0)+(x_1-x_0)f'(x_0), \tag{2}$$

而曲线上相对应的点是 $(x_1,f(x_1))$，且由 (1) 式可知

$$f(x_1) = f(x_0) + (x_1 - x_0)f'(x_0) + \frac{1}{2}(x_1 - x_0)f''(\eta), \quad (3)$$

则由（3）−（2）得

$$f(x_1) - y_1 = \frac{1}{2}(x_1 - x_0)^2 f''(\eta) \geqslant 0.$$

也就是说，对应于同一个横坐标，切线上的点总是位于曲线的下侧，这正是所要证明的结论.

不难看出，如果把命题中的条件 $f''(x) \geqslant 0$ 改为 $f''(x) > 0$ $(a < x < b)$，则由上面的论证得到

$$当 x_1 \neq x_0 时，f(x_1) > y_1.$$

这时，常称 $f(x)$ 为严格的上凹函数，而它的图象曲线则称为严格的上凹曲线.

通过前面的论述，可得下面的定理：

进一步分析可知：
(1) 曲线下凹 $\Leftrightarrow f'(x)$ 单调递减 $\Leftrightarrow f''(x) < 0$；
(2) 曲线上凹 $\Leftrightarrow f'(x)$ 单调递增 $\Leftrightarrow f''(x) > 0$；
(3) x_0 是拐点 $\Leftrightarrow f''(x)$ 在 x_0 左右变号 $\Rightarrow f''(x_0) = 0$ 或 $f''(x_0)$ 不存在.

定理 3 设曲线 $f(x)$ 在 (a, b) 内存在二阶导数 $f''(x)$，那么：

(1) 若在 (a, b) 内 $f''(x) < 0$，则曲线 $f(x)$ 在 (a, b) 内为下凹的；

(2) 若在 (a, b) 内 $f''(x) > 0$，则曲线 $f(x)$ 在 (a, b) 内为上凹的；

(3) $f''(x_0) = 0$ 是 x_0 为拐点的必要条件：若 $f''(x)$ 在 x_0 左、右变号，则 x_0 为拐点.

另外，使二阶导数 $f''(x)$ 不存在的点也可能是曲线的拐点，重要的是在该点左、右近旁 $f''(x)$ 是否改变符号，改变则必定是拐点，不改变则不是拐点.

驻点与拐点定义的差异：
驻点是使一阶导数为零的点，而拐点是二阶导数为零或使二阶导数不存在的点. 拐点是曲线上凹与下凹的分界处的点，而驻点主要是用来考察该点是否有极值.

综上所述，判别曲线 $y = f(x)$ 的凹向及拐点，可依照下述步骤进行：

(1) 求函数的二阶导数 $f''(x)$；

(2) 令 $f''(x) = 0$，求出使二阶导数为零的点，并找出使二阶导数 $f''(x)$ 不存在的点；

(3) 以二阶导数为零的点和使二阶导数不存在的点为分界点，把函数的定义域分成小区间，然后再确定二阶导数在各个小区间内的符号，并据此判定曲线的凹向（或凸性）和拐点.

例 1 讨论函数曲线 $f(x) = e^{-x^2}$ 的凹向与拐点.

解 方法一 函数 $f(x)$ 的定义域是 $(-\infty, +\infty)$，

$$f'(x) = -2x e^{-x^2},$$

$$f''(x) = -2e^{-x^2} + 2x \cdot 2x e^{-x^2} = 2(2x^2 - 1)e^{-x^2},$$

由 $f''(x) = 0$ 可得 $x = \pm\frac{\sqrt{2}}{2}$（见表 3−3）.

表 3−3

x	$\left(-\infty,\ -\dfrac{\sqrt{2}}{2}\right)$	$-\dfrac{\sqrt{2}}{2}$	$\left(-\dfrac{\sqrt{2}}{2},\ \dfrac{\sqrt{2}}{2}\right)$	$\dfrac{\sqrt{2}}{2}$	$\left(\dfrac{\sqrt{2}}{2},\ +\infty\right)$
$f''(x)$	$+$	0	$-$	0	$+$
$f(x)$	上凹	拐点	下凹	拐点	上凹

所以函数曲线 $f(x)$ 在 $\left(-\infty,\ -\dfrac{\sqrt{2}}{2}\right)\cup\left(\dfrac{\sqrt{2}}{2},\ +\infty\right)$ 内上

凹，在 $\left(-\dfrac{\sqrt{2}}{2},\ \dfrac{\sqrt{2}}{2}\right)$ 内下凹. $x=\pm\dfrac{\sqrt{2}}{2}$ 是曲线的拐点.

注：拐点可只用横坐标 x_0 表示，也可用点 $(x_0,\ f(x_0))$ 表示.

方法二　函数 $f(x)$ 的定义域是 $(-\infty,\ +\infty)$，

$$f'(x)=-2x\mathrm{e}^{-x^2},$$

$$f''(x)=-2\mathrm{e}^{-x^2}+2x\cdot 2x\mathrm{e}^{-x^2}=2(2x^2-1)\mathrm{e}^{-x^2}.$$

由 $f''(x)=0$ 可得 $x=\pm\dfrac{\sqrt{2}}{2}$，应用根轴法得图 3−18.

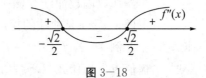

图 3−18

所以函数曲线 $f(x)$ 在 $\left(-\infty,\ -\dfrac{\sqrt{2}}{2}\right)\cup\left(\dfrac{\sqrt{2}}{2},\ +\infty\right)$ 内上

凹，在 $\left(-\dfrac{\sqrt{2}}{2},\ \dfrac{\sqrt{2}}{2}\right)$ 内下凹. $x=\pm\dfrac{\sqrt{2}}{2}$ 是曲线的拐点.

例 2　讨论函数曲线 $f(x)=(x-1)\sqrt[3]{x^2}$ 的凹向与拐点.

解　函数的定义域为 $(-\infty,\ +\infty)$，

$$f'(x)=(x^{\frac{5}{3}}-x^{\frac{2}{3}})'=\frac{5}{3}x^{\frac{2}{3}}-\frac{2}{3}x^{-\frac{1}{3}},$$

$$f''(x)=\frac{10}{9}x^{-\frac{1}{3}}+\frac{2}{9}x^{-\frac{4}{3}}=\frac{2(5x+1)}{9x^{\frac{4}{3}}}.$$

由 $f''(x)=0$ 可得 $x=-\dfrac{1}{5}$；当 $x=0$ 时，$f''(0)$ 不存在

（见表 3−4）.

表 3−4

x	$\left(-\infty,\ -\dfrac{1}{5}\right)$	$-\dfrac{1}{5}$	$\left(-\dfrac{1}{5},\ 0\right)$	0	$(0,\ +\infty)$
$f''(x)$	$-$	0	$+$	不存在	$+$
$f(x)$	下凹	拐点	上凹	非拐点	上凹

所以函数曲线 $f(x)$ 在 $\left(-\infty,\ -\dfrac{1}{5}\right)$ 内下凹，在 $\left(-\dfrac{1}{5},\ +\infty\right)$ 内上凹；$x=-\dfrac{1}{5}$ 是曲线的拐点，$x=0$ 不是曲线的拐点.

例 3 求函数曲线 $y=2+(x-4)^{\frac{1}{3}}$ 的凹向与拐点.

解 函数 $f(x)$ 的定义域为 $(-\infty,\ +\infty)$，

$$f'(x)=\frac{1}{3}(x-4)^{-\frac{2}{3}},\ f''(x)=-\frac{2}{9}(x-4)^{-\frac{5}{3}},$$

当 $x=4$ 时，$f''(0)$ 不存在（见表 3-5）.

表 3-5

x	$(-\infty,\ 4)$	4	$(4,\ +\infty)$
$f''(x)$	+	不存在	-
$f(x)$	上凹	拐点	下凹

所以函数曲线 $f(x)$ 在 $(-\infty,\ 4)$ 内上凹，在 $(4,\ +\infty)$ 内下凹；$x=4$ 是曲线的拐点.

注意：用定义方式来表示函数 $f(x)$ 在 x_0 点的各阶导数：

(1) $f'(x_0)=\lim\limits_{x\to x_0}\dfrac{f(x)-f(x_0)}{x-x_0}$；

(2) $f''(x_0)=\lim\limits_{x\to x_0}\dfrac{f'(x)-f'(x_0)}{x-x_0}$；

(3) $f'''(x_0)=\lim\limits_{x\to x_0}\dfrac{f''(x)-f''(x_0)}{x-x_0}$.

例 4 若 $f'(x_0)=f''(x_0)=0$，$f'''(x_0)\neq0$，问 x_0 是否为极值点，为什么？$(x_0,\ f(x_0))$ 是否为拐点，为什么？

解 因为 $f'''(x_0)\neq0$，不妨设 $f'''(x_0)>0$，则

$$f'''(x_0)=\lim_{x\to x_0}\frac{f''(x)-f''(x_0)}{x-x_0}=\lim_{x\to x_0}\frac{f''(x)}{x-x_0}>0.$$

由此可知，$f''(x)$ 要与 $x-x_0$ 同号，故 $f''(x)$ 在 x_0 左右两边变号，$(x_0,\ f(x_0))$ 是拐点，因而 x_0 不是极值点.

例 5 设 $f(x)$ 为二阶可导函数，且 $f(x)>0$，曲线 $y=\sqrt{f(x)}$ 有拐点 P，试证：P 点的横坐标满足 $[f'(x)]^2=2f(x)\cdot f''(x)$.

解 由 $y=\sqrt{f(x)}$ 求导得，

$$y'=(\sqrt{f(x)})'=\frac{f'(x)}{2\sqrt{f(x)}},$$

可得

$$y''=\frac{2f(x)f''(x)-[f'(x)]^2}{4[f(x)]^{\frac{3}{2}}}.$$

P 点是拐点，则有 $y''=0$，

所以 $\qquad 2f(x)f''(x)-[f'(x)]^2=0$，

即 $\qquad [f'(x)]^2=2f(x)f''(x)$.

例 6 讨论函数 $f(x)=\dfrac{2x}{1+x^2}$ 的单调性、极值、凹向与

拐点.

解　函数 $f(x)$ 的定义域为 $(-\infty,\ +\infty)$,

$f'(x)=\dfrac{2(1-x^2)}{(1+x^2)^2}$, 由 $f'(x)=0$ 得 $x=\pm1$;

$f''(x)=\dfrac{4x(x^2-3)}{(1+x^2)^3}$, 由 $f''(x)=0$ 得 $x=-\sqrt{3}$, 0, $\sqrt{3}$.

由此可得表 3-6、表 3-7.

表 3-6

x	$(-\infty,\ -1)$	-1	$(-1,\ 1)$	1	$(1,\ +\infty)$
$f'(x)$	$-$	0	$+$	0	$-$
$f(x)$	↓	极小值 -1	↑	极大值 1	↓

表 3-7

x	$(-\infty,\ -\sqrt{3})$	$-\sqrt{3}$	$(-\sqrt{3},\ 0)$	0	$(0,\ \sqrt{3})$	$\sqrt{3}$	$(\sqrt{3},\ +\infty)$
$f''(x)$	$-$	0	$+$	0	$-$	0	$+$
$f(x)$	下凹	拐点	上凹	拐点	下凹	拐点	上凹

所以函数 $f(x)$ 在区间 $(-\infty,\ -1)$ 与 $(1,\ +\infty)$ 内单调递减, 在区间 $(-1,\ 1)$ 内单调递增.

当 $x=-1$ 时, $f(-1)_{极小值}=-1$, 当 $x=1$ 时, $f(-1)_{极大值}=1$.

所以曲线 $f(x)$ 在 $(-\infty,\ -\sqrt{3})$ 与 $(0,\ \sqrt{3})$ 内下凹, 在 $(-\sqrt{3},\ 0)$ 与 $(\sqrt{3},\ +\infty)$ 内上凹. $x=-\sqrt{3}$, 0, $\sqrt{3}$ 是曲线的拐点.

上面两个表给出了函数的上升与下降区间, 以及图形的凹向与拐点, 还给出了极值, 根据这些特性, 再利用极限

$$\lim_{x\to\infty}\frac{2x}{1+x^2}=0$$

就可以画出这个函数的大致图象了, 如图 3-19 所示.

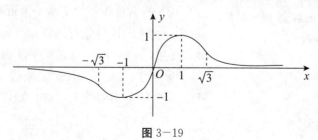

图 3-19

3.5.2　曲线的渐近线

考察函数曲线 $f(x)$ 的渐近线，实际上是考察曲线 $f(x)$ 与某定直线在 $x \to x_0$（间断点）或 $x \to \pm\infty$ 时，两者之间的距离状态。

上述极限 $\lim\limits_{x \to \infty} \dfrac{2x}{1+x^2} = 0$ 说明：当 $x \to \infty$ 时，曲线趋近于直线 $y=0$，即 x 轴，这时就称 $y=0$ 是曲线的一条水平渐近线。

另外，在中学的学习中，我们熟知函数 $y = \dfrac{1}{x}$ 表示的曲线是双曲线，x 轴、y 轴分别是它的两条渐近线。

再如：函数 $y = \tan x$ 有无穷多条垂直于 x 轴的渐近线 $x = k\pi + \dfrac{\pi}{2}(k \in \mathbf{Z})$。

为此，我们给出渐近线的定义：

定义 2　若动点沿曲线无限远离原点时，动点与某一定直线的距离趋于 0，这条定直线就叫曲线的渐近线。

因为渐近线是直线，所以根据直线是否存在斜率把渐近线分为两类：

第一类，垂直渐近线：$x = a$；

第二类，斜渐近线：$y = ax + b$（包括水平渐近线：$y = b$）。

(1)如果间断点 x_0 是无穷间断点，则 $x = x_0$ 一定是曲线的垂直渐近线，所以，如果曲线没有间断点，则曲线不存在垂直渐近线；

(2)当 $x \to \infty$ 时，$f(x) \to A$，则 $y = A$ 是曲线 $f(x)$ 的水平渐近线；

(3)当 $x \to \infty$ 时，$f(x) \to \infty$，则需进一步考察 $\dfrac{f(x)}{x}$ 是否趋于非零常数 a，且 $f(x) - ax \to b$，若 $a \neq 0$，b 存在且有限，则 $y = ax + b$ 是曲线的斜渐近线。

(1) 水平渐近线：若 $\lim\limits_{x \to \infty} f(x) = b$，则 $y = b$ 为水平渐近线。

如：$y = \mathrm{e}^{-x^2}$，$\lim\limits_{x \to \infty} \mathrm{e}^{-x^2} = 0$ 则 $y = 0$ 是曲线 $y = \mathrm{e}^{-x^2}$ 的水平渐近线。

(2) 垂直渐近线：若 $\lim\limits_{x \to a} f(x) = \pm\infty$，则 $x = a$ 为曲线的垂直渐近线。

如：$y = \dfrac{1}{x-1}$，$\lim\limits_{x \to 1} \dfrac{1}{x-1} = \infty$，则 $x = 1$ 是曲线 $y = \dfrac{1}{x-1}$ 的垂直渐近线；

$y = \dfrac{1}{\sqrt{x}}$，$\lim\limits_{x \to 0^+} \dfrac{1}{\sqrt{x}} = +\infty$，则 $x = 0$（即 y 轴）是曲线 $y = \dfrac{1}{\sqrt{x}}$ 的垂直渐近线。

垂直渐近线专找使函数无定义的点，且在该点处的极限为 ∞，即该点是曲线的无穷间断点。两个条件缺一不可。

(3) 斜渐近线：除了水平渐近线和垂直渐近线外，一般地，曲线 $y = f(x)$ 还可能有形如 $y = ax + b$ 的渐近线，称为斜渐近线。显然，$a = 0$ 时，就是水平渐近线。

设直线 l：$y = ax + b$ 是曲线 $y = f(x)$ 的一条斜渐近线，$P(x, f(x))$ 为曲线上一点，则点 P 到直线 l 的距离为 d，则

$$d = \frac{|ax + b - f(x)|}{\sqrt{1+a^2}}.$$

由于 l 是 $y = f(x)$ 的渐近线，那么，只要求出 a，b 即能确定斜渐近线 l。于是由：

$$\lim_{x\to\infty}d=0\Rightarrow\lim_{x\to\infty}|ax+b-f(x)|=0 \qquad\qquad (\sharp)$$

$$\Rightarrow\lim_{x\to\infty}x\left[a+\frac{b}{x}-\frac{f(x)}{x}\right]=0$$

$$\Rightarrow\lim_{x\to\infty}\left[a+\frac{b}{x}-\frac{f(x)}{x}\right]=0$$

$$\xrightarrow{\ x\to\infty\text{时},\ \frac{b}{x}\to0\ }\lim_{x\to\infty}\left[a-\frac{f(x)}{x}\right]=0\Rightarrow a=\lim_{x\to\infty}\frac{f(x)}{x},$$

而由($\sharp$)得：

$$b=\lim_{x\to\infty}[f(x)-ax].$$

小结：这里给出了求函数曲线 $y=f(x)$ 的斜渐近线的方法.

结论：直线 $y=ax+b$ 是曲线 $y=f(x)$ 的渐近线 $\Leftrightarrow a=\lim_{x\to\infty}\dfrac{f(x)}{x}$，$b=\lim_{x\to\infty}[f(x)-ax]$.

例 7　求下列函数曲线的渐近线.

(1) $y=\mathrm{e}^{-(x-1)^2}$；　　　　　　(2) $y=\dfrac{1+\mathrm{e}^{-x^2}}{1-\mathrm{e}^{-x^2}}$.

解　(1) $y=\mathrm{e}^{-(x-1)^2}$ 的定义域为 $(-\infty,\ +\infty)$，无间断点，且

$$\lim_{x\to\infty}\mathrm{e}^{-(x-1)^2}=0.$$

所以，函数曲线有且只有一条水平渐近线 $y=0$（x 轴）.

(2) 由题知函数曲线的定义域为 $(-\infty,\ 0)\cup(0,\ +\infty)$.

$$\lim_{x\to0}\frac{1+\mathrm{e}^{-x^2}}{1-\mathrm{e}^{-x^2}}=\infty，\text{则 } x=0 \text{ 是曲线的一条垂直渐近线；}$$

$$\lim_{x\to\infty}\frac{1+\mathrm{e}^{-x^2}}{1-\mathrm{e}^{-x^2}}=1，\text{则 } y=1 \text{ 是曲线的一条水平渐近线.}$$

例 8　求曲线 $f(x)=\dfrac{x^3}{x^2+2x-3}$ 的渐近线.

分析：考察函数可知 $f(x)$ 在 $x=-3$，$x=1$ 两点无定义，是函数的间断点，现在只需考察这两点是否为函数的无穷间断点，若是则为 $f(x)$ 的垂直渐近线，否则不是垂直渐近线.

解　因为 $f(x)=\dfrac{x^3}{x^2+2x-3}=\dfrac{x^3}{(x+3)(x-1)}$，所以

$$\lim_{x\to-3}f(x)=\lim_{x\to-3}\frac{x^3}{(x+3)(x-1)}=\infty，\text{则 } x=-3 \text{ 是曲线的一条垂直渐近线；}$$

$$\lim_{x\to1}f(x)=\lim_{x\to1}\frac{x^3}{(x+3)(x-1)}=\infty，\text{则 } x=1 \text{ 是曲线的一条垂直渐近线；}$$

又因为

$$\lim_{x\to\infty}\frac{f(x)}{x}=\lim_{x\to\infty}\frac{x^2}{x^2+2x-3}=1，$$

$$\lim_{x\to\infty}[f(x)-x]=\lim_{x\to\infty}\frac{-2x^2+3x}{x^2+2x-3}=-2，$$

所以 $y=x-2$ 是曲线的一条斜渐近线.

例 9　讨论曲线 $y=x+\arctan x$ 的渐近线.

当 $x \to -\infty$ 与 $x \to +\infty$ 时函数曲线 $f(x)$ 可能存在两条不同的斜渐近线，也可能存在两条不同的水平渐近线. 但当 $x \to -\infty$ 时，斜渐近线和水平渐近线只能有其中一条，$x \to +\infty$ 也是如此：有斜渐近线，就没有水平渐近线；有水平渐近线就没有斜渐近线.

解 因为函数在 **R** 内连续，所以曲线没有垂直渐近线.

因为 $\lim\limits_{x \to \infty} \dfrac{f(x)}{x} = \lim\limits_{x \to \infty} \left(1 + \dfrac{\arctan x}{x}\right) = 1$，

而 $\lim\limits_{x \to \infty} [f(x) - x] = \lim\limits_{x \to \infty} \arctan x = \begin{cases} \dfrac{\pi}{2}, & x \to +\infty \\[2mm] -\dfrac{\pi}{2}, & x \to -\infty \end{cases}$，

所以当 $x \to +\infty$ 时，有斜渐近线 $y = x + \dfrac{\pi}{2}$；

当 $x \to -\infty$ 时，有斜渐近线 $y = x - \dfrac{\pi}{2}$.

习题 3−5

1. 讨论下列函数图形的凹向，并求出拐点.

   (1) $y = x^3 - 5x^2 + 3x + 5$；   (2) $y = x e^{-x}$；

   (3) $y = (x+1)^4 + e^x$；   (4) $y = \ln(x^2 + 1)$.

2. 问 a，b 为何值时，点 $(1，3)$ 为曲线 $y = ax^3 + bx^2$ 的拐点？

3. 求 $f(x) = \dfrac{x(x-1)}{x+1}$ 的渐近线.

4. 利用函数图形的凹凸性，证明下列不等式

   (1) $\dfrac{1}{2}(x^n + y^n) > \left(\dfrac{x+y}{2}\right)^n (x > 0，y > 0，x \neq y，n > 1)$；

   (2) $\dfrac{e^x + e^y}{2} > e^{\frac{x+y}{2}} (x \neq y)$；

   (3) $x \ln x + y \ln y > (x+y) \ln \dfrac{x+y}{2} (x > 0，y > 0，x \neq y)$.

§3.6   函数作图

迄今为止，我们还只会用描点法来描绘函数的图象：先描出许多的点，然后将相邻两点用一段光滑的曲线连接起来. 对于连续函数来说，如果点描得足够多，图是可以描得相当准确的. 但是这样做，工作量大，而且往往比较盲目，应该取多少个点，取哪些点，往往无所适从. 现在应用微分学这一工具，根据掌握的函数 $y = f(x)$ 的主要特征，只需描少量的点，便可以比较准确地画出函数的图象.

(1) 函数的主要特征：

①函数的定义域、图象是否关于坐标轴对称? 是否和坐标轴相交? 如果相交,交点是什么? 函数曲线是否有不连续的地方? 在哪些点没有切线?

②函数在哪些点取极值? 即函数曲线在什么地方出现峰和谷?

③函数的单调性、曲线的凹向、拐点在哪里?

④函数曲线的渐近线是什么? 怎样确定?

(2) 根据函数的以上特征,可以归纳出作函数 $y=f(x)$ 的图象的主要步骤:

①确定函数 $y=f(x)$ 的定义域与间断点,判定 $f(x)$ 的奇偶性、对称性和周期性;

②求出使 $f'(x)=0$ 和 $f''(x)=0$ 及使 $f'(x)$,$f''(x)$ 不存在的点;

③通过列表确定函数在各个分区间的单调性、凹向,从而判定极值点和拐点;

④若有渐近线,定出渐近线;

⑤描出必要的辅助点,然后综上描绘作图.

例 1 作函数 $f(x)=\mathrm{e}^{-x^2}$ 的图象.

解 (1) 函数 $f(x)$ 的定义域是 $(-\infty,+\infty)$.

(2) $f(-x)=\mathrm{e}^{-(-x)^2}=\mathrm{e}^{-x^2}=f(x)$,

所以,函数 $f(x)$ 是偶函数,图象关于 y 轴对称.

(3) $f'(x)=-2x\mathrm{e}^{-x^2}$,由 $f'(x)=0$ 得驻点 $x=0$.

(4) $f''(x)=-2\mathrm{e}^{-x^2}+2x\cdot2x\mathrm{e}^{-x^2}=2(2x^2-1)\mathrm{e}^{-x^2}$,

由 $f''(x)=0$ 可得 $x=\pm\dfrac{\sqrt{2}}{2}$ (见表 3−8).

> 函数作图,只需确定函数的定义域、奇偶性、周期性、单调区间、凹凸区间、极值点、拐点以及渐近线,并补充若干辅助点的函数值,即可描点作出函数图象.

表 3−8

x	$\left(-\infty,-\dfrac{\sqrt{2}}{2}\right)$	$-\dfrac{\sqrt{2}}{2}$	$\left(-\dfrac{\sqrt{2}}{2},0\right)$	0	$\left(0,\dfrac{\sqrt{2}}{2}\right)$	$\dfrac{\sqrt{2}}{2}$	$\left(\dfrac{\sqrt{2}}{2},+\infty\right)$
$f'(x)$	+		+	0	−		−
$f''(x)$	+	0	−	−	−	0	+
$f(x)$	↗上凹	拐点	↗下凹	极大值1	↘下凹	拐点	↘上凹

(5) 由 $\lim\limits_{x\to\infty}\mathrm{e}^{-x^2}=0$ 得 $y=0$ 是曲线的水平渐近线.

根据以上结果可以作出函数的图象,如图 3−20 所示.

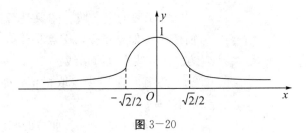

图 3-20

例 2 作函数 $f(x) = \dfrac{(x-3)^2}{4(x-1)}$ 的图象.

解 (1) 函数 $f(x)$ 的定义域是 $(-\infty, 1) \cup (1, +\infty)$.

(2) $f(x)$ 无奇偶性，周期性.

(3) $f'(x) = \dfrac{(x-3)(x+1)}{(x-1)^2}$，由 $f'(x) = 0$ 得驻点 $x = -1$, $x = 3$.

(4) $f''(x) = \dfrac{2}{4(x-1)^3}$. 知当 $x = 1$ 时，$f'(x)$, $f''(x)$ 皆不存在（见表 3-9）.

表 3-9

x	$(-\infty, -1)$	-1	$(-1, 1)$	1	$(1, 3)$	3	$(3, +\infty)$
$f'(x)$	$+$	0	$-$	不存在	$-$	0	$-$
$f''(x)$	$-$	$+$	$-$	不存在	$+$	$+$	$+$
$f(x)$	↗下凹	极大值 -2	↘下凹	不存在	↘上凹	极小值 0	↗上凹

注意：这里 $x = 1$ 本不属于定义域内的点，可以不考虑，但若用区间 $(-1, 3)$，$x \neq 1$，则表中有关内容则难以列出.

(5) $\lim\limits_{x \to 1^-} f(x) = \lim\limits_{x \to 1^-} \dfrac{(x-3)^2}{4(x-1)} = -\infty$,

$\lim\limits_{x \to 1^+} f(x) = \lim\limits_{x \to 1^+} \dfrac{(x-3)^2}{4(x-1)} = +\infty$,

所以 $x = 1$ 是曲线的垂直渐近线.

由 $\lim\limits_{x \to \infty} \dfrac{f(x)}{x} = \lim\limits_{x \to \infty} \dfrac{(x-3)^2}{4x(x-1)} = \lim\limits_{x \to \infty} \dfrac{x^2 - 6x + 9}{4x^2 - 4x} = \dfrac{1}{4}$,

$\lim\limits_{x \to \infty} \left[f(x) - \dfrac{1}{4}x \right] = \lim\limits_{x \to \infty} \dfrac{-5x + 9}{4(x-1)} = -\dfrac{5}{4}$,

所以 $y = \dfrac{1}{4}x - \dfrac{5}{4}$ 是曲线的一条斜渐近线.

根据以上结果可以作出函数的图象，如图 3-21 所示.

需要指出的是，有时也不一定对上述步骤都作讨论，而只需讨论其中一部分就够了. 此外，利用这种方法来作图，也具有一定的局限性，因为很多实际问题所得函数不一定是可以用解析式来表示的，而只是测得一系列数据，因而用数值计算时，适当地多算出一些点，然后描点作图，仍不失为一种有效的作图方法. 而且随着计算机的发展和应用的普及，用描点法作图也就更方便、更精确了.

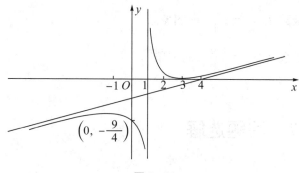

图 3-21

例 3　作函数 $f(x)=\dfrac{1}{4}(x^4-6x^2+8x+7)$ 的图象.

解　(1) 函数 $f(x)$ 的定义域是 $(-\infty,\ +\infty)$.

(2) $f(x)$ 无奇偶性，周期性.

(3) $f'(x)=x^3-3x+2=(x+2)(x-1)^2$，
由 $f'(x)=0$ 得驻点 $x=-2,\ 1$.

(4) $f''(x)=3x^2-3=3(x+1)(x-1)$，由 $f''(x)=0$ 得 $x=-1,\ 1$（见表 3-10）.

表 3-10

x	$(-\infty,\ -2)$	-2	$(-2,\ -1)$	-1	$(-1,\ 1)$	1	$(1,\ +\infty)$
$f'(x)$	$-$	0	$+$		$+$	0	$+$
$f''(x)$	$+$	$+$	$+$	0	$-$	0	$+$
$f(x)$	↓上凹	极小值 $-\dfrac{17}{4}$	↑上凹	拐点	↗下凹	拐点	↗上凹

(5) 函数曲线无垂直渐近线，也无斜（水平）渐近线.

根据以上结果可以作出函数图象，如图 3-22 所示.

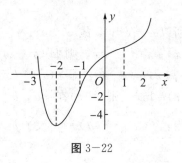

图 3-22

习题 3-6

1. 作函数 $f(x)=x^3-6x$ 的图象.

2. 作函数 $f(x) = \dfrac{x^2}{1+x}$ 的图象.

3. 作函数 $f(x) = \dfrac{3x}{1+x^2}$ 的图象.

§3.7 习题选解

习题 3-1 选解

1. **解** 函数 $f(x) = x^3$ 在 $[0,1]$ 上连续，在 $(0,1)$ 内可导，且 $f'(x) = 3x^2$，

由 $f(1) - f(0) = f'(\xi)(1-0) = 3\xi^2(1-0)$，即 $3\xi^2 = 1$，得 $\xi = \dfrac{1}{\sqrt{3}} \in (0,1)$.

因此拉格朗日中值定理正确.

2. **解** 函数 $f(x) = \arctan x$ 在 $[0,1]$ 上连续，在 $(0,1)$ 内可导，且 $f'(x) = \dfrac{1}{1+x^2}$，

由 $f(1) - f(0) = f'(\xi)(1-0) = \dfrac{1}{1+\xi^2}$，即 $\dfrac{1}{1+\xi^2} = \dfrac{\pi}{4}$，得 $\xi = \sqrt{\dfrac{4}{\pi} - 1} \in (0,1)$.

因此拉格朗日中值定理正确.

3. **证明** （1）设函数 $f(x) = \sin x$，取区间 $[y,x]$，则 $f(x)$ 在 $[y,x]$ 上连续，在 (y,x) 内可导，由拉格朗日中值定理知，必有 $\xi \in (y,x)$，使得

$$f(x) - f(y) = f'(\xi)(x-y) \Rightarrow \sin x - \sin y = \cos \xi (x-y),$$

所以 $|\sin x - \sin y| = |\cos \xi| |x-y| \leqslant |x-y|$.

（2）设函数 $f(x) = e^x - ex$，取区间 $[1,x]$，则 $f(x)$ 在 $[1,x]$ 上连续，在 $(1,x)$ 内可导，由拉格朗日中值定理知，必有 $\xi \in (1,x)$，使得

$$f(x) - f(1) = f'(\xi)(x-1) \Rightarrow (e^x - ex) - (e^1 - e) = (e^\xi - e)(x-1)$$
$$\Rightarrow e^x - ex = (e^\xi - e)(x-1),$$

因为 $\xi > 1$，所以 $e^\xi - e > 0$，故 $e^x > ex$.

4. **证明** 设 $F(x) = f(x) - kx$，则 $F'(x) = f'(x) - k = k - k = 0$，

所以 $F(x) = f(x) - kx = C$，即 $f(x) = kx + C$.

5. **证明** 设 $f(x) = \ln x$，则 $f(x)$ 在 $[a,b]$ 上连续，在 (a,b) 内可导，则必有 $\xi \in (a,b)$，使得：$f(b) - f(a) = f'(\xi)(b-a) \Rightarrow \ln\dfrac{b}{a} = \dfrac{1}{\xi}(b-a)$，又 $0 < a < \xi < b$，则

$$\frac{1}{b} < \frac{1}{\xi} < \frac{1}{a} \Rightarrow \frac{b-a}{b} < \frac{b-a}{\xi} < \frac{b-a}{a} \Rightarrow \frac{b-a}{b} < \ln\frac{b}{a} < \frac{b-a}{a}.$$

习题 3－2 选解

1. **解**　（1）方法一　$\lim\limits_{x\to 0}\dfrac{\ln(x+1)}{x}=\lim\limits_{x\to 0}\dfrac{x}{x}=1$（等价无穷小代换）.

方法二　$\lim\limits_{x\to 0}\dfrac{\ln(x+1)}{x}\xlongequal{\text{L'H}}\lim\limits_{x\to 0}\dfrac{\frac{1}{x+1}}{1}=\lim\limits_{x\to 0}\dfrac{1}{x+1}=1.$

（2）$\lim\limits_{x\to 0}\dfrac{e^{x}-e^{-x}}{\sin x}\xlongequal{\text{L'H}}\lim\limits_{x\to 0}\dfrac{e^{x}+e^{-x}}{\cos x}=\dfrac{e^{0}+e^{-0}}{\cos 0}=\dfrac{1+1}{1}=2.$

（3）$\lim\limits_{x\to a}\dfrac{\sin x-\sin a}{x-a}\xlongequal{\text{L'H}}\lim\limits_{x\to a}\dfrac{\cos x}{1}=\cos a.$

（4）$\lim\limits_{x\to \pi}\dfrac{\sin 3x}{\tan 5x}\xlongequal{\text{L'H}}\lim\limits_{x\to \pi}\dfrac{3\cos 3x}{5\sec^{2}5x}=\dfrac{3\cos 3\pi}{5\sec^{2}5\pi}=-\dfrac{3}{5}.$

（5）$\lim\limits_{x\to \frac{\pi}{2}}\dfrac{\ln\sin x}{(\pi-2x)^{2}}\xlongequal{\text{L'H}}\lim\limits_{x\to \frac{\pi}{2}}\dfrac{\frac{1}{\sin x}\cos x}{-4(\pi-2x)}=-\dfrac{1}{4}\lim\limits_{x\to \frac{\pi}{2}}\dfrac{\cot x}{\pi-2x}\xlongequal{\text{L'H}}-\dfrac{1}{4}\lim\limits_{x\to \frac{\pi}{2}}\dfrac{-\csc^{2}x}{-2}=-\dfrac{1}{8}.$

（6）$\lim\limits_{x\to a}\dfrac{x^{m}-a^{m}}{x^{n}-a^{n}}\xlongequal{\text{L'H}}\lim\limits_{x\to a}\dfrac{mx^{m-1}}{nx^{n-1}}=\dfrac{m}{n}a^{m-n}.$

（7）$\lim\limits_{x\to 0^{+}}\dfrac{\ln\tan 7x}{\ln\tan 2x}\xlongequal{\text{L'H}}\lim\limits_{x\to 0^{+}}\dfrac{\frac{1}{\tan 7x}\cdot\sec^{2}7x\times 7}{\frac{1}{\tan 2x}\cdot\sec^{2}2x\times 2}=\dfrac{7}{2}\cdot\lim\limits_{x\to 0^{+}}\dfrac{\tan 2x}{\tan 7x}\cdot\lim\limits_{x\to 0^{+}}\dfrac{\sec^{2}7x}{\sec^{2}2x}$

$=\dfrac{7}{2}\cdot\lim\limits_{x\to 0^{+}}\dfrac{\tan 2x}{\tan 7x}\times 1=\dfrac{7}{2}\cdot\lim\limits_{x\to 0^{+}}\dfrac{2x}{7x}=\dfrac{7}{2}\times\dfrac{2}{7}=1.$

（8）方法一　$\lim\limits_{x\to \frac{\pi}{2}}\dfrac{\tan x}{\tan 3x}\xlongequal{\text{L'H}}\lim\limits_{x\to \frac{\pi}{2}}\dfrac{\sec^{2}x}{3\sec^{2}3x}=\dfrac{1}{3}\lim\limits_{x\to \frac{\pi}{2}}\dfrac{\cos^{2}3x}{\cos^{2}x}$

$\xlongequal{\text{L'H}}\dfrac{1}{3}\lim\limits_{x\to \frac{\pi}{2}}\dfrac{2\cos 3x\times(-\sin 3x)\times 3}{2\cos x\times(-\sin x)}=\lim\limits_{x\to \frac{\pi}{2}}\dfrac{\cos 3x}{\cos x}\cdot\dfrac{\sin 3x}{\sin x}$

$=-\lim\limits_{x\to \frac{\pi}{2}}\dfrac{\cos 3x}{\cos x}\xlongequal{\text{L'H}}-\lim\limits_{x\to \frac{\pi}{2}}\dfrac{-3\sin 3x}{-\sin x}=-3\dfrac{\sin\frac{3\pi}{2}}{\sin\frac{\pi}{2}}=3.$

方法二　$\lim\limits_{x\to \frac{\pi}{2}}\dfrac{\tan x}{\tan 3x}\xlongequal{\text{设}x=\frac{\pi}{2}-t}\lim\limits_{t\to 0}\dfrac{\tan\left(\frac{\pi}{2}-t\right)}{\tan\left(\frac{3\pi}{2}-3t\right)}=\lim\limits_{t\to 0}\dfrac{\cot t}{\cot 3t}\xlongequal{\text{L'H}}\lim\limits_{t\to 0}\dfrac{-\csc^{2}t}{-3\csc^{2}3t}$

$=\dfrac{1}{3}\lim\limits_{t\to 0}\dfrac{\sin^{2}3t}{\sin^{2}t}=\dfrac{1}{3}\lim\limits_{t\to 0}\dfrac{(3t)^{2}}{t^{2}}=3.$

（9）方法一　$\lim\limits_{x\to +\infty}\dfrac{\ln\left(\frac{1}{x}+1\right)}{\operatorname{arccot}x}\xlongequal{\text{L'H}}\lim\limits_{x\to +\infty}\dfrac{\frac{x}{x+1}\cdot\left(-\frac{1}{x^{2}}\right)}{-\frac{1}{x^{2}+1}}=\lim\limits_{x\to +\infty}\dfrac{x^{2}+1}{x^{2}+x}\xlongequal{\text{L'H}}\lim\limits_{x\to +\infty}\dfrac{2x}{2x+1}=1.$

方法二　$\lim\limits_{x\to +\infty}\dfrac{\ln\left(\frac{1}{x}+1\right)}{\operatorname{arccot}x}=\lim\limits_{x\to +\infty}\dfrac{\frac{1}{x}}{\operatorname{arccot}x}\xlongequal{\text{L'H}}\lim\limits_{x\to +\infty}\dfrac{-\frac{1}{x^{2}}}{-\frac{1}{x^{2}+1}}=\lim\limits_{x\to +\infty}\dfrac{x^{2}+1}{x^{2}}\xlongequal{\text{L'H}}\lim\limits_{x\to +\infty}\dfrac{2x}{2x}=1.$

（10）方法一　$\lim\limits_{x\to 0}\dfrac{\ln(x^2+1)}{\sec x-\cos x}\xlongequal{\text{L'H}}\lim\limits_{x\to 0}\dfrac{\dfrac{1}{x^2+1}\cdot 2x}{\sec x\tan x+\sin x}$

$$=\lim\limits_{x\to 0}\dfrac{2x}{\sec x\tan x+\sin x}\cdot\dfrac{1}{x^2+1}$$

$$=\lim\limits_{x\to 0}\dfrac{2x}{\sec x\tan x+\sin x}=\lim\limits_{x\to 0}\dfrac{2x}{\sec x\tan x+\tan x\cos x}$$

$$=\lim\limits_{x\to 0}\dfrac{2x}{\tan x}\cdot\dfrac{1}{\sec x+\cos x}=2\times\dfrac{1}{2}=1.$$

方法二　$\lim\limits_{x\to 0}\dfrac{\ln(x^2+1)}{\sec x-\cos x}=\lim\limits_{x\to 0}\dfrac{\cos x\cdot\ln(x^2+1)}{1-\cos^2 x}=\lim\limits_{x\to 0}\cos x\cdot\dfrac{\ln(x^2+1)}{1-\cos^2 x}$

$$=\lim\limits_{x\to 0}\dfrac{\ln(x^2+1)}{1-\cos^2 x}\xlongequal{\text{L'H}}\lim\limits_{x\to 0}\dfrac{\dfrac{1}{x^2+1}\cdot 2x}{2\cos x\sin x}$$

$$=\lim\limits_{x\to 0}\dfrac{x}{\sin x}\cdot\dfrac{1}{(x^2+1)\cos x}=1\times 1=1.$$

（11）方法一　$\lim\limits_{x\to 0}x\cot 2x=\lim\limits_{x\to 0}\dfrac{x}{\tan 2x}=\lim\limits_{x\to 0}\dfrac{x}{2x}=\dfrac{1}{2}$（等价无穷小代换）．

方法二　$\lim\limits_{x\to 0}x\cot 2x=\lim\limits_{x\to 0}\dfrac{x}{\tan 2x}\xlongequal{\text{L'H}}\lim\limits_{x\to 0}\dfrac{1}{2\sec^2 2x}=\dfrac{1}{2}.$

（12）$\lim\limits_{x\to 0}x^2 e^{\frac{1}{x^2}}=\lim\limits_{x\to 0}x^2 e^{x^{-2}}=\lim\limits_{x\to 0}\dfrac{e^{x^{-2}}}{x^{-2}}\xlongequal{\text{L'H}}\lim\limits_{x\to 0}\dfrac{e^{x^{-2}}(-2x^{-3})}{-2x^{-3}}=\lim\limits_{x\to 0}e^{x^{-2}}=+\infty.$

（13）$\lim\limits_{x\to 1}\left(\dfrac{2}{x^2-1}-\dfrac{1}{x-1}\right)=\lim\limits_{x\to 1}\dfrac{-x+1}{x^2-1}\xlongequal{\text{L'H}}\lim\limits_{x\to 1}\dfrac{-1}{2x}=-\dfrac{1}{2}.$

（14）方法一　$\lim\limits_{x\to\infty}\left(1+\dfrac{a}{x}\right)^x=\lim\limits_{x\to\infty}\left[\left(1+\dfrac{a}{x}\right)^{\frac{x}{a}}\right]^a=e^a.$

方法二　设 $y=\lim\limits_{x\to\infty}\left(1+\dfrac{a}{x}\right)^x\Rightarrow\ln y=\lim\limits_{x\to\infty}x\ln\left(1+\dfrac{a}{x}\right)=\lim\limits_{x\to\infty}\dfrac{\ln\left(1+\dfrac{a}{x}\right)}{\dfrac{1}{x}}$

$$\xlongequal{\text{L'H}}\lim\limits_{x\to\infty}\dfrac{\dfrac{1}{1+\dfrac{a}{x}}\cdot\left(-\dfrac{a}{x^2}\right)}{-\dfrac{1}{x^2}}=a\lim\limits_{x\to\infty}\dfrac{1}{1+\dfrac{a}{x}}=a\Rightarrow\ln y=a$$

$$\Rightarrow y=\lim\limits_{x\to\infty}\left(1+\dfrac{a}{x}\right)^x=e^a.$$

（15）设 $y=\lim\limits_{x\to 0^+}x^{\sin x}\Rightarrow\ln y=\lim\limits_{x\to 0^+}\ln x^{\sin x}=\lim\limits_{x\to 0^+}\sin x\ln x=\lim\limits_{x\to 0^+}\dfrac{\ln x}{\dfrac{1}{\sin x}}=\lim\limits_{x\to 0^+}\dfrac{\ln x}{\csc x}$

$$\xlongequal{\text{L'H}}\lim\limits_{x\to 0^+}\dfrac{\dfrac{1}{x}}{-\csc x\cdot\cot x}=-\lim\limits_{x\to 0^+}\dfrac{\sin^2 x}{x\cos x}=-\lim\limits_{x\to 0^+}\dfrac{\sin x}{x}\cdot\dfrac{\sin x}{\cos x}=-1\times 0=0$$

$$\Rightarrow y=\lim\limits_{x\to 0^+}x^{\sin x}=e^0=1.$$

(16) 设 $y = \lim\limits_{x \to 0^+} \left(\dfrac{1}{x}\right)^{\tan x} \Rightarrow \ln y = \lim\limits_{x \to 0^+} \ln\left(\dfrac{1}{x}\right)^{\tan x} = \lim\limits_{x \to 0^+} \tan x \ln\dfrac{1}{x} = \lim\limits_{x \to 0^+} \dfrac{\ln\dfrac{1}{x}}{\cot x}$

$$\xlongequal{\text{L'H}} \lim\limits_{x \to 0^+} \dfrac{x \cdot \left(-\dfrac{1}{x^2}\right)}{-\csc^2 x} = \lim\limits_{x \to 0^+} \dfrac{\sin^2 x}{x} = 0$$

$$\Rightarrow y = \lim\limits_{x \to 0^+} \left(\dfrac{1}{x}\right)^{\tan x} = e^0 = 1.$$

(17) 设 $y = \lim\limits_{x \to 0^+} (\tan x)^{\sin x} \Rightarrow \ln y = \lim\limits_{x \to 0^+} \ln(\tan x)^{\sin x} = \lim\limits_{x \to 0^+} \sin x \cdot \ln\tan x$

$$= \lim\limits_{x \to 0^+} \dfrac{\ln\tan x}{\csc x} \xlongequal{\text{L'H}} \lim\limits_{x \to 0^+} \dfrac{\dfrac{1}{\tan x} \cdot \sec^2 x}{-\csc x \cdot \cot x} = \lim\limits_{x \to 0^+} -\dfrac{\sin x}{\cos^2 x} = 0$$

$$\Rightarrow y = \lim\limits_{x \to 0^+} (\tan x)^{\sin x} = e^0 = 1.$$

(18) 设 $y = \lim\limits_{x \to +\infty} \left(\dfrac{\pi}{2} - \arctan x\right)^{\frac{1}{\ln x}} \Rightarrow \ln y = \lim\limits_{x \to +\infty} \ln\left(\dfrac{\pi}{2} - \arctan x\right)^{\frac{1}{\ln x}}$

$$= \lim\limits_{x \to +\infty} \dfrac{1}{\ln x} \cdot \ln\left(\dfrac{\pi}{2} - \arctan x\right) = \lim\limits_{x \to +\infty} \dfrac{\ln\left(\dfrac{\pi}{2} - \arctan x\right)}{\ln x}$$

$$\xlongequal{\text{L'H}} \lim\limits_{x \to +\infty} \dfrac{\dfrac{1}{\dfrac{\pi}{2} - \arctan x}\left(-\dfrac{1}{1+x^2}\right)}{\dfrac{1}{x}} = \lim\limits_{x \to +\infty} -\dfrac{\dfrac{1}{x}}{\dfrac{\pi}{2} - \arctan x} \cdot \dfrac{x^2}{1+x^2}$$

$$= -\lim\limits_{x \to +\infty} \dfrac{\dfrac{1}{x}}{\dfrac{\pi}{2} - \arctan x} \xlongequal{\text{L'H}} -\lim\limits_{x \to +\infty} \dfrac{-\dfrac{1}{x^2}}{-\dfrac{1}{1+x^2}} = -\lim\limits_{x \to +\infty} \dfrac{1+x^2}{x^2}$$

$$= -1 \Rightarrow y = \lim\limits_{x \to +\infty} \left(\dfrac{\pi}{2} - \arctan x\right)^{\frac{1}{\ln x}} = e^{-1}.$$

2. **解**　$\lim\limits_{x \to \infty} \dfrac{x + \sin x}{x - \cos x} = \lim\limits_{x \to \infty} \dfrac{1 + \dfrac{\sin x}{x}}{1 - \dfrac{\cos x}{x}} = 1,$

但 $\lim\limits_{x \to \infty} \dfrac{x + \sin x}{x - \cos x} \xlongequal{\text{L'H}} \lim\limits_{x \to \infty} \dfrac{1 + \cos x}{1 + \sin x}$，极限不存在.

所以，本题不能用洛必达法则求极限.

3. **解**　$\lim\limits_{x \to 0} \dfrac{x^2 \sin\dfrac{1}{x}}{\sin x} = \lim\limits_{x \to 0} \dfrac{x}{\sin x} \cdot \lim\limits_{x \to 0}\left(x\sin\dfrac{1}{x}\right) = 1 \times 0 = 0,$

但 $\lim\limits_{x \to 0} \dfrac{x^2 \sin\dfrac{1}{x}}{\sin x} \xlongequal{\text{L'H}} \lim\limits_{x \to 0} \dfrac{2x\sin\dfrac{1}{x} - \cos\dfrac{1}{x}}{\cos x},$

由 $\lim\limits_{x \to 0}\cos\dfrac{1}{x}$ 不存在，$\lim\limits_{x \to 0}\cos x = 1$，$\lim\limits_{x \to 0} 2x\sin\dfrac{1}{x} = 0 \Rightarrow \lim\limits_{x \to 0} \dfrac{\left(x^2\sin\dfrac{1}{x}\right)'}{(\sin x)'}$ 不存在，

所以 $\lim\limits_{x\to 0}\dfrac{x^2\sin\dfrac{1}{x}}{\sin x}$ 极限存在，但不能用洛达必法则求得其极限.

习题 3−3 选解

1. **解** $f'(x)=\dfrac{1}{1+x^2}-1=-\dfrac{x^2}{1+x^2}\leqslant 0$，$x\in(-\infty,\ +\infty)$，

当且仅当 $x=0$ 时等号成立，所以 $f(x)$ 在 $(-\infty,\ +\infty)$ 上单调递减.

2. **解** 由于 $f'(x)=1-\sin x\geqslant 0$，所以 $f(x)$ 在 $[0,2\pi]$ 上单调递增.

3. **解** （1）函数 $f(x)$ 的定义域为 $(-\infty,\ +\infty)$，

$f'(x)=6x^2-12x-18=6(x+1)(x-3)$，

由 $f'(x)=6(x+1)(x-3)>0$ 得 $x<-1$ 或 $x>3$，由 $f'(x)<0$ 得 $-1<x<3$.

所以函数 $f(x)$ 在 $(-\infty,\ -1)$ 与 $(3,\ +\infty)$ 上单调递增，在 $(-1,3)$ 上单调递减.

（2）函数 $f(x)$ 的定义域为 $(0,\ +\infty)$，

$f'(x)=2-\dfrac{8}{x^2}=\dfrac{2(x+2)(x-2)}{x^2}$，由 $f'(x)=0$，得 $x=2$，$x=-2$（舍去）.

由 $f'(x)<0$，得 $0<x<2$，函数 $f(x)$ 在 $(0,2)$ 上单调递减；

由 $f'(x)>0$，得 $x>2$，函数 $f(x)$ 在 $(2,\ +\infty)$ 上单调递增.

（3）函数 $f(x)$ 的定义域为 $(-\infty,\ 0)\cup(0,\ +\infty)$，

$f'(x)=\dfrac{-60(2x-1)(x-1)}{(4x^3-9x^2+6x)^2}$，由 $f'(x)=0$，得 $x_1=\dfrac{1}{2}$，$x_2=1$；$x=0$ 时，$f'(x)$

不存在.

x	$(-\infty,\ 0)$	0	$\left(0,\ \dfrac{1}{2}\right)$	$\dfrac{1}{2}$	$\left(\dfrac{1}{2},\ 1\right)$	1	$(1,\ +\infty)$
$f'(x)$	$-$	不存在	$-$	0	$+$	0	$-$
$f(x)$	↓	不存在	↓		↑		↓

所以函数 $f(x)$ 在 $(-\infty,\ 0)$ 与 $\left(0,\ \dfrac{1}{2}\right)$ 和 $(1,\ +\infty)$ 上单调递减，在 $\left(\dfrac{1}{2},\ 1\right)$ 上单调递增.

（4）函数 $f(x)$ 的定义域为 $(-\infty,\ +\infty)$.

$f'(x)=\dfrac{1}{x+\sqrt{1+x^2}}\cdot\left(1+\dfrac{2x}{2\sqrt{1+x^2}}\right)=\dfrac{1}{\sqrt{1+x^2}}>0$，

所以，函数 $f(x)$ 在 $(-\infty,\ +\infty)$ 上单调递增.

4. **证明** （1）设 $f(x)=1+\dfrac{1}{2}x-\sqrt{1+x}$，$f(0)=0$；$f'(x)=\dfrac{1}{2}-\dfrac{1}{2\sqrt{1+x}}>0$，$x>0$.

所以 $f(x)$ 在 $[0,\ +\infty)$ 内单调递增，则对任意 $x>0$，恒有

$f(x)>f(0)=0$，故 $1+\dfrac{1}{2}x-\sqrt{1+x}>0$，即 $1+\dfrac{1}{2}x>\sqrt{1+x}$.

(2) 设 $f(x)=1+x\ln(x+\sqrt{1+x^2})-\sqrt{1+x^2}$，$f(0)=0$；

$$f'(x)=\ln(x+\sqrt{1+x^2})+\frac{x}{\sqrt{1+x^2}}-\frac{x}{\sqrt{1+x^2}}=\ln(x+\sqrt{1+x^2}).$$

当 $x>0$ 时，$x+\sqrt{1+x^2}>1\Rightarrow f'(x)>0$，

所以 $f(x)$ 在 $[0,+\infty)$ 内单调递增，则对任意 $x>0$，恒有 $f(x)>f(0)=0$，

故 $1+x\ln(x+\sqrt{1+x^2})-\sqrt{1+x^2}>0$，即 $1+x\ln(x+\sqrt{1+x^2})>\sqrt{1+x^2}$.

(3) 设 $f(x)=\sin x+\tan x-2x$，$f(0)=0$；

$$f'(x)=\cos x+\sec^2 x-2>\cos^2 x+\frac{1}{\cos^2 x}-2>2-2=0\left(0<x<\frac{\pi}{2}\right).$$

所以，当 $0<x<\frac{\pi}{2}$ 时，$f(x)>f(0)=0$，即 $\sin x+\tan x>2x$.

5. **证明**　设 $f(x)=x-\sin x$，则 $f'(x)=1-\cos x\geqslant 0$，所以 $f(x)$ 在 $(-\infty,+\infty)$ 上单调递增，则 $f(x)$ 不可能有两个零点，即最多有一个零点. 又因为 $x=0$ 是方程的一个根，故原结论成立.

6. **解**　(1) 函数 $f(x)$ 的定义域为 $(-\infty,+\infty)$，$f'(x)=2x-2$，

由 $f'(x)=0$ 得驻点 $x=1$.

当 $x<1$ 时，$f'(x)<0$；当 $x>1$ 时，$f'(x)>0$. 所以 $x=1$ 是函数 $f(x)$ 的极小值点，$f_{极小值}(1)=2$.

(2) 函数 $f(x)$ 的定义域为 $(-\infty,+\infty)$，

$f'(x)=6x^2-6x$，由 $f'(x)=0$ 得驻点 $x_1=0$，

$x_2=1$.

$x_1=0$ 是极大值点，$f_{极大值}(0)=0$；

$x_2=1$ 是极小值点，$f_{极小值}(1)=-1$.

(3) 函数 $f(x)$ 的定义域为 $(-\infty,+\infty)$，

$f'(x)=6x^2-12x-18=6(x+1)(x-3)$，由 $f'(x)=0$ 得驻点 $x_1=-1$，$x_2=3$.

x	$(-\infty,-1)$	-1	$(-1,3)$	3	$(3,+\infty)$
$f'(x)$	$+$	0	$-$	0	$+$
$f(x)$	↗	极大值 17	↘	极小值 -47	↗

所以 $x=-1$ 是极大值点，$f_{极大值}(-1)=17$；$x=3$ 是极小值点，$f_{极小值}(3)=-47$.

(4) 函数 $f(x)$ 的定义域为 $(-1,+\infty)$，

$f'(x)=1-\frac{1}{1+x}=\frac{x}{1+x}$，由 $f'(x)=0$ 得驻点 $x_1=0$. 当 $-1<x<0$ 时，$f'(x)<0$；

当 $x>0$ 时，$f'(x)>0$. 所以 $x=0$ 是极小值点，$f_{极小值}(0)=0$.

(5) 函数 $f(x)$ 的定义域为 $(0,+\infty)$，

$f'(x)=(x^{\frac{1}{x}})'=(e^{\frac{1}{x}\ln x})'=x^{\frac{1}{x}-2}(1-\ln x)$，由 $f'(x)=0$ 得驻点 $x=e$.

当 $0<x<e$ 时，$f'(x)>0$；当 $x>e$ 时，$f'(x)<0$. 所以 $x=e$ 是极大值点，

$f_{极大值}(\mathrm{e})=\mathrm{e}^{\frac{1}{\mathrm{e}}}$.

（6）函数 $f(x)$ 的定义域为 $(-\infty, +\infty)$，

$f'(x)=2\mathrm{e}^x-\mathrm{e}^{-x}=\mathrm{e}^{-x}(2\mathrm{e}^{2x}-1)$，由 $f'(x)=0$ 得驻点 $x=-\dfrac{1}{2}\ln2$.

$f''(x)=2\mathrm{e}^x+\mathrm{e}^{-x}>0$，$x\in(-\infty, +\infty)$；

所以 $x=-\dfrac{1}{2}\ln2$ 是极小值点，$f_{极小值}\left(-\dfrac{1}{2}\ln2\right)=2\sqrt{2}$.

7.**解** $f'(x)=a\cos x+\cos3x$，由 $x=\dfrac{\pi}{3}$ 为极值点，$a\cos\dfrac{\pi}{3}+\cos\pi=0$ 得 $a=2$.

$f''(x)=-2\sin x-3\sin3x\Rightarrow f''\left(\dfrac{\pi}{3}\right)=-2\sin\dfrac{\pi}{3}-3\sin\pi=-\sqrt{3}<0$，

所以 $x=\dfrac{\pi}{3}$ 为极大值点，$f_{极大值}\left(\dfrac{\pi}{3}\right)=\sqrt{3}$.

8.**解** 单调函数的导函数不一定为单调函数，

例如 $f(x)=x+\sin x$，$x\in(-\infty, +\infty)$.

由于 $f'(x)=1+\cos x\geqslant0$，所以 $f(x)$ 在 $(-\infty, +\infty)$ 上单调增加.

但由于 $\cos x$ 在 $(-\infty, +\infty)$ 上不是单调函数，

所以 $f'(x)=1+\cos x$ 在 $(-\infty, +\infty)$ 上不是单调函数.

习题 3-4 选解

1.**解** （1）$y_{\min}(-1)=-5$，$y_{\max}(4)=80$. （2）$y_{\min}(2)=-14$，$y_{\max}(3)=10$.

2.**解** $y'=2x+\dfrac{54}{x^2}$，由 $y'=0$ 得 y 在 $(-\infty, 0)$ 内的唯一驻点 $x=-3$.

$y''=2-\dfrac{108}{x^3}\Rightarrow y''|_{x=-3}=2+4=6>0$，故 $x=-3$ 为极小值点.

所以 $x=-3$ 就是最小值点，$y_{\min}(-3)=27$.

3.**解** $y'=\dfrac{(x^2+1)-2x^2}{(x^2+1)^2}=\dfrac{1-x^2}{(x^2+1)^2}$，由 $y'=0$ 得 y 在 $(0, +\infty)$ 内的唯一驻点 $x=1$.

当 $0<x<1$ 时，$y'>0$；当 $x>1$ 时，$y'<0$. 故 $x=1$ 为极大值点.

所以 $x=1$ 就是最大值点，$y_{\max}(1)=\dfrac{1}{2}$.

4.**解** 设 D 点在距 A 点 x 公里的地方，则有

$y=3\cdot(100-x)+5\sqrt{x^2+40^2}$ $(0<x<100)$，

$y'=-3+\dfrac{5x}{\sqrt{x^2+40^2}}$，由 $y'=0$ 得 $x\in(0, 100)$ 内唯一驻点 $x=30$.

由题知所求最小值必存在，而在 $(0, 100)$ 内又仅有唯一驻点，故 $x=30$ 即为所求最小值点，即 D 点在距 A 点 30 公里的地方.

5.**解** 如图所示，由相似三角形的性质有：

$(h-y):h=x:a\Rightarrow x=\dfrac{a(h-y)}{h}$，

因此 $S_{矩形}=xy=\dfrac{a(h-y)}{h}y\,(0<y<h)$,

$S'_y=\dfrac{a(h-2y)}{h}$, 由 $S'=0$ 得 $(0,h)$ 内唯一驻点 $y=\dfrac{h}{2}$.

由题知所求最大值必存在, 而在 $(0,h)$ 内又仅有唯一驻点, 故其最大值为

$$S_{\max}\left(\dfrac{h}{2}\right)=\dfrac{a\left(h-\dfrac{h}{2}\right)}{h}\cdot\left(\dfrac{h}{2}\right)=\dfrac{ah}{4}.$$

习题 3−5 选解

1. **解** (1) 在 $\left(-\infty,\dfrac{5}{3}\right)$ 内曲线下凹, 则在 $\left(\dfrac{5}{3},+\infty\right)$ 内曲线上凹, $\left(\dfrac{5}{3},\dfrac{20}{27}\right)$ 为拐点.

(2) 在 $(-\infty,2)$ 内曲线下凹, 在 $(2,+\infty)$ 内曲线上凹, $x=2$ 为拐点.

(3) 由 $y''=12(x+1)^2+e^x>0$, 知在 $(-\infty,+\infty)$ 内曲线上凹, 曲线没有拐点.

(4) 函数的定义域为 $(-\infty,+\infty)$,

$y'=\dfrac{2x}{x^2+1}$, $y''=-\dfrac{2(x-1)(x+1)}{(x^2+1)^2}$, 由 $y''=0$ 得 $x=\pm1$.

x	$(-\infty,-1)$	-1	$(-1,1)$	1	$(1,+\infty)$
y''	$-$	0	$+$	0	$-$
y	下凹	拐点	上凹	拐点	下凹

所以, 在 $(-\infty,-1)$ 与 $(1,+\infty)$ 内曲线下凹, $(-1,1)$ 内曲线上凹, $x=\pm1$ 是拐点.

注: 本题还可用根轴法.

2. **解** $a=0$ 时, $y=bx^2$ 无拐点, 所以 $a\ne0$.

$y'=3ax^2+2bx$, $y''=6ax+2b$, 由 $y''=0$ 得 $x=-\dfrac{b}{3a}$, 而 y'' 在该点左右变号,

故 $\left(-\dfrac{b}{3a},\dfrac{2b^3}{27a^2}\right)$ 为唯一拐点, 则 $\begin{cases}-\dfrac{b}{3a}=1\\[2mm]\dfrac{2b^3}{27a^2}=3\end{cases}$, 解得 $\begin{cases}a=-\dfrac{3}{2}\\[2mm]b=\dfrac{9}{2}\end{cases}$.

3. **解** 由 $\lim\limits_{x\to-1}f(x)=\lim\limits_{x\to-1}\dfrac{x(x-1)}{x+1}=\infty$ 知 $x=-1$ 是曲线的一条垂直渐近线;

由 $a=\lim\limits_{x\to\infty}\dfrac{f(x)}{x}=\lim\limits_{x\to\infty}\dfrac{x(x-1)}{x(x+1)}=1$, $b=\lim\limits_{x\to\infty}[f(x)-x]=\lim\limits_{x\to\infty}\dfrac{-2x}{x+1}=-2$.

所以, $y=x-2$ 是曲线的一条斜渐近线.

4. **证明** (1) 设 $f(t)=t^n$, $f'(t)=nt^{n-1}$, $f''(t)=n(n-1)t^{n-2}$,

因为当 $t\in(0,+\infty)$, $n>1$ 时, $f''(t)>0$,

所以 $f(t)$ 在 $(0,+\infty)$ 内是上凹的, 则对任意 $x,y\in(0,+\infty)$, $x\ne y$, 均有

$$\frac{f(x)+f(y)}{2}>f\left(\frac{x+y}{2}\right), \quad \text{即} \quad \frac{1}{2}(x^n+y^n)>\left(\frac{x+y}{2}\right)^n.$$

(2) 设 $f(t)=\mathrm{e}^t$，$f'(t)=\mathrm{e}^t$，$f''(t)=\mathrm{e}^t$，

所以当 $t\in(-\infty, +\infty)$ 时，$f''(t)>0$，则 $f(t)$ 在 $(-\infty, +\infty)$ 内是上凹的，

则对任意 $x, y\in(-\infty, +\infty)$，$x\neq y$，均有 $\dfrac{f(x)+f(y)}{2}>f\left(\dfrac{x+y}{2}\right)$，

即 $\dfrac{\mathrm{e}^x+\mathrm{e}^y}{2}>\mathrm{e}^{\frac{x+y}{2}}$.

(3) 设 $f(t)=t\ln t$，$f'(t)=\ln t+1$，$f''(t)=\dfrac{1}{t}$，

所以当 $t\in(0, +\infty)$，$f''(t)>0$，则 $f(t)$ 在 $(0, +\infty)$ 内是上凹的，

则对任意 $x, y\in(0, +\infty)$，$x\neq y$，均有

$$\frac{f(x)+f(y)}{2}>f\left(\frac{x+y}{2}\right), \quad \text{即} \quad x\ln x+y\ln y>(x+y)\ln\frac{x+y}{2}.$$

习题 3-6 选解

1. **解** (1) 函数 $f(x)$ 的定义域为 $(-\infty, +\infty)$.

(2) 函数是奇函数，关于原点对称（因此讨论可以仅在 $[0, +\infty)$ 上进行），函数无周期性.

(3) 无垂直渐近线，也无斜渐近线.

(4) $f'(x)=3x^2-6$，$f''(x)=6x$. 由 $f'(x)=0$ 得 $x=\pm\sqrt{2}$，由 $f''(x)=0$ 得 $x=0$.

(5) 列表如下：

x	$(-\infty, -\sqrt{2})$	$-\sqrt{2}$	$(-\sqrt{2}, 0)$	0	$(0, \sqrt{2})$	$\sqrt{2}$	$(\sqrt{2}, +\infty)$
$f'(x)$	+	0	−		−	0	+
$f''(x)$	−	−	−	0	+	+	+
$f(x)$	↑下凹	极大值 $4\sqrt{2}$	↓下凹	拐点	↓上凹	极小值 $-4\sqrt{2}$	↑上凹

根据以上结果可以作出相应函数图象.

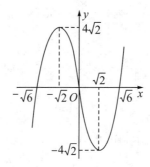

2. **解** (1) 函数 $f(x)$ 的定义域为 $(-\infty, -1)\cup(-1, +\infty)$.

(2) 函数 $f(x)$ 无奇偶性，无周期性.

(3) $f'(x) = \dfrac{x(x+2)}{(x+1)^2}$，$f''(x) = \dfrac{2}{(x+1)^3}$，

由 $f'(x) = 0$ 得驻点 $x = -2, 0$；且当 $x = -1$ 时，$f'(x)$，$f''(x)$ 均不存在.

(4) 由 $\lim\limits_{x \to -1^-} \dfrac{x^2}{1+x} = -\infty$，$\lim\limits_{x \to -1^+} \dfrac{x^2}{1+x} = +\infty$ 知 $x = -1$ 是曲线的一条垂直渐近线；

由 $\lim\limits_{x \to \infty} \dfrac{f(x)}{x} = \lim\limits_{x \to \infty} \dfrac{x^2}{x(1+x)} = 1$，$\lim\limits_{x \to \infty} [f(x) - x] = \lim\limits_{x \to \infty} \dfrac{-x}{1+x} = -1$

知 $y = x - 1$ 是曲线的一条斜渐近线.

(5) 列表如下：

x	$(-\infty, -2)$	-2	$(-2, -1)$	-1	$(-1, 0)$	0	$(0, +\infty)$
$f'(x)$	+	0	−	不存在	−	0	+
$f''(x)$	−	−	−	不存在	+	+	+
$f(x)$	↗	极大值 −4	↘	无定义	↘	极小值 0	↗
	下凹				上凹		

根据以上结果可以作出相应函数图象.

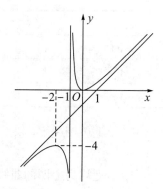

3. **解** (1) 函数 $f(x)$ 的定义域为 $(-\infty, +\infty)$.

(2) 函数是奇函数，图象关于原点对称，以下仅在 $[0, +\infty)$ 上进行，函数无周期性.

(3) $f'(x) = \dfrac{3(x^2 + 1) - 6x^2}{(x^2 + 1)^2} = \dfrac{3(1 - x^2)}{(x^2 + 1)^2}$，$f''(x) = \dfrac{6x(x - \sqrt{3})(x + \sqrt{3})}{(x^2 + 1)^3}$，

由 $f'(x) = 0$ 得驻点 $x = -1$，由 $f''(x) = 0$，得 $x = -\sqrt{3}, 0, \sqrt{3}$.

(4) 由 $\lim\limits_{x \to \infty} f(x) = \lim\limits_{x \to \infty} \dfrac{3x}{x^2 + 1} = 0$ 知曲线有水平渐近线 $y = 0$，无垂直渐近线.

(5) 列表如下：

x	0	$(0, 1)$	1	$(1, \sqrt{3})$	$\sqrt{3}$	$(\sqrt{3}, +\infty)$
$f'(x)$		+	0	−		−
$f''(x)$	0	−	−	−	0	+

x	0	$(0, 1)$	1	$(1, \sqrt{3})$	$\sqrt{3}$	$(\sqrt{3}, +\infty)$
$f(x)$	拐点	↑	极大值 $\dfrac{3}{2}$	↓	拐点	↓ 上凹
		下凹				

根据以上结果可以作出图象.

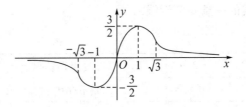

4. **解** $f(x)$ 的定义域为 $(-\infty, 0) \cup (0, +\infty)$,

$f'(x) = 1 - \dfrac{8}{x^3} = \dfrac{x^3 - 8}{x^3}$, 由 $f'(x) = 0$ 得驻点 $x = 2$ 及不可导点 $x = 0$.

$f''(x) = \dfrac{24}{x^4} > 0$, 则 $x = 0$ 时, 二阶导数不存在.

x	$(-\infty, 0)$	0	$(0, 2)$	2	$(2, +\infty)$
$f'(x)$	+	不存在	−		+
$f''(x)$	+	不存在	+	+	+
$f(x)$	↑上凹	不存在	↓上凹	极小值 3	↑上凹

(1) $f(x)$ 在 $(-\infty, 0)$ 与 $(2, +\infty)$ 上单调递增, 在 $(0, 2)$ 上单调递减.

$x = 2$ 时, $f_{极小值}(2) = 3$.

(2) $f(x)$ 在 $(-\infty, 0)$ 与 $(0, +\infty)$ 上均为上凹的曲线, 无拐点.

(3) $\lim\limits_{x \to 0} \dfrac{x^3 + 4}{x^2} = +\infty$, 所以 $x = 0$ 是曲线的垂直渐近线.

$a = \lim\limits_{x \to \infty} \dfrac{f(x)}{x} = \lim\limits_{x \to \infty} \dfrac{x^3 + 4}{x^3} = 1$, $b = \lim\limits_{x \to \infty} \left[f(x) - ax \right] = \lim\limits_{x \to \infty} \left[\dfrac{x^3 + 4}{x^2} - x \right] = \lim\limits_{x \to \infty} \dfrac{4}{x^2} = 0$.

所以, $y = x$ 是曲线的斜渐近线.

(4) 当 $y = 0$ 时, $x = -\sqrt[3]{4}$, 根据以上特点作图.

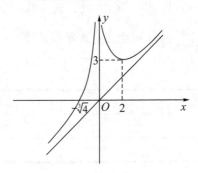

第 4 章
不定积分

　　导数研究的是函数的变化率，而不定积分是导数的逆运算，即已知函数的导数求原函数的一种运算. 微积分的产生和发展被誉为"近代技术文明产生的关键事件之一". 微积分的创立，无论是对数学还是对其他学科的发展都产生了巨大的影响，充分显示了数学知识对于人类认识世界和改造世界的无穷威力.

　　微积分学是研究函数的导数和积分的性质、应用的一个数学分支. 在大学课程中，通常的讲授次序是先微分后积分，而在历史上，积分的概念比微分的概念先产生. 早在公元 5 世纪，中国数学家祖冲之父子就提出了"幂势既同则积不容异"，即等高的两立体，若其任意高处的水平截面积相等，则这两立体体积相等. 这是积分概念的雏形. 祖暅利用这一原理巧妙地求得球的体积公式，他求得的这一公式比意大利数学家卡瓦列里的至少要早 1100 年. 微积分的创立，首先是为了处理 17 世纪主要的科学问题；积分的概念最初是由它在求某些面积、体积和弧长相联系的求和过程中起作用而引起的. 以后，微分是联系到对曲线做切线的问题和函数的极大值、极小值问题而产生的. 再往后才注意到：积分和微分彼此作为逆运算而相互关联. 微积分早期的主要思想有刘徽的"割圆术"、祖暅原理、卡瓦列里原理、德谟克利特的原子论、欧多克斯的穷竭法、阿基米德的平衡法、开普勒的无限小元素法等.

　　牛顿和莱布尼茨从不同的角度独立地创立了微积分：牛顿的微积分是从运动学的角度出发，以速度为模型建立微分学，并且偏重于求微分的反运算，即不定积分，采用点表示微分符号，后人称为"点主义"；而莱布尼茨是从几何学的角度出发，作曲线上一点的切线，开始建立微分学，并且侧重于把积分理解为求微分的和，称为"求和计算"，即定积分，并使用 d 表示微分符号，后人称为"d 主义".

　　我国第一本微积分学，也是第一本解析几何的中文翻译本，是李善兰和英国伟烈亚力联合翻译的《代微积拾级》(1859). 译名中的"代"指解析几何（当时叫代数几何），"微"指"微分"，"积"指"积分"，译作"微积"，这是我国微积分名称的起源. 中译本序中说：牛顿、莱布尼茨"二家创微分、积分二术……其理大要凡线面体皆设为由小渐大，一刹那中所增之积即微分也，其全积即积分也". 这就是汉语中微积分名称的由来.

§4.1 原函数与不定积分

4.1.1 原函数与不定积分的概念

一般地，如果做变速直线运动的质点的位置 s 与时间 t 的函数关系是 $s=s(t)$，就可以求出质点 M 在时刻 t 的瞬时速度 $v=s'(t)$. 但也会遇到相反的问题：已知做变速直线运动的质点 M 在时刻 t 的瞬时速度 $v=v(t)$，求它在该时刻的位置 $s=s(t)$. 从数学的角度来看，这个反问题就是微分法的逆问题. 在实际应用中还会遇到许多类似的问题，例如已知曲线上任意一点处切线的斜率，求曲线的方程等. 这类问题的特点就是已知一个函数的导数或微分去寻找原来的函数，即已知 $F'(x)=f(x)$，求 $F(x)$. 对这样的问题，我们作出以下定义：

定义1 若在区间 I 上的每一点处都有
$$F'(x)=f(x),$$
则称 $F(x)$ 是 $f(x)$ 在区间 I 上的一个**原函数**.

例如，因为 $(\sin x)'=\cos x$，所以 $\sin x$ 是 $\cos x$ 的一个原函数.

因为 $(x^2+1)'=2x$，所以 x^2+1 是 $2x$ 的一个原函数.

一个可微函数的导数只有一个，那么当一个函数具有原函数时，它的原函数是否也只有一个呢？

由于 $(x^2+1)'=2x$，$(x^2-1)'=2x$，$(x^2+\sqrt{2})'=2x$，…，$(x^2+C)'=2x$（C 为任意常数），所以 x^2+1，x^2-1，$x^2+\sqrt{2}$，…，x^2+C 都是 $2x$ 的原函数，可见 $2x$ 的原函数不止一个，而是有无穷多个，且其中任意两个原函数之间仅相差一个常数. 于是，有以下定理.

定理1 若 $F(x)$ 是 $f(x)$ 在区间 I 上的一个原函数，则 $F(x)+C$（C 为任意常数）是 $f(x)$ 的所有原函数，且其任意两个原函数之间仅相差一个常数.

在前面的讨论中，我们都假定 $f(x)$ 有原函数，那么函数 $f(x)$ 应该具备什么条件才能保证它有原函数呢？下面给出一个结论：

定理2 如果 $f(x)$ 在区间 I 上连续，则函数 $f(x)$ 在该区间上一定有原函数.

简单地说，连续函数必有原函数，由于初等函数在其定义

原函数的定义与区间是不可分的. 这是由于原函数的定义中的 $F'(x)=f(x)$ 是在某区间上成立的. 在实际问题中，通常说 $F(x)$ 是 $f(x)$ 的原函数，并不特别指明区间时应该理解为 $F(x)$ 与 $f(x)$ 有共同的定义区间.

域上都是连续函数，所以初等函数在定义区间上都有原函数. 但是有些初等函数的原函数很难求出，甚至不能表示为初等函数. 例如 e^{-x^2}，$\frac{1}{\ln x}$，$\frac{\sin x}{x}$，$\frac{\cos x}{x}$，$\sin x^2$，$\cos x^2$ 等都是不容易积分的函数，其原函数都不是初等函数.

下面，在原函数定义的基础上，给出不定积分的定义.

定义 2 $f(x)$ 的所有原函数 $F(x)+C$（C 为任意常数）叫做函数 $f(x)$ 的不定积分，记作

$$\int f(x)\mathrm{d}x = F(x)+C.$$

其中，"$\int$" 称为积分号，$f(x)$ 称为被积函数，$f(x)\mathrm{d}x$ 称为被积式，d 是微分符号，x 称为积分变量，任意常数 C 称为积分常数.

> 求积分，就是求导数的原函数，需要对导数公式倒背如流.

例 1 求 $\int x^3 \mathrm{d}x$.

解 因为 $\left(\frac{1}{4}x^4\right)'=x^3$，

所以 $\int x^3\mathrm{d}x=\frac{1}{4}x^4+C$.

例 2 求 $\int e^x\mathrm{d}x$.

解 因为 $(e^x)'=e^x$，

所以 $\int e^x\mathrm{d}x=e^x+C$.

例 3 设函数 $f(x)$ 定义在 $(0，+\infty)$ 上，且满足 $f'(\tan x)=\frac{1}{\sin 2x}$，$f(1)=0$，求 $f(x)$.

> 先通过变换 $t=\tan x$，通过换元，将 $f'(\tan x)$ 转换为 $f'(t)$ 再积分得到 $f(t)$.

解 $f'(\tan x)=\frac{1}{\sin 2x}=\frac{1}{2\sin x\cos x}$

$$=\frac{\sec^2 x}{2\tan x}=\frac{1+\tan^2 x}{2\tan x}.$$

令 $t=\tan x$，得 $f'(t)=\frac{1+t^2}{2t}$，

于是 $f(t)=\int f'(t)\mathrm{d}t=\int\frac{1+t^2}{2t}\mathrm{d}t=\frac{1}{2}\left(\frac{t^2}{2}+\ln t\right)+C$.

由 $f(1)=0$，得 $C=-\frac{1}{4}$，故

$$f(x)=\frac{x^2}{4}+\frac{1}{2}\ln x-\frac{1}{4}(x>0).$$

4.1.2 不定积分的几何意义

例 4 设曲线通过点 $(1，2)$，且其上任意一点处的切线斜

率等于这点的横坐标的 2 倍，求此曲线方程.

解　设所求曲线方程为 $y=f(x)$，由导数的几何意义，设曲线上任意一点处的切线斜率为

$$y'=2x,$$

所以 $y=\int 2x\mathrm{d}x=x^2+C$，又由所求曲线经过点 $(1,2)$，故 $2=1+C$，得 $C=1$，因此所求曲线方程为 $y=x^2+1$.

从几何上看，$y=x^2+C$ 的图象可由曲线 $y=x^2$ 的图象沿 y 轴上下平移 $|C|$ 个单位得到，所以 $y=x^2+C$ 表示一族抛物线，而 $y=x^2+1$ 则是这族曲线中通过点 $(1,2)$ 的那一条曲线（如图 $4-1$）.

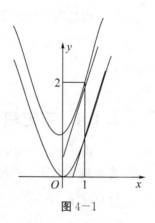

图 $4-1$

一般的，若 $F(x)$ 是 $f(x)$ 的一个原函数，则 $f(x)$ 的不定积分 $\int f(x)\mathrm{d}x=F(x)+C$ 在几何上就表示一族曲线，称为 $f(x)$ 的积分曲线族. 在这族曲线上，任意一点处切线的斜率都等于 $f(x)$，而且任意两条积分曲线沿 y 轴方向仅差一个积分常数 C，所以任意一条积分曲线都可以由另一条积分曲线沿 y 轴方向平移而得到，这就是不定积分的几何意义.

4.1.3　不定积分的性质

性质 1 可表述为：先积后微，形式不变；先微后积，差个常数.

性质 1　$\left[\int f(x)\mathrm{d}x\right]'=f(x)$，$\int f'(x)\mathrm{d}x=f(x)+C.$

由性质 1，可看出求导数与求不定积分互为逆运算，两者作用可以互相抵消.

性质 2 可表述为：两个函数代数和的不定积分等于这两个函数不定积分的代数和.

性质 2　$\int[f(x)+g(x)]\mathrm{d}x=\int f(x)\mathrm{d}x+\int g(x)\mathrm{d}x.$

证明　$\left[\int f(x)\mathrm{d}x+\int g(x)\mathrm{d}x\right]'=\left[\int f(x)\mathrm{d}x\right]'+\left[\int g(x)\mathrm{d}x\right]'$

$$=f(x)+g(x).$$

性质 2 可以推广到有限多个函数的情形，即

$$\int \left[f_1(x) + f_2(x) + \cdots + f_n(x) \right] dx$$

$$= \int f_1(x) dx + \int f_2(x) dx + \cdots + \int f_n(x) dx.$$

性质 3 $\int k f(x) dx = k \int f(x) dx \ (k \neq 0, \ k \ 为常数).$

性质 3 可表述为：
被积函数中不为零的常数因子可以提到积分号外面.

证明 因为 $\left[\int k f(x) dx \right]' = \left[k \int f(x) dx \right]'$

$$= k \left[\int f(x) dx \right]' = k f(x),$$

所以 $\int k f(x) dx = k \int f(x) dx \ (k \neq 0, \ k \ 为常数).$

由性质 2 和性质 3 得

$$\int \left[k_1 f_1(x) + k_2 f_2(x) + \cdots + k_n f_n(x) \right] dx$$

$$= k_1 \int f_1(x) dx + k_2 \int f_2(x) dx + \cdots + k_n \int f_n(x) dx.$$

4.1.4 不定积分的基本公式

注意：熟记导数公式后，再记积分公式.

由于不定积分是导数的逆运算，所以我们将导数表反过来就得到了积分公式表.

(1) $(C)' = 0$ $\qquad$ $\int 0 dx = C$

(2) $(ax)' = a (a \ 为常数)$ $\qquad$ $\int a dx = ax + C$

(3) $(x^\alpha)' = \alpha x^{\alpha-1}$ $\qquad$ $\int x^\alpha dx = \dfrac{x^{\alpha+1}}{\alpha+1} + C \ (\alpha \neq -1)$

(4) $(\ln|x|)' = \dfrac{1}{x}$ $\qquad$ $\int \dfrac{1}{x} dx = \ln|x| + C$

(5) $(e^x)' = e^x$ $\qquad$ $\int e^x dx = e^x + C$

(6) $(a^x)' = a^x \ln a$ $\qquad$ $\int a^x dx = \dfrac{a^x}{\ln a} + C$

(7) $(\sin x)' = \cos x$ $\qquad$ $\int \cos x dx = \sin x + C$

(8) $(\cos x)' = -\sin x$ $\qquad$ $\int \sin x dx = -\cos x + C$

(9) $(\sec x)' = \sec x \tan x$

$\qquad \int \sec x \tan x dx = \sec x + C$

(10) $(\csc x)' = -\csc x \cot x$

$\qquad \int \csc x \cot x dx = -\csc x + C$

(11) $\left(\tan x\right)' = \sec^2 x$

$$\int \sec^2 x \, \mathrm{d}x = \int \frac{1}{\cos^2 x} \mathrm{d}x = \tan x + C$$

(12) $\left(\cot x\right)' = -\csc^2 x$

$$\int \csc^2 x \, \mathrm{d}x = \int \frac{1}{\sin^2 x} \mathrm{d}x = -\cot x + C$$

(13) $\left(\arcsin x\right)' = \dfrac{1}{\sqrt{1-x^2}}$

$$\int \frac{1}{\sqrt{1-x^2}} \mathrm{d}x = \arcsin x + C = -\arccos x + C$$

(14) $\left(\arctan x\right)' = \dfrac{1}{1+x^2}$

$$\int \frac{1}{1+x^2} \mathrm{d}x = \arctan x + C = -\text{arccot} x + C$$

4.1.5　直接积分法

只需经过简单的恒等变形，直接运用不定积分的性质与基本积分公式来计算不定积分的方法叫做直接积分法. 直接积分法是常用而又最简单的一类积分方法.

注意：例 5 由积分性质 2 知，可以写成两个幂函数的积分.

例 5　求 $\int\left(\sqrt{x} - \dfrac{1}{x^2}\right)\mathrm{d}x$.

解　$\displaystyle\int\left(\sqrt{x} - \frac{1}{x^2}\right)\mathrm{d}x = \int x^{\frac{1}{2}} \mathrm{d}x - \int x^{-2} \mathrm{d}x$

$$= \frac{2}{3} x^{\frac{3}{2}} + \frac{1}{x} + C.$$

$(a-b)^3 = a^3 - 3a^2 b + 3ab^2 - b^3.$

例 6　求 $\int \dfrac{(x-1)^3}{x^2} \mathrm{d}x$.

解　$\displaystyle\int \frac{(x-1)^3}{x^2} \mathrm{d}x = \int \frac{x^3 - 3x^2 + 3x - 1}{x^2} \mathrm{d}x$

$$= \int x \, \mathrm{d}x - \int 3 \mathrm{d}x + 3\int \frac{1}{x} \mathrm{d}x - \int x^{-2} \mathrm{d}x$$

$$= \frac{1}{2} x^2 - 3x + 3\ln|x| + \frac{1}{x} + C.$$

例 7　求 $\int 2^x \mathrm{e}^x \mathrm{d}x$.

解　被积函数是两个指数函数的乘积，

$$\int 2^x \mathrm{e}^x \mathrm{d}x = \int (2\mathrm{e})^x \mathrm{d}x = \frac{(2\mathrm{e})^x}{\ln(2\mathrm{e})} + C = \frac{(2\mathrm{e})^x}{1 + \ln 2} + C.$$

被积函数是假分式时必须化成整式与真分式之和后，再分别积分.

例 8　求 $\int \dfrac{1+x+x^2}{x(1+x^2)} \mathrm{d}x$.

解　$\displaystyle\int \frac{1+x+x^2}{x(1+x^2)} \mathrm{d}x = \int \frac{1+x^2}{x(1+x^2)} \mathrm{d}x + \int \frac{x}{x(1+x^2)} \mathrm{d}x$

$$= \int \frac{1}{x} dx + \int \frac{1}{1+x^2} dx$$

$$= \ln |x| + \arctan x + C.$$

例 9 求 $\int \frac{x^4}{1+x^2} dx$.

解 $\int \frac{x^4}{1+x^2} dx = \int \frac{x^4 - 1 + 1}{1+x^2} dx$.

$$\int \frac{x^4 - 1}{1+x^2} dx + \int \frac{1}{1+x^2} dx = \int (x^2 - 1) dx + \int \frac{1}{1+x^2} dx$$

$$= \frac{x^3}{3} - x + \arctan x + C.$$

例 10 求 $\int \tan^2 x \, dx$.

解 该积分不能直接利用基本积分表完成, 所以做如下恒等变化:

$$\int \tan^2 x \, dx = \int (\sec^2 x - 1) dx = \tan x - x + C.$$

例 11 求 $\int \sin^2 \frac{x}{2} dx$.

解 $\int \sin^2 \frac{x}{2} dx = \int \frac{1 - \cos x}{2} dx = \frac{x}{2} - \frac{1}{2} \sin x + C.$

例 11 的积分不能直接利用基本积分表完成, 所以先降次.

例 12 求 $\int \frac{1}{\sin^2 x \cos^2 x} dx$.

解 注意到被积函数的分母中含有 $\sin^2 x$ 和 $\cos^2 x$. 此时利用平方关系 $\sin^2 x + \cos^2 x = 1$ 把 1 替换.

$$\int \frac{1}{\sin^2 x \cos^2 x} dx = \int \frac{\sin^2 x + \cos^2 x}{\sin^2 x \cos^2 x} dx = \int \frac{1}{\cos^2 x} dx + \int \frac{1}{\sin^2 x} dx$$

$$= \int \sec^2 x \, dx + \int \csc^2 x \, dx = \tan x - \cot x + C.$$

例 13 求 $\int (\sec x \tan x - \cos x + \frac{3}{\sqrt{1-x^2}}) dx$.

解 $\int (\sec x \tan x - \cos x + \frac{3}{\sqrt{1-x^2}}) dx$

$$= \int \sec x \tan x \, dx - \int \cos x \, dx + \int \frac{3}{\sqrt{1-x^2}} dx$$

$$= \sec x - \sin x + 3 \arcsin x + C.$$

注意:
(1) 在计算过程中要注意每一步的根据 (即用了哪些公式).
(2) 在计算熟练后, 做题的步骤可以适当精简.
(3) 不能把含积分变量的任何函数从积分号内拿到积分号外面来.

通过以上例子我们可以看到, 用 "直接积分法" 求不定积分时, 常要将被积函数作代数或三角的恒等变形, 拆成几个能用基本积分公式进行积分的函数和的形式, 然后进行积分, 这是今后常用的积分方法.

习题 4−1

1. 求下列不定积分.

(1) $\int \dfrac{\mathrm{d}x}{x^2}$;

(2) $\int x\sqrt{x}\,\mathrm{d}x$;

(3) $\int \dfrac{\mathrm{d}x}{\sqrt{x}}$;

(4) $\int x^2\sqrt[3]{x}\,\mathrm{d}x$;

(5) $\int \dfrac{\mathrm{d}x}{x^2\sqrt{x}}$;

(6) $\int \sqrt[m]{x^n}\,\mathrm{d}x$;

(7) $\int 5x^3\,\mathrm{d}x$;

(8) $\int (x^2-3x+2)\,\mathrm{d}x$;

(9) $\int \dfrac{\mathrm{d}h}{\sqrt{2gh}}$;

(10) $\int (x-2)^2\,\mathrm{d}x$;

(11) $\int (x^2+1)^2\,\mathrm{d}x$;

(12) $\int 3^x\mathrm{e}^x\,\mathrm{d}x$;

(13) $\int (\sqrt{x}+1)(\sqrt{x^3}-1)\,\mathrm{d}x$;

(14) $\int \dfrac{(1-x)^2}{\sqrt{x}}\,\mathrm{d}x$;

(15) $\int \dfrac{3x^4+3x^2+1}{x^2+1}\,\mathrm{d}x$;

(16) $\int \dfrac{x^2}{1+x^2}\,\mathrm{d}x$;

(17) $\int \left(2\mathrm{e}^x+\dfrac{3}{x}\right)\mathrm{d}x$;

(18) $\int \left(\dfrac{3}{1+x^2}-\dfrac{2}{\sqrt{1-x^2}}\right)\mathrm{d}x$;

(19) $\int \mathrm{e}^x\left(1-\dfrac{\mathrm{e}^{-x}}{\sqrt{x}}\right)\mathrm{d}x$;

(20) $\int \dfrac{2\cdot 3^x-5\cdot 2^x}{3^x}\,\mathrm{d}x$;

(21) $\int \cos^2\dfrac{x}{2}\,\mathrm{d}x$;

(22) $\int \sec x(\sec x-\tan x)\,\mathrm{d}x$;

(23) $\int \dfrac{1}{1+\cos 2x}\,\mathrm{d}x$;

(24) $\int \tan^2 x\,\mathrm{d}x$.

2. 证明 $\int\left[\dfrac{f(x)}{f'(x)}-\dfrac{f^2(x)f''(x)}{[f'(x)]^3}\right]\mathrm{d}x=\dfrac{1}{2}\left[\dfrac{f(x)}{f'(x)}\right]^2+C$.

3. 已知 $F(x)$ 在 $[-1,1]$ 上连续, 在 $(-1,1)$ 内 $F'(x)=\dfrac{1}{\sqrt{1-x^2}}$, 且 $F(1)=\dfrac{3}{2}\pi$, 求 $F(x)$.

§4.2　第一换元积分法

第一换元积分法的基本思想就是将被积函数写成一个复合函数和其中间变量的微分两部分,

　　利用基本积分公式表与积分的性质, 所能计算的不定积分是非常有限的. 因此, 有必要进一步来研究不定积分的其他求法. 本节把复合函数的微分法反过来用于求不定积分, 利用中

使凑出后的被积函数可以在积分公式表中找到.

间变量的代换，得到复合函数的积分法，称为**换元积分法**，简称换元法. 换元法通常分成两类，下面先讲第一换元积分法（也称为**凑微分法**）.

先来看一个例子.

例 1 计算 $\int \cos 2x \, dx$.

分析 由基本积分表的公式

$$\int \cos x \, dx = \sin x + C,$$

自然会想到 $\int \cos 2x \, dx = \sin 2x + C$ 是否成立，即 $\sin 2x$ 是否为 $\cos 2x$ 的原函数. 由复合函数的求导法可知

$$(\sin 2x)' = 2\cos 2x \neq \cos 2x,$$

可见 $\cos 2x$ 的原函数不是 $\sin 2x$，而是 $\frac{1}{2}\sin 2x$. 因此

$$\int \cos 2x \, dx = \frac{1}{2}\sin 2x + C.$$

为什么会出现这种错误呢？积分公式

$$\int \cos \underline{x} \, dx = \sin \underline{x} + C$$

中画线部分是相同的，而

$$\int \cos \underline{2x} \, dx \neq \sin \underline{2x} + C$$

中画线部分是不同的. 由于 $\cos 2x$ 是复合函数，中间变量 $u = 2x$，$du = 2dx$，因此如果把 $dx = \frac{1}{2}d(2x)$ 代入所求积分，则

$$\int \cos 2x \, dx = \frac{1}{2}\int \cos \underline{2x} \, d(\underline{2x}) = \frac{1}{2}\sin \underline{2x} + C.$$

例 1 使用的就是第一换元积分法. 下面给出一般性的结论.

定理 1 如果积分 $\int f(x) \, dx$ 可化为 $\int g[h(x)]h'(x) \, dx$ 的形式，且设 $g(u)$ 有原函数 $F(u)$，$u = h(x)$ 可导，即 $\int g(u) \, du = F(u) + C$，则有第一换元积分公式

$$\int f(x) \, dx = \int g[h(x)]h'(x) \, dx = \int g[h(x)] \, dh(x)$$
$$= \int g(u) \, du = F(u) + C = F[h(x)] + C.$$

在求不定积分时，首先要与已知的基本积分公式相对比，并利用简单的变量代换，把要求的

证明 由于 $F(u)$ 是 $g(u)$ 的原函数，而 $F[h(x)]$ 可以看成是 $F(u)$ 和可导函数 $u = h(x)$ 复合而成，由复合函数求导法则，得

$$\{F[h(x)] + C\}' = F'[h(x)]h'(x)$$

积分化成基本积分形式，求出以后，再把原来的变量代回. 因此第一换元积分可分作以下四步：

第一步：把要计算的不定积分对照基本积分公式表中的某一公式，将被积式 $f(x)\mathrm{d}x$ 整理成 $g[h(x)]h'(x)\mathrm{d}x$ $=g[h(x)]\mathrm{d}h(x)$ （凑微分）的形式.

第二步：作变量代换 $u=h(x)$，把以 x 为积分变量的积分转化为以 u 为积分变量的积分.

第三步：运用基本积分公式对其进行积分.

第四步：将 u 还原为原来的变量 x，即得所求的不定积分.

$$=g[h(x)]h'(x)=f(x).$$

所以 $f(x)$ 的一个原函数是 $F[h(x)]$，从而有

$$\int f(x)\mathrm{d}x=F[h(x)]+C.$$

第一换元积分法（凑微分法）的解题步骤：

$$\int f(x)\mathrm{d}x \xLeftrightarrow{\text{"凑"微分}} \int g[h(x)]h'(x)\mathrm{d}x$$

$$\xLeftrightarrow[\text{则 }\mathrm{d}u=h'(x)\mathrm{d}x]{\text{作代换：令 }u=h(x)} \int g(u)\mathrm{d}u=F(u)+C$$

$$\xLeftrightarrow{\text{还原：将 }u=h(x)\text{ 代入}} F[h(x)]+C.$$

例 2　求 $\displaystyle\int\frac{(\ln x)^4}{x}\mathrm{d}x$.

解　因为 $\dfrac{1}{x}\mathrm{d}x$ 可以凑成 $\mathrm{d}(\ln x)$，故

$$\int\frac{(\ln x)^4}{x}\mathrm{d}x=\int(\ln x)^4\left(\frac{1}{x}\mathrm{d}x\right)$$

$$=\int(\ln x)^4\cdot\mathrm{d}(\ln x)\xrightarrow{\text{令 }u=\ln x}\int u^4\mathrm{d}u=\frac{1}{5}u^5+C$$

$$\xrightarrow{\text{还原 }u=\ln x}\frac{1}{5}\ln^5 x+C.$$

例 3　求 $\displaystyle\int(5x+8)^3\mathrm{d}x$.

> **注意**：此题不宜用立方公式展开被积函数.

解　$\displaystyle\int(5x+8)^3\mathrm{d}x=\frac{1}{5}\int(5x+8)^3\mathrm{d}(5x+8)$

$$\xrightarrow{\text{令 }5x+8=u}\frac{1}{5}\int u^3\mathrm{d}u=\frac{1}{20}u^4+C$$

$$\xrightarrow{\text{回代 }u=5x+8}\frac{1}{20}(5x+8)^4+C.$$

例 4　求 $\displaystyle\int 5x^4\mathrm{e}^{x^5}\mathrm{d}x$.

> **注意**：例 4 被积函数中含有一个复合函数.

解　因为被积函数中含有复合函数 e^{x^5}，剩下的因子 $5x^4$ 恰好是中间变量 $u=x^5$ 的导数，于是有

$$\int 5x^4\mathrm{e}^{x^5}\mathrm{d}x=\int\mathrm{e}^{x^5}(5x^4\mathrm{d}x)\xrightarrow{\text{凑微分}}\int\mathrm{e}^{x^5}\mathrm{d}x^5\xrightarrow{\text{令 }u=x^5}\int\mathrm{e}^u\mathrm{d}u$$

$$=\mathrm{e}^u+C\xrightarrow{\text{还原}}\mathrm{e}^{x^5}+C.$$

例 5　求 $\displaystyle\int\frac{1}{x^2}\mathrm{e}^{\frac{1}{x}}\mathrm{d}x$.

解　$\displaystyle\int\frac{1}{x^2}\mathrm{e}^{\frac{1}{x}}\mathrm{d}x=-\int\mathrm{e}^{\frac{1}{x}}\left(-\frac{1}{x^2}\mathrm{d}x\right)\xrightarrow{\text{凑微分}}-\int\mathrm{e}^{\frac{1}{x}}\mathrm{d}\frac{1}{x}$

$$\xrightarrow{\text{令 }u=\frac{1}{x}}-\int\mathrm{e}^u\mathrm{d}u-\mathrm{e}^u+C\xrightarrow{\text{还原}}-\mathrm{e}^{\frac{1}{x}}+C.$$

由以上例子可知，第一换元积分法的实质是把被积函数式

凑成某个函数的微分，因此也叫"凑微分法"，熟悉以后可不再写出换元一步，当然随之也就省略了还原的步骤.

例如 $\int 5x^4 e^{x^5} dx = \int e^{x^5} dx^5 = e^{x^5} + C$,

$$\int \frac{1}{x^2} e^{\frac{1}{x}} dx = -\int e^{\frac{1}{x}} d\frac{1}{x} = -e^{\frac{1}{x}} + C,$$

$$\int \frac{(\ln x)^4}{x} dx = \int (\ln x)^4 d(\ln x) = \frac{1}{5} \ln^5 x + C,$$

$$\int \frac{1}{x+2} dx = \int \frac{1}{x+2} d(x+2) = \ln|x+2| + C.$$

如果我们善于分析利用凑微分法解决不定积分，那么可以总结出以下的一些方法：

(1) $\int f(ax+b)dx = \frac{1}{a}\int f(ax+b)d(ax+b)$;

(2) $\int x f(x^2)dx = \frac{1}{2}\int f(x^2)dx^2$;

(3) $\int f(\ln x)\frac{dx}{x} = \int f(\ln x)d(\ln x)$;

(4) $\int e^x f(e^x)dx = \int f(e^x)de^x$;

(5) $\int f(\sin x)\cos x\, dx = \int f(\sin x)d(\sin x)$;

(6) $\int f(\arcsin x)\frac{dx}{\sqrt{1-x^2}} = \int f(\arcsin x)d(\arcsin x)$;

(7) $\int \frac{f(\tan x)}{\cos^2 x}dx = \int f(\tan x)(\sec^2 x\, dx) = \int f(\tan x)d(\tan x)$.

例 6 求 $\int \frac{dx}{\sqrt{x}(1+x)}$.

解 $d(\sqrt{x}) = \frac{1}{2\sqrt{x}}dx$，从而 $\frac{1}{\sqrt{x}}dx = 2d(\sqrt{x})$,

于是有

$$\int \frac{dx}{\sqrt{x}(1+x)} = 2\int \frac{d(\sqrt{x})}{1+(\sqrt{x})^2} = 2\arctan\sqrt{x} + C.$$

例7 先降次，再积分.

例 7 求 $\int \sin^2 x\, dx$.

解 $\int \sin^2 x\, dx = \int \frac{1-\cos 2x}{2}dx = \int \frac{1}{2}dx - \frac{1}{4}\int \cos 2x\, d2x$

$$= \frac{1}{2}x - \frac{1}{4}\sin 2x + C.$$

例 8 求 $\int \sin^3 x\, dx$.

解 $\int \sin^3 x\, dx = \int \sin^2 x(\sin x\, dx)$

$$= -\int \sin^2 x \, \mathrm{d}\cos x$$

$$= \int (\cos^2 x - 1) \, \mathrm{d}\cos x$$

$$= \frac{1}{3} \cos^3 x - \cos x + C.$$

例 9　求 $\int \sin^4 x \, \mathrm{d}x$.

解　$\displaystyle \int \sin^4 x \, \mathrm{d}x = \int (\sin^2 x)^2 \, \mathrm{d}x = \int \left(\frac{1 - \cos 2x}{2} \right)^2 \mathrm{d}x$

$$= \frac{1}{4} \int (1 - 2\cos 2x + \cos^2 2x) \, \mathrm{d}x$$

$$= \frac{x}{4} - \frac{1}{4} \int \cos 2x \, \mathrm{d}2x + \frac{1}{4} \int \cos^2 2x \, \mathrm{d}x$$

$$= \frac{x}{4} - \frac{1}{4} \sin 2x + \frac{1}{4} \int \frac{1 + \cos 4x}{2} \, \mathrm{d}x$$

$$= \frac{3x}{8} - \frac{1}{4} \sin 2x + \frac{1}{8} \int \cos 4x \, \mathrm{d}x$$

$$= \frac{3x}{8} - \frac{1}{4} \sin 2x + \frac{1}{32} \sin 4x + C.$$

例 10　求 $\int \dfrac{\mathrm{d}x}{1 + \mathrm{e}^{-x}}$.

解　$\displaystyle \int \frac{\mathrm{d}x}{1 + \mathrm{e}^{-x}} = \int \frac{\mathrm{e}^x}{\mathrm{e}^x + 1} \, \mathrm{d}x = \int \frac{\mathrm{d}(\mathrm{e}^x + 1)}{\mathrm{e}^x + 1}$

$$= \ln(\mathrm{e}^x + 1) + C.$$

例 11　求 $\int \tan^3 x \, \sec^3 x \, \mathrm{d}x$.

解　**方法一**　$\displaystyle \int \tan^3 x \, \sec^3 x \, \mathrm{d}x = \int \tan^2 x \, \sec^2 x (\tan x \, \sec x \, \mathrm{d}x)$

$$= \int \tan^2 x \, \sec^2 x \, \mathrm{d}\sec x$$

$$= \int (\sec^2 x - 1) \, \sec^2 x \, \mathrm{d}\sec x$$

$$= \int (\sec^4 x - \sec^2 x) \, \mathrm{d}\sec x$$

$$= \frac{1}{5} \sec^5 x - \frac{1}{3} \sec^3 x + C.$$

方法二　$\displaystyle \int \tan^3 x \, \sec^3 x \, \mathrm{d}x = \int \frac{\sin^3 x}{\cos^6 x} \, \mathrm{d}x = -\int \frac{\sin^2 x}{\cos^6 x} \, \mathrm{d}\cos x$

$$= \int \frac{\cos^2 x - 1}{\cos^6 x} \, \mathrm{d}\cos x$$

$$= \int (\cos^{-4} x - \cos^{-6} x) \, \mathrm{d}\cos x$$

$$= -\frac{1}{3} \cos^{-3} x + \frac{1}{5} \cos^{-5} x + C.$$

$\sin\alpha\cos\beta=\dfrac{1}{2}\big[\sin(\alpha+\beta)+$
$\sin(\alpha-\beta)\big].$

例 12 求 $\displaystyle\int\sin5x\cos3x\,\mathrm{d}x.$

解 $\displaystyle\int\sin5x\cos3x\,\mathrm{d}x=\dfrac{1}{2}\int(\sin8x+\sin2x)\,\mathrm{d}x$

$$=\dfrac{1}{16}\int\sin8x\,\mathrm{d}8x+\dfrac{1}{4}\int\sin2x\,\mathrm{d}2x$$

$$=-\dfrac{1}{16}\cos8x-\dfrac{1}{4}\cos2x+C.$$

例 13 求 $\displaystyle\int\dfrac{\mathrm{d}x}{x^2-a^2}$ $(a\neq0).$

解 $\displaystyle\int\dfrac{\mathrm{d}x}{x^2-a^2}=\int\dfrac{1}{(x-a)(x+a)}\mathrm{d}x$

$$=\dfrac{1}{2a}\int\Big(\dfrac{1}{x-a}-\dfrac{1}{x+a}\Big)\mathrm{d}x$$

$$=\dfrac{1}{2a}(\ln|x-a|-\ln|x+a|)+C$$

$$=\dfrac{1}{2a}\ln\Big|\dfrac{x-a}{x+a}\Big|+C.$$

要学好三角函数积分方
法，需要熟练掌握三角
函数恒等变形法

例 14 求 $\displaystyle\int\csc x\,\mathrm{d}x.$

解 **方法一** $\displaystyle\int\csc x\,\mathrm{d}x=\int\dfrac{1}{\sin x}\mathrm{d}x=\int\dfrac{\mathrm{d}x}{2\sin\frac{x}{2}\cos\frac{x}{2}}$

$$=\int\dfrac{\mathrm{d}\frac{x}{2}}{\tan\frac{x}{2}\cos^2\frac{x}{2}}=\int\dfrac{\mathrm{d}\tan\frac{x}{2}}{\tan\frac{x}{2}}$$

$$=\ln\Big|\tan\dfrac{x}{2}\Big|+C.$$

方法二 $\displaystyle\int\csc x\,\mathrm{d}x=\int\dfrac{1}{\sin x}\mathrm{d}x=\int\dfrac{\mathrm{d}x}{2\sin\frac{x}{2}\cos\frac{x}{2}}$

$$=\int\dfrac{\Big(\sin^2\frac{x}{2}+\cos^2\frac{x}{2}\Big)\mathrm{d}\frac{x}{2}}{\sin\frac{x}{2}\cos\frac{x}{2}}$$

$$=\int\dfrac{\sin\frac{x}{2}\mathrm{d}\frac{x}{2}}{\cos\frac{x}{2}}+\int\dfrac{\cos\frac{x}{2}\mathrm{d}\frac{x}{2}}{\sin\frac{x}{2}}$$

$$=-\int\dfrac{\mathrm{d}\cos\frac{x}{2}}{\cos\frac{x}{2}}+\int\dfrac{\mathrm{d}\sin\frac{x}{2}}{\sin\frac{x}{2}}$$

$$=-\ln\Big|\cos\dfrac{x}{2}\Big|+\ln\Big|\sin\dfrac{x}{2}\Big|+C$$

$$= \ln \left| \tan \frac{x}{2} \right| + C.$$

方法三　$\displaystyle\int \csc x\, \mathrm{d}x = \int \frac{1}{\sin x}\mathrm{d}x = \int \frac{\sin x\, \mathrm{d}x}{\sin^2 x} = \int \frac{\mathrm{d}\cos x}{\cos^2 x - 1}$

$$= \int \frac{\mathrm{d}\cos x}{(\cos x + 1)(\cos x - 1)}$$

$$= \frac{1}{2} \int \left(\frac{1}{\cos x - 1} - \frac{1}{\cos x + 1} \right) \mathrm{d}\cos x$$

$$= \frac{1}{2} \left(\ln |\cos x - 1| - \ln |\cos x + 1| \right) + C$$

$$= \ln \sqrt{\frac{1 - \cos x}{1 + \cos x}} + C = \ln \left| \tan \frac{x}{2} \right| + C.$$

$\tan \dfrac{x}{2} = \pm \sqrt{\dfrac{1 - \cos x}{1 + \cos x}}.$

方法四　$\displaystyle\int \csc x\ \mathrm{d}x = \int \frac{\csc x\, (\csc x - \cot x)}{\csc x - \cot x}\mathrm{d}x$

$$= \int \frac{\mathrm{d}(\csc x - \cot x)}{\csc x - \cot x}$$

$$= \ln |\csc x - \cot x| + C.$$

例 15　求 $\displaystyle\int \sec x\, \mathrm{d}x.$

解　方法一　$\displaystyle\int \sec x\ \mathrm{d}x = \int \frac{\sec x\, (\sec x + \tan x)}{\sec x + \tan x}\mathrm{d}x.$

$$= \int \frac{\mathrm{d}(\sec x + \tan x)}{\sec x + \tan x}$$

$$= \ln |\sec x + \tan x| + C.$$

方法二　$\displaystyle\int \sec x\, \mathrm{d}x = \int \frac{\mathrm{d}x}{\cos x} = \int \frac{\mathrm{d}\left(x + \dfrac{\pi}{2} \right)}{\sin \left(x + \dfrac{\pi}{2} \right)}$

$$= \ln \left| \tan \frac{x + \dfrac{\pi}{2}}{2} \right| + C$$

$$= \ln \left| \tan \left(\frac{\pi}{4} + \frac{x}{2} \right) \right| + C.$$

方法三　$\displaystyle\int \sec x\, \mathrm{d}x = \int \frac{\mathrm{d}x}{\cos x} = \int \frac{\cos x\, \mathrm{d}x}{\cos^2 x} = \int \frac{\mathrm{d}\sin x}{1 - \sin^2 x}$

$$= \int \frac{\mathrm{d}\sin x}{(1 - \sin x)(1 + \sin x)}$$

$$= -\frac{1}{2} \int \left(\frac{1}{\sin x - 1} - \frac{1}{\sin x + 1} \right) \mathrm{d}\sin x$$

$$= -\frac{1}{2} \int \left[\frac{\mathrm{d}(\sin x - 1)}{\sin x - 1} - \frac{\mathrm{d}(\sin x + 1)}{\sin x + 1} \right]$$

$$= -\frac{1}{2} \ln |\sin x - 1| + \frac{1}{2} \ln |\sin x + 1| + C$$

$$= \frac{1}{2} \ln \frac{1 + \sin x}{1 - \sin x} + C = \ln \sqrt{\frac{1 + \sin x}{1 - \sin x}} + C.$$

习题 4-2

1. 在下列各式等号右端的空白处填入适当的系数，使等式成立.

(1) $\mathrm{d}x = \underline{\qquad} \mathrm{d}(ax)$;　　(2) $\mathrm{d}x = \underline{\qquad} \mathrm{d}(7x-3)$;

(3) $x\,\mathrm{d}x = \underline{\qquad} \mathrm{d}(x^2)$;　　(4) $x\,\mathrm{d}x = \underline{\qquad} \mathrm{d}(5x^2)$;

(5) $x\,\mathrm{d}x = \underline{\qquad} \mathrm{d}(1-x^2)$;　　(6) $x^3\,\mathrm{d}x = \underline{\qquad} \mathrm{d}(3x^4-2)$;

(7) $\mathrm{e}^{2x}\,\mathrm{d}x = \underline{\qquad} \mathrm{d}(\mathrm{e}^{2x})$;　　(8) $\mathrm{e}^{-\frac{x}{2}}\,\mathrm{d}x = \underline{\qquad} \mathrm{d}(1+\mathrm{e}^{-\frac{x}{2}})$;

(9) $\sin\frac{3}{2}x\,\mathrm{d}x = \underline{\qquad} \mathrm{d}\left(\cos\frac{3}{2}x\right)$;　　(10) $\dfrac{\mathrm{d}x}{x} = \underline{\qquad} \mathrm{d}(5\ln|x|)$;

(11) $\dfrac{\mathrm{d}x}{x} = \underline{\qquad} \mathrm{d}(3-5\ln|x|)$;　　(12) $\dfrac{\mathrm{d}x}{1+9x^2} = \underline{\qquad} \mathrm{d}(\arctan 3x)$;

(13) $\dfrac{\mathrm{d}x}{\sqrt{1-x^2}} = \underline{\qquad} \mathrm{d}(1-\arcsin x)$;　　(14) $\dfrac{x\,\mathrm{d}x}{\sqrt{1-x^2}} = \underline{\qquad} \mathrm{d}(\sqrt{1-x^2})$.

2. 求下列不定积分.

(1) $\displaystyle\int \mathrm{e}^{5t}\,\mathrm{d}t$;　　(2) $\displaystyle\int (3-2x)^3\,\mathrm{d}x$;　　(3) $\displaystyle\int \frac{\mathrm{d}x}{1-2x}$;

(4) $\displaystyle\int \frac{\mathrm{d}x}{\sqrt[3]{2-3x}}$;　　(5) $\displaystyle\int (\sin ax - \mathrm{e}^{\frac{x}{b}})\,\mathrm{d}x$;　　(6) $\displaystyle\int \frac{\sin\sqrt{t}}{\sqrt{t}}\,\mathrm{d}t$;

(7) $\displaystyle\int \tan^{10}x\,\sec^2 x\,\mathrm{d}x$;　　(8) $\displaystyle\int \frac{\mathrm{d}x}{x\cdot\ln x\cdot\ln(\ln x)}$;　　(9) $\displaystyle\int \frac{\mathrm{d}x}{\sin x\cos x}$;

(10) $\displaystyle\int \frac{\mathrm{d}x}{\mathrm{e}^x+\mathrm{e}^{-x}}$;　　(11) $\displaystyle\int x\mathrm{e}^{-x^2}\,\mathrm{d}x$;　　(12) $\displaystyle\int x\cos(x^2)\,\mathrm{d}x$;

(13) $\displaystyle\int \frac{x\,\mathrm{d}x}{\sqrt{2-3x^2}}$;　　(14) $\displaystyle\int \frac{3x^3}{1-x^4}\,\mathrm{d}x$;　　(15) $\displaystyle\int \frac{\sin x}{\cos^3 x}\,\mathrm{d}x$;

(16) $\displaystyle\int \frac{x^3}{9+x^2}\,\mathrm{d}x$;　　(17) $\displaystyle\int \frac{\sin x+\cos x}{\sqrt[3]{\sin x-\cos x}}\,\mathrm{d}x$;　　(18) $\displaystyle\int \frac{1-x}{\sqrt{9-4x}}\,\mathrm{d}x$;

(19) $\displaystyle\int \frac{\mathrm{d}x}{(x-2)(x+1)}$;　　(20) $\displaystyle\int \cos^3 x\,\mathrm{d}x$;　　(21) $\displaystyle\int \cos^2(at+b)\,\mathrm{d}t$;

(22) $\displaystyle\int \sin 2x\cos 3x\,\mathrm{d}x$;　　(23) $\displaystyle\int \tan^3 x\sec x\,\mathrm{d}x$;　　(24) $\displaystyle\int \frac{10^{2\arccos x}}{\sqrt{1-x^2}}\,\mathrm{d}x$.

§4.3　第二换元积分法

前面讲到的"凑微分法"实际上是一种简单的换元积分法，是把积分 $\displaystyle\int f(x)\,\mathrm{d}x$ 凑成如下的形式：

$$\int f(x)\,\mathrm{d}x = \int g[h(x)]h'(x)\,\mathrm{d}x = \int g[h(x)]\,\mathrm{d}[h(x)],$$

然后作出代换 $u = h(x)$，把要求的积分 $\int f(x)\mathrm{d}x$ 化成在基本

积分公式中能够找到的积分 $\int g(u)\mathrm{d}u$. 但是有些积分并不能很

容易地凑出微分，而是一开始就要作代换，把要求的积分化简，

然后再求出积分. 这两种方法的基本思想是一致的，只是具体

步骤上有所不同. 下面我们就来介绍第二换元积分法.

第二换元积分法：如果在积分 $\int f(x)\mathrm{d}x$ 中，设 $x = g(t)$ 是

单调可微函数，且 $g'(t) \neq 0$，又 $\int f[g(t)]g'(t)\mathrm{d}t = F(t) + C$，

则 $\int f(x)\mathrm{d}x = F[g^{-1}(x)] + C$.

证明 由已知条件 $g'(t) \neq 0$ 知 $t = g^{-1}(x)$ 且 $[g^{-1}(x)]' = $

$\dfrac{1}{g'(t)}$ 存在，

于是 $\{F[g^{-1}(x)]\}' = \dfrac{\mathrm{d}F}{\mathrm{d}x} = \dfrac{\mathrm{d}F}{\mathrm{d}t} \cdot \dfrac{\mathrm{d}t}{\mathrm{d}x} = \dfrac{\mathrm{d}F}{\mathrm{d}t} \cdot \dfrac{1}{\dfrac{\mathrm{d}x}{\mathrm{d}t}}$

$$= f[g(t)]\ g'(t) \cdot \dfrac{1}{g'(t)}$$

$$= f[g(t)] = f(x),$$

所以，$F[g^{-1}(x)]$ 是 $f(x)$ 的一个原函数，从而有

$$\int f(x)\mathrm{d}x = F[g^{-1}(x)] + C.$$

> 该积分不包含在基本积分表中，且不适合凑微分，为了消除根号，需要引入新的变量.

例 1 求 $\int \dfrac{1}{1 + \sqrt{x}}\mathrm{d}x$.

解 设 $\sqrt{x} = t$，则 $x = t^2$，$\mathrm{d}x = \mathrm{d}t^2 = 2t\,\mathrm{d}t$，

$\int \dfrac{1}{1 + \sqrt{x}}\mathrm{d}x = \int \dfrac{1}{1 + t} \cdot 2t\,\mathrm{d}t = 2\int\left(1 - \dfrac{1}{1 + t}\right)\mathrm{d}t$

$\qquad\qquad = 2t - 2\ln|1 + t| + C$

$\qquad\qquad \xlongequal{t = \sqrt{x}} 2\sqrt{x} - 2\ln(1 + \sqrt{x}) + C.$

> 被积函数含 $\sqrt{a^2 - x^2}$，由公式 $\sin^2 x + \cos^2 x = 1$ 知，若作变换 $x = a\sin t$ 则可以消去根号.

例 2 求 $\int \sqrt{a^2 - x^2}\,\mathrm{d}x (a > 0)$.

解 设 $x = a\sin t$，$t \in \left[-\dfrac{\pi}{2}, \dfrac{\pi}{2}\right] \Rightarrow \mathrm{d}x = a\cos t\,\mathrm{d}t$，$\sqrt{a^2 - x^2} = a\cos t$，

$\int \sqrt{a^2 - x^2}\,\mathrm{d}x = \int a\cos t \cdot a\cos t\,\mathrm{d}t = a^2\int \cos^2 t\,\mathrm{d}t$

$\qquad\qquad = \dfrac{a^2}{2}\int(1 + \cos 2t)\mathrm{d}t = \dfrac{a^2}{2}t + \dfrac{a^2}{4}\sin 2t + C.$

由 $x = a\sin t$ 得 $\sin t = \dfrac{x}{a}$，则 $t = \arcsin\dfrac{x}{a}$，

而 $\sin 2t = 2\sin t\cos t = 2\cdot\dfrac{x}{a}\sqrt{1-\left(\dfrac{x}{a}\right)^2} = \dfrac{2x}{a^2}\sqrt{a^2-x^2}$，

所以

$$\int \sqrt{a^2-x^2}\,\mathrm{d}x = \dfrac{a^2}{2}\left(\arcsin\dfrac{x}{a}+\dfrac{x}{a^2}\sqrt{a^2-x^2}\right)+C$$

$$= \dfrac{a^2}{2}\arcsin\dfrac{x}{a}+\dfrac{x}{2}\sqrt{a^2-x^2}+C.$$

被积函数含 $\sqrt{a^2+x^2}$，令 $x = a\tan t$，则利用 $1+\tan^2 t = \sec^2 t$ 消去被积函数里的根号.

例3 求 $\displaystyle\int \dfrac{\mathrm{d}x}{\sqrt{x^2+a^2}}$.

解 设 $x = a\tan t$，$t\in\left(-\dfrac{\pi}{2},\ \dfrac{\pi}{2}\right)$，则 $\mathrm{d}x = a\sec^2 t\,\mathrm{d}t$，

且 $\sqrt{x^2+a^2} = a\sec t$，

$$\int \dfrac{\mathrm{d}x}{\sqrt{x^2+a^2}} = \int \dfrac{a\sec^2 t}{a\sec t}\mathrm{d}t = \int\sec t\,\mathrm{d}t = \int\dfrac{\sec t(\sec t+\tan t)}{\sec t+\tan t}\mathrm{d}t$$

$$= \int\dfrac{\mathrm{d}(\sec t+\tan t)}{\sec t+\tan t} = \ln|\sec t+\tan t|+C_1$$

$$= \ln(\tan t+\sqrt{1+\tan^2 t})+C_1$$

$$\xrightarrow[\tan t=\frac{x}{a}]{x=a\tan t} \ln\left[\dfrac{x}{a}+\sqrt{1+\left(\dfrac{x}{a}\right)^2}\right]+C_1$$

$$= \ln\dfrac{x+\sqrt{x^2+a^2}}{a}+C_1$$

$$= \ln(x+\sqrt{x^2+a^2})+C\ (\text{其中 } C=C_1-\ln a,\ \text{仍}$$

为常数).

被积函数含 $\sqrt{ax+b}$，则令 $\sqrt{ax+b}=t$.

例4 求 $\displaystyle\int \dfrac{x+1}{\sqrt[3]{3x+1}}\mathrm{d}x$.

解 设 $\sqrt[3]{3x+1}=t$，则 $3x+1=t^3$，即 $x=\dfrac{1}{3}(t^3-1)$，

$\mathrm{d}x = t^2\mathrm{d}t$，

$$\int \dfrac{x+1}{\sqrt[3]{3x+1}}\mathrm{d}x = \int\dfrac{\frac{1}{3}(t^3-1)+1}{t}t^2\mathrm{d}t = \dfrac{1}{3}\int(t^4+2t)\mathrm{d}t$$

$$= \dfrac{1}{15}t^5+\dfrac{1}{3}t^2+C$$

$$= \dfrac{1}{15}(3x+1)^{\frac{5}{3}}+\dfrac{1}{3}(3x+1)^{\frac{2}{3}}+C.$$

例5 求 $\displaystyle\int \dfrac{\mathrm{d}x}{\sqrt{x^2+4x+5}}$.

解 $\displaystyle\int \dfrac{\mathrm{d}x}{\sqrt{x^2+4x+5}} = \int\dfrac{\mathrm{d}x}{\sqrt{(x+2)^2+1}}$

$$\xrightarrow[\mathrm{d}x=\sec^2 t\,\mathrm{d}t]{\text{令 } x+2=\tan t,\,t\in\left(-\frac{\pi}{2},\frac{\pi}{2}\right)}\int \sec t\,\mathrm{d}t$$

$$=\ln|\sec t+\tan t|+C$$

$$=\ln(\tan t+\sqrt{1+\tan^2 t})+C_1$$

$$\xrightarrow{x+2=\tan t}\ln\left[x+2+\sqrt{1+(x+2)^2}\right]+C$$

$$=\ln\left[(x+2)+\sqrt{x^2+4x+5}\right]+C.$$

例6 被积函数含 $\sqrt{x^2-a^2}$，令 $x=a\sec t$，则可以利用 $\sec^2 t-1=\tan^2 t$ 消去被积函数里的根号。

例 6　求 $\displaystyle\int\frac{\mathrm{d}x}{\sqrt{x^2-a^2}}(a>0)$.

解　设 $x=a\sec t$，$t\in\left[0,\ \dfrac{\pi}{2}\right)\cup\left[\pi,\ \dfrac{3\pi}{2}\right)$，

则 $\mathrm{d}x=a\sec t\tan t\,\mathrm{d}t$，$\sqrt{x^2-a^2}=a\tan t$.

由 $x=a\sec t$ 得

$$\sec t=\frac{x}{a},\quad \tan t=\sqrt{\sec^2 t-1}=\sqrt{\left(\frac{x}{a}\right)^2-1}=\frac{\sqrt{x^2-a^2}}{a},$$

$$\int\frac{\mathrm{d}x}{\sqrt{x^2-a^2}}=\int\frac{a\sec t\tan t\,\mathrm{d}t}{a\tan t}=\int\sec t\,\mathrm{d}t$$

$$=\ln|\sec t+\tan t|+C_1$$

$$=\ln\left|\frac{x}{a}+\frac{\sqrt{x^2-a^2}}{a}\right|+C_1$$

$$=\ln\left|x+\sqrt{x^2-a^2}\right|+C\ (\text{其中 } C=C_1-\ln a).$$

在本节的例题中，有几个积分是以后经常会遇到的，所以它们通常也被当作公式使用. 这样，常用的积分公式，除了基本积分公式表中的公式之外，再添加下面几个（其中常数 $a\neq 0$）.

(15) $\displaystyle\int\tan x\,\mathrm{d}x=-\ln|\cos x|+C$；

(16) $\displaystyle\int\cot x\,\mathrm{d}x=\ln|\sin x|+C$；

(17) $\displaystyle\int\sec x\,\mathrm{d}x=\ln|\sec x+\tan x|+C$；

(18) $\displaystyle\int\csc x\,\mathrm{d}x=\ln|\csc x-\cot x|+C$；

(19) $\displaystyle\int\frac{\mathrm{d}x}{a^2+x^2}=\frac{1}{a}\arctan\frac{x}{a}+C$；

(20) $\displaystyle\int\frac{\mathrm{d}x}{x^2-a^2}=\frac{1}{2a}\ln\left|\frac{x-a}{x+a}\right|+C$；

(21) $\displaystyle\int\frac{\mathrm{d}x}{\sqrt{a^2-x^2}}=\arcsin\frac{x}{a}+C$；

$(22)\displaystyle\int\frac{\mathrm{d}x}{\sqrt{x^2+a^2}}=\ln(x+\sqrt{x^2+a^2})+C$；

$(23)\displaystyle\int\frac{\mathrm{d}x}{\sqrt{x^2-a^2}}=\ln\left|x+\sqrt{x^2-a^2}\right|+C.$

例 7 求 $\displaystyle\int\frac{\mathrm{d}x}{x^2+2x+3}$.

解
$$\int\frac{\mathrm{d}x}{x^2+2x+3}=\int\frac{\mathrm{d}x}{(x^2+2x+1)+2}$$
$$=\int\frac{\mathrm{d}x}{(x+1)^2+2}$$
$$=\frac{1}{2}\int\frac{\mathrm{d}x}{1+\left(\frac{x+1}{\sqrt{2}}\right)^2}$$
$$=\frac{1}{\sqrt{2}}\int\frac{\mathrm{d}\left(\frac{x+1}{\sqrt{2}}\right)}{1+\left(\frac{x+1}{\sqrt{2}}\right)^2}$$
$$=\frac{1}{\sqrt{2}}\arctan\frac{x+1}{\sqrt{2}}+C.$$

例 8 利用公式（22）便得.

例 8 求 $\displaystyle\int\frac{\mathrm{d}x}{\sqrt{4x^2+9}}$.

解
$$\int\frac{\mathrm{d}x}{\sqrt{4x^2+9}}=\int\frac{\mathrm{d}x}{\sqrt{(2x)^2+3^2}}=\frac{1}{2}\int\frac{\mathrm{d}(2x)}{\sqrt{(2x)^2+3^2}}$$
$$=\frac{1}{2}\ln(2x+\sqrt{4x^2+9})+C.$$

例 9 利用公式（21）便得.

例 9 求 $\displaystyle\int\frac{\mathrm{d}x}{\sqrt{1+x-x^2}}$.

解
$$\int\frac{\mathrm{d}x}{\sqrt{1+x-x^2}}=\int\frac{\mathrm{d}\left(x-\frac{1}{2}\right)}{\sqrt{\left(\frac{\sqrt{5}}{2}\right)^2-\left(x-\frac{1}{2}\right)^2}}$$
$$=\arcsin\frac{2x-1}{\sqrt{5}}+C.$$

使用第二换元积分可求出一些无理函数的不定积分，方法是将被积无理函数化为有理函数后积分. 如当被积函数：

（1）含 $\sqrt{ax+b}$ 时，可令 $t=\sqrt{ax+b}$；

（2）含 $\sqrt{a^2-x^2}$ 时，可令 $x=a\sin t$，$t\in\left[-\dfrac{\pi}{2},\ \dfrac{\pi}{2}\right]$；

（3）含 $\sqrt{a^2+x^2}$ 时，可令 $x=a\tan t$，$t\in\left(-\dfrac{\pi}{2},\ \dfrac{\pi}{2}\right)$；

$$（4）\text{含 } \sqrt{x^2-a^2} \text{ 时，可令 } x=a\sec t,\ t\in\left[0,\ \frac{\pi}{2}\right)\cup \left[\pi,\ \frac{3\pi}{2}\right).$$

习题 4−3

1. 求下列不定积分.

（1）$\displaystyle\int \frac{x^2\,\mathrm{d}x}{\sqrt{a^2-x^2}}$；

（2）$\displaystyle\int \frac{\mathrm{d}x}{x\sqrt{x^2-1}}$；

（3）$\displaystyle\int \frac{\mathrm{d}x}{\sqrt{(x^2+1)^3}}$；

（4）$\displaystyle\int \frac{\sqrt{x^2-9}}{x}\mathrm{d}x$；

（5）$\displaystyle\int \frac{\mathrm{d}x}{1+\sqrt{2x}}$；

（6）$\displaystyle\int \frac{\mathrm{d}x}{1+\sqrt{1-x^2}}$；

（7）$\displaystyle\int \frac{\mathrm{d}x}{x+\sqrt{1-x^2}}$.

§4.4　分部积分法

分部积分法在选择 u 和 $\mathrm{d}u$ 时有下述规律：

（1）当被积函数是幂函数和正（余）弦函数或幂函数和指数函数的乘积时，可考虑幂函数作为 u；

（2）当被积函数是幂函数和对数函数或幂函数和反三角函数的乘积时，可考虑对数函数或反三角函数作为 u；

（3）当被积函数是指数函数和正（余）弦函数的乘积时，那么两者均可作为 u.

由于被积函数的复杂性，许多不定积分的计算仅使用前面三种积分方法是解决不了的，如 $\displaystyle\int \ln x\,\mathrm{d}x$，$\displaystyle\int x\cos x\,\mathrm{d}x$，$\displaystyle\int x^2 \mathrm{e}^x\,\mathrm{d}x$ 就是如此，这就要求我们去寻找新的解题途径. 下面我们将推出另一种常用的求不定积分的方法——**分部积分法**.

两个函数乘积的微分公式：$\mathrm{d}(uv)=u\,\mathrm{d}v+v\,\mathrm{d}u$，则

$$u\,\mathrm{d}v=\mathrm{d}(uv)-v\,\mathrm{d}u,$$

于是上式两边求不定积分有：

$$\int u\,\mathrm{d}v=\int \mathrm{d}(uv)-\int v\,\mathrm{d}u=uv-\int v\,\mathrm{d}u. \tag{1}$$

公式(1)称为**分部积分公式**.

这个公式表明：

如果求 $\displaystyle\int u\,\mathrm{d}v$ 有困难，而求 $\displaystyle\int v\,\mathrm{d}u$ 较容易时，就可以利用分部积分公式，将求 $\displaystyle\int u\,\mathrm{d}v$ 转化为求 $\displaystyle\int v\,\mathrm{d}u$. 用"分部积分公式"求不定积分的方法叫**分部积分法**.

例 1　求 $\displaystyle\int \ln x\,\mathrm{d}x$.

解 令 $u = \ln x$，$v = x$，则

$$\int \ln x \, \mathrm{d}x = \int u \, \mathrm{d}v = uv - \int v \, \mathrm{d}u = x \ln x - \int x \, \mathrm{d}\ln x$$

$$= x \ln x - \int x \cdot \frac{1}{x} \, \mathrm{d}x = x \ln x - \int \mathrm{d}x$$

$$= x \ln x - x + C.$$

思考：在例 2 中，如果设 $u = \sin x$，$\mathrm{d}v = x \mathrm{d}x = \mathrm{d}\left(\frac{x^2}{2}\right)$，情况将会怎么样？

例 2 求 $\int x \sin x \, \mathrm{d}x$.

解 应用分部积分解题时，首先将被积表达式 $x \sin x \, \mathrm{d}x$ 分成 u 和 $\mathrm{d}v$ 两部分，具体 u 和 $\mathrm{d}v$ 如何来选择，这是解决分部积分法的关键.

$$\int x \sin x \, \mathrm{d}x = \int x \, \mathrm{d}(-\cos x), \ 令 \ x = u, \ -\cos x = v, \ 则$$

$$\int x \sin x \, \mathrm{d}x = \int u \, \mathrm{d}v = uv - \int v \, \mathrm{d}u = -x \cos x - \int (-\cos x) \, \mathrm{d}x$$

$$= -x \cos x + \int \cos x \, \mathrm{d}x = -x \cos x + \sin x + C.$$

初学者在作分部积分时，可以像上面两个例题那样，把 u，v 分别写出来，然后分别代入分部积分公式，这样可以避免出错. 在比较熟练以后，就可以把这些步骤省去.

例 3 求 $\int x \mathrm{e}^x \, \mathrm{d}x$.

解 $\int x \mathrm{e}^x \, \mathrm{d}x = \int x \, \mathrm{d}\mathrm{e}^x = x \mathrm{e}^x - \int \mathrm{e}^x \, \mathrm{d}x = x \mathrm{e}^x - \mathrm{e}^x + C.$

请读者注意，如果 u，v 选择不当，则往往越积越复杂，求不出结果. 例如，例 3 若解作：

$$\int x \mathrm{e}^x \, \mathrm{d}x = \frac{1}{2} \int \mathrm{e}^x \, \mathrm{d}x^2 = \frac{1}{2} x^2 \mathrm{e}^x \quad \frac{1}{2} \int x^2 \, \mathrm{d}\mathrm{e}^x$$

$$= \frac{1}{2} x^2 \mathrm{e}^x - \frac{1}{2} \int x^2 \mathrm{e}^x \, \mathrm{d}x.$$

这时上式右端第二项的积分比原来的积分还复杂，所以 u，v 选择要恰当.

例 4 求 $\int x \ln x \, \mathrm{d}x$.

解

$$\int x \ln x \, \mathrm{d}x = \frac{1}{2} \int \ln x \, \mathrm{d}x^2 = \frac{1}{2} \left(x^2 \ln x - \int x^2 \, \mathrm{d}\ln x \right)$$

$$= \frac{1}{2} \left(x^2 \ln x - \int x \, \mathrm{d}x \right) = \frac{1}{2} x^2 \ln x - \frac{1}{4} x^2 + C.$$

例 5 求 $\int \arctan x \, \mathrm{d}x$.

解 $\int \arctan x \, \mathrm{d}x = x \arctan x - \int x \, \mathrm{d}\arctan x$

$$= x\arctan x - \int \frac{x}{1+x^2}\mathrm{d}x$$

$$= x\arctan x - \frac{1}{2}\int \frac{1}{1+x^2}\mathrm{d}(1+x^2)$$

$$= x\arctan x - \frac{1}{2}\ln(1+x^2) + C.$$

例 6、例 7 表明：应用几次分部积分法后，常常会重新出现原来要求的那个积分，从而成为所求积分的一个方程式. 解出这个方程（把原来要求的那个积分作为未知量），就得到所要求的积分.

例 6 求 $\int \mathrm{e}^x \cos x\,\mathrm{d}x$.

解 $\displaystyle \int \mathrm{e}^x \cos x\,\mathrm{d}x = \int \cos x\,\mathrm{d}\mathrm{e}^x = \mathrm{e}^x \cos x - \int \mathrm{e}^x \,\mathrm{d}\cos x$

$$= \mathrm{e}^x \cos x + \int \mathrm{e}^x \sin x\,\mathrm{d}x$$

$$= \mathrm{e}^x \cos x + \int \sin x\,\mathrm{d}\mathrm{e}^x$$

$$= \mathrm{e}^x \cos x + \mathrm{e}^x \sin x - \int \mathrm{e}^x \,\mathrm{d}\sin x$$

$$= \mathrm{e}^x(\cos x + \sin x) - \int \mathrm{e}^x \cos x\,\mathrm{d}x,$$

$$2\int \mathrm{e}^x \cos x\,\mathrm{d}x = \mathrm{e}^x(\cos x + \sin x) + C_1,$$

所以 $\displaystyle \int \mathrm{e}^x \cos x\,\mathrm{d}x = \frac{1}{2}\mathrm{e}^x(\cos x + \sin x) + C.$

例 7 求 $\int \sec^3 x\,\mathrm{d}x$.

解 $\displaystyle \int \sec^3 x\,\mathrm{d}x = \int \sec x\,\mathrm{d}\tan x$

$$= \sec x\tan x - \int \tan x\,\mathrm{d}\sec x$$

$$= \sec x\tan x - \int \tan^2 x\sec x\,\mathrm{d}x$$

$$= \sec x\tan x - \int (\sec^2 x - 1)\sec x\,\mathrm{d}x$$

$$= \sec x\tan x - \int \sec^3 x\,\mathrm{d}x + \int \sec x\,\mathrm{d}x$$

$$= \sec x\tan x + \ln|\sec x + \tan x| - \int \sec^3 x\,\mathrm{d}x,$$

$$2\int \sec^3 x\,\mathrm{d}x = \sec x\tan x + \ln|\sec x + \tan x| + C_1,$$

所以 $\displaystyle \int \sec^3 x\,\mathrm{d}x = \frac{1}{2}(\sec x\tan x + \ln|\sec x + \tan x|) + C.$

例 8 求 $\int \mathrm{e}^{\sqrt{x}}\,\mathrm{d}x$.

解 设 $\sqrt{x} = t$，则 $x = t^2$，$\mathrm{d}x = 2t\,\mathrm{d}t$，

于是 $\displaystyle \int \mathrm{e}^{\sqrt{x}}\,\mathrm{d}x = 2\int t\,\mathrm{e}^t\,\mathrm{d}t = 2\int t\,\mathrm{d}\mathrm{e}^t$

$$= 2\left(t\,\mathrm{e}^t - \int \mathrm{e}^t\,\mathrm{d}t\right) = 2\mathrm{e}^t\,(t-1) + C$$

$$= 2\mathrm{e}^{\sqrt{x}}\,(\sqrt{x}-1) + C.$$

例 9 求 $\displaystyle\int \mathrm{e}^{ax}\cos bx\,\mathrm{d}x$ 与 $\displaystyle\int \mathrm{e}^{ax}\sin bx\,\mathrm{d}x$.

解 方法一

$$\int \mathrm{e}^{ax}\cos bx\,\mathrm{d}x = \frac{1}{a}\int \cos bx\,\mathrm{d}\mathrm{e}^{ax}$$

$$= \frac{1}{a}\mathrm{e}^{ax}\cos bx - \frac{1}{a}\int \mathrm{e}^{ax}\,\mathrm{d}\cos bx$$

$$= \frac{1}{a}\mathrm{e}^{ax}\cos bx + \frac{b}{a}\int \mathrm{e}^{ax}\sin bx\,\mathrm{d}x. \qquad (1)$$

$$\int \mathrm{e}^{ax}\sin bx\,\mathrm{d}x = \frac{1}{a}\int \sin bx\,\mathrm{d}\mathrm{e}^{ax}$$

$$= \frac{1}{a}\mathrm{e}^{ax}\sin bx - \frac{1}{a}\int \mathrm{e}^{ax}\,\mathrm{d}\sin bx$$

$$= \frac{1}{a}\mathrm{e}^{ax}\sin bx - \frac{b}{a}\int \mathrm{e}^{ax}\cos bx\,\mathrm{d}x. \qquad (2)$$

这样一来，两个积分中的每一个积分都能用另一个积分来表达，则联立(1)(2)两个式子得：

$$\int \mathrm{e}^{ax}\cos bx\,\mathrm{d}x = \frac{(b\sin bx + a\cos bx)\mathrm{e}^{ax}}{a^2+b^2} + C,$$

$$\int \mathrm{e}^{ax}\sin bx\,\mathrm{d}x = \frac{(a\sin bx - b\cos bx)\mathrm{e}^{ax}}{a^2+b^2} + C.$$

方法二

$$\int \mathrm{e}^{ax}\cos bx\,\mathrm{d}x = \frac{1}{a}\int \cos bx\,\mathrm{d}\mathrm{e}^{ax}$$

$$= \frac{1}{a}\mathrm{e}^{ax}\cos bx - \frac{1}{a}\int \mathrm{e}^{ax}\,\mathrm{d}\cos bx$$

$$= \frac{1}{a}\mathrm{e}^{ax}\cos bx + \frac{b}{a}\int \mathrm{e}^{ax}\sin bx\,\mathrm{d}x$$

$$= \frac{1}{a}\mathrm{e}^{ax}\cos bx + \frac{b}{a^2}\int \sin bx\,\mathrm{d}\mathrm{e}^{ax}$$

$$= \frac{1}{a}\mathrm{e}^{ax}\cos bx + \frac{b}{a^2}\mathrm{e}^{ax}\sin bx - \frac{b}{a^2}\int \mathrm{e}^{ax}\,\mathrm{d}\sin bx$$

$$= \frac{1}{a}\mathrm{e}^{ax}\cos bx + \frac{b}{a^2}\mathrm{e}^{ax}\sin bx - \frac{b^2}{a^2}\int \mathrm{e}^{ax}\cos bx\,\mathrm{d}x,$$

$$\left(1+\frac{b^2}{a^2}\right)\int \mathrm{e}^{ax}\cos bx\,\mathrm{d}x = \frac{1}{a^2}\mathrm{e}^{ax}(b\sin bx + a\cos bx) + C,$$

所以 $\displaystyle\int \mathrm{e}^{ax}\cos bx\,\mathrm{d}x = \frac{(b\sin bx + a\cos bx)\mathrm{e}^{ax}}{a^2+b^2} + C.$

$$\int \mathrm{e}^{ax}\sin bx\,\mathrm{d}x = \frac{1}{a}\int \sin bx\,\mathrm{d}\mathrm{e}^{ax} = \frac{1}{a}\mathrm{e}^{ax}\sin bx - \frac{1}{a}\int \mathrm{e}^{ax}\,\mathrm{d}\sin bx$$

$$= \frac{1}{a}\mathrm{e}^{ax}\sin bx - \frac{b}{a}\int \mathrm{e}^{ax}\cos bx\,\mathrm{d}x = \frac{1}{a}\mathrm{e}^{ax}\sin bx - \frac{b}{a^2}\int \cos bx\,\mathrm{d}\mathrm{e}^{ax}$$

$$= \frac{1}{a}\mathrm{e}^{ax}\sin bx - \frac{b}{a^2}\mathrm{e}^{ax}\cos bx + \frac{b}{a^2}\int \mathrm{e}^{ax}\,\mathrm{d}\cos bx$$

$$= \frac{1}{a}\mathrm{e}^{ax}\sin bx - \frac{b}{a^2}\int \cos bx\,\mathrm{d}\mathrm{e}^{ax}$$

$$= \frac{1}{a}\mathrm{e}^{ax}\sin bx - \frac{b}{a^2}\mathrm{e}^{ax}\cos bx - \frac{b^2}{a^2}\int \mathrm{e}^{ax}\sin bx\,\mathrm{d}x,$$

所以 $\int \mathrm{e}^{ax}\sin bx\,\mathrm{d}x = \dfrac{(a\sin bx - b\cos bx)\mathrm{e}^{ax}}{a^2 + b^2} + C.$

总的来说，属以下类型的不定积分，常可利用分部积分法求得：

(1) $\int x^k \ln^m x\,\mathrm{d}x$；　　　　　　(2) $\int x^k \sin bx\,\mathrm{d}x$；

(3) $\int x^k \cos bx\,\mathrm{d}x$；　　　　　　(4) $\int x^k \mathrm{e}^{ax}\,\mathrm{d}x$；

(5) $\int P(x)\mathrm{e}^{ax}\,\mathrm{d}x$；　　　　　　(6) $\int P(\sin x)\mathrm{e}^{ax}\,\mathrm{d}x$；

(7) $\int P(x)\ln x\,\mathrm{d}x$；　　　　　　(8) $\int P(x)\sin mx\,\mathrm{d}x$；

(9) $\int P(x)\cos mx\,\mathrm{d}x.$

其中 k，m 是正整数，a，b 是常数，$P(x)$ 是多项式.

另外读者应该注意：分部积分法的要点是用分部积分公式将不易求出的积分 $\int u\,\mathrm{d}v$ 转化为较易求出的积分 $\int v\,\mathrm{d}u$. 特点是把被积式分成 u 和 v 两部分后再按公式计算，积分变量没有变化，当被积函数含有指数函数、对数函数、三角函数、反三角函数与幂函数 x 的乘积时，常用分部积分法进行积分.

至此我们给出了一些求不定积分的方法，这些方法必须通过大量的练习才能熟练. 不定积分和导数不一样，对于给定的一个初等函数，我们总能求得它的导数，但求不定积分就不那么简单，它并无一般的规律步骤可循，有些不定积分甚至不能用初等函数来表示，最简单的如：$\int \mathrm{e}^{-x^2}\,\mathrm{d}x$，$\int \dfrac{\mathrm{d}x}{\ln x}$，$\int \dfrac{\sin x}{x}\,\mathrm{d}x$ 等积分不能用初等函数来表示它们的原函数.

习题 4—4

1. 计算下列不定积分.

(1) $\int x\mathrm{e}^{-x}\,\mathrm{d}x$；　　　　　　　　(2) $\int x^2 \ln x\,\mathrm{d}x$；

(3) $\int e^{-x}\cos x\,dx$；

(4) $\int e^{-2x}\sin\dfrac{x}{2}\,dx$；

(5) $\int x\cos\dfrac{x}{2}\,dx$；

(6) $\int x^2\arctan x\,dx$；

(7) $\int x\tan^2 x\,dx$；

(8) $\int x^2\cos x\,dx$；

(9) $\int x e^{-2x}\,dx$；

(10) $\int\ln^2 x\,dx$；

(11) $\int x\sin x\cos x\,dx$；

(12) $\int x^2\cos^2\dfrac{x}{2}\,dx$；

(13) $\int x\ln(x-1)\,dx$；

(14) $\int(x^2-1)\sin 2x\,dx$；

(15) $\int\cos(\ln x)\,dx$.

§4.5 有理函数的不定积分

为了求得有理函数的不定积分，需要对有理函数进行分解，从而求得不定积分. 下面给出有理函数分解的方法.

(1) 将假分式化为一个多项式和一个真分式的和.

例 1 将下列有理函数分解成多项式和真分式之和.

① $\dfrac{x^3+3}{x^2-5x+6}$；　　　　② $\dfrac{x^3+x^2+x+2}{x^2+1}$.

解 用"凑分母"的方法分解有理函数.

$$① \frac{x^3+3}{x^2-5x+6}=\frac{x^3-5x^2+6x+5x^2-6x+3}{x^2-5x+6}$$

$$=x+\frac{5(x^2-5x+6)+19x-27}{x^2-5x+6}$$

$$=x+5+\frac{19x-27}{x^2-5x+6}.$$

$$② \frac{x^3+x^2+x+2}{x^2+1}=\frac{(x^3+x)+(x^2+1)+1}{x^2+1}$$

$$=(x+1)+\frac{1}{x^2+1}.$$

(2) 将真分式化为部分分式的代数和.

部分分式是指分母只含有一次因式或二次质因式的正整数次幂，即分母只含有因式 $(x-a)^k$ 或 $(x^2+px+q)^l$（其中，k，l 均为正整数；a，p，q 均为实数，$p^2-4q<0$）的真分式.

4.5.1　有理函数的不定积分

求有理函数的不定积分，首先要将假分式化为多项式和真分式之和（若有理函数为真分式，省略此步骤）. 其次将真分式化为部分分式的代数和. 最后求解多项式和部分分式的不定积分，进而求得有理函数的不定积分.

例 2　计算 $\int \dfrac{x+3}{x^2-5x+6}\mathrm{d}x$.

解　$\dfrac{x+3}{x^2-5x+6}=\dfrac{-5}{x-2}+\dfrac{6}{x-3}$,

$$\int \dfrac{x+3}{x^2-5x+6}\mathrm{d}x = \int\left(\dfrac{-5}{x-2}+\dfrac{6}{x-3}\right)\mathrm{d}x$$
$$=-5\ln|x-2|+6\ln|x-3|+C.$$

例 3　计算 $\int \dfrac{x^3+x^2+x+2}{x^2+1}\mathrm{d}x$.

解　$\dfrac{x^3+x^2+x+2}{x^2+1}=(x+1)+\dfrac{1}{x^2+1}$,

$$\int \dfrac{x^3+x^2+x+2}{x^2+1}\mathrm{d}x = \int(x+1)+\dfrac{1}{x^2+1}\mathrm{d}x$$
$$=\int(x+1)\mathrm{d}x+\int\dfrac{1}{x^2+1}\mathrm{d}x$$
$$=\dfrac{1}{2}x^2+x+\arctan x+C.$$

被积函数的分母已经写成乘积的形式且不能再分解，所以直接裂项成部分和再积分即可.

例 4　计算 $\int \dfrac{1}{(1+2x)(x^2+1)}\mathrm{d}x$.

解　$\dfrac{1}{(1+2x)(x^2+1)}=\dfrac{\frac{4}{5}}{1+2x}+\dfrac{-\frac{2}{5}x+\frac{1}{5}}{x^2+1}$,

$$\int \dfrac{1}{(1+2x)(x^2+1)}\mathrm{d}x$$
$$=\int\left(\dfrac{\frac{4}{5}}{1+2x}+\dfrac{-\frac{2}{5}x+\frac{1}{5}}{x^2+1}\right)\mathrm{d}x$$
$$=\dfrac{2}{5}\int\dfrac{2}{1+2x}\mathrm{d}x-\dfrac{1}{5}\int\dfrac{2x}{x^2+1}\mathrm{d}x+\dfrac{1}{5}\int\dfrac{1}{x^2+1}\mathrm{d}x$$
$$=\dfrac{2}{5}\int\dfrac{1}{1+2x}\mathrm{d}(1+2x)-\dfrac{1}{5}\int\dfrac{1}{x^2+1}\mathrm{d}(x^2+1)+\dfrac{1}{5}\int\dfrac{1}{x^2+1}\mathrm{d}x$$
$$=\dfrac{2}{5}\ln|1+2x|-\dfrac{1}{5}\ln(x^2+1)+\dfrac{1}{5}\arctan x+C.$$

例 5　计算 $\int \dfrac{x-2}{x^2+2x+3}\mathrm{d}x$.

$\mathrm{d}(x^2+2x+3)=(2x+2)\mathrm{d}x.$

解　$\int \dfrac{x-2}{x^2+2x+3}\mathrm{d}x = \int \dfrac{\frac{1}{2}(2x+2)-3}{x^2+2x+3}\mathrm{d}x$

$$= \frac{1}{2} \int \frac{2x+2}{x^2+2x+3} dx - 3 \int \frac{1}{x^2+2x+3} dx$$

$$= \frac{1}{2} \int \frac{1}{x^2+2x+3} d(x^2+2x+3) - 3 \int \frac{1}{(x+1)^2+(\sqrt{2})^2} d(x+1)$$

$$= \frac{1}{2} \ln(x^2+2x+3) - \frac{3}{\sqrt{2}} \arctan \frac{x+1}{\sqrt{2}} + C.$$

4.5.2 可化为有理函数的不定积分

有些不定积分，虽然被积函数不是有理函数，但通过适当的变量代换可以化为有理函数，从而运用有理函数不定积分的求解方法求得积分，下面举例说明.

例 6 计算 $\int \frac{\sqrt{x-1}}{x} dx$.

解 令 $u = \sqrt{x-1}$，则 $x = u^2+1$，$dx = 2u du$，从而

$$\int \frac{\sqrt{x-1}}{x} dx = \int \frac{2u^2}{u^2+1} du = 2 \int (1 - \frac{1}{u^2+1}) du$$

$$= 2(u - \arctan u) + C$$

$$= 2(\sqrt{x-1} - \arctan \sqrt{x-1}) + C.$$

如果被积函数是 $\sin x$，$\cos x$ 与常数经过有限次四则运算所构成的函数，则可作变换 $u = \tan \frac{x}{2}$ 将被积函数化为关于变量 u 的有理函数. 此时

$$\sin x = \frac{2\tan \frac{x}{2}}{1+\tan^2 \frac{x}{2}} = \frac{2u}{1+u^2}, \quad \cos x = \frac{1-\tan^2 \frac{x}{2}}{1+\tan^2 \frac{x}{2}} = \frac{1-u^2}{1+u^2},$$

且由 $x = 2\arctan u$，得 $dx = \frac{2}{1+u^2} du$，通过求解关于 u 的有理函数的不定积分，从而求得原不定积分.

例 7 计算 $\int \frac{1}{\sin x + \cos x} dx$.

解 令 $u = \tan \frac{x}{2}$，$x = 2\arctan u$，

则 $\sin x = \frac{2u}{1+u^2}$，$\cos x = \frac{1-u^2}{1+u^2}$，$dx = \frac{2}{1+u^2} du$，

从而有

$$\int \frac{1}{\sin x + \cos x} dx = \int \frac{2}{1+2u-u^2} du = 2 \int \frac{1}{2-(u-1)^2} du$$

$$= -2 \int \frac{1}{(u-1)^2-2} d(u-1)$$

$$= -\frac{\sqrt{2}}{2}\ln\left|\frac{u-1-\sqrt{2}}{u-1+\sqrt{2}}\right| + C$$

$$= \frac{\sqrt{2}}{2}\ln\left|\frac{u-1+\sqrt{2}}{u-1-\sqrt{2}}\right| + C$$

$$= \frac{\sqrt{2}}{2}\ln\left|\frac{\tan\frac{x}{2}-1+\sqrt{2}}{\tan\frac{x}{2}-1-\sqrt{2}}\right| + C.$$

注意：

（1）例 8 方法一为拆项法，方法二、方法三为三角恒等变形法，方法四为万能代换法.

（2）利用万能代换总可以将三角函数有理式的积分化为有理函数的积分. 但对具体问题，万能代换不一定是最好的方法，需根据被积函数的特点，灵活选择解法.

例 8 计算 $\int\frac{1+\sin x}{1+\cos x}dx$.

解 方法一
$$\int\frac{1+\sin x}{1+\cos x}dx = \int\frac{1}{1+\cos x}dx + \int\frac{\sin x}{1+\cos x}dx$$

$$= \frac{1}{2}\int\frac{1}{\cos^2\frac{x}{2}}dx + \int\frac{1}{1+\cos x}d(1+\cos x)$$

$$= \tan\frac{x}{2} - \ln|1+\cos x| + C.$$

方法二
$$\int\frac{1+\sin x}{1+\cos x}dx = \int\frac{1+2\sin\frac{x}{2}\cos\frac{x}{2}}{2\cos^2\frac{x}{2}}dx$$

$$= \int\frac{1}{\cos^2\frac{x}{2}}d\frac{x}{2} + \int\tan\frac{x}{2}dx$$

$$= \tan\frac{x}{2} - 2\ln\left|\cos\frac{x}{2}\right| + C.$$

方法三
$$\int\frac{1+\sin x}{1+\cos x}dx = \int\frac{1}{\sin^2 x}(1+\sin x-\cos x+\sin x\cos x)dx$$

$$= \int(\csc^2 x + \csc x)dx - \int\frac{d\sin x}{\sin^2 x} - \int\frac{d\sin x}{\sin x}$$

$$= -\cot x + \ln|\csc x - \cot x| + \csc x - \ln|\sin x| + C.$$

方法四 令 $u = \tan\frac{x}{2}$，则

$$\int\frac{1+\sin x}{1+\cos x}dx = \int\frac{1+\frac{2u}{1+u^2}}{1+\frac{1-u^2}{1+u^2}} \cdot \frac{2}{1+u^2}du$$

$$= \int\frac{u^2+2u+1}{1+u^2}du = \int(1+\frac{2u}{1+u^2})du$$

$$= u + \ln|1+u^2| + C$$

$$= \tan\frac{x}{2} - 2\ln\left|\cos\frac{x}{2}\right| + C.$$

习题 4－5

1. 求下列不定积分.

(1) $\int \dfrac{2}{x^2+x+1}\mathrm{d}x$;   (2) $\int \dfrac{2x+3}{x^2+x+1}\mathrm{d}x$;   (3) $\int \dfrac{4}{x^3+4x}\mathrm{d}x$;

(4) $\int \dfrac{x^3+x^2+2}{(x^2+2)^2}\mathrm{d}x$;   (5) $\int \dfrac{x+1}{x^2-2x+5}\mathrm{d}x$;   (6) $\int \dfrac{x^2+1}{(x+1)^2(x-1)}\mathrm{d}x$.

2. 求下列有理函数的不定积分.

(1) $\int \dfrac{2x^5+6x^3+1}{x^4+3x^2}\mathrm{d}x$;   (2) $\int \dfrac{x^2}{(x^2+2x+2)^2}\mathrm{d}x$;   (3) $\int \dfrac{\mathrm{d}x}{x(1+x^9)}$;

(4) $\int \dfrac{\mathrm{d}x}{x^8(x^2+1)}$;   (5) $\int \dfrac{x^2\,\mathrm{d}x}{(1+x)^{100}}$.

3. 求下列三角函数有理式的不定积分.

(1) $\int \dfrac{1}{1+\sin x+\cos x}\mathrm{d}x$;   (2) $\int \dfrac{1}{3+\sin^2 x}\mathrm{d}x$;   (3) $\int \dfrac{\sin x\cos x\,\mathrm{d}x}{1+\sin^4 x}$;

(4) $\int \dfrac{\mathrm{d}x}{\sin x(\cos x+2)}$;   (5) $\int \dfrac{11\sin x-3\cos x}{\sin x-3\cos x}\mathrm{d}x$.

§4.6 习题选解

习题 4－1 选解

1. (1) $-\dfrac{1}{x}+C$; (2) $\dfrac{2}{5}x^{\frac{5}{2}}+C$; (3) $2\sqrt{x}+C$; (4) $\dfrac{3}{10}x^{\frac{10}{3}}+C$; (5) $-\dfrac{2}{3}x^{-\frac{3}{2}}+C$;

(6) $\dfrac{m}{m+n}x^{\frac{m+n}{m}}+C$; (7) $\dfrac{5}{4}x^4+C$; (8) $\dfrac{1}{3}x^3-\dfrac{3}{2}x^2+2x+C$; (9) $\sqrt{\dfrac{2h}{g}}+C$;

(10) $\dfrac{1}{3}(x-2)^3+C$; (11) $\dfrac{1}{5}x^5+\dfrac{2}{3}x^3+x+C$; (12) $\dfrac{1}{\ln(3\mathrm{e})}(3\mathrm{e})^x+C$;

(13) $\dfrac{x^3}{3}+\dfrac{2}{5}x^{\frac{5}{2}}-\dfrac{2}{3}x^{\frac{3}{2}}-x+C$; (14) $\dfrac{2}{5}x^{\frac{5}{2}}-\dfrac{4}{3}x^{\frac{3}{2}}+\dfrac{1}{2}x^{\frac{1}{2}}+C$;

(15) $x^3+\arctan x+C$; (16) $x-\arctan x+C$; (17) $2\mathrm{e}^x+3\ln|x|+C$;

(18) $3\arctan x-2\arcsin x+C$; (19) $\mathrm{e}^x-2x^{\frac{1}{2}}+C$; (20) $2x-\dfrac{5}{\ln\frac{2}{3}}\left(\dfrac{2}{3}\right)^x+C$;

(21) $\dfrac{1}{2}x+\dfrac{1}{2}\sin x+C$; (22) $\tan x-\sec x+C$; (23) $\dfrac{1}{2}\tan x+C$;

(24) $\tan x-x+C$.

2. **证明** 因为

$$\left(\dfrac{1}{2}\left[\dfrac{f(x)}{f'(x)}\right]^2+C\right)' = \dfrac{1}{2}\times 2\,\dfrac{f(x)}{f'(x)}\left[\dfrac{f(x)}{f'(x)}\right]'$$

$$= \frac{f(x)}{f'(x)} \frac{[f'(x)]^2 - f(x)f''(x)}{[f'(x)]^2} = \frac{f(x)}{f'(x)} - \frac{f^2(x)f''(x)}{[f'(x)]^3},$$

所以

$$\int \left[\frac{f(x)}{f'(x)} - \frac{f^2(x)f''(x)}{[f'(x)]^3} \right] \mathrm{d}x = \frac{1}{2} \left[\frac{f(x)}{f'(x)} \right]^2 + C.$$

3. **解** 因为 $F(x)$ 在 $[-1, 1]$ 上连续, 在 $(-1, 1)$ 内 $F'(x) = \frac{1}{\sqrt{1-x^2}}$,

所以 $F(x) = \int F'(x) \mathrm{d}x = \int \frac{1}{\sqrt{1-x^2}} \mathrm{d}x = \arcsin x + C.$

又因为 $F(1) = \frac{3}{2}\pi$, 所以 $\arcsin 1 + C = \frac{3}{2}\pi$.

而 $\arcsin 1 = \frac{\pi}{2}$, 得 $C = \pi$, 所以 $F(x) = \arcsin x + \pi$.

习题 4-2 选解

1. (1) $\frac{1}{a}$; (2) $\frac{1}{7}$; (3) $\frac{1}{2}$; (4) $\frac{1}{10}$; (5) $-\frac{1}{2}$; (6) $\frac{1}{12}$; (7) $\frac{1}{2}$; (8) -2;

(9) $-\frac{2}{3}$; (10) $\frac{1}{5}$; (11) $-\frac{1}{5}$; (12) $\frac{1}{3}$; (13) -1; (14) -1.

2. (1) $\int \mathrm{e}^{5t} \mathrm{d}t = \frac{1}{5} \int \mathrm{e}^{5t} \mathrm{d}5t = \frac{1}{5} \mathrm{e}^{5t} + C;$

(2) $\int (3 - 2x)^3 \mathrm{d}x = -\frac{1}{2} \int (3 - 2x)^3 \mathrm{d}(3 - 2x) = -\frac{1}{8} (3 - 2x)^4 + C;$

(3) $\int \frac{\mathrm{d}x}{1 - 2x} = -\frac{1}{2} \int \frac{1}{1 - 2x} \mathrm{d}(1 - 2x) = -\frac{1}{2} \ln|1 - 2x| + C;$

(4) $\int \frac{\mathrm{d}x}{\sqrt[3]{2 - 3x}} = -\frac{1}{3} \int (2 - 3x)^{-\frac{1}{3}} \mathrm{d}(2 - 3x) = -\frac{1}{2} (2 - 3x)^{\frac{2}{3}} + C;$

(5) $\int (\sin ax - \mathrm{e}^{\frac{x}{b}}) \mathrm{d}x = \frac{1}{a} \int \sin ax \, \mathrm{d}ax - b \int \mathrm{e}^{\frac{x}{b}} \mathrm{d}\left(\frac{x}{b}\right) = -\frac{1}{a} \cos bx - b\mathrm{e}^{\frac{x}{b}} + C;$

(6) $\int \frac{\sin\sqrt{t}}{\sqrt{t}} \mathrm{d}t = 2 \int \sin\sqrt{t} \, \mathrm{d}\sqrt{t} = -2\cos\sqrt{t} + C;$

(7) $\int \tan^{10} x \sec^2 x \mathrm{d}x = \int \tan^{10} x \, \mathrm{d}\tan x = \frac{1}{11} \tan^{11} x + C;$

(8) $\int \frac{\mathrm{d}x}{x \cdot \ln x \cdot \ln(\ln x)} = \int \frac{\mathrm{d}\ln x}{\ln x \cdot \ln(\ln x)} = \int \frac{\mathrm{d}[\ln(\ln x)]}{\ln(\ln x)} = \ln|\ln(\ln x)| + C;$

(9) $\int \frac{\mathrm{d}x}{\sin x \cos x} = \int \frac{\mathrm{d}x}{\tan x \cos^2 x} = \int \frac{\sec^2 x \mathrm{d}x}{\tan x} = \int \frac{\mathrm{d}(\tan x)}{\tan x} = \ln|\tan x| + C;$

(10) $\int \frac{\mathrm{d}x}{\mathrm{e}^x + \mathrm{e}^{-x}} = \int \frac{\mathrm{e}^x \mathrm{d}x}{1 + \mathrm{e}^{2x}} = \int \frac{\mathrm{d}(\mathrm{e}^x)}{1 + \mathrm{e}^{2x}} = \arctan \mathrm{e}^x + C;$

(11) $\int x \mathrm{e}^{-x^2} \mathrm{d}x = -\frac{1}{2} \int \mathrm{e}^{-x^2} \mathrm{d}(-x^2) = -\frac{1}{2} \mathrm{e}^{-x^2} + C;$

(12) $\int x \cos(x^2) \mathrm{d}x = \frac{1}{2} \int \cos(x^2) \mathrm{d}(x^2) = \frac{1}{2} \sin x^2 + C;$

(13) $\displaystyle\int \frac{x\,\mathrm{d}x}{\sqrt{2-3x^2}} = -\frac{1}{6}\int (2-3x^2)^{-\frac{1}{2}}\,\mathrm{d}(2-3x^2) = -\frac{1}{3}\sqrt{2-3x^2}+C;$

(14) $\displaystyle\int \frac{3x^3}{1-x^4}\,\mathrm{d}x = -\frac{3}{4}\int \frac{1}{1-x^4}\,\mathrm{d}(1-x^4) = -\frac{3}{4}\ln|1-x^4|+C;$

(15) $\displaystyle\int \frac{\sin x}{\cos^3 x}\,\mathrm{d}x = -\int \frac{\mathrm{d}\cos x}{\cos^3 x} = \frac{1}{2}\cos^{-2}x+C;$

(16) $\displaystyle\int \frac{x^3}{9+x^2}\,\mathrm{d}x = \int \frac{9x+x^3-9x}{9+x^2}\,\mathrm{d}x = \int\left(x-\frac{9x}{9+x^2}\right)\mathrm{d}x = \frac{1}{2}x^2 - \frac{9}{2}\int \frac{\mathrm{d}(x^2+9)}{x^2+9};$

$$= \frac{1}{2}x^2 - \frac{9}{2}\ln(x^2+9)+C;$$

(17) $\displaystyle\int \frac{\sin x+\cos x}{\sqrt[3]{\sin x-\cos x}}\,\mathrm{d}x = \int (\sin x-\cos x)^{-\frac{1}{3}}\,\mathrm{d}(\sin x-\cos x)$

$$= \frac{3}{2}(\sin x-\cos x)^{\frac{2}{3}}+C;$$

(18) $\displaystyle\int \frac{1-x}{\sqrt{9-4x^2}}\,\mathrm{d}x = \int \frac{1}{\sqrt{9-4x^2}}\,\mathrm{d}x - \int \frac{x}{\sqrt{9-4x^2}}\,\mathrm{d}x$

$$= \frac{1}{2}\int \frac{\mathrm{d}\left(\frac{2x}{3}\right)}{\sqrt{1-\left(\frac{2x}{3}\right)^2}} + \frac{1}{8}\int \frac{\mathrm{d}(9-4x^2)}{\sqrt{9-4x^2}} = \frac{1}{2}\arcsin\frac{2x}{3} + \frac{\sqrt{9-4x^2}}{4}+C;$$

(19) $\displaystyle\int \frac{\mathrm{d}x}{(x-2)(x+1)} = \frac{1}{3}\int\left(\frac{1}{x-2}-\frac{1}{x+1}\right)\mathrm{d}x = \frac{1}{3}\ln\left|\frac{x-2}{x+1}\right|+C;$

(20) $\displaystyle\int \cos^3 x\,\mathrm{d}x = \int (1-\sin^2 x)\,\mathrm{d}\sin x = \sin x - \frac{1}{3}\sin^3 x+C;$

(21) $\displaystyle\int \cos^2(at+b)\,\mathrm{d}t = \int \frac{1+\cos 2(at+b)}{2}\,\mathrm{d}t = \frac{1}{2}t + \frac{1}{4a}\int \cos 2(at+b)\,\mathrm{d}[2(at+b)]$

$$= \frac{1}{2}t + \frac{1}{4a}\sin 2(at+b)+C;$$

(22) $\displaystyle\int \sin 2x\cos 3x\,\mathrm{d}x = \int \frac{1}{2}(\sin 5x-\sin x)\,\mathrm{d}x = \frac{1}{2}\cos x - \frac{1}{10}\cos 5x+C;$

(23) $\displaystyle\int \tan^3 x\sec x\,\mathrm{d}x = \int \tan^2 x\,\mathrm{d}\sec x = \int (\sec^2 x-1)\,\mathrm{d}\sec x = \frac{1}{3}\sec^3 x - \sec x+C;$

(24) $\displaystyle\int \frac{10^{2\arccos x}}{\sqrt{1-x^2}}\,\mathrm{d}x = -\frac{1}{2}\int 10^{2\arccos x}\,\mathrm{d}(2\arccos x) = -\frac{1}{2\ln 10}10^{2\arccos x}+C.$

习题 4－3 选解

1. (1) $\dfrac{a^2}{2}\arcsin\dfrac{x}{a} - \dfrac{x}{2}\sqrt{a^2-x^2}+C;$ 　　　　(2) $\arccos\dfrac{1}{x}+C;$

   (3) $\dfrac{x}{\sqrt{x^2+1}}+C;$ 　　　　(4) $\sqrt{x^2-9}-3\arccos\dfrac{3}{x}+C;$

   (5) $2\sqrt{x}-\ln|1+\sqrt{2}x|+C;$ 　　　　(6) $\arcsin x - \dfrac{1-x}{\sqrt{1-x^2}}+C;$

(7) $\dfrac{1}{2}\arcsin x+\dfrac{1}{2}\ln\left| x+\sqrt{1-x^2}\right|+C.$

习题 4－4 选解

1.　(1) $-\mathrm{e}^{-x}(x+1)+C$；　　　　　　　　(2) $\dfrac{1}{3}x^3\ln x-\dfrac{1}{9}x^3+C$；

(3) $\dfrac{\mathrm{e}^{-x}}{2}(\sin x-\cos x)+C$；　　　　(4) $-\dfrac{2}{17}\mathrm{e}^{-2x}\left(4\sin\dfrac{x}{2}+\cos\dfrac{x}{2}\right)+C$；

(5) $2x\sin\dfrac{x}{2}+4\cos\dfrac{x}{2}+C$；　　　　(6) $\dfrac{1}{3}x^3\arctan x+\dfrac{1}{6}x^2-\dfrac{1}{6}\ln(1+x^2)+C$；

(7) $x\tan x+\ln\left|\cos x\right|-\dfrac{1}{2}x^2+C$；　(8) $x^2\sin x+2x\cos x-2\sin x+C$；

(9) $-\dfrac{1}{4}\mathrm{e}^{-2x}(2x+1)+C$；　　　　(10) $x\ln^2 x-2x\ln x+2x+C$；

(11) $-\dfrac{1}{4}x\cos 2x+\dfrac{1}{8}\sin 2x+C$；　　(12) $\dfrac{1}{6}x^3+\dfrac{1}{2}x^2\sin x+x\cos x-\sin x+C$；

(13) $\dfrac{1}{2}x^2\ln(x-1)-\dfrac{1}{4}(x+1)^2-\dfrac{1}{2}\ln(x-1)+C$；

(14) $-\dfrac{1}{2}\left(x^2-\dfrac{3}{2}\right)\cos 2x+\dfrac{1}{2}x\sin 2x+C$；

(15) $\dfrac{1}{2}x(\cos\ln x+\sin\ln x)+C.$

习题 4－5 选解

1.　**解**　(1) $\displaystyle\int\dfrac{2}{x^2+x+1}\mathrm{d}x=2\int\dfrac{1}{\left(x+\dfrac{1}{2}\right)^2+\dfrac{3}{4}}\mathrm{d}x=2\int\dfrac{1}{\left(x+\dfrac{1}{2}\right)^2+\left(\dfrac{\sqrt{3}}{2}\right)^2}\mathrm{d}\left(x+\dfrac{1}{2}\right)$

$$=\dfrac{4}{\sqrt{3}}\arctan\dfrac{x+\dfrac{1}{2}}{\dfrac{\sqrt{3}}{2}}+C=\dfrac{4}{\sqrt{3}}\arctan\dfrac{2x+1}{\sqrt{3}}+C.$$

(2) $\displaystyle\int\dfrac{2x+3}{x^2+x+1}\mathrm{d}x=\int\dfrac{2x+1}{x^2+x+1}\mathrm{d}x+\int\dfrac{2}{x^2+x+1}\mathrm{d}x$

$$=\int\dfrac{1}{x^2+x+1}\mathrm{d}(x^2+x+1)+2\int\dfrac{1}{\left(x+\dfrac{1}{2}\right)^2+\dfrac{3}{4}}\mathrm{d}x$$

$$=\ln(x^2+x+1)+\dfrac{4}{\sqrt{3}}\arctan\dfrac{2x+1}{\sqrt{3}}+C.$$

(3) $\dfrac{4}{x^3+4x}=\dfrac{x^2+4-x^2}{x^3+4x}=\dfrac{1}{x}-\dfrac{x}{x^2+4}$，

所以 $\displaystyle\int\dfrac{4}{x^3+4x}\mathrm{d}x=\int\left(\dfrac{1}{x}-\dfrac{x}{x^2+4}\right)\mathrm{d}x$

$$=\ln|x|-\dfrac{1}{2}\ln(x^2+4)+C$$

$$= \ln \frac{|x|}{\sqrt{x^2+4}} + C.$$

(4) 因为 $\dfrac{x^3+x^2+2}{(x^2+2)^2} = \dfrac{x^3+2x+x^2+2-2x}{(x^2+2)^2}$

$$= \frac{x(x^2+2)+(x^2+2)-2x}{(x^2+2)^2}$$

$$= \frac{x+1}{x^2+2} - \frac{2x}{(x^2+2)^2},$$

$$\int \frac{x^3+x^2+2}{(x^2+2)^2} \mathrm{d}x = \int \frac{x+1}{x^2+2}\mathrm{d}x - \int \frac{2x}{(x^2+2)^2}\mathrm{d}x$$

$$= \frac{1}{2}\int \frac{1}{x^2+2}\mathrm{d}(x^2+2) + \int \frac{1}{x^2+2}\mathrm{d}x - \int \frac{1}{(x^2+2)^2}\mathrm{d}(x^2+2)$$

$$= \frac{1}{2}\ln(x^2+2) + \frac{1}{\sqrt{2}}\arctan\frac{x}{\sqrt{2}} + \frac{1}{x^2+2} + C.$$

(5) $\displaystyle\int \frac{x+1}{x^2-2x+5}\mathrm{d}x = \int \frac{x-1}{(x-1)^2+4}\mathrm{d}x + \frac{1}{2}\int \frac{1}{\left(\frac{x-1}{2}\right)^2+1}\mathrm{d}x$

$$= \frac{1}{2}\int \frac{1}{(x-1)^2+4}\mathrm{d}[(x-1)^2+4] + \int \frac{1}{\left(\frac{x-1}{2}\right)^2+1}\mathrm{d}(\frac{x-1}{2})$$

$$= \frac{1}{2}\ln[(x-1)^2+4] + \arctan\frac{x-1}{2} + C$$

$$= \frac{1}{2}\ln(x^2-2x+5) + \arctan\frac{x-1}{2} + C.$$

(6) $\displaystyle\int \frac{x^2+1}{(x+1)^2(x-1)}\mathrm{d}x = \int\left[\frac{1}{2(x-1)} + \frac{1}{2(x+1)} - \frac{1}{(x+1)^2}\right]\mathrm{d}x$

$$= \frac{\ln|x^2-1|}{2} + \frac{1}{x+1} + C.$$

2. **解** (1)(2)两题都是有理函数的积分，分母是困难所在，可将分子适当地变形与分母呼应；(3)(4)(5)三题都是分母为高次幂的有理函数的积分，切不可用比较系数法等一般方法将其化为最简真分式的积分．应根据被积函数的形式，通过降低分母的幂次，或使分母成为幂函数等方法简化计算．

(1) $\displaystyle\int \frac{2x^5+6x^3+1}{x^4+3x^2}\mathrm{d}x = \int \frac{2x(x^4+3x^2)+1}{x^4+3x^2}\mathrm{d}x = \int 2x\,\mathrm{d}x + \int \frac{1}{x^2(x^2+3)}\mathrm{d}x$

$$= x^2 + \frac{1}{3}\int \frac{(x^2+3)-x^2}{x^2(x^2+3)}\mathrm{d}x = x^2 + \frac{1}{3}\int\left(\frac{1}{x^2} - \frac{1}{x^2+3}\right)\mathrm{d}x$$

$$= x^2 - \frac{1}{3x} - \frac{1}{3\sqrt{3}}\arctan\frac{x}{\sqrt{3}} + C.$$

(2) $\displaystyle\int \frac{x^2}{(x^2+2x+2)^2}\mathrm{d}x = \int \frac{(x^2+2x+2)-(2x+2)}{(x^2+2x+2)^2}\mathrm{d}x$

$$= \int \frac{1}{x^2+2x+2}\mathrm{d}x - \int \frac{2x+2}{(x^2+2x+2)^2}\mathrm{d}x$$

$$= \int \frac{1}{(x+1)^2+1} \mathrm{d}(x+1) - \int \frac{1}{(x^2+2x+2)^2} \mathrm{d}(x^2+2x+2)$$

$$= \arctan(x+1) + \frac{1}{x^2+2x+2} + C.$$

（3） $\displaystyle\int \frac{\mathrm{d}x}{x(1+x^9)} = \int \frac{x^8 \mathrm{d}x}{x^9(1+x^9)} = \frac{1}{9} \int \frac{\mathrm{d}x^9}{x^9(1+x^9)}$

$$= \frac{1}{9} \int \left(\frac{1}{x^9} - \frac{1}{1+x^9}\right) \mathrm{d}x^9 = \frac{1}{9} \ln \left|\frac{x^9}{1+x^9}\right| + C.$$

（4）令 $x = \dfrac{1}{t}$，则

$$\int \frac{\mathrm{d}x}{x^8(x^2+1)} = \int \frac{(t^8-1)+1 \mathrm{d}t}{(t^2+1)} = -\int \left[(t^4+1)(t^2-1) + \frac{1}{t^2+1}\right] \mathrm{d}t$$

$$= -\int \left(t^6 - t^4 + t^2 - 1 + \frac{1}{t^2+1}\right) \mathrm{d}t$$

$$= -\left(\frac{1}{7}t^7 - \frac{1}{5}t^5 + \frac{t^3}{3} - t + \arctan t\right) + C$$

$$= -\frac{1}{7x^7} + \frac{1}{5x^5} - \frac{1}{3x^3} + \frac{1}{x} - \arctan \frac{1}{x} + C.$$

（5）令 $x+1 = t$，则

$$\int \frac{x^2 \mathrm{d}x}{(1+x)^{100}} = \int \frac{(t-1)^2 \mathrm{d}t}{t^{100}} = \int \frac{(t-1)^2}{t^{100}} \mathrm{d}t$$

$$= -\frac{1}{97t^{97}} + \frac{2}{98t^{98}} - \frac{1}{99t^{99}} + C$$

$$= -\frac{1}{97(x+1)^{97}} + \frac{1}{49(x+1)^{98}} - \frac{1}{99(x+1)^{99}} + C.$$

3. **解**（1）作万能代换 $t = \tan \dfrac{x}{2}, \sin x = \dfrac{2t}{1+t^2}, \cos x = \dfrac{1-t^2}{1+t^2}, \mathrm{d}x = 2\dfrac{\mathrm{d}t}{1+t^2}$，则

$$\int \frac{1}{1+\sin x + \cos x} \mathrm{d}x = \int \frac{1}{1 + \dfrac{2t}{1+t^2} + \dfrac{1-t^2}{1+t^2}} \cdot 2\frac{\mathrm{d}t}{1+t^2} = \int \frac{\mathrm{d}t}{1+t}$$

$$= \ln|1+t| + C = \ln\left|1 + \tan \frac{x}{2}\right| + C.$$

（2） $\displaystyle\int \frac{1}{3+\sin^2 x} \mathrm{d}x = \int \frac{1}{\cos^2 x(3\sec^2 x + \tan^2 x)} \mathrm{d}x = \int \frac{\mathrm{d}\tan x}{4\tan^2 x + 3}$

$$= \frac{1}{4} \int \frac{\mathrm{d}\tan x}{\tan^2 x + \left(\dfrac{\sqrt{3}}{2}\right)^2} = \frac{1}{2\sqrt{3}} \arctan \frac{2\tan x}{\sqrt{3}} + C.$$

（3）令 $t = \sin x$，则

$$\int \frac{\sin x \cos x \mathrm{d}x}{1+\sin^4 x} = \int \frac{t \mathrm{d}t}{1+t^4} = \frac{1}{2} \int \frac{\mathrm{d}t^2}{1+t^4}$$

$$= \frac{1}{2} \arctan t^2 + C = \frac{1}{2} \arctan(\sin^2 x) + C.$$

（4） $\displaystyle\int \frac{\mathrm{d}x}{\sin x(\cos x + 2)} = \frac{1}{3} \int \frac{(4-\cos^2 x - \sin^2 x) \mathrm{d}x}{\sin x(\cos x + 2)}$

$$= \frac{1}{3} \int \left(\frac{2 - \cos x}{\sin x} - \frac{\sin x}{2 + \cos x} \right) \mathrm{d}x$$

$$= \frac{2}{3} \int \csc x \, \mathrm{d}x - \frac{1}{3} \int \frac{1}{\sin x} \mathrm{d} \sin x + \frac{1}{3} \int \frac{1}{2 + \cos x} \mathrm{d}(2 + \cos x)$$

$$= \frac{2}{3} \ln |\csc x - \cot x| - \frac{1}{3} \ln |\sin x| + \frac{1}{3} \ln |2 + \cos x| + C.$$

（5）分析：若能将分子表示成分母及分母的导数的线性组合，即分子 $=A$（分母）$+$ B（分母）$'$，则积分就很容易计算.

设 $11\sin x - 3\cos x = A(\sin x - 3\cos x) + B(\sin x - 3\cos x)'$，

解得 $\begin{cases} A = 2 \\ B = 3 \end{cases}$. 于是

$$\int \frac{11\sin x - 3\cos x}{\sin x - 3\cos x} \mathrm{d}x = \int \frac{2(\sin x - 3\cos x) + 3(\cos x + 3\sin x)}{\sin x - 3\cos x} \mathrm{d}x$$

$$= 2x + 3 \int \frac{\mathrm{d}(\sin x - 3\cos x)}{\sin x - 3\cos x} + C$$

$$= 2x + 3\ln |\sin x - 3\cos x| + C.$$

第 5 章

CHAPTER 5

定积分

　　很多人都以为导数概念的产生历史悠久，却不知道定积分的思想比它还要早，甚至可以追溯到古希腊时代．古希腊人在丈量形状不规则的土地面积时，先尽可能地用规则图形，如矩形和三角形，把丈量的土地分割成若干小块，忽略那些零碎的不规则的小块，计算出每一小块规则图形的面积，然后将它们相加，就得到了土地面积的近似值．因此，阿基米德在公元前 240 年左右，就曾用这个方法计算过抛物线弓形及其他图形的面积．这就是分割与逼近思想的萌芽．

　　我国古代数学家祖冲之的儿子祖暅在公元 6 世纪前后提出了祖暅原理．公元 263 年刘徽也提出了割圆术．这些是我国数学家用定积分思想计算面积的典范．而到了文艺复兴时期之后，人类需要进一步认识和征服自然．在确立日心说和探索宇宙的过程中，积分的产生成为必然．开普勒三大定律中有关行星扫过面积的计算，牛顿有关天体之间的引力的计算直至万有引力定律的诞生，更加直接地推动了积分学核心思想的产生．到了牛顿那个年代，数学家们已经建立了定积分的概念，并能够计算许多简单的函数的积分了．但是，有关定积分的种种结果还是孤立零散的，直到牛顿、莱布尼茨之后的两百年，严格的现代积分学理论才逐步诞生．严格的积分定义始于柯西，但是柯西对于积分的定义仅限于连续函数．1854 年，黎曼提出可积函数不一定是连续的或者分段连续的，从而推广了积分学．而现代教科书中有关定积分的定义是由黎曼给出的，人们都称之为黎曼积分．当然，我们现在所学到的积分学则是由勒贝格等人更进一步建立的现代积分理论．纵观积分学的发展过程，我们会发现，定积分的发展其实就是其在实际生活中应用方面的发展．而在每一个实例的背后，自然会发掘出它们一些本质的东西，那就是从中抽象出来的数学模型．

　　这一章主要讨论定积分的概念、性质、求解的方法、应用等．

§5.1 定积分的概念及性质

积分学，包括求积分的运算，为计算面积、体积等提供一套通用的方法。

定积分是积分学中另一个重要的概念，它是从大量的实际问题中抽象出来的．例如求平面图形的面积、空间立体的体积、非匀速直线运动的路程、变力做功等实际问题，虽然它们的实际意义各不相同，但求解的思路和方法却是相同的，最后都可归纳为求一种和式的极限．现在从几何与力学问题出发引入定积分的定义，然后讨论它的基本性质.

5.1.1 定积分问题举例

1. 求曲边梯形的面积

曲边梯形是指由三条直线 $x=a$，$x=b$，$y=0$ 和一条连续曲线 $y=f(x)$ 围成的图形（如图 5−1 所示）.

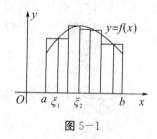

图 5−1

20 世纪 50 年代，苏联亚历山大·雅科夫列维奇·辛钦著的《数学分析简明教程》对曲边梯形是这样描述的：它有三条边是直线，其中两条互相平行，第三条与前两条互相垂直，第四条边是一条曲线的一段弧.

我们知道 $S_{矩形}=$ 长×宽，显然曲边梯形的面积不能直接用这个公式来计算，因为矩形的高是不变的，而曲边梯形在底边上各点处的高 $f(x)$ 在区间 $[a,b]$ 上是变动的．然而，由于曲边梯形的高 $f(x)$ 在 $[a,b]$ 上是连续的，在很小一段区间上它的变化是很小的，近似于不变．因此，为了计算曲边梯形的面积，我们采用如下的做法：把区间 $[a,b]$ 划分为许多小区间，在每个小区间上用其中某一点的高近似代替同一个小区间上的小曲边梯形的变高，那么，每个小曲边梯形就可近似地看成这样得到的小矩形．我们就以所有这些小矩形面积之和作为曲边梯形面积的近似值，并把区间 $[a,b]$ 无限细分下去，即：使每个小区间的长度都趋于零，这时所有小矩形面积之和的极限就可定义为曲边梯形的面积．这个定义同时也给出了计算曲边梯形面积的方法，现详述如下：

（1）分割：在区间 $[a,b]$ 中任意插入若干个分点

曲边梯形面积的计算有个核心思想，就是"以直代曲"。具体来说就是当一段曲线上的两点充分接近时，这两点间的曲线可以近似看成直线。利用这种思想可以将曲线图形用许多细小的平直图形密铺逼近，然后再将面积求和，从而求得曲线图形的面积。

最早采用这种思想的是古希腊的数学家阿基米德（公元前 281—前 212），他的方法称为"穷竭法"。阿基米德使用这种方法计算了抛物线弓形的面积。"穷竭法"是积分思想的萌芽。

$$a = x_0 < x_1 < x_2 < \cdots < x_{n-1} < x_n = b.$$

把 $[a, b]$ 分成 n 个小区间

$$[x_0, x_1], [x_1, x_2], [x_3, x_4], \cdots, [x_{n-1}, x_n].$$

各个小区间的长度依次为

$$\Delta x_1 = x_1 - x_0, \ \Delta x_2 = x_2 - x_1, \cdots, \ \Delta x_n = x_n - x_{n-1}.$$

（2）近似代替：经过每一个分点作平行于 y 轴的直线段，把曲边梯形分成 n 个小曲边梯形。在每个小区间 $[x_{i-1}, x_i]$ 上任取一点 ξ_i，用 $[x_{i-1}, x_i]$ 的长度为底、$f(\xi_i)$ 为高的小矩形近似代替第 i 个小曲边梯形 $(i = 1, 2, \cdots, n)$，即

$$S_{i(小曲边梯形)} \approx S_{i(小矩形)} = f(\xi_i) \cdot \Delta x_i.$$

（3）取和：把这样得到的 n 个小矩形面积之和作为所求曲边梯形面积 S 的近似值，即

$$S = \sum_{i=1}^{n} S_{i(小曲边梯形)} \approx \sum_{i=1}^{n} S_{i(小矩形)}$$
$$= f(\xi_1) \cdot \Delta x_1 + f(\xi_2) \cdot \Delta x_2 + \cdots + f(\xi_n) \cdot \Delta x_n$$
$$= \sum_{i=1}^{n} f(\xi_i) \cdot \Delta x_i.$$

（4）求和式的极限：为了保证所有小区间的长度都无限缩小，只需小区间长度中的最大值趋于零，记

$$\lambda = \max\{\Delta x_1, \Delta x_2, \cdots, \Delta x_n\}.$$

当 $\lambda \to 0$ 时（这时分段数 n 必无限增多，即 $n \to \infty$），取上述和式的极限，便得曲边梯形的面积

$$S = \lim_{\substack{\lambda \to 0 \\ (n \to \infty)}} \sum_{i=1}^{n} f(\xi_i) \cdot \Delta x_i.$$

例 1 求由直线 $x = 0$，$x = 1$，$y = 0$ 和曲线 $y = x^2$ 围成图形的面积 S。

解 曲边三角形 AOB 的面积计算如下（如图 5-2 所示）：

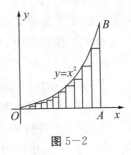

图 5-2

（1）分割：用分点 $\dfrac{1}{n}$，$\dfrac{2}{n}$，$\dfrac{3}{n}$，$\cdots$，$\dfrac{n-1}{n}$ 把区间 $[0, 1]$ 分成 n 个相等的小段（小区间）。

求曲边梯形面积的基本思路是：把曲边梯形分割成 n 个小曲边梯形→用小矩形近似替代小曲边梯形→求各小矩形的面积之和→求各小矩形面积之和的极限。也就是说，求曲边梯形面积的四个步骤是分割、近似替代、求和、取极限。用极限逼近原理求曲边梯形的面积，是一种"以直代曲"的思想，它体现了对立统一、量变与质变的辩证关系。

（2）近似代替：以每个小区间（长度为 $\dfrac{1}{n}$）为底，为方便起见，取右端点上的函数值

$$\left(\frac{i}{n}\right)^2 (i=1, 2, \cdots, n)$$

为高，作矩形的面积为

$$S_{i(小曲边梯形)} \approx S_{i(小矩形)} = \left(\frac{i}{n}\right)^2 \cdot \frac{1}{n}.$$

（3）求和：

$$S = \sum_{i=1}^{n} S_{i(小曲)} \approx \sum_{i=1}^{n} S_{i(小矩)} = \sum_{i=1}^{n} \left(\frac{i}{n}\right)^2 \cdot \frac{1}{n}$$

$$= \frac{1}{n^3} \sum_{i=1}^{n} i^2 = \frac{1}{n^3}(1^2 + 2^2 + \cdots + n^2)$$

$$= \frac{1}{n^3} \cdot \frac{n(n+1)(2n+1)}{6} = \frac{(n+1)(2n+1)}{6n^2}.$$

（4）求和式的极限：

$$S = \lim_{n \to \infty} \sum_{i=1}^{n} \left(\frac{i}{n}\right)^2 \cdot \frac{1}{n} = \lim_{n \to \infty} \frac{(n+1)(2n+1)}{6n^2} = \frac{1}{3}.$$

所以

$$S_{曲AOB} = \frac{1}{3}.$$

2. 变速直线运动的路程

对于定积分，它的概念来源不同于不定积分。定积分是通过极限定义的，是从以"不变"代"变"，以"直"代"曲"求某个变化过程中无限多个微小量的和，最后取极限得到的。

设某物体做直线运动，已知速度 $v = v(t)$ 是时间间隔 $[T_1, T_2]$ 上 t 的连续函数，且 $v(t) \geq 0$，计算在这段时间内物体所经过的路程 s。

我们知道，对于匀速直线运动的路程，有公式 $s = vt$，但问题是，在我们的问题中，速度不是常量而是随时间变化的变量，因此，所求的路程 s 当然不能用匀速直线运动的路程公式来计算。然而，物体运动的速度函数 $v(t)$ 是连续变化的，在很短的一段时间内，速度的变化是很小的，近似于匀速。因此，如果把时间间隔分小，在小段时间内以匀速运动代替变速运动，那么就可算出小时间段内路程的近似值，再求和，就得到整个路程的近似值。最后，通过对时间间隔无限细分，所有小时间段路程的近似值之和的极限就是所求变速直线运动的路程的精确值。其具体计算步骤如下：

（1）分割：在区间 $[T_1, T_2]$ 中任意插入若干个分点

$$T_1 = t_0 < t_1 < t_2 < \cdots < t_{n-1} < t_n = T_2,$$

把 $[T_1, T_2]$ 分成 n 个小区间

$$[t_0, t_1], [t_1, t_2], [t_3, t_4], \cdots, [t_{n-1}, t_n],$$

各个小时段间的长度依次为

$$\Delta t_1 = t_1 - t_0, \quad \Delta t_2 = t_2 - t_1, \quad \cdots, \quad \Delta t_n = t_n - t_{n-1}.$$

（2）近似代替：相应地，在时间段 $[t_{i-1}, t_i]$ 上任取一个时刻 $\xi_i \in [t_{i-1}, t_i]$ 时的速度 $v(\xi_i)$ 来代替 $[t_{i-1}, t_i]$ 上各个时刻的速度，得到该时间段路程的近似值，即

$$\Delta s_i \approx v(\xi_i) \cdot \Delta t_i.$$

（3）求和：相应地，在各段时间内物体所经过的路程依次为

$$\Delta s_1, \quad \Delta s_2, \quad \cdots, \quad \Delta s_n,$$

于是这 n 段路程的近似值之和就是所求变速直线运动路程 s 的近似值，即

$$s \approx v(\xi_1) \cdot \Delta t_1 + v(\xi_2) \cdot \Delta t_2 + \cdots + v(\xi_n) \cdot \Delta t_n$$

$$= \sum_{i=1}^{n} v(\xi_i) \cdot \Delta t_i.$$

（4）求和式的极限：记 $\lambda = \max\{\Delta t_1, \Delta t_2, \cdots, \Delta t_n\}$，取上述和式的极限，便得变速直线运动的路程

$$s = \lim_{\lambda \to 0} \sum_{i=1}^{n} v(\xi_i) \cdot \Delta t_i.$$

> $\lambda \to 0$ 蕴含了 $n \to \infty$ 的过程，前者是区间无限细分的过程，后者是分点无限增加的过程.

上面两例一个是几何问题，一个是物理问题，尽管它们的实际意义完全不同，但最后都归结为求一种具有相同结构的和式的极限. 现在抛开它们的具体意义，抓住它们在数量关系上共同的本质与特性加以概括，便抽象出定积分的定义.

5.1.2 定积分的定义

定义 1 设 $f(x)$ 是定义在 $[a, b]$ 上的函数，在 (a, b) 中任意插入若干个分点（这里插入 $n-1$ 个分点）

$$a = x_0 < x_1 < x_2 < \cdots < x_{n-1} < x_n = b,$$

把 $[a, b]$ 分成 n 个小区间

$$[x_0, x_1], [x_1, x_2], [x_3, x_4], \cdots, [x_{n-1}, x_n],$$

各个小区间的长度依次为

$$\Delta x_1 = x_1 - x_0, \quad \Delta x_2 = x_2 - x_1, \quad \cdots, \quad \Delta x_n = x_n - x_{n-1}.$$

在每个小区间 $[x_{i-1}, x_i]$ 上任取一点 $\xi_i \in [x_{i-1}, x_i]$，作函数值 $f(\xi_i)$ 与小区间长度 Δx_i 的乘积

$$f(\xi_i) \cdot \Delta x_i (i = 1, 2, \cdots, n),$$

并作和式

$$S = \sum_{i=1}^{n} f(\xi_i) \cdot \Delta x_i,$$

> 定积分的本质就是一个乘积的和的极限. 更关键的是，要理解无限细分、无限求和、无限逼近的积分思想，以及四步法所呈现的"化整为零""局部近似代替""集零为整"的整个分析思路，这是用定积分解决实际问题的理论所在.

记 $\lambda = \max\{\Delta x_1, \Delta x_2, \cdots, \Delta x_n\}$，如果不论对 $[a, b]$ 用怎样的分法，也不论在小区间 $[x_{i-1}, x_i]$ 上点 ξ_i 如何取，只要

黎曼（Riemann，1826—1866），19世纪富有创造性的德国数学家、物理学家.

根据定积分的定义，它等于一个乘积的和的极限，其中这个和式称为积分和，他是由德国数学家黎曼在1853年给出的，所以又称其为黎曼和，对应的定积分也可以称作黎曼积分.

(1) 定积分是特殊和式的极限，因此它是一个定值，这与不定积分不同.

(2) 特殊和式与区间的分割、任意点的取法有关．但极限存在与分法、取法无关，因此定积分仅与被积函数和积分区间有关，与积分变量用什么字母表示无关.

$\lambda \to 0$ 时，和式 S 总是趋于确定的极限值 I，这时就称此极限值 I 为 $f(x)$ 在区间 $[a, b]$ 上的定积分. 记作

$$\int_a^b f(x)dx,$$

即

$$I = \int_a^b f(x)dx = \lim_{\substack{\lambda \to 0 \\ (n \to \infty)}} \sum_{i=1}^n f(\xi_i) \cdot \Delta x_i.$$

其中，a 与 b 分别叫做积分下限与积分上限，$[a, b]$ 叫做积分区间，$f(x)$ 叫做被积函数，$f(x)dx$ 叫做被积表达式，x 叫做积分变量.

这里请读者注意：当和式 $\sum_{i=1}^n f(\xi_i) \cdot \Delta x_i$ 的极限存在时，其极限 I 仅与被积函数 $f(x)$ 及积分区间 $[a, b]$ 有关. 如果既不改变被积函数 f，也不改变积分区间 $[a, b]$，而只把积分变量 x 改定成其他字母，例如 t 或 u，那么，这时和式的极限 I 不变，也就是定积分的值不变，即

$$\int_a^b f(x)dx = \int_a^b f(t)dt = \int_a^b f(u)du = \int_a^b f(m)dm,$$

所以，定积分只与被积函数及积分区间有关，而与积分变量的记法无关.

如果 $f(x)$ 在区间 $[a, b]$ 上的定积分存在，则称 $f(x)$ 在区间 $[a, b]$ 上可积. 对于定积分，有这样一个重要问题：函数 $f(x)$ 在区间 $[a, b]$ 上满足怎样的条件时，$f(x)$ 在区间 $[a, b]$ 上一定可积？这个问题不作深入讨论，而只给出以下两个充分条件.

定理1　设 $f(x)$ 在区间 $[a, b]$ 上连续，则 $f(x)$ 在 $[a, b]$ 上可积.

定理2　设 $f(x)$ 在区间 $[a, b]$ 有界，且只有有限个间断点，则 $f(x)$ 在 $[a, b]$ 上可积.

5.1.3　定积分的几何意义

（1）若 $y = f(x)$ 是一条连续曲线段，且 $f(x) \geqslant 0$，则

$$S = \int_a^b f(x)dx$$

就表示曲线 $y = f(x)$ 与直线 $x = a$，$x = b$，$y = 0$ 所围成的曲边梯形的面积（如图 5-3 所示）.

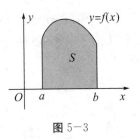

图 5-3

（2）当连续函数 $f(x) \leqslant 0$ 时，则 $\int_a^b f(x)\mathrm{d}x$ 是负值，它表示 x 轴下方由直线 $x=a$，$x=b$，$y=0$ 和曲线 $y=f(x)$ 所围成的曲边梯形的面积的负值（如图 5-4 所示），即

$$S = -\int_a^b f(x)\mathrm{d}x.$$

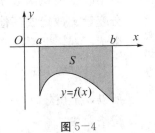

图 5-4

定积分的一个基本几何意义是表示函数图像与坐标轴之间的有界区域的面积. 当函数值为正时，定积分表示曲线与 x 轴之间的面积；当函数值为负时，定积分表示曲线与 x 轴之间的面积的相反数.

（3）当 $f(x)$ 有正有负时，则 $\int_a^b f(x)\mathrm{d}x$ 表示 $x=a$，$x=b$，$y=0$ 和曲线 $y=f(x)$ 所围成的曲边梯形的面积的代数和，x 轴上方的为正，下方的为负（如图 5-5 所示），即

$$\int_a^b f(x)\mathrm{d}x = S_1 - S_2 + S_3$$

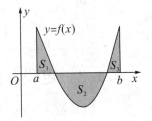

图 5-5

通过求曲边梯形的面积引入了定积分的概念，弄清楚了定积分的几何意义. 反之，也可以用定积分的几何意义来求某些函数的定积分.

例 2 求 $\int_0^1 1\mathrm{d}x$.

解 由定积分的几何意义知 $\int_0^1 1\mathrm{d}x$ 即为边长为 1 的正方形的面积，如图 5-6 所示，即

$$\int_0^1 1\mathrm{d}x = 1.$$

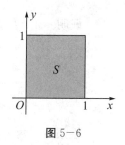

图 5-6

例 3 求 $\displaystyle\int_{-1}^{1} \sqrt{1-x^2}\,\mathrm{d}x$.

解 由定积分的几何意义知 $\displaystyle\int_{-1}^{1} \sqrt{1-x^2}\,\mathrm{d}x$ 的值即是半径为 1 的半圆面积，如图 5-7 所示，即

$$\int_{-1}^{1} \sqrt{1-x^2}\,\mathrm{d}x = \frac{\pi}{2} \cdot 1^2 = \frac{\pi}{2},$$

这里，由 $y = \sqrt{1-x^2} \Rightarrow x^2 + y^2 = 1\,(y \geqslant 0)$.

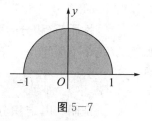

图 5-7

5.1.4　定积分的性质

设函数 $f(x)$，$g(x)$ 在 $[a, b]$ 上均可积，则它们在此区间上的定积分具有下列性质：

性质 1 交换定积分的上下限，积分值变号，即

$$\int_{a}^{b} f(x)\,\mathrm{d}x = -\int_{b}^{a} f(x)\,\mathrm{d}x.$$

特别的，若 $a = b$，则 $\displaystyle\int_{a}^{a} f(x)\,\mathrm{d}x = -\int_{a}^{a} f(x)\,\mathrm{d}x$，有

$$\int_{a}^{a} f(x)\,\mathrm{d}x = 0.$$

即当定积分的上下限相等时，积分值为零。

性质 2 如果 $f(x) = 1$，则 $\displaystyle\int_{a}^{b} 1\,\mathrm{d}x = b - a$.

证明 $\displaystyle\int_{a}^{b} 1\,\mathrm{d}x = \lim_{\lambda \to 0} \sum_{i=1}^{n} \Delta x_i = b - a$.

性质 3 常数因子可以提到积分号外，即

$$\int_{a}^{b} k f(x)\,\mathrm{d}x = k \int_{a}^{b} f(x)\,\mathrm{d}x \ (k \text{ 是常数}).$$

在定义定积分的时候，其实暗含 $a < b$，但是，即使 $a > b$，定义依然有意义，如果把 a 和 b 颠倒一下，不妨设分割的方式是平均的，那么 Δx 就会由 $\dfrac{b-a}{n}$ 变为 $\dfrac{a-b}{n}$，因此

$$\int_{a}^{b} f(x)\,\mathrm{d}x = -\int_{b}^{a} f(x)\,\mathrm{d}x.$$

若 $a = b$，那么 $\Delta x = 0$，即有 $\displaystyle\int_{a}^{a} f(x)\,\mathrm{d}x = 0$.

同理，性质 2 也可推广到被积函数为常数 k 的情形：

$$\int_{a}^{b} k\,\mathrm{d}x = k(b-a).$$

证明 $\displaystyle\int_a^b kf(x)\mathrm{d}x = \lim_{\lambda\to 0}\sum_{i=1}^n kf(\xi_i)\cdot\Delta x_i$

$\displaystyle = \lim_{\lambda\to 0}k\sum_{i=1}^n f(\xi_i)\cdot\Delta x_i$

$\displaystyle = k\lim_{\lambda\to 0}\sum_{i=1}^n f(\xi_i)\cdot\Delta x_i = k\int_a^b f(x)\mathrm{d}x.$

性质 4 可以推广到有限多个函数相加减的情形.

性质 4 两个函数代数和的定积分等于它们定积分的代数和，即

$$\int_a^b [f(x)\pm g(x)]\mathrm{d}x = \int_a^b f(x)\mathrm{d}x \pm \int_a^b g(x)\mathrm{d}x.$$

证明

$\displaystyle\int_a^b [f(x)\pm g(x)]\mathrm{d}x = \lim_{\lambda\to 0}\sum_{i=1}^n [f(\xi_i)\pm g(\xi_i)]\cdot\Delta x_i$

$\displaystyle = \lim_{\lambda\to 0}\sum_{i=1}^n f(\xi_i)\cdot\Delta x_i \pm \lim_{\lambda\to 0}\sum_{i=1}^n g(\xi_i)\cdot\Delta x_i$

$\displaystyle = \int_a^b f(x)\mathrm{d}x \pm \int_a^b g(x)\mathrm{d}x.$

积分的可加性定理是指积分区间分段可加. 因为函数可积，所以在积分区间 $[a,b]$ 上，积分和的极限是不变的. 那么在分积分区间时，总有 c 点使得 $[a,b]$ 上的积分等于 $[a,c]$ 和 $[c,b]$ 上的积分和.

性质 5（积分的可加性定理） 如果点 c 把区间 $[a,b]$ 分成两个小区间 $[a,c]$ 和 $[c,b]$，则

$$\int_a^b f(x)\mathrm{d}x = \int_a^c f(x)\mathrm{d}x + \int_c^b f(x)\mathrm{d}x.$$

证明 因定积分与区间 $[a,b]$ 的分法无关，在分区间时，使点 c 始终是一个分点，那么，$[a,b]$ 上的积分和等于 $[a,c]$ 上的积分和加上 $[c,b]$ 上的积分和，记为

$$\sum_{(a,b)} f(\xi_i)\cdot\Delta x_i = \sum_{(a,c)} f(\xi_i)\cdot\Delta x_i + \sum_{(c,b)} f(\xi_i)\cdot\Delta x_i,$$

令 $\lambda\to 0$，上式两端同时取极限，即得

$$\int_a^b f(x)\mathrm{d}x = \int_a^c f(x)\mathrm{d}x + \int_c^b f(x)\mathrm{d}x.$$

这个性质表明，定积分对于积分区间具有可加性.

实际上，当积分存在时，可加性对任意 a，b，c 都是成立的（结合定积分上下限性质），需要特别注意的是，可加性针对的是同一个被积函数的不同区间的性质. 若是分段函数，它的定积分是各个区间的定积分之和，因为不同区间有不同的被积函数，所以不能随意使用可加性.

由定积分的性质 1 可知，不论 a，b，c 的相对位置如何，总有等式

$$\int_a^b f(x)\mathrm{d}x = \int_a^c f(x)\mathrm{d}x + \int_c^b f(x)\mathrm{d}x$$

$$= \int_a^c f(x)\mathrm{d}x - \int_b^c f(x)\mathrm{d}x.$$

因为定积分等于积分和的极限，结合函数极限的保号性可以得到定积分的性质 6.

性质 6 如果在区间 $[a,b]$ 上，$f(x)\geqslant 0$，则

$$\int_a^b f(x)\mathrm{d}x \geqslant 0\ (a<b).$$

证明 由 $f(x)\geqslant 0$，知 $f(\xi_i)\geqslant 0$，

并且 $\Delta x_i\geqslant 0(i=1,2,\cdots,n)$，所以

推论 1 中区间 $[a, b]$ 上 $f(x) \leqslant g(x)$ 对应的几何解释是：$f(x)$ 所对应的图形始终在 $g(x)$ 的图形下方. 由定积分的几何意义可知

$$\int_a^b f(x)\mathrm{d}x \leqslant \int_a^b g(x)\mathrm{d}x.$$

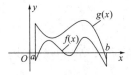

推论 2 中 $|f(x)|$ 的图象是 $f(x)$ 的图象在 x 轴下方的部分翻折到 x 轴上方，其余部分保持不变.

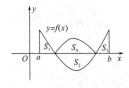

因为性质 7 常用于估算定积分的值，故称为估值定理. 其在几何上解释为：设 $f(x) \geqslant 0$，则以 $f(x)$ 为曲边的曲边梯形面积介于以 $b-a$ 为底，以最小纵坐标 m 为高的矩形与以最大纵坐标 M 为高的矩形面积之间.

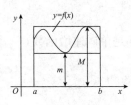

$$\sum_{i=1}^n f(\xi_i) \cdot \Delta x_i \geqslant 0,$$

故

$$\int_a^b f(x)\mathrm{d}x = \lim_{\lambda \to 0} \sum_{i=1}^n f(\xi_i) \cdot \Delta x_i \geqslant 0.$$

推论 1 如果在区间 $[a, b]$ 上，$f(x) \leqslant g(x)$，则

$$\int_a^b f(x)\mathrm{d}x \leqslant \int_a^b g(x)\mathrm{d}x.$$

证明 由 $g(x) - f(x) \geqslant 0$ 和性质 6 得

$$\int_a^b [g(x) - f(x)]\mathrm{d}x \geqslant 0.$$

再由性质 4 便得要证的不等式.

推论 2 $\left| \int_a^b f(x)\mathrm{d}x \right| \leqslant \int_a^b |f(x)|\mathrm{d}x.$

证明 因 $-|f(x)| \leqslant f(x) \leqslant |f(x)|$，则由推论 1 及性质 3 可得 $-\int_a^b |f(x)|\mathrm{d}x \leqslant \int_a^b f(x)\mathrm{d}x \leqslant \int_a^b |f(x)|\mathrm{d}x,$

$$\left| \int_a^b f(x)\mathrm{d}x \right| \leqslant \int_a^b |f(x)|\mathrm{d}x.$$

其几何解释为：$\int_a^b f(x)\mathrm{d}x$ 可能有正负抵消的部分，而 $\int_a^b |f(x)|\mathrm{d}x$ 各部分皆正，无相互抵消的部分，不等式自然成立.

性质 7 设 M 及 m 分别是函数 $f(x)$ 在 $[a, b]$ 上的最大值与最小值，则

$$m(b-a) \leqslant \int_a^b f(x)\mathrm{d}x \leqslant M(b-a).$$

证明 因为 $m \leqslant f(x) \leqslant M$，所以由推论 1 可得

$$\int_a^b m\mathrm{d}x \leqslant \int_a^b f(x)\mathrm{d}x \leqslant \int_a^b M\mathrm{d}x,$$

再由性质 2 及性质 3 可得所要证的不等式

$$m(b-a) \leqslant \int_a^b f(x)\mathrm{d}x \leqslant M(b-a).$$

性质 8（定积分中值定理） 若 $f(x)$ 在 $[a, b]$ 上连续，则至少存在一点 $\xi \in [a, b]$，使下式成立

$$\int_a^b f(x)\mathrm{d}x = f(\xi)(b-a).$$

这个公式叫做积分中值公式.

证明 因为 $f(x)$ 在 $[a, b]$ 上连续，所以 $f(x)$ 在 $[a, b]$ 上有最大值 M 与最小 m，由性质 7 有

$$m(b-a) \leqslant \int_a^b f(x)\mathrm{d}x \leqslant M(b-a),$$

也可以将 $\int_a^b f(x)\mathrm{d}x =$
$f(\xi)(b-a)$ 写成 $f(\xi)$
$= \dfrac{1}{b-a}\int_a^b f(x)\mathrm{d}x$，称
此式为函数 $f(x)$ 在闭
区间 $[a,b]$ 上的平均
值公式. 可理解为 $f(x)$
在区间 $[a,b]$ 上所有
函数值的平均值. 这是
有限个算术平均值的推
广

从而有

$$m \leqslant \frac{1}{b-a}\int_a^b f(x)\mathrm{d}x \leqslant M,$$

即 $\dfrac{1}{b-a}\int_a^b f(x)\mathrm{d}x$ 介于 $f(x)$ 的最大值与最小值之间，由连续
函数的介值定理，至少存在一点 $\xi \in [a,b]$，使下式成立

$$f(\xi) = \frac{1}{b-a}\int_a^b f(x)\mathrm{d}x,$$

即 $$\int_a^b f(x)\mathrm{d}x = f(\xi)(b-a).$$

称 $f(\xi) = \dfrac{1}{b-a}\int_a^b f(x)\mathrm{d}x$ 为 $f(x)$ 在 $[a,b]$ 上的平均
值，该定理的几何意义如下：

在 $[a,b]$ 上至少存在一点 ξ，使得以 $[a,b]$ 为底边，
以曲线 $y=f(x)$ 为曲边的曲边梯形的面积等于同一底边而高为
$f(\xi)$ 的一个矩形的面积（如图 5-8 所示）.

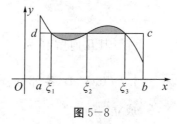

图 5-8

例 4 不计算积分，试比较两个积分的大小

$$\int_0^{\frac{\pi}{2}} x\,\mathrm{d}x \text{ 与} \int_0^{\frac{\pi}{2}} \sin x\,\mathrm{d}x.$$

解 当 $0 \leqslant x \leqslant \dfrac{\pi}{2}$ 时，有 $x \geqslant \sin x$，则由推论 1 得

$$\int_0^{\frac{\pi}{2}} x\,\mathrm{d}x > \int_0^{\frac{\pi}{2}} \sin x\,\mathrm{d}x.$$

例 5 估计下列各积分的值.

(1) $\int_1^4 (x^2+1)\mathrm{d}x$；　　　　　　(2) $\int_{\frac{1}{\sqrt{3}}}^{\sqrt{3}} x\arctan x\,\mathrm{d}x$.

解 (1) 由 $1 \leqslant x \leqslant 4$ 可得 $2 \leqslant x^2+1 \leqslant 17$，所以

$$2 \times (4-1) \leqslant \int_1^4 (x^2+1)\mathrm{d}x \leqslant 17 \times (4-1),$$

所以 $$6 \leqslant \int_1^4 (x^2+1)\mathrm{d}x \leqslant 51.$$

(2) 当 $x \in \left[\dfrac{1}{\sqrt{3}}, \sqrt{3}\right]$，$x$ 与 $\arctan x$ 都是单调递增函数，

所以 $\dfrac{\pi}{6\sqrt{3}} = \dfrac{1}{\sqrt{3}}\arctan\dfrac{1}{\sqrt{3}} \leqslant x\arctan x \leqslant \sqrt{3}\arctan\sqrt{3} = \dfrac{\pi}{\sqrt{3}}$，

所以 $\dfrac{\pi}{9} = \dfrac{\pi}{6\sqrt{3}}\Big(\sqrt{3} - \dfrac{1}{\sqrt{3}}\Big) \leqslant \displaystyle\int_{\frac{1}{\sqrt{3}}}^{\sqrt{3}} x\arctan x\,\mathrm{d}x \leqslant \dfrac{\pi}{\sqrt{3}}\Big(\sqrt{3} - \dfrac{1}{\sqrt{3}}\Big) = \dfrac{2\pi}{3}.$

习题 5－1

1. 利用定积分的几何意义，说明下列等式.

(1) $\displaystyle\int_{0}^{1} 2x\,\mathrm{d}x = 1$；

(2) $\displaystyle\int_{0}^{1} \sqrt{1-x^2}\,\mathrm{d}x = \dfrac{\pi}{4}$；

(3) $\displaystyle\int_{-\pi}^{\pi} \sin x\,\mathrm{d}x = 0$.

2. 估计下列各积分的值.

(1) $\displaystyle\int_{1}^{4} (x^2 + 1)\,\mathrm{d}x$；

(2) $\displaystyle\int_{\frac{\pi}{4}}^{\frac{5\pi}{4}} (1 + \sin^2 x)\,\mathrm{d}x$.

3. 根据定积分的性质，说明下列积分哪一个较大.

(1) $\displaystyle\int_{0}^{1} x^2\,\mathrm{d}x$ 与 $\displaystyle\int_{0}^{1} x^3\,\mathrm{d}x$；

(2) $\displaystyle\int_{1}^{2} x^2\,\mathrm{d}x$ 与 $\displaystyle\int_{1}^{2} x^3\,\mathrm{d}x$；

(3) $\displaystyle\int_{1}^{2} \ln x\,\mathrm{d}x$ 与 $\displaystyle\int_{1}^{2} (\ln x)^2\,\mathrm{d}x$；

(4) $\displaystyle\int_{0}^{1} x\,\mathrm{d}x$ 与 $\displaystyle\int_{0}^{1} \ln(1+x)\,\mathrm{d}x$；

(5) $\displaystyle\int_{0}^{1} \mathrm{e}^x\,\mathrm{d}x$ 与 $\displaystyle\int_{0}^{1} (1+x)\,\mathrm{d}x$.

§5.2　微积分基本定理

微积分基本定理揭示了微分与积分的内在联系和转化规律，使微分学与积分学成为一门统一的学科. 微积分基本定理是联系导数、微分、不定积分、定积分的桥梁和纽带，具有重要的理论意义和实用价值。微积分基本定理从发现到形成现在的形式，跨度将近两个世纪，大致分为发现、创立和完善三个阶段，对其作出主要贡献的有巴罗、牛顿、莱布尼茨、柯西等人。

前面讲述了定积分的定义及性质，还没有讲定积分怎样计算. 虽然可以从定积分定义出发，计算一些很简单的定积分. 但就是这些积分都需要用到一定的技巧，不用说更复杂一些的定积分了，因而这并不是计算定积分的一般方法. 这是由于黎曼和很难用简单形式表示出来，因此从求和式的极限来算出定积分，可以说实际上是行不通的，现在从另一个途径来导出计算定积分的一般方法.

在上一节的论述中，我们知道，定积分的值只与被积函数和积分区间有关，而与积分变量无关. 由此我们引出积分上限函数的概念.

5.2.1　积分上限函数及其导数

设 $f(x)$ 在 $[a, b]$ 上连续，x 是 $[a, b]$ 上任意一点. 现在来考察 $f(x)$ 在部分区间 $[a, x]$ 上的定积分 $\displaystyle\int_{a}^{x} f(x)\,\mathrm{d}x$.

类似地，可以定义变下限的定积分：

$$\psi(x) = \int_x^b f(t)dt,$$

与

$$\Phi(x) = \int_a^x f(t)dt$$

统称变限积分. 注意，在变限积分中，不可再把积分变量写成 x（例如 $\int_a^x f(x)dx$），以免与积分上下限的 x 相混淆.

注意积分上限函数 $\int_a^x f(t)dt (a \leqslant x \leqslant b)$ 中 x 与 t 所表示的含义：x 表示积分上限变量，在 $[a, b]$ 上变化；t 表示积分变量，在 $[a, x]$ 上变化.

变限积分所定义的函数有着重要的性质. 由于 $\int_x^b f(t)dt = -\int_b^x f(t)dt$，因此只用讨论变上限积分的情形.

定理 1 是积分上限函数最重要的性质，掌握此定理需要注意两点：第一，下限为常数，上限为参变量 x（不是含 x 的其他表达式）；第二，被积函数 $f(x)$ 中只含积分变量 t，不含参变量 x.

首先，由于 $f(x)$ 在 $[a, x]$ 上仍旧连续，因此这个定积分存在. 其次，这时 x 既表示定积分的上限，又表示积分变量，因为定积分与积分变量的记法无关，所以为了明确起见，可以把积分变量改用其他符号，例如用 t 表示，则上面的定积分可以写成 $\int_a^x f(t)dt$.

因为上限 x 在 $[a, b]$ 上是任意变动的，则对于每一个取定的 x 值，定积分有一个唯一的对应值 $\int_a^x f(t)dt$，所以在 $[a, b]$ 上定义了一个函数，该函数叫做**积分上限函数**或**变上限积分函数**（如图 5-9 所示），记为 $\Phi(x)$，即 $\Phi(x) = \int_a^x f(t)dt$.

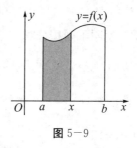

图 5-9

定理 1 若 $f(x)$ 在 $[a, b]$ 上连续，则积分上限函数 $\Phi(x) = \int_a^x f(t)dt$ 在 $[a, b]$ 上可导，且

$$\Phi'(x) = \frac{d}{dx}\int_a^x f(t)dt = f(x), x \in [a, b].$$

证明 设 $x \in (a, b)$，$|\Delta x|$ 充分小，使 $x + \Delta x \in [a, b]$，则

$$\Delta\Phi = \Phi(x + \Delta x) - \Phi(x) = \int_a^{x+\Delta x} f(t)dt - \int_a^x f(t)dt$$

$$= \int_a^{x+\Delta x} f(t)dt + \int_x^a f(t)dt = \int_x^{x+\Delta x} f(t)dt,$$

由定积分中值定理可知：至少存在一点 $\xi \in [x, x+\Delta x]$，使

$$\Delta\Phi = \int_x^{x+\Delta x} f(t)dt = f(\xi)\Delta x,$$

则

$$\frac{\Delta\Phi}{\Delta x} = f(\xi).$$

当 $\Delta x \to 0$ 时，$x + \Delta x \to x$，$x \leqslant \xi \leqslant x + \Delta x$，因此 $\xi \to x$.

于是 $\Phi'(x) = \lim\limits_{\Delta x \to 0} \frac{\Delta\Phi}{\Delta x} = \lim\limits_{\xi \to x} f(\xi) = f(x)$ （因 $f(x)$ 连续）.

所以 $\Phi(x)$ 可导，且 $\Phi'(x) = f(x)$.

若 $x = a$ 时，取 $\Delta x > 0$，则同理可证 $\Phi'_+(a) = f(a)$.

若 $x = b$ 时，取 $\Delta x < 0$，同理可证 $\Phi'_-(b) = f(b)$.

这个定理指出了一个重要结论：连续函数 $f(x)$ 取变上限 x 的定积分，然后求导，其结果还原为 $f(x)$ 本身，那么 $\Phi(x)$ 是连续函数 $f(x)$ 的一个原函数，由此引出如下原函数的存在定理.

定理 2　如果 $f(x)$ 在 $[a,b]$ 上连续，则函数 $\Phi(x) = \int_a^x f(t)\mathrm{d}t$ 就是 $f(x)$ 在 $[a,b]$ 上的一个原函数.

定理 2 的重要意义是：一方面肯定了连续函数的原函数是存在的，另一方面初步揭示了积分学中的定积分与原函数之间的联系. 因此就有可能通过原函数来计算定积分.

例 1　求下列函数的导数.

(1) $\displaystyle\int_1^x \sin t\,\mathrm{d}t$；　　　　　　　(2) $\displaystyle\int_x^1 \sin t\,\mathrm{d}t$；

(3) $\displaystyle\int_1^{x^2} \sin t\,\mathrm{d}t$；　　　　　　(4) $\displaystyle\int_{\sqrt{x}}^1 \sin t\,\mathrm{d}t$.

解　(1) $\dfrac{\mathrm{d}}{\mathrm{d}x}\displaystyle\int_1^x \sin t\,\mathrm{d}t = \sin x$.

(2) $\dfrac{\mathrm{d}}{\mathrm{d}x}\displaystyle\int_x^1 \sin t\,\mathrm{d}t = -\dfrac{\mathrm{d}}{\mathrm{d}x}\displaystyle\int_1^x \sin t\,\mathrm{d}t = -\sin x$.

(3) $\dfrac{\mathrm{d}}{\mathrm{d}x}\displaystyle\int_1^{x^2} \sin t\,\mathrm{d}t \xlongequal{\text{设 } u=x^2} \dfrac{\mathrm{d}}{\mathrm{d}u}\displaystyle\int_1^u \sin t\,\mathrm{d}t \cdot \dfrac{\mathrm{d}u}{\mathrm{d}x}$

$= \sin u \cdot (x^2)' = 2x\sin x^2$.

(4) $\dfrac{\mathrm{d}}{\mathrm{d}x}\displaystyle\int_{\sqrt{x}}^1 \sin t\,\mathrm{d}t = -\dfrac{\mathrm{d}}{\mathrm{d}x}\displaystyle\int_1^{\sqrt{x}} \sin t\,\mathrm{d}t$

$\xlongequal{\text{设 } u=\sqrt{x}} -\dfrac{\mathrm{d}}{\mathrm{d}u}\displaystyle\int_1^u \sin t\,\mathrm{d}t \cdot \dfrac{\mathrm{d}u}{\mathrm{d}x}$

$= -\sin u \cdot (\sqrt{x})' = -\dfrac{1}{2\sqrt{x}}\sin\sqrt{x}$.

例 2　当 x 为何值时，函数 $I(x) = \displaystyle\int_0^x t\mathrm{e}^{-t^2}\mathrm{d}t$ 有极值？

解　由题意：$I'(x) = \dfrac{\mathrm{d}}{\mathrm{d}x}\displaystyle\int_0^x t\mathrm{e}^{-t^2}\mathrm{d}t = x\mathrm{e}^{-x^2}$.

由 $I'(x)=0 \Rightarrow x=0$.

当 $x>0$ 时，$I'(x)>0$；当 $x<0$ 时，$I'(x)<0$. 所以 $x=0$ 时，函数 $I(x)$ 有极小值.

例 3　确定常数 a，b，c 的值，使

$$\lim_{x\to 0}\frac{ax-\sin x}{\displaystyle\int_b^x \frac{\ln(1+t^3)}{t}\mathrm{d}t} = c \ (c\neq 0).$$

解　由于 $x\to 0$ 时，$ax-\sin x\to 0$，且极限 $c\neq 0$，所以当 $x\to 0$ 时，$\displaystyle\int_b^x \frac{\ln(1+t^3)}{t}\mathrm{d}t \to 0$，则必有 $b=0$.

对数学思想的不断积累并逐渐内化为自己的观念是学习数学的重要目标. 积分上限函数除了能拓展我们对函数概念的理解外，还可将积分学问题转化为微分学的问题，在许多场合都有重要的应用.

很多函数的原函数是没有办法用初等函数表示，或者是不容易求出的，这时可以改写为变上限积分函数，会使问题得以解决.

$\dfrac{ax-\sin x}{\displaystyle\int_b^x \frac{\ln(1+t^3)}{t}\mathrm{d}t}$ 为 $\dfrac{0}{0}$ 型，在求极限时可以使用洛必达法则.

又由 $\lim\limits_{x \to 0} \dfrac{ax - \sin x}{\displaystyle\int_b^x \dfrac{\ln(1 + t^3)}{t} dt} = \lim\limits_{x \to 0} \dfrac{a - \cos x}{\dfrac{\ln(1 + x^3)}{x}}$

$$= \lim_{x \to 0} \dfrac{x(a - \cos x)}{\ln(1 + x^3)}$$

$$= \lim_{x \to 0} \dfrac{x(a - \cos x)}{x^3}$$

$$= \lim_{x \to 0} \dfrac{a - \cos x}{x^2}$$

$$= \lim_{x \to 0} \dfrac{\sin x}{2x} = \dfrac{1}{2},$$

当 $x \to 0$ 时，$\dfrac{a - \cos x}{x^2}$ 必

为 $\dfrac{0}{0}$ 型.

当 $x \to 0$ 时，$\ln(1 + x^3)$

$\sim x^3$.

所以 $c = \dfrac{1}{2}$，又 $\lim\limits_{x \to 0}(a - \cos x) = 0$，

所以 $a = \lim\limits_{x \to 0} \cos x = 1.$

5.2.2 定积分计算的基本公式

基本公式的内容可以描述为：一个连续函数在区间 $[a, b]$ 上的定积分等于它的任意一个原函数在区间 $[a, b]$ 上的增量.

基本公式：设 $f(x)$ 在 $[a, b]$ 上连续，$F(x)$ 是 $f(x)$ 的任意一个原函数，即 $F'(x) = f(x)$，则

$$\int_a^b f(x) dx = F(x) \Big|_a^b = F(b) - F(a).$$

证明 由前面的定理 1 知：$\Phi(x) = \displaystyle\int_a^x f(t) dt$ 与 $F(x)$ 都是

$f(x)$ 的原函数，则

$$\Phi(x) = F(x) + C, \ \text{即} \int_a^x f(t) dt = F(x) + C \ (C \ \text{是常数}).$$

当 $x = a$ 时，有 $\displaystyle\int_a^a f(t) dt = F(a) + C$，得 $F(a) + C = 0$，

即 $C = -F(a)$，所以 $\displaystyle\int_a^x f(t) dt = F(x) - F(a).$

牛顿在 1666 年写的《流数简论》中利用运动学描述了这一公式，1677 年，莱布尼茨在一篇手稿中正式提出了这一公式. 因为二者最早发现了这一公式，于是命名为牛顿－莱布尼茨公式.

当 $x = b$ 时，有 $\displaystyle\int_a^b f(t) dt = F(b) - F(a)$，常用记号

$F(x) \Big|_a^b$ 表示 $F(b) - F(a).$

所以 $\displaystyle\int_a^b f(x) dx = F(x) \Big|_a^b = F(b) - F(a).$

这个公式叫**牛顿－莱布尼茨（Newton－Leibniz）公式.**

牛顿－莱布尼茨公式将微分学和积分学有机地联系在一起. 公式中的被积函数是等式右端的导函数，求积分的问题则转化为求被积函数的原函数在积分区间上的增量问题.

这个公式的意义是：计算定积分 $\displaystyle\int_a^b f(x) dx$ 的数值，只需先求出 $f(x)$ 的任意一个原函数 $F(x)$，而 $F(x)$ 在上限 b、下

限 a 处的函数值 $F(b)$、$F(a)$ 的差 $F(b)-F(a)$ 就是定积分 $\int_a^b f(x)\mathrm{d}x$ 的值. 也就是说, 这个公式把积分和微分这两个不同的概念联系起来了, 从而把求定积分 $\int_a^b f(x)\mathrm{d}x$ 的问题转化为求 $f(x)$ 的原函数的问题. 另外在计算定积分时, 只需写 $f(x)$ 的一个原函数 $F(x)$, 不需要加上任意常数 C, 这是因为

$$\left[F(x)+C\right]_a^b = \left[F(b)+C\right]-\left[F(a)+C\right]$$
$$= F(b)-F(a) = F(x)\bigg|_a^b$$

例 4　计算 $\int_0^1 x^2\mathrm{d}x$.

解　$\int_0^1 x^2\mathrm{d}x = \dfrac{x^3}{3}\bigg|_0^1 = \dfrac{1}{3}$.

例 5　计算 $\int_{-\frac{\pi}{2}}^{\frac{\pi}{2}}(\cos x - \sin x)\mathrm{d}x$.

解　$\int_{-\frac{\pi}{2}}^{\frac{\pi}{2}}(\cos x - \sin x)\mathrm{d}x = (\sin x + \cos x)\bigg|_{-\frac{\pi}{2}}^{\frac{\pi}{2}}$

$= \left(\sin\dfrac{\pi}{2} + \cos\dfrac{\pi}{2}\right) - \left[\sin\left(-\dfrac{\pi}{2}\right) + \cos\left(-\dfrac{\pi}{2}\right)\right]$

$= 1 - (-1) = 2$.

> 基本公式把求定积分的问题转化为求原函数的问题. 因此不定积分的凑微分法可直接应用到求定积分中.

例 6　计算 $\int_0^{\frac{\pi}{2}} \sin^2 x\cos x\mathrm{d}x$.

解　$\int_0^{\frac{\pi}{2}} \sin^2 x\cos x\mathrm{d}x = \int_0^{\frac{\pi}{2}} \sin^2 x\,\mathrm{d}\sin x$

$= \dfrac{1}{3}\sin^3 x\bigg|_0^{\frac{\pi}{2}} = \dfrac{1}{3}$.

> 计算被积函数中含有绝对值的定积分, 一般会使用定积分的可加性定理把它分成几个定积分的和, 从而达到去掉绝对值的目的.

例 7　计算 $\int_{-1}^2 |x|\mathrm{d}x$.

解　$\int_{-1}^2 |x|\mathrm{d}x = \int_{-1}^0 (-x)\mathrm{d}x + \int_0^2 x\mathrm{d}x$

$= -\dfrac{1}{2}x^2\bigg|_{-1}^0 + \dfrac{1}{2}x^2\bigg|_0^2 = \dfrac{1}{2} + 2 = \dfrac{5}{2}$.

例 8　计算 $\int_0^2 \dfrac{x}{\sqrt{1+x^2}}\mathrm{d}x$.

解　$\int \dfrac{x}{\sqrt{1+x^2}}\mathrm{d}x = \dfrac{1}{2}\int \dfrac{\mathrm{d}(x^2+1)}{\sqrt{1+x^2}} = \dfrac{1}{2}\cdot 2(1+x^2)^{\frac{1}{2}} + C$

$= (1+x^2)^{\frac{1}{2}} + C$.

所以 $\dfrac{x}{\sqrt{1+x^2}}$ 有一个原函数 $(1+x^2)^{\frac{1}{2}}$,

故 $\int_0^2 \dfrac{x}{\sqrt{1+x^2}}\mathrm{d}x = (1+x^2)^{\frac{1}{2}}\bigg|_0^2 = \sqrt{5} - 1$.

例9 设函数 $f(x)$ 在 $[0, +\infty)$ 内连续且 $f(x)>0$，证明

函数 $F(x) = \dfrac{\displaystyle\int_0^x tf(t)\mathrm{d}t}{\displaystyle\int_0^x f(t)\mathrm{d}t}$ 在 $(0, +\infty)$ 内为单调增函数.

解 由定理 1 知 $\dfrac{\mathrm{d}}{\mathrm{d}x}\displaystyle\int_0^x tf(t)\mathrm{d}t = xf(x)$，

$$\frac{\mathrm{d}}{\mathrm{d}x}\int_0^x f(t)\mathrm{d}t = f(x),$$

$$F'(x) = \frac{xf(x)\displaystyle\int_0^x f(t)\mathrm{d}t - f(x)\displaystyle\int_0^x tf(t)\mathrm{d}t}{\left[\displaystyle\int_0^x f(t)\mathrm{d}t\right]^2}$$

$$= \frac{f(x)\displaystyle\int_0^x (x-t)f(t)\mathrm{d}t}{\left[\displaystyle\int_0^x f(t)\mathrm{d}t\right]^2}.$$

在 $t \in [0, x]$ $(x>0)$ 上 $f(t)>0$，$(x-t)f(t)\geqslant 0$，则

$$f(x) > 0, \left[\int_0^x f(t)\mathrm{d}t\right]^2 > 0, \int_0^x (x-t)f(t)\mathrm{d}t > 0,$$

即 $F'(x)>0$.

所以函数 $F(x)$ 在 $(0, +\infty)$ 内为单调增函数.

例10 求 $\displaystyle\lim_{x \to 0} \dfrac{\displaystyle\int_{\cos x}^1 \mathrm{e}^{-t^2}\mathrm{d}t}{x^2}$.

解 这是一个 $\dfrac{0}{0}$ 型的待定式，可以利用洛必达法则来计算.

$$\frac{\mathrm{d}}{\mathrm{d}x}\int_{\cos x}^1 \mathrm{e}^{-t^2}\mathrm{d}t = -\frac{\mathrm{d}}{\mathrm{d}x}\int_1^{\cos x} \mathrm{e}^{-t^2}\mathrm{d}t$$

$$\xlongequal{\text{设 } u = \cos x} -\frac{\mathrm{d}}{\mathrm{d}u}\int_1^u \mathrm{e}^{-t^2}\mathrm{d}t \cdot \frac{\mathrm{d}u}{\mathrm{d}x}$$

$$= -\mathrm{e}^{-\cos^2 x}(\cos x)' = \sin x \cdot \mathrm{e}^{-\cos^2 x}.$$

所以 $\displaystyle\lim_{x \to 0} \dfrac{\displaystyle\int_{\cos x}^1 \mathrm{e}^{-t^2}\mathrm{d}t}{x^2} \xlongequal{\text{洛必达法则}} \displaystyle\lim_{x \to 0} \dfrac{\sin x \cdot \mathrm{e}^{-\cos^2 x}}{2x}$

$$= \lim_{x \to 0} \frac{\sin x}{x} \cdot \frac{1}{2}\mathrm{e}^{-\cos^2 x}$$

$$= \frac{1}{2}\mathrm{e}^{-1} = \frac{1}{2\mathrm{e}}.$$

例11 设 $f(x) = x^2 - x\displaystyle\int_0^2 f(x)\mathrm{d}x + 2\displaystyle\int_0^1 f(x)\mathrm{d}x$，求 $f(x)$.

解 由定积分的定义知 $\displaystyle\int_0^1 f(x)\mathrm{d}x, \int_0^2 f(x)\mathrm{d}x$ 均为常数，

这类问题一般都是通过两边同时作定积分的方法，因为 $\int_0^1 f(x)\mathrm{d}x$，$\int_0^2 f(x)\mathrm{d}x$ 是常数，可以拿到积分号的外面. 又本题中有两个定积分，所以需要等式两边积分两次.

设 $\int_0^1 f(x)\mathrm{d}x = a$，$\int_0^2 f(x)\mathrm{d}x = b$，则等式两边分别从 0 到 1 和 0 到 2 积分得

$$\begin{aligned}
a &= \int_0^1 f(x)\mathrm{d}x \\
&= \int_0^1 x^2 \mathrm{d}x - \int_0^1 \Big[x\int_0^2 f(x)\mathrm{d}x \Big]\mathrm{d}x + \int_0^1 \Big[2\int_0^1 f(x)\mathrm{d}x \Big]\mathrm{d}x \\
&= \int_0^1 x^2 \mathrm{d}x - \int_0^1 bx\,\mathrm{d}x + \int_0^1 2a\,\mathrm{d}x \\
&= \int_0^1 x^2 \mathrm{d}x - b\int_0^1 x\,\mathrm{d}x + a\int_0^1 2\,\mathrm{d}x \\
&= \frac{1}{3}x^3 \Big|_0^1 - \frac{b}{2}x^2 \Big|_0^1 + 2ax \Big|_0^1 \\
&= \frac{1}{3} - \frac{b}{2} + 2a. \tag{1}
\end{aligned}$$

$$\begin{aligned}
b &= \int_0^2 f(x)\mathrm{d}x \\
&= \int_0^2 x^2 \mathrm{d}x - \int_0^2 \Big[x\int_0^2 f(x)\mathrm{d}x \Big]\mathrm{d}x + \int_0^2 \Big[2\int_0^1 f(x)\mathrm{d}x \Big]\mathrm{d}x \\
&= \int_0^2 x^2 \mathrm{d}x - \int_0^2 bx\,\mathrm{d}x + \int_0^2 2a\,\mathrm{d}x \\
&= \int_0^2 x^2 \mathrm{d}x - b\int_0^2 x\,\mathrm{d}x + a\int_0^2 2\,\mathrm{d}x \\
&= \frac{1}{3}x^3 \Big|_0^2 - \frac{b}{2}x^2 \Big|_0^2 + 2ax \Big|_0^2 \\
&= \frac{8}{3} - 2b + 4a. \tag{2}
\end{aligned}$$

联立（1）（2）可解得 $a = \int_0^1 f(x)\mathrm{d}x = \dfrac{1}{3}$，$b = \int_0^2 f(x)\mathrm{d}x = \dfrac{4}{3}$.

习题 5－2

1. 试求函数 $y = \int_0^x \sin t\,\mathrm{d}t$ 当 $x = 0$ 及 $x = \dfrac{\pi}{4}$ 时的导数.

2. 求由 $\int_0^y \mathrm{e}^t \mathrm{d}t + \int_0^x \cos t\,\mathrm{d}t = 0$ 所决定的隐函数 y 对 x 的导数 $\dfrac{\mathrm{d}y}{\mathrm{d}x}$.

3. 设 $y = y(x)$ 由方程 $\int_0^y \mathrm{e}^{t^2} \mathrm{d}t + \int_0^{x^2} \dfrac{\sin t}{\sqrt{t}}\mathrm{d}t = 1$ 确定，求 $\dfrac{\mathrm{d}y}{\mathrm{d}x}$.

4. 计算下列各导数.

   (1) $\dfrac{\mathrm{d}}{\mathrm{d}x} \int_0^{x^2} \sqrt{1+t^2}\,\mathrm{d}t$；

   (2) $\dfrac{\mathrm{d}}{\mathrm{d}x} \int_{x^2}^{x^3} \dfrac{\mathrm{d}t}{\sqrt{1+t^4}}$；

   (3) $\dfrac{\mathrm{d}}{\mathrm{d}x} \int_{\sin x}^{\cos x} \cos(\pi t^2)\,\mathrm{d}t$.

5. 计算下列各定积分.

(1) $\int_0^a (3x^2 - x + 1)\mathrm{d}x$;

(2) $\int_1^2 \left(x^2 + \dfrac{1}{x^4}\right)\mathrm{d}x$;

(3) $\int_4^9 \sqrt{x}\,(1 + \sqrt{x}\,)\mathrm{d}x$;

(4) $\int_{\frac{1}{\sqrt{3}}}^{\sqrt{3}} \dfrac{\mathrm{d}x}{x^2 + 1}$;

(5) $\int_{-\frac{1}{2}}^{\frac{1}{2}} \dfrac{\mathrm{d}x}{\sqrt{1 - x^2}}$;

(6) $\int_0^{\sqrt{3}a} \dfrac{\mathrm{d}x}{a^2 + x^2}$;

(7) $\int_0^1 \dfrac{\mathrm{d}x}{\sqrt{4 - x^2}}$;

(8) $\int_{-1}^0 \dfrac{3x^4 + 3x^2 + 1}{x^2 + 1}\mathrm{d}x$;

(9) $\int_{-e-1}^{-2} \dfrac{\mathrm{d}x}{1 + x}$;

(10) $\int_0^{\frac{\pi}{4}} \tan^2 x\,\mathrm{d}x$;

(11) $\int_0^{2\pi} |\sin x|\,\mathrm{d}x$;

(12) $\int_0^2 f(x)\mathrm{d}x$, 其中 $f(x) = \begin{cases} x + 1, & x \leqslant 1 \\ \dfrac{1}{2}x^2, & x > 1 \end{cases}$.

6. 设 $k \in \mathbf{N}^+$, 试证下列各题.

(1) $\int_{-\pi}^{\pi} \cos kx\,\mathrm{d}x = 0$;

(2) $\int_{-\pi}^{\pi} \sin kx\,\mathrm{d}x = 0$;

(3) $\int_{-\pi}^{\pi} \cos^2 kx\,\mathrm{d}x = \pi$;

(4) $\int_{-\pi}^{\pi} \sin^2 kx\,\mathrm{d}x = \pi$.

7. 求下列极限.

(1) $\lim\limits_{x \to 0} \dfrac{\displaystyle\int_0^x \cos t^2\,\mathrm{d}t}{x}$;

(2) $\lim\limits_{x \to 0} \dfrac{\left(\displaystyle\int_0^x \mathrm{e}^{t^2}\,\mathrm{d}t\right)^2}{\displaystyle\int_0^x t\,\mathrm{e}^{2t^2}\,\mathrm{d}t}$.

8. 设 $f(x) = \begin{cases} x^2, & x \in [0,\ 1) \\ x, & x \in [1,\ 2] \end{cases}$, 求 $\varPhi(x) = \displaystyle\int_0^x f(t)\mathrm{d}t$ 在 $[0,\ 2]$ 上的表达式, 并讨论 $\varPhi(x)$ 在 $(0,\ 2)$ 内的连续性.

§5.3　定积分的换元积分法和分部积分法

前面在不定积分的内容中曾经介绍过换元法和分部积分法这两种求解不定积分的方法. 与不定积分类似, 定积分也有换元积分法与分部积分法, 在定积分的计算中, 它们起着重要的作用. 有一点需要注意, 虽然不定积分和定积分只有一字之差, 但是在数学上它们其实是两个完全不同的概念. 不定积分求解的是被积函数的原函数; 而定积分求解的则是一种特殊形式的极限, 也就是一个具体的值. 下面就来探索如何将换元积分法和分部积分法这两种方法应用在定积分上.

不定积分的换元积分法通常包括选取代换变量、计算新的被积函数、对新的被积函数进行积分等步骤. 而定积分的换元积分法则需要在计算新的被积函数的同时, 对积分上下限进行相应的变换, 最后才能利用积分公式进行求解. 因此, 在学习和应用换元积分法时, 需要注意对两者的异同进行理解和区分, 根据具体情况选择适当的方法进行求解.

5.3.1　换元积分法

定理 1　设 $f(x)$ 在 $[a, b]$ 在上连续, 如果 $x = \varphi(t)$ 在以 α, β 为端点的闭区间上满足下列条件:

(1) $\varphi(\alpha) = a$, $\varphi(\beta) = b$;

(2) $\varphi(t)$ 的值域是 $[a, b]$;

(3) $\varphi'(t)$ 存在且连续,

则有
$$\int_a^b f(x)\mathrm{d}x = \int_\alpha^\beta f[\varphi(t)]\varphi'(t)\mathrm{d}t. \tag{1}$$

公式(1)叫做定积分的换元积分法公式.

证明　设 $F(x)$ 是 $f(x)$ 的原函数, 而 $\dfrac{\mathrm{d}}{\mathrm{d}t}F[\varphi(t)] = f[\varphi(t)]\varphi'(t)$, 所以, $F[\varphi(t)]$ 是 $f[\varphi(t)]\varphi'(t)$ 的原函数. 又

$$\int_a^b f(x)\mathrm{d}x = F(b) - F(a)$$

则

$$\int_\alpha^\beta f[\varphi(t)]\varphi'(t)\mathrm{d}t = F[\varphi(\beta)] - F[\varphi(\alpha)] = F(b) - F(a),$$

所以定理成立.

显然换元积分公式对于 $b < a$ 时也是成立的.

应用换元公式时有两点值得注意:

第一点: 用 $x = \varphi(t)$ 把原来变量 x 代换成新变量 t 时, 积分上下限也要换成相应的新变量 t 的积分上下限;

第二点: 求出 $f[\varphi(t)]\varphi'(t)$ 的一个原函数 $F[\varphi(t)]$ 后, 不必像计算不定积分那样再把 $F[\varphi(t)]$ 变换成原来的变量 x 的函数, 而只要把新变量 t 的上下限分别代入 $F[\varphi(t)]$ 中然后相减就可以了.

关于定积分的换元法应注意两点:

(1) 在做变量替换的同时, 一定要更换积分上下限.

(2) 用 $t = \varphi^{-1}(x)$ 引入新变量 t 时, 一定要注意反函数 $x = \varphi(t)$ 的单值、可微等条件.

例 1　求 $\displaystyle\int_0^1 \sqrt{1 - x^2}\,\mathrm{d}x$.

解　方法一　先求不定积分, 再求定积分, 请读者自行完成.

方法二　由定积分的几何意义可知(见图 5−10):

$$\int_0^1 \sqrt{1 - x^2}\,\mathrm{d}x = S = \frac{\pi}{4}.$$

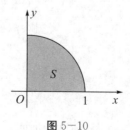

图 5−10

三角换元的目的是利用平方关系去掉根号，一般地：

$\sqrt{1-x^2}$：令 $x=\sin t$.

$\sqrt{x^2-1}$：令 $x=\sec t$.

$\sqrt{1+x^2}$：令 $x=\tan t$.

还要注意根据积分区间合理确定 t 的取值范围.

方法三　定积分的换元积分法.

设 $x=\sin t$，$\mathrm{d}x=\cos t\,\mathrm{d}t$，$t\in\left[0,\dfrac{\pi}{2}\right]$，当 $x=0$ 时，$t=0$；

当 $x=1$ 时，$t=\dfrac{\pi}{2}$. 所以

$$\int_0^1\sqrt{1-x^2}\,\mathrm{d}x=\int_0^{\frac{\pi}{2}}\sqrt{1-\sin^2 t}\,\cos t\,\mathrm{d}t=\int_0^{\frac{\pi}{2}}\cos^2 t\,\mathrm{d}t$$

$$=\int_0^{\frac{\pi}{2}}\frac{1+\cos 2t}{2}\,\mathrm{d}t=\left[\frac{t}{2}+\frac{\sin 2t}{4}\right]_0^{\frac{\pi}{2}}=\frac{\pi}{4}.$$

例 2　计算 $\displaystyle\int_0^4\frac{\mathrm{d}x}{1+\sqrt{x}}$.

解　设 $\sqrt{x}=t$，则 $x=t^2$，$\mathrm{d}x=2t\,\mathrm{d}t$，

当 $x=0$ 时，$t=0$；当 $x=4$ 时，$t=2$. 所以

$$\int_0^4\frac{\mathrm{d}x}{1+\sqrt{x}}=\int_0^2\frac{2t}{1+t}\,\mathrm{d}t=2\int_0^2\left(1-\frac{1}{1+t}\right)\mathrm{d}t$$

$$=2\left[t-\ln(1+t)\right]_0^2$$

$$=2(2-\ln 3)=4-2\ln 3.$$

如果定积分的积分域关于 $x=0$ 对称，若被积函数是奇函数，则积分结果为 0；如果被积函数是偶函数，那么积分结果等于以 0 为分界的一个半积分区间上积分结果的两倍. 此性质简称为偶倍奇零，即

$$\int_{-a}^a f(x)\mathrm{d}x=$$

$$\begin{cases}2\displaystyle\int_0^a f(x)\mathrm{d}x,f(x)\text{ 是偶函数}\\0,f(x)\text{ 是奇函数}\end{cases}.$$

例 3　若 $f(x)$ 是 $[-a,a]$ 上连续的奇函数 $(a>0)$，则 $\displaystyle\int_{-a}^a f(x)\mathrm{d}x=0$.

证明　如图 5-11 所示.

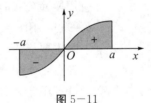

图 5-11

$$\int_{-a}^a f(x)\mathrm{d}x=\int_{-a}^0 f(x)\mathrm{d}x+\int_0^a f(x)\mathrm{d}x$$

$$=\int_0^a f(x)\mathrm{d}x-\int_0^{-a} f(x)\mathrm{d}x.$$

在积分 $\displaystyle\int_0^{-a} f(x)\mathrm{d}x$ 中，设 $x=-t$. 且 $f(x)$ 是奇函数，则

$$f(-t)=-f(t).$$

当 $x=0$ 时，$t=0$；当 $x=-a$ 时，$t=a$. 所以

$$\int_{-a}^a f(x)\mathrm{d}x=\int_0^a f(x)\mathrm{d}x-\int_0^{-a} f(x)\mathrm{d}x$$

$$=\int_0^a f(x)\mathrm{d}x-\int_0^a f(-t)\mathrm{d}(-t)$$

$$=\int_0^a f(x)\mathrm{d}x-\int_0^a f(t)\mathrm{d}(t)=0.$$

请读者证明：若 $f(x)$ 是 $[-a,a]$ 上连续的偶函数 $(a>$

$0)$，则 $\int_{-a}^{a} f(x)\mathrm{d}x = 2\int_{0}^{a} f(x)\mathrm{d}x.$

例 4　求证：$\int_{0}^{\frac{\pi}{2}} \sin^n \mathrm{d}x = \int_{0}^{\frac{\pi}{2}} \cos^n x\,\mathrm{d}x\,(n \in \mathbf{N}^+).$

对比等式左右两边，要从 $\sin x$ 变化到 $\cos x$ 由此想到利用诱导公式，令 $x = \frac{\pi}{2} - t.$

证明　设 $x = \frac{\pi}{2} - t$，则 $\mathrm{d}x = -\mathrm{d}t.$

当 $x = 0$ 时，$t = \frac{\pi}{2}$；当 $x = \frac{\pi}{2}$ 时，$t = 0$. 那么

$$\int_{0}^{\frac{\pi}{2}} \sin^n x\,\mathrm{d}x = \int_{\frac{\pi}{2}}^{0} \sin^n\left(\frac{\pi}{2} - t\right)(-\mathrm{d}t)$$

$$= -\int_{\frac{\pi}{2}}^{0} \cos^n t\,\mathrm{d}t = \int_{0}^{\frac{\pi}{2}} \cos^n t\,\mathrm{d}t,$$

所以

$$\int_{0}^{\frac{\pi}{2}} \sin^n x\,\mathrm{d}x = \int_{0}^{\frac{\pi}{2}} \cos^n x\,\mathrm{d}x.$$

例 5　计算 $\int_{-1}^{1} (x^2 - 3x + 9\tan x + 5\sin x + 2)\mathrm{d}x.$

解　方法一　$\int_{-1}^{1} (x^2 - 3x + 9\tan x + 5\sin x + 2)\mathrm{d}x.$

$$= \int_{-1}^{1} (x^2 - 3x + 2)\mathrm{d}x + 9\int_{-1}^{1} \tan x\,\mathrm{d}x + 5\int_{-1}^{1} \sin x\,\mathrm{d}x$$

$$= \left[\frac{1}{3}x^3 - \frac{3}{2}x^2 + 2x\right]_{-1}^{1} + 9\int_{-1}^{1} \frac{\sin x}{\cos x}\mathrm{d}x - 5\big[\cos x\big]_{-1}^{1}$$

$$= \frac{2}{3} + 4 - 9\big[\ln|\cos x|\big]_{-1}^{1} - 5(\cos 1 - \cos 1)$$

$$= \frac{14}{3} - 0 - 0 = \frac{14}{3}$$

充分利用被积函数的奇偶性可大大简化定积分的计算.

方法二　由 $x^2 + 2$ 是偶函数，$3x$，$\tan x$，$\sin x$ 是奇函数，所以 $\int_{-1}^{1} (x^2 - 3x + 9\tan x + 5\sin x + 2)\mathrm{d}x$

$$= \int_{-1}^{1} (x^2 + 2)\mathrm{d}x + \int_{-1}^{1} (9\tan x + 5\sin x - 3x)\mathrm{d}x$$

$$= 2\int_{0}^{1} (x^2 + 2)\mathrm{d}x + 0 = 2\left[\frac{1}{3}x^3 + 2x\right]_{0}^{1}$$

$$= 2\left(\frac{1}{3} + 2\right) = \frac{14}{3}.$$

例 6　若 $f(x)$ 在 $[0, 1]$ 上连续，证明：

(1) $\int_{0}^{\frac{\pi}{2}} f(\sin x)\mathrm{d}x = \int_{0}^{\frac{\pi}{2}} f(\cos x)\mathrm{d}x$；

(2) $\int_{0}^{\pi} x f(\sin x)\mathrm{d}x = \frac{\pi}{2}\int_{0}^{\pi} f(\sin x)\mathrm{d}x$，并由此计算

$\int_{0}^{\pi} \dfrac{x\sin x}{1 + \cos^2 x}\mathrm{d}x.$

证明 (1) 设 $x = \dfrac{\pi}{2} - t$ 则 $\mathrm{d}x = -\mathrm{d}t$,

当 $x = 0$ 时, $t = \dfrac{\pi}{2}$; 当 $x = \dfrac{\pi}{2}$ 时, $t = 0$. 所以

$$\int_0^{\frac{\pi}{2}} f(\sin x)\mathrm{d}x = \int_{\frac{\pi}{2}}^{0} f\left[\sin\left(\frac{\pi}{2} - t\right)\right](-\mathrm{d}t)$$

$$= -\int_{\frac{\pi}{2}}^{0} f(\cos t)\mathrm{d}t = \int_0^{\frac{\pi}{2}} f(\cos t)\mathrm{d}t$$

$$= \int_0^{\frac{\pi}{2}} f(\cos x)\mathrm{d}x.$$

利用定积分的换元法常可证明一些定积分等式:

(1) $\int_0^{\frac{\pi}{2}} f(\sin x)\mathrm{d}x = \int_0^{\frac{\pi}{2}} f(\cos x)\mathrm{d}x$;

(2) $\int_0^{\pi} x f(\sin x)\mathrm{d}x = \dfrac{\pi}{2}\int_0^{\pi} f(\sin x)\mathrm{d}x$;

(3) $\int_0^{\pi} f(\sin x)\mathrm{d}x = 2\int_0^{\frac{\pi}{2}} f(\sin x)\mathrm{d}x$;

(4) $\int_{-\frac{\pi}{2}}^{\frac{\pi}{2}} f(\cos x)\mathrm{d}x = 2\int_0^{\frac{\pi}{2}} f(\cos x)\mathrm{d}x$.

(2) 设 $x = \pi - t \Rightarrow \mathrm{d}x = -\mathrm{d}t$,

当 $x = 0$ 时, $t = \pi$; 当 $x = \pi$ 时, $t = 0$. 所以

$$\int_0^{\pi} x f(\sin x)\mathrm{d}x = \int_{\pi}^{0} (\pi - t) f\left[\sin(\pi - t)\right](-\mathrm{d}t)$$

$$= \int_0^{\pi} (\pi - t) f(\sin t)\mathrm{d}t$$

$$= \int_0^{\pi} \pi f(\sin t)\mathrm{d}t - \int_0^{\pi} t f(\sin t)\mathrm{d}t$$

$$= \pi \int_0^{\pi} f(\sin t)\mathrm{d}t - \int_0^{\pi} t f(\sin t)\mathrm{d}t$$

$$= \pi \int_0^{\pi} f(\sin x)\mathrm{d}x - \int_0^{\pi} x f(\sin x)\mathrm{d}x.$$

则 $\quad 2\int_0^{\pi} x f(\sin x)\mathrm{d}x = \pi \int_0^{\pi} f(\sin x)\mathrm{d}x$,

所以 $\quad \int_0^{\pi} x f(\sin x)\mathrm{d}x = \dfrac{\pi}{2}\int_0^{\pi} f(\sin x)\mathrm{d}x$.

所以 $\displaystyle\int_0^{\pi} \dfrac{x\sin x}{1 + \cos^2 x}\mathrm{d}x = \dfrac{\pi}{2}\int_0^{\pi} \dfrac{\sin x}{1 + \cos^2 x}\mathrm{d}x = -\dfrac{\pi}{2}\int_0^{\pi} \dfrac{\mathrm{d}(\cos x)}{1 + \cos^2 x}$

$$= -\dfrac{\pi}{2}\left[\arctan(\cos x)\right]_0^{\pi}$$

$$= -\dfrac{\pi}{2}\left(-\dfrac{\pi}{4} - \dfrac{\pi}{4}\right) = \dfrac{\pi^2}{4}.$$

例 7 设函数 $f(x) = \begin{cases} x\mathrm{e}^{-x^2}, & x \geqslant 0 \\ \dfrac{1}{1 + \cos x}, & -1 \leqslant x < 0 \end{cases}$, 计算

$\displaystyle\int_1^4 f(x - 2)\mathrm{d}x$.

解 设 $x - 2 = t$, 则 $\mathrm{d}x = \mathrm{d}t$.

当 $x = 1$ 时, $t = -1$; 当 $x = 4$ 时, $t = 2$. 所以

$$\int_1^4 f(x - 2)\mathrm{d}x = \int_{-1}^{2} f(t)\mathrm{d}t = \int_{-1}^{0} \dfrac{\mathrm{d}t}{1 + \cos t} + \int_0^2 t\mathrm{e}^{-t^2}\mathrm{d}t$$

$$= \int_{-1}^{0} \dfrac{\mathrm{d}t}{1 + 2\cos^2 \dfrac{t}{2} - 1} - \dfrac{1}{2}\int_0^2 \mathrm{e}^{-t^2}\mathrm{d}(-t^2)$$

$$= \int_{-1}^{0} \frac{\mathrm{d}\dfrac{t}{2}}{\cos^2 \dfrac{t}{2}} - \frac{1}{2} \int_{0}^{2} \mathrm{e}^{-t^2} \mathrm{d}(-t^2)$$

$$= \left[\tan \frac{t}{2}\right]_{-1}^{0} - \left[\frac{1}{2}\mathrm{e}^{-t^2}\right]_{0}^{2} = \tan \frac{1}{2} - \frac{1}{2}\mathrm{e}^{-4} + \frac{1}{2}.$$

如果 T 是函数 $f(x)$ 的周期,则

(1) $\displaystyle\int_{a}^{a+T} f(x)\mathrm{d}x =$

$\displaystyle\int_{0}^{T} f(x)\mathrm{d}x (a \in \mathbf{R})$;

(2) $\displaystyle\int_{a}^{a+nT} f(x)\mathrm{d}x =$

$n\displaystyle\int_{0}^{T} f(x)\mathrm{d}x$

$(a \in \mathbf{R}, n \in \mathbf{N}^+)$.

例 8　设 $f(x)$ 是以 T 为周期的连续函数,证明:

$$\int_{a}^{a+T} f(x)\mathrm{d}x = \int_{0}^{T} f(x)\mathrm{d}x.$$

证明

$$\int_{a}^{a+T} f(x)\mathrm{d}x = \int_{a}^{0} f(x)\mathrm{d}x + \int_{0}^{T} f(x)\mathrm{d}x + \int_{T}^{a+T} f(x)\mathrm{d}x.$$

由题意得 $f(x+T) = f(x)$,令 $x = t + T$,

当 $x = T$ 时,$t = 0$;当 $x = a + T$ 时,$t = a$. 则

$$\int_{T}^{a+T} f(x)\mathrm{d}x = \int_{0}^{a} f(t+T)\mathrm{d}t$$

$$= \int_{0}^{a} f(t)\mathrm{d}t = -\int_{a}^{0} f(x)\mathrm{d}x,$$

所以　$\displaystyle\int_{a}^{a+T} f(x)\mathrm{d}x = \int_{a}^{0} f(x)\mathrm{d}x + \int_{0}^{T} f(x)\mathrm{d}x - \int_{a}^{0} f(x)\mathrm{d}x$

$$= \int_{0}^{T} f(x)\mathrm{d}x.$$

5.3.2　分部积分法

分部积分法的难点是 $u(x)$,$v(x)$ 的选取,与不定积分分部积分法相同,一般应掌握这样两条原则:

(1) 要从 $\mathrm{d}v$ 中容易求出 $v(x)$;

(2) 要使 $v(x)u'(x)$ 比 $u(x)v'(x)$ 的原函数.

定理 2　如果函数 $u(x)$,$v(x)$ 在 $[a, b]$ 上是连续函数,则有

$$\int_{a}^{b} u \mathrm{d}v = uv \Big|_{a}^{b} - \int_{a}^{b} v \mathrm{d}u. \tag{2}$$

证明　因为

$$\mathrm{d}(uv) = u\mathrm{d}v + v\mathrm{d}u$$

所以

$$u\mathrm{d}v = \mathrm{d}(uv) - v\mathrm{d}u,$$

将等式两端在 $[a, b]$ 上求定积分得

$$\int_{a}^{b} u\mathrm{d}v = \int_{a}^{b} \mathrm{d}(uv) - \int_{a}^{b} v\mathrm{d}u = uv \Big|_{a}^{b} - \int_{a}^{b} v\mathrm{d}u.$$

(2) 式就是定积分的分部积分公式.

例 9　求 $\displaystyle\int_{0}^{1} x\mathrm{e}^x \mathrm{d}x$.

解　$\displaystyle\int_{0}^{1} x\mathrm{e}^x \mathrm{d}x = \int_{0}^{1} x\mathrm{d}\mathrm{e}^x = x\mathrm{e}^x \Big|_{0}^{1} - \int_{0}^{1} \mathrm{e}^x \mathrm{d}x$

$$= (\mathrm{e} - 0) - \mathrm{e}^x \Big|_{0}^{1} = \mathrm{e} - (\mathrm{e} - 1) = 1.$$

例 10 $\int_0^{e-1} \ln(x+1)dx$.

解 $\int \ln(x+1)dx = x\ln(x+1) - \int x d[\ln(x+1)]$

$$= x\ln(x+1) - \int x \cdot \frac{1}{x+1}dx$$

$$= x\ln(x+1) - \int \left(1 - \frac{1}{x+1}\right)dx$$

$$= x\ln(x+1) - x + \ln(x+1) + C.$$

所以 $\int_0^{e-1} \ln(x+1)dx = \left[x\ln(x+1) - x + \ln(1+x)\right]_0^{e-1}$

$$= \left[(x+1)\ln(x+1) - x\right]_0^{e-1}$$

$$= \left[e\ln e - (e-1)\right] - \left[\ln 1 - 0\right] = 1.$$

对积分中有自然数 n 的某些情况，可以利用分部积分法获得递推公式.

例 11 求 $\int_0^{\frac{\pi}{2}} \sin^n x dx$.

解 记积分为 I_n，则有

$$I_n = \int_0^{\frac{\pi}{2}} \sin^n x dx = -\int_0^{\frac{\pi}{2}} \sin^{n-1} x d\cos x$$

$$= -\sin^{n-1} x \cdot \cos x \Big|_0^{\frac{\pi}{2}} + \int_0^{\frac{\pi}{2}} \cos x (\sin^{n-1} x)' dx$$

$$= (n-1)\int_0^{\frac{\pi}{2}} \sin^{n-2} x \cos^2 x dx$$

$$= (n-1)\int_0^{\frac{\pi}{2}} \sin^{n-2} x (1-\sin^2 x) dx$$

$$= (n-1)\int_0^{\frac{\pi}{2}} \sin^{n-2} x dx - (n-1)\int_0^{\frac{\pi}{2}} \sin^n x dx$$

$$= (n-1)I_{n-2} - (n-1)I_n.$$

所以 $I_n = \frac{n-1}{n}I_{n-2}$，$I_{n-2} = \frac{n-3}{n-2}I_{n-4}$，$\cdots$.

（1）当 n 是偶数时：

$$I_n = \frac{n-1}{n}I_{n-2} = \frac{n-1}{n} \cdot \frac{n-3}{n-2}I_{n-4}$$

$$= \cdots = \frac{n-1}{n} \cdot \frac{n-3}{n-2} \cdot \cdots \cdot \frac{3}{4} \cdot \frac{1}{2} I_0$$

$$= \frac{(n-1)(n-3)\cdots 3 \times 1}{n(n-2)(n-4)\cdots 4 \times 2} \int_0^{\frac{\pi}{2}} 1 dx$$

$$= \frac{(n-1)(n-3)\cdots 3 \times 1}{n(n-2)(n-4)\cdots 4 \times 2} \cdot \frac{\pi}{2}.$$

（2）当 n 是奇数时：

$$I_n = \frac{n-1}{n}I_{n-2} = \frac{n-1}{n} \cdot \frac{n-3}{n-2}I_{n-4}$$

$$= \cdots = \frac{n-1}{n} \cdot \frac{n-3}{n-2} \cdot \cdots \cdot \frac{4}{5} \cdot \frac{2}{3} I_1$$

$$= \frac{(n-1)(n-3)\cdots 4 \times 2}{n(n-2)(n-4)\cdots 5 \times 3} \int_0^{\frac{\pi}{2}} \sin x \, \mathrm{d}x$$

$$= \frac{(n-1)(n-3)\cdots 4 \times 2}{n(n-2)(n-4)\cdots 5 \times 3}.$$

例 11　设 $f(x) = \int_0^x \frac{\sin t}{\pi - t} \mathrm{d}t$，求 $\int_0^\pi f(x)\mathrm{d}x$.

解　由 $f(x) = \int_0^x \frac{\sin t}{\pi - t}\mathrm{d}t$ 得 $f'(x) = \dfrac{\mathrm{d}}{\mathrm{d}x}\int_0^x \frac{\sin t}{\pi - t}\mathrm{d}t =$

$\dfrac{\sin x}{\pi - x}$，

且 $f(0) = \int_0^0 \frac{\sin t}{\pi - t}\mathrm{d}t = 0$，则

$$\int_0^\pi f(x)\mathrm{d}x = \int_0^\pi f(x)\mathrm{d}(x - \pi)$$

$$= (x - \pi)f(x)\Big|_0^\pi - \int_0^\pi (x - \pi)\mathrm{d}f(x)$$

$$= 0 - \int_0^\pi (x - \pi)f'(x)\mathrm{d}x$$

$$= -\int_0^\pi (x - \pi)\frac{\sin x}{\pi - x}\mathrm{d}x$$

$$= \int_0^\pi \sin x \, \mathrm{d}x = -\cos x \Big|_0^\pi = 2.$$

某些变上限积分函数的积分常可用分部积分法来求.

本题把积分改写成
$\int_0^\pi f(x)\mathrm{d}x = \int_0^\pi f(x)\mathrm{d}(x-\pi)$
后使得分部积分后第一项取值为零，而且第二项的积分容易求得，类似的这种技巧在分部积分中是常用的.

例 12　求连续函数 $f(x)$，使得满足：

$$\int_0^1 f(tx)\mathrm{d}t = f(x) + x\sin x.$$

解　令 $u = tx$，$\mathrm{d}u = x\mathrm{d}t$，$\mathrm{d}t = \dfrac{1}{x}\mathrm{d}u$，

当 $t = 0$ 时，$u = 0$；当 $t = 1$ 时，$u = x$. 则

$$\int_0^1 f(tx)\mathrm{d}t = \frac{1}{x}\int_0^x f(u)\mathrm{d}u,$$

故有

$$\frac{1}{x}\int_0^x f(u)\mathrm{d}u = f(x) + x\sin x.$$

通过变量代换，也可把类似于 $\int_0^1 f(tx)\mathrm{d}t$ 这样的函数看成是变上限的函数，因此可对它求导、求极限、求积分等.

因而 $\int_0^x f(u)\mathrm{d}u = xf(x) + x^2\sin x$，等式两边对 x 求导得

$$f(x) = f(x) + xf'(x) + 2x\sin x + x^2\cos x,$$

即

$$f'(x) = -2\sin x - x\cos x,$$

于是　$f(x) = \int f'(x)\mathrm{d}x = -\int (2\sin x + x\cos x)\mathrm{d}x$

$$= \cos x - x\sin x + C.$$

例 13　设 $f(2) = \dfrac{1}{2}$，$f'(2) = 0$，$\int_0^2 f(x)\mathrm{d}x = 1$，求

$\int_0^1 x^2 f''(2x)\mathrm{d}x.$

在考查分部积分公式的题目中，有一类题型是涉及抽象函数的积分计算，即不给出 $f(x)$ 的解析式，而是通过涉及 $f(x)$ 的原函数、导函数、复合函数等信息，来求 $f(x)$ 或 $f(x)$ 的积分等. 此类题目有时可以通过已知条件求出 $f(x)$ 的具体解析式，但也可能求不出或没有必要求出. 通常利用分部积分公式进行变形，就可以由已知信息完成题目的解答.

解 $\displaystyle\int_0^1 x^2 f''(2x)\mathrm{d}x = \frac{1}{2}\int_0^1 x^2\,\mathrm{d}f'(2x)$

$\displaystyle = \frac{1}{2}\left[x^2 f'(2x)\right]_0^1 - \frac{1}{2}\int_0^1 f'(2x)\mathrm{d}x^2$

$\displaystyle = \frac{1}{2}\cdot f'(2) - \frac{1}{2}\int_0^1 f'(2x)\mathrm{d}x^2$

$\displaystyle = -\int_0^1 x f'(2x)\mathrm{d}x = -\frac{1}{2}\int_0^1 x\,\mathrm{d}f(2x)$

$\displaystyle = -\frac{1}{2}\left[x f(2x)\right]_0^1 + \frac{1}{2}\int_0^1 f(2x)\mathrm{d}x$

$\displaystyle = -\frac{1}{4} + \frac{1}{2}\int_0^1 f(2x)\mathrm{d}x.$

令 $t = 2x$，则

$\displaystyle -\frac{1}{4} + \frac{1}{2}\int_0^1 f(2x)\mathrm{d}x = -\frac{1}{4} + \frac{1}{4}\int_0^2 f(t)\mathrm{d}t$

$\displaystyle = -\frac{1}{4} + \frac{1}{4} = 0.$

习题 5-3

1. 计算下列定积分.

(1) $\displaystyle\int_0^{\sqrt{2}} \sqrt{2-x^2}\,\mathrm{d}x$；

(2) $\displaystyle\int_{-\sqrt{2}}^{\sqrt{2}} \sqrt{8-2x^2}\,\mathrm{d}x$；

(3) $\displaystyle\int_{\frac{1}{\sqrt{2}}}^1 \frac{\sqrt{1-x^2}}{x^2}\,\mathrm{d}x$；

(4) $\displaystyle\int_0^a x^2\sqrt{a^2-x^2}\,\mathrm{d}x$；

(5) $\displaystyle\int_1^{\sqrt{3}} \frac{1}{x^2\sqrt{1+x^2}}\,\mathrm{d}x$；

(6) $\displaystyle\int_{-1}^1 \frac{x\,\mathrm{d}x}{\sqrt{5-4x}}$；

(7) $\displaystyle\int_{\frac{3}{4}}^1 \frac{\mathrm{d}x}{\sqrt{1-x}-1}$；

(8) $\displaystyle\int_0^{\sqrt{2}a} \frac{x\,\mathrm{d}x}{\sqrt{3a^2-x^2}}$；

(9) $\displaystyle\int_0^1 t\mathrm{e}^{-\frac{t^2}{2}}\,\mathrm{d}t$；

(10) $\displaystyle\int_1^{\mathrm{e}^2} \frac{\mathrm{d}x}{x\sqrt{1+\ln x}}$.

2. 利用函数的奇偶性计算下列积分.

(1) $\displaystyle\int_{-\pi}^\pi x^4\sin x\,\mathrm{d}x$；

(2) $\displaystyle\int_{-\frac{\pi}{2}}^{\frac{\pi}{2}} 4\cos^4 x\,\mathrm{d}x$；

(3) $\displaystyle\int_{-\frac{1}{2}}^{\frac{1}{2}} \frac{(\arcsin x)^2}{\sqrt{1-x^2}}\,\mathrm{d}x$；

(4) $\displaystyle\int_{-5}^5 \frac{x^3\sin^2 x}{x^4+2x^2+1}\,\mathrm{d}x$.

3. 设 $f(x)$ 在 $[-b,\,b]$ 上连续，证明：$\displaystyle\int_{-b}^b f(x)\mathrm{d}x = \int_{-b}^b f(-x)\mathrm{d}x$.

4. 设 $f(x)$ 在 $[a,\,b]$ 上连续，证明：$\displaystyle\int_a^b f(x)\mathrm{d}x = \int_a^b f(a+b-x)\mathrm{d}x$.

5. 证明 $\displaystyle\int_x^1 \frac{\mathrm{d}x}{1+x^2} = \int_1^{\frac{1}{x}} \frac{\mathrm{d}x}{1+x^2}\ (x>0)$.

6. 证明 $\displaystyle\int_0^1 x^m (1-x)^n \mathrm{d}x = \int_0^1 x^n (1-x)^m \mathrm{d}x$.

7. 设 $f(x)$ 是以 l 为周期的连续函数，证明 $\displaystyle\int_a^{a+l} f(x)\mathrm{d}x$ 的值与 a 无关.

8. 若 $f(x)$ 是连续函数且为奇函数，证明 $\displaystyle\int_0^x f(t)\mathrm{d}t$ 是偶函数，若 $f(x)$ 是连续函数且为偶函数，证明 $\displaystyle\int_0^x f(t)\mathrm{d}t$ 是奇函数.

9. 计算下列定积分.

(1) $\displaystyle\int_0^1 x\mathrm{e}^{-x}\mathrm{d}x$；

(2) $\displaystyle\int_1^{\mathrm{e}} x\ln x\,\mathrm{d}x$；

(3) $\displaystyle\int_0^{\frac{2\pi}{\omega}} t\sin\omega t\,\mathrm{d}t$；

(4) $\displaystyle\int_{\frac{\pi}{4}}^{\frac{\pi}{2}} \frac{x}{\sin^2 x}\mathrm{d}x$；

(5) $\displaystyle\int_1^4 \frac{\ln x}{\sqrt{x}}\mathrm{d}x$；

(6) $\displaystyle\int_0^1 x\arctan x\,\mathrm{d}x$.

§5.4 定积分的应用

在日常生活中，定积分的应用十分广泛，推动了天文学、物理学、化学、生物学、工程学、经济学等自然科学、社会科学及应用科学各个分支的发展，并在这些学科中有越来越广泛的应用. 定积分作为人类智慧最伟大的成就之一，既可以作为基础学科来研究，也可以作为一个解决问题的方法来使用.

5.4.1 平面图形的面积

根据定积分的几何意义及定积分的性质，可以求下面几种类型平面图形的面积.

（1）由三条直线 $x=a$，$x=b(a<b)$，x 轴（$y=0$）和一条连续曲线 $y=f(x)$ 围成的曲边梯形的面积为：

①若 $f(x)\geqslant 0$，如图 $5-12$ 所示，则

$$S = \int_a^b f(x)\mathrm{d}x.$$

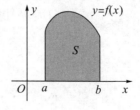

图 5-12

②若 $f(x) \leqslant 0$，如图 5-13 所示，则

$$S = \left| \int_a^b f(x)\,\mathrm{d}x \right| = -\int_a^b f(x)\,\mathrm{d}x.$$

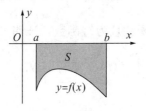

图 5-13

③若 $f(x)$ 在积分区间 $[a, b]$ 上既有取正值也有取负值的部分，如图 5-14 所示，则

$$S = \int_a^b |f(x)|\,\mathrm{d}x$$

$$= \int_a^c f(x)\,\mathrm{d}x - \int_c^d f(x)\,\mathrm{d}x + \int_d^b f(x)\,\mathrm{d}x.$$

③中公式也可作为①②的综合公式. 面积是非负的，而定积分的值可正可负.

$$S = \int_a^b |f(x)|\,\mathrm{d}x.$$

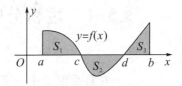

图 5-14

(2) 由曲线 $y = f_1(x)$，$y = f_2(x)(f_1(x) \geqslant f_2(x))$ 及直线 $x = a$，$x = b(a < b)$ 围成图形(如图 5-15 所示)的面积为

$$S = \int_a^b f_1(x)\,\mathrm{d}x - \int_a^b f_2(x)\,\mathrm{d}x.$$

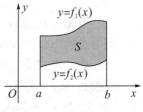

图 5-15

(3) 由曲线 $x = f(y)$，$x = g(y)(f(y) \geqslant g(y))$ 及直线 $y = a$，$y = b(a < b)$ 围成图形(如图 5-16 所示)的面积为

$$S = \int_a^b f(y)\,\mathrm{d}y - \int_a^b g(y)\,\mathrm{d}y.$$

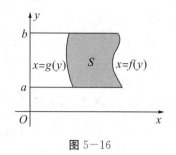

图 5-16

对于曲线 $y = f_1(x)$，$y = f_2(x)$ 及直线 $x = a$，$x = b(a < b)$，$f_1(x) < f_2(x)$ 所围成的图形，可以看成是曲边梯形 $\{(x, y) \mid 0 \leqslant y \leqslant f_2(x), a \leqslant x \leqslant b\}$ 与曲边梯形 $\{(x, y) \mid 0 \leqslant y \leqslant f_1(x), a \leqslant x \leqslant b\}$ 面积的差. 如果 $f_1(x) < f_2(x)$ 不恒成立，则还需解出 $y = f_1(x)$ 与 $y = f_2(x)$ 的交点，例如交点在 $x = c \in [a, b]$ 处，则在 $[a, c]$，$[c, b]$ 上分别计算，然后相加.

那么，如图 5-17 所示阴影部分面积应该怎样求？

图 5-17

先解方程组

$$\begin{cases} y = f_1(x) \\ y = f_2(x) \end{cases}$$

得交点坐标 $(c, f(c))$，则

$$S = \int_a^c [f_1(x) - f_2(x)]\mathrm{d}x + \int_c^b [f_2(x) - f_1(x)]\mathrm{d}x.$$

例 1　求抛物线 $x^2 - 4y + 4 = 0$ 与直线 $x - 2y + 6 = 0$ 所围成图形的面积.

解　(1) 作示意图(如图 5-18 所示).

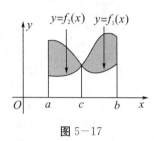

图 5-18

(2) 求交点：由方程组 $\begin{cases} x^2 - 4y + 4 = 0 \\ x - 2y + 6 = 0 \end{cases}$ 得交点 $(-2, 2)$ 和 $(4, 5)$.

(3) 解显函数：$y = \dfrac{x^2}{4} + 1$ 及 $y = \dfrac{x}{2} + 3$.

(4) 求面积：$S = \displaystyle\int_{-2}^4 \left[\left(\dfrac{x}{2} + 3\right) - \left(\dfrac{x^2}{4} + 1\right)\right]\mathrm{d}x$

$$= \frac{1}{4} \int_{-2}^{4} (-x^2 + 2x + 8) \mathrm{d}x$$

$$= \frac{1}{4} \left[-\frac{1}{3} x^3 + x^2 + 8x \right]_{-2}^{4} = 9.$$

例 2 求椭圆 $\frac{x^2}{a^2} + \frac{y^2}{b^2} = 1$ 的面积.

解 方法一 （1）作示意图 5−19.

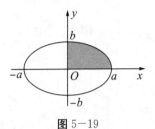

图 5−19

（2）解显函数：$y = \pm \frac{b}{a} \sqrt{a^2 - x^2}$.

（3）求面积：$A = 4 \int_0^a \frac{b}{a} \sqrt{a^2 - x^2} \mathrm{d}x$.

设 $x = a\sin t$，$t \in \left[0, \frac{\pi}{2} \right]$，$\mathrm{d}x = a\cos t$.

当 $x = 0$ 时，$t = 0$；当 $x = a$ 时，$t = \frac{\pi}{2}$.

显然，当 $a = b = r$ 时，这就等于圆面积 πr^2.

$$A = 4 \cdot \frac{b}{a} \int_0^{\frac{\pi}{2}} a\cos t a\cos t \mathrm{d}t = 4ab \int_0^{\frac{\pi}{2}} \cos^2 t \mathrm{d}t$$

$$= 4ab \int_0^{\frac{\pi}{2}} \frac{1 + \cos 2t}{2} \mathrm{d}t = 4ab \left[\frac{t}{2} + \frac{\sin 2t}{4} \right]_0^{\frac{\pi}{2}} = \pi ab.$$

方法二 椭圆所对应的参数方程为 $\begin{cases} x = a\cos t \\ y = b\sin t \end{cases}$，

由 $x = a\cos t$ 得 $\mathrm{d}x = -a\sin t \mathrm{d}t$.

当 $x = 0$ 时，$t = \frac{\pi}{2}$；当 $x = a$ 时，$t = 0$. 则

$$A = 4 \int_0^a y \mathrm{d}x = 4ab \int_{\frac{\pi}{2}}^0 \sin t (-\sin t \mathrm{d}t)$$

$$= 4ab \int_0^{\frac{\pi}{2}} \sin^2 t \mathrm{d}t = 4ab \int_0^{\frac{\pi}{2}} \frac{1 - \cos 2t}{2} \mathrm{d}t$$

$$= 4ab \left[\frac{t}{2} - \frac{\sin 2t}{4} \right]_0^{\frac{\pi}{2}} = \pi ab.$$

求平面图形的面积，一般应先画出平面区域的大致图形，特别是找出曲线与坐标轴或曲线之间的交点. 在直角坐标

例 3 求抛物线 $y^2 = 2x$ 和直线 $y = x - 4$ 围成图形的面积.

解 方法一 （1）作示意图 5−20.

系下，还需根据图形的特征，选择相应的积分变量及积分区域，然后写出面积的积分表达式进行计算.

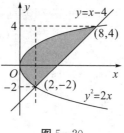

图 5－20

（2）求交点：由 $\begin{cases} y^2 = 2x \\ y = x - 4 \end{cases}$ 得交点为 $(2，-2)$ 及 $(8，4)$.

（3）解显函数：由 $y^2 = 2x \Rightarrow y = \pm\sqrt{2x}$.

（4）求面积：$S = 2\displaystyle\int_0^2 \sqrt{2x}\, \mathrm{d}x + \int_2^8 \left[\sqrt{2x} - (x-4)\right]\mathrm{d}x$

$$= 2\sqrt{2}\cdot\frac{2}{3}x^{\frac{3}{2}}\Big|_0^2 + \left[\frac{2\sqrt{2}}{3}x^{\frac{3}{2}} - \frac{x^2}{2} + 4x\right]_2^8$$

$$= \frac{16}{3} + \frac{38}{3} = 18.$$

方法二　若选 y 为积分变量，则由

$$y^2 = 2x \text{ 得 } x = \frac{y^2}{2}，\quad y = x - 4 \text{ 得 } x = y + 4.$$

所以 $S = \displaystyle\int_{-2}^4 \left[(y+4) - \frac{y^2}{2}\right]\mathrm{d}y = \left[\frac{y^2}{2} + 4y - \frac{y^3}{6}\right]_{-2}^4 = 18.$

5.4.2　已知横截面面积的立体体积

设一立体，如图 5－21 所示，夹在过点 $x = a$，$x = b$ 且垂直于 x 轴的两平面之间. 且其被垂直于 x 轴的平面所截的截面面积为已知的连续函数 $S(x)$. 类似于曲边梯形的面积求法，可知其体积为

在求平行截面面积为已知的这一类立体的体积时，重点是找出 x 点处截面面积函数 $S(x)$.

$$V = \int_a^b S(x)\, \mathrm{d}x.$$

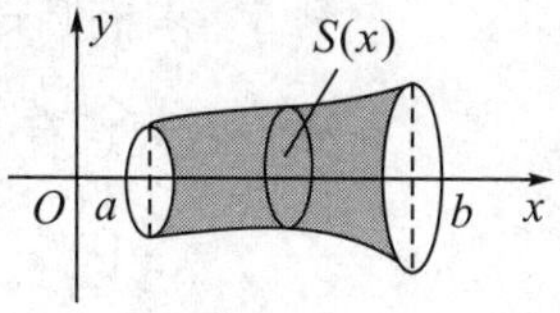

图 5－21

例 4　求以圆为底、平行且等于该圆直径的线段为顶、高为 h 的正劈锥体的体积.

解　选取如图 5－22 所示坐标系，显然，底圆的方程为
$$x^2 + y^2 = R^2.$$

点 x 处垂直于 x 轴的平面截正劈锥体的截面面积为

$$S(x) = h \sqrt{R^2 - x^2} \quad (-R \leqslant x \leqslant R).$$

则所求体积为

$$V = \int_{-R}^{R} h \sqrt{R^2 - x^2} \, dx = 2 \int_{0}^{R} h \sqrt{R^2 - x^2} \, dx = \frac{1}{2} \pi R^2 h.$$

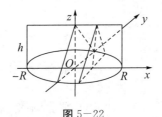

图 5-22

5.4.3 旋转体的体积

曲线 $y = f(x)$ $(f(x) \geqslant 0)$，$x = a$，$x = b$ $(a < b)$ 所围成的曲边梯形绕 x 轴旋转时，利用切片法，即把旋转体看成是由一系列与 x 轴垂直的圆形薄片所组成的，以此薄片体积作为体积元素.

绕 x 轴旋转：

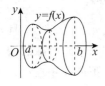

绕 y 轴旋转：

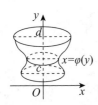

由曲线 $y = f(x)$ $(f(x) \geqslant 0)$，$x = a$，$x = b(a < b)$，以及 x 轴围成曲边梯形绕 x 轴旋转一周而成的立体体积为

$$V_x = \pi \int_{a}^{b} [f(x)]^2 \, dx.$$

由曲线 $x = \varphi(y)$ $(\varphi(y) \geqslant 0)$，$y = c$，$y = d(c < d)$，以及 y 轴围成曲边梯形绕 y 轴旋转一周而成的立体体积为 $V_y = \pi \int_{c}^{d} x^2 \, dy$.

例 4 求由 $y = \sin x$，$x \in [0, \pi]$，x 轴围成的平面图形绕 x 轴旋转一周的旋转体的体积.

解 显然我们用垂直于 x 轴的平面截得的截面为圆. 并且其半径为 $|y|$. 所以其体积为

$$V_x = \pi \int_{0}^{\pi} y^2 \, dx = \pi \int_{0}^{\pi} \sin^2 x \, dx$$
$$= \frac{\pi}{2} \int_{0}^{\pi} (1 - \cos 2x) \, dx = \frac{\pi^2}{2}.$$

例 5 求椭圆 $\dfrac{x^2}{a^2} + \dfrac{y^2}{b^2} = 1$ 绕 y 轴旋转一周的椭球体的体积.

解 由题意有

$$V_y = \pi \int_{-b}^{b} x^2 \, dy = 2\pi a^2 \int_{0}^{b} \left(1 - \frac{y^2}{b^2}\right) dy = \frac{4}{3} \pi a^2 b.$$

习题 5-4

1. 求由下列各曲线所围成的图形的面积.

(1) $y = \dfrac{1}{2} x^2$ 与 $x^2 + y^2 = 8$；

(2) $y=\dfrac{1}{x}$ 与直线 $y=x$ 及 $x=2$;

(3) $y=\mathrm{e}^x$, $y=\mathrm{e}^{-x}$ 与直线 $x=1$;

(4) $y=x^2$ 与直线 $y=x$ 及 $y=2x$.

2. 求椭圆 $\dfrac{x^2}{a^2}+\dfrac{y^2}{b^2}=1$ ($a>0$, $b>0$) 绕 x 轴旋转和绕 y 旋转所得旋转体积 V_x 和 V_y.

§5.5　广义积分

定积分的积分区间都是有限的, 被积函数都是有界的. 对定积分的概念加以推广, 使之能适用于无限区间上定义的函数或有限区间上的无界函数. 这种推广的积分, 由于它异于通常的定积分, 故称为广义积分, 也称之为反常积分.

$\displaystyle\int_a^{+\infty} f(x)\mathrm{d}x$ 收敛的几何意义是: 若 $f(x)$ 在 $[a, +\infty)$ 上为非负连续函数, 则介于曲线 $y=f(x)$, 直线 $x=a$ 以及 x 轴之间那一块向右无限延伸的阴影区域的面积的值为: $\displaystyle\int_a^{+\infty} f(x)\mathrm{d}x$.

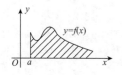

在引进定积分概念时, 只讨论了函数 $f(x)$ 在有限区间 $[a, b]$ 上定义的情形. 此外还知道 $f(x)$ 在 $[a, b]$ 上有界的前提下才会可积, 但在实际应用和理论研究中, 还会遇到一些在无限区间上定义的函数或有限区间上的无界函数, 因此还必须研究在无穷区间上的积分与在有限区间上无界函数的积分. 这两类积分均称为**广义积分**(或**反常积分**).

5.5.1　无穷区间上的积分

定义 1　设函数 $f(x)$ 在区间 $[a, +\infty)$ 上有定义, 若对任意 $b\in[a, +\infty)$, $f(x)$ 在区间 $[a, b]$ 上均可积, 则定义**无穷区间上的无穷广义积分**(简称**无穷积分**)

$$\int_a^{+\infty} f(x)\mathrm{d}x = \lim_{b\to+\infty}\int_a^b f(x)\mathrm{d}x$$

当上式右端极限存在时, 称广义积分 $\displaystyle\int_a^{+\infty} f(x)\mathrm{d}x$ **收敛**, 否则称广义积分**发散**.

类似可以给出区间 $(-\infty, b]$ 及 $(-\infty, +\infty)$ 上广义积分及其收敛与发散的定义.

$$\int_{-\infty}^b f(x)\mathrm{d}x = \lim_{a\to-\infty}\int_a^b f(x)\mathrm{d}x$$

$$及\ \int_{-\infty}^{+\infty} f(x)\mathrm{d}x = \lim_{a\to-\infty}\int_a^c f(x)\mathrm{d}x + \lim_{b\to+\infty}\int_c^b f(x)\mathrm{d}x$$

等号后边的两个极限均存在时, 才称广义积分 $\displaystyle\int_{-\infty}^{+\infty} f(x)\mathrm{d}x$ 收敛.

定理 1(广义牛顿-莱布尼茨定义)　设函数 $f(x)$ 在所讨论的区间上连续, $F(x)$ 为 $f(x)$ 的一个原函数, 则

$$\int_a^{+\infty} f(x)\mathrm{d}x = F(x)\Big|_a^{+\infty} = F(+\infty) - F(a), \qquad (1)$$

$$\int_{-\infty}^{b} f(x)\mathrm{d}x = F(x)\Big|_{-\infty}^{b} = F(b) - F(-\infty), \qquad (2)$$

$$\int_{-\infty}^{+\infty} f(x)\mathrm{d}x = F(x)\Big|_{-\infty}^{+\infty} = F(+\infty) - F(-\infty). \qquad (3)$$

这里 $F(+\infty) = \lim\limits_{b \to +\infty} F(b)$，$F(-\infty) = \lim\limits_{a \to -\infty} F(a)$，上述三个等式也称为**广义牛顿－莱布尼茨公式**.

证明 任取 $b \in [a, +\infty)$，在区间 $[a, b]$ 上应用牛顿－莱布尼茨公式有

$$\int_{a}^{b} f(x)\mathrm{d}x = F(x)\Big|_{a}^{b} = F(b) - F(a),$$

令 $b \to +\infty$，得

$$\int_{a}^{+\infty} f(x)\mathrm{d}x = \lim_{b \to +\infty}[F(b) - F(a)] = F(+\infty) - F(a).$$

于是公式(1)成立. 同理可证公式(2)及公式(3).

例 1 计算广义积分 $\int_{-\infty}^{+\infty} \dfrac{\mathrm{d}x}{1+x^2}$.

可以证明广义积分 $\int_{-\infty}^{+\infty} f(x)\mathrm{d}x$ 的敛散性与 C 的选取无关，一般地，我们常取 $C=0$.

解
$$\int_{-\infty}^{+\infty} \frac{\mathrm{d}x}{1+x^2} = \int_{-\infty}^{0} \frac{\mathrm{d}x}{1+x^2} + \int_{0}^{+\infty} \frac{\mathrm{d}x}{1+x^2}$$
$$= \lim_{a \to -\infty} \int_{a}^{0} \frac{1}{1+x^2}\mathrm{d}x + \lim_{b \to +\infty} \int_{0}^{b} \frac{1}{1+x^2}\mathrm{d}x$$
$$= \lim_{a \to -\infty} [\arctan x]_{a}^{0} + \lim_{b \to +\infty} [\arctan x]_{0}^{b}$$
$$= -\lim_{a \to -\infty} \arctan a + \lim_{b \to +\infty} \arctan b$$
$$= -\left(-\frac{\pi}{2}\right) + \frac{\pi}{2} = \pi.$$

例 2 对参数 p 讨论广义积分 $\int_{1}^{+\infty} \dfrac{\mathrm{d}x}{x^p}$ 的敛散性.

解 当 $p > 1$ 时，

$$\int_{1}^{+\infty} \frac{\mathrm{d}x}{x^p} = \frac{-1}{(p-1)x^{p-1}}\Big|_{1}^{+\infty} = \frac{-1}{p-1}\Big[\lim_{x \to +\infty} \frac{1}{x^{p-1}} - 1\Big] = \frac{1}{p-1};$$

当 $p = 1$ 时，$\int_{1}^{+\infty} \dfrac{\mathrm{d}x}{x^p} = \int_{1}^{+\infty} \dfrac{\mathrm{d}x}{x} = \ln x\Big|_{1}^{+\infty} = +\infty$；

当 $p < 1$ 时，

$$\int_{1}^{+\infty} \frac{\mathrm{d}x}{x^p} = \frac{1}{1-p}x^{1-p}\Big|_{1}^{+\infty} = \frac{1}{1-p}\Big[\lim_{x \to +\infty} x^{1-p} - 1\Big] = +\infty.$$

综上所述，当且仅当 $p > 1$ 时，$\int_{1}^{+\infty} \dfrac{\mathrm{d}x}{x^p}$ 收敛，其值等于 $\dfrac{1}{p-1}$.

由于无穷积分是通过变限定积分的极限来定义的，因此有关定积分的

定理 2（广义换元积分公式） 设函数 $f(x)$ 在无穷区间 $[a, +\infty)$ 上连续，$x = \varphi(t)$ 在 $[a, +\infty)$ 上连续可导，$\varphi(\alpha) = a$，$\varphi(+\infty) = +\infty$（或 $\varphi(+\infty) = a$，$\varphi(\alpha) = +\infty$），则

换元积分法和分部积分法一般都可引用到无穷积分中来.

$$\int_a^{+\infty} f(x)\mathrm{d}x = \int_a^{+\infty} f(\varphi(t))\varphi'(t)\mathrm{d}t$$

$$\left(\text{或} \int_a^{+\infty} f(x)\mathrm{d}x = \int_{+\infty}^{a} f(\varphi(t))\varphi'(t)\mathrm{d}t\right).$$

证明　任取 $b\in[a,+\infty)$，在区间 $[a,b]$ 上应用定积分换元公式有

$$\int_a^b f(x)\mathrm{d}x = \int_a^t f(\varphi(t))\varphi'(t)\mathrm{d}t,$$

其中 $\varphi(\alpha)=a$，$t=\varphi^{-1}(b)$. 令 $b\to+\infty$，由假设 $\varphi(+\infty)=+\infty$，于是 $\int_a^{+\infty} f(x)\mathrm{d}x = \int_a^{+\infty} f(\varphi(t))\varphi'(t)\mathrm{d}t$ 成立.

对于无穷广义积分 $\int_{-\infty}^{a} f(x)\mathrm{d}x$，同样也有对应的广义换元积分公式，在此不再赘述.

定理 3（广义分部积分公式）　设函数 $u(x)$，$v(x)$ 在无穷区间 $[a,+\infty)$ 上连续可导，且 $\lim\limits_{x\to+\infty} u(x)v(x)$ 存在，则

$$\int_a^{+\infty} u(x)\mathrm{d}v(x) = u(x)v(x)\Big|_a^{+\infty} - \int_a^{+\infty} v(x)u'(x)\mathrm{d}x.$$

证明　任取 $b\in[a,+\infty)$，在区间 $[a,b]$ 上应用定积分分部积分公式有

$$\int_a^b u(x)\mathrm{d}v(x) = u(x)v(x)\Big|_a^b - \int_a^b v(x)u'(x)\mathrm{d}x,$$

令 $b\to+\infty$，即得

$$\int_a^{+\infty} u(x)\mathrm{d}v(x) = u(x)v(x)\Big|_a^{+\infty} - \int_a^{+\infty} v(x)u'(x)\mathrm{d}x.$$

对于无穷广义积分 $\int_{-\infty}^{a} f(x)\mathrm{d}x$，同样也有对应的广义分部积分公式，在此不再赘述.

5.5.2　无界函数的积分

定义 2　设对任意充分小的正数 ε，函数 $f(x)$ 在区间 $[a+\varepsilon,b]$ 上均可积. 若 $f(x)$ 在 a 点的右邻域上无界，则称 a 为 $f(x)$ 的奇点（或瑕点）. 若极限

$$\lim_{\varepsilon\to 0^+} \int_{a+\varepsilon}^b f(x)\mathrm{d}x = A$$

存在，则称**无界函数的广义积分**（简称无界积分或瑕积分）$\int_a^b f(x)\mathrm{d}x$ 收敛，记为

$$\int_a^b f(x)\mathrm{d}x = A.$$

若极限 A 不存在，则称 $\int_a^b f(x)\mathrm{d}x$ 发散.

类似可定义 b 为奇点时的广义积分

$$\int_a^b f(x)\mathrm{d}x = \lim_{\varepsilon\to 0^+} \int_a^{b-\varepsilon} f(x)\mathrm{d}x.$$

若 a 与 b 均为奇点，取 $c\in(a,b)$，则定义

$$\int_a^b f(x)\mathrm{d}x = \lim_{\varepsilon\to 0^+} \int_{a+\varepsilon}^c f(x)\mathrm{d}x + \lim_{\eta\to 0^+} \int_c^{b-\eta} f(x)\mathrm{d}x.$$

同无穷区间上的广义积分一样，有下述定理：

定理 4（广义牛顿－莱布尼茨定义） 设函数 $f(x)$ 在区间 $(a, b]$（或区间 $[a, b)$）上连续，a（或 b）为 $f(x)$ 的奇点，若 $F(x)$ 为 $f(x)$ 的一个原函数，则当 a 为唯一奇点时，

$$\int_a^b f(x)\mathrm{d}x = F(x)\Big|_{a^+}^b = F(b) - F(a^+),$$

这里 $F(a^+) = \lim_{x \to a^+} F(x)$. b 为唯一奇点时，

$$\int_a^b f(x)\mathrm{d}x = F(x)\Big|_a^{b^-} = F(b^-) - F(a),$$

这里 $F(b^-) = \lim_{x \to b^-} F(x)$. 当 a，b 均为奇点时，

$$\int_a^b f(x)\mathrm{d}x = F(x)\Big|_{a^+}^{b^-} = F(b^-) - F(a^+).$$

上述三个等式也称为广义牛顿－莱布尼茨公式.

例 3 讨论广义积分 $\int_0^1 \dfrac{\mathrm{d}x}{x^p}$（$p > 0$）的敛散性.

解 易见 $x = 0$ 是它的唯一奇点. 当 $p \neq 1$ 时，

$$\int_0^1 \frac{\mathrm{d}x}{x^p} = \frac{1}{1-p} x^{1-p}\Big|_{0^+}^1 = \begin{cases} \dfrac{1}{1-p}, & p < 1 \\ +\infty, & p > 1 \end{cases}.$$

当 $p = 1$ 时，$\int_0^1 \dfrac{\mathrm{d}x}{x^p} = \ln x\Big|_{0^+}^1 = +\infty$.

综上所述，当且仅当 $0 < p < 1$ 时，广义积分 $\int_0^1 \dfrac{\mathrm{d}x}{x^p}$ 收敛，

其值等于 $\dfrac{1}{1-p}$.

与无穷区间上的积分类似，无界函数的积分也有广义换元积分公式和广义分部积分公式.

定理 5（广义换元积分公式） 设函数 $f(x)$ 在区间 $(a, b]$ 上连续，$x = a$ 是广义积分 $\int_a^b f(x)\mathrm{d}x$ 的唯一奇点，又设 $x = \varphi(t)$ 在 $(\alpha, \beta]$ 上连续可导，$\varphi(\alpha^+) = a$，$\varphi(\beta) = b$，则

$$\int_a^b f(x)\mathrm{d}x = \int_\alpha^\beta f(\varphi(t))\varphi'(t)\mathrm{d}t.$$

定理 6（广义分部积分公式） 设函数 $u(x)$，$v(x)$ 在区间 $(a, b]$（或 $[a, b)$）上连续可导，$x = a$（或 $x = b$）是广义积分 $\int_a^b u(x)\mathrm{d}v(x)$ 的唯一奇点，$\lim\limits_{x \to a^+} u(x)v(x)$（或 $\lim\limits_{x \to b^-} u(x)v(x)$）存在，则

$$\int_a^b u(x)\mathrm{d}v(x) = u(x)v(x)\Big|_{a^+}^b - \int_a^b v(x)u'(x)\mathrm{d}x$$

对于 $x = b$ 为奇点的广义积分，同样也有对应的广义换元积分公式，在此不再赘述.

$$\left(\text{或}\int_a^b u(x)\mathrm{d}v(x) = u(x)v(x)\Big|_a^{b^-} - \int_a^b v(x)u'(x)\mathrm{d}x\right).$$

上述两个定理的证明与定理 2 和定理 3 的证明类似，请读者自行完成.

例 4　计算广义积分 $\displaystyle\int_0^{+\infty}\frac{\mathrm{d}x}{1+x^4}$.

解　易见 $x=+\infty$ 是它的唯一奇点. 令 $x=\dfrac{1}{t}$，应用广义积分换元公式，有

$$I = \int_0^{+\infty}\frac{\mathrm{d}x}{1+x^4} = \int_{+\infty}^0\frac{1}{1+\dfrac{1}{t^4}}\left(-\frac{1}{t^2}\right)\mathrm{d}t = \int_0^{+\infty}\frac{t^2}{1+t^4}\mathrm{d}t$$

$$= \int_0^{+\infty}\frac{x^2}{1+x^4}\mathrm{d}x.$$

于是

$$I = \frac{1}{2}\int_0^{+\infty}\frac{1+x^2}{1+x^4}\mathrm{d}x = \frac{1}{2}\int_0^{+\infty}\frac{1}{2+\left(x-\dfrac{1}{x}\right)^2}\mathrm{d}\left(x-\frac{1}{x}\right)$$

$$= \frac{1}{2\sqrt{2}}\arctan\frac{x-\dfrac{1}{x}}{\sqrt{2}}\Bigg|_{0^+}^{+\infty} = \frac{\pi}{2\sqrt{2}}.$$

习题 5-5

1. 计算广义积分 $\displaystyle\int_{\frac{2}{\pi}}^{+\infty}\frac{1}{x^2}\sin\frac{1}{x}\mathrm{d}x$.

2. 计算广义积分 $\displaystyle\int_0^3\frac{\mathrm{d}x}{(x-1)^{\frac{2}{3}}}$.

3. 计算广义积分 $\displaystyle\int_{-\infty}^{+\infty}\frac{\mathrm{d}x}{x^2+4x+9}$.

4. 证明广义积分 $\displaystyle\int_a^{+\infty}\mathrm{e}^{-px}\mathrm{d}x$ 当 $p>0$ 时收敛，当 $p<0$ 时发散.

§5.6　习题选解

习题 5-1 选解

1. **解**　(1) $\displaystyle\int_0^1 2x\mathrm{d}x = 1$ 表示直线 $y=2x$，$y=0$ 与 $x=1$ 所围成三角形的面积（如图 ①）.

(2) $\int_0^1 \sqrt{1-x^2}\,\mathrm{d}x = \dfrac{\pi}{4}$ 表示曲线 $y = \sqrt{1-x^2}$, x 轴与 y 轴所围成图形的面积（单位圆在第一象限的部分）（如图②）.

(3) $\int_{-\pi}^{\pi} \sin x\,\mathrm{d}x = 0$ 表示曲线 $y = \sin x$ 与 x 轴在区间 $[-\pi, \pi]$ 所围成图形的面积的代数和（如图③）.

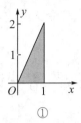　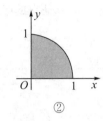　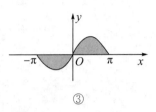

①　　　　　　　　　②　　　　　　　　　③

2. **解** (1) 由 $1 \leqslant x \leqslant 4$ 可得 $2 \leqslant x^2 + 1 \leqslant 17$, 因此 $2 \times (4-1) \leqslant \int_1^4 (x^2 + 1)\,\mathrm{d}x \leqslant 17 \times (4-1)$,

所以 $6 \leqslant \int_1^4 (x^2 + 1)\,\mathrm{d}x \leqslant 51$.

(2) 由 $\dfrac{\pi}{4} \leqslant x \leqslant \dfrac{5\pi}{4}$ 可得 $-\dfrac{\sqrt{2}}{2} \leqslant \sin x \leqslant 1$, 则 $1 \leqslant 1 + \sin^2 x \leqslant 2$,

$1 \times \left(\dfrac{5\pi}{4} - \dfrac{\pi}{4}\right) \leqslant \int_{\frac{\pi}{4}}^{\frac{5\pi}{4}} (1 + \sin^2 x)\,\mathrm{d}x \leqslant 2 \times \left(\dfrac{5\pi}{4} - \dfrac{\pi}{4}\right)$, 即 $\pi \leqslant \int_{\frac{\pi}{4}}^{\frac{5\pi}{4}} (1 + \sin^2 x)\,\mathrm{d}x \leqslant 2\pi$.

3. **解** (1) 由于在 $[0, 1]$ 上 $x^3 \leqslant x^2$, 且 x^3 不恒等于 x^2, 故由定积分性质得 $\int_0^1 x^2\,\mathrm{d}x > \int_0^1 x^3\,\mathrm{d}x$.

(2) 由于在 $[1, 2]$ 上 $x^3 \geqslant x^2$, 且 x^3 不恒等于 x^2, 故由定积分性质得 $\int_1^2 x^2\,\mathrm{d}x < \int_1^2 x^3\,\mathrm{d}x$.

(3) 由于在 $[1, 2]$ 上 $0 \leqslant \ln x < 1$, 则 $\ln x \geqslant (\ln x)^2$, 且 $\ln x$ 不恒等于 $(\ln x)^2$, 故 $\int_1^2 \ln x\,\mathrm{d}x > \int_1^2 (\ln x)^2\,\mathrm{d}x$.

(4) 由于当 $x > 0$ 时, $x > \ln(1+x)$, 故 $\int_0^1 x\,\mathrm{d}x > \int_0^1 \ln(1+x)\,\mathrm{d}x$.

(5) 设 $f(x) = \mathrm{e}^x - (1+x)$, 易证 $f(x)$ 在 $[0, +\infty)$ 上单调递增, 而 $f(0) = 0$, 则当 $x \geqslant 0$ 时, $\mathrm{e}^x \geqslant (1+x)$（当且仅当 $x = 0$ 时等号成立）, 所以 $\int_0^1 \mathrm{e}^x\,\mathrm{d}x > \int_0^1 (1+x)\,\mathrm{d}x$.

习题 5-2 选解

1. **解** 因为 $y' = \sin x$, 所以 $y'(0) = \sin 0 = 0$, $y'\left(\dfrac{\pi}{4}\right) = \sin\dfrac{\pi}{4} = \dfrac{\sqrt{2}}{2}$.

2. **解** 方程两边对 x 求导得: $\mathrm{e}^y \dfrac{\mathrm{d}y}{\mathrm{d}x} + \cos x = 0$, 则 $\dfrac{\mathrm{d}y}{\mathrm{d}x} = -\mathrm{e}^{-y}\cos x$.

3. **解**　把 y 看成是 x 的函数，方程两边对 x 求导，

由 $\left[\displaystyle\int_0^y e^{t^2}\,dt + \int_0^{x^2} \dfrac{\sin t}{\sqrt{t}}\,dt\right]' = 0$ 得 $e^{y^2} \cdot \dfrac{dy}{dx} + \dfrac{\sin x^2}{\sqrt{x^2}} \cdot 2x = 0 \Rightarrow \dfrac{dy}{dx} = \pm 2e^{-y^2}\sin x^2.$

4. **解**　(1) $\dfrac{d}{dx}\displaystyle\int_0^{x^2}\sqrt{1+t^2}\,dt = \sqrt{1+(x^2)^2}\cdot(x^2)' = 2x\sqrt{1+(x^2)^2}.$

(2) $\dfrac{d}{dx}\displaystyle\int_{x^2}^{x^3}\dfrac{dt}{\sqrt{1+t^4}} = \dfrac{d}{dx}\left(\int_{x^2}^0 \dfrac{dt}{\sqrt{1+t^4}} + \int_0^{x^3}\dfrac{dt}{\sqrt{1+t^4}}\right)$

$\qquad\qquad = \dfrac{d}{dx}\left(\displaystyle\int_0^{x^3}\dfrac{dt}{\sqrt{1+t^4}} - \int_0^{x^2}\dfrac{dt}{\sqrt{1+t^4}}\right)$

$\qquad\qquad = \dfrac{1}{\sqrt{1+(x^3)^4}}(x^3)' - \dfrac{1}{\sqrt{1+(x^2)^4}}(x^2)'$

$\qquad\qquad = \dfrac{3x^2}{\sqrt{1+x^{12}}} - \dfrac{2x}{\sqrt{1+x^8}}.$

(3) $\dfrac{d}{dx}\displaystyle\int_{\sin x}^{\cos x}\cos(\pi t^2)\,dt = \dfrac{d}{dx}\left[\int_{\sin x}^0 \cos(\pi t^2)\,dt + \int_0^{\cos x}\cos(\pi t^2)\,dt\right]$

$\qquad\qquad = \dfrac{d}{dx}\left[\displaystyle\int_0^{\cos x}\cos(\pi t^2)\,dt - \int_0^{\sin x}\cos(\pi t^2)\,dt\right]$

$\qquad\qquad = \cos(\pi\cos^2 x)\cdot(\cos x)' - \cos(\pi\sin^2 x)\cdot(\sin x)'$

$\qquad\qquad = -\cos(\pi\cos^2 x)\cdot\sin x - \cos(\pi\sin^2 x)\cdot\cos x.$

5. **解**　(1) $\displaystyle\int_0^a (3x^2 - x + 1)\,dx = \left[x^3 - \dfrac{1}{2}x^2 + x\right]_0^a = a^3 - \dfrac{1}{2}a^2 + a.$

(2) $\displaystyle\int_1^2 \left(x^2 + \dfrac{1}{x^4}\right)dx = \left[\dfrac{1}{3}x^3 - \dfrac{1}{3}x^{-3}\right]_1^2 = \dfrac{1}{3}\cdot(8-1) - \dfrac{1}{3}\cdot\left(\dfrac{1}{8}-1\right) = \dfrac{21}{8}.$

(3) $\displaystyle\int_4^9 \sqrt{x}(1+\sqrt{x})\,dx = \int_4^9 (\sqrt{x}+x)\,dx = \left[\dfrac{2}{3}x^{\frac{3}{2}} + \dfrac{1}{2}x^2\right]_4^9 = \dfrac{271}{6}.$

(4) $\displaystyle\int_{\frac{1}{\sqrt{3}}}^{\sqrt{3}} \dfrac{dx}{x^2+1} = \left[\arctan x\right]_{\frac{1}{\sqrt{3}}}^{\sqrt{3}} = \arctan\sqrt{3} - \arctan\dfrac{1}{\sqrt{3}} = \dfrac{\pi}{3} - \dfrac{\pi}{6} = \dfrac{\pi}{6}.$

(5) $\displaystyle\int_{-\frac{1}{2}}^{\frac{1}{2}} \dfrac{dx}{\sqrt{1-x^2}} = \left[\arcsin x\right]_{-\frac{1}{2}}^{\frac{1}{2}} = \arcsin\dfrac{1}{2} - \arcsin\left(-\dfrac{1}{2}\right) = \dfrac{\pi}{6} + \dfrac{\pi}{6} = \dfrac{\pi}{3}.$

(6) $\displaystyle\int_0^{\sqrt{3}a} \dfrac{dx}{a^2+x^2} = \left[\dfrac{1}{a}\arctan\dfrac{x}{a}\right]_0^{\sqrt{3}a} = \dfrac{1}{a}\arctan\dfrac{\sqrt{3}a}{a} = \dfrac{\pi}{3a}.$

(7) $\displaystyle\int_0^1 \dfrac{dx}{\sqrt{4-x^2}} = \dfrac{1}{2}\int_0^1 \dfrac{dx}{\sqrt{1-\left(\frac{x}{2}\right)^2}} = \left[\arcsin\dfrac{x}{2}\right]_0^1 = \arcsin\dfrac{1}{2} = \dfrac{\pi}{6}.$

(8) $\displaystyle\int_{-1}^0 \dfrac{3x^4+3x^2+1}{x^2+1}\,dx = \int_{-1}^0 \left[3x^2 + \dfrac{1}{x^2+1}\right]dx = \left[x^3 + \arctan x\right]_{-1}^0 = 1 + \dfrac{\pi}{4}.$

(9) $\displaystyle\int_{-e-1}^{-2} \dfrac{dx}{1+x} = \left[\ln|1+x|\right]_{-e-1}^{-2} = -1.$

(10) $\displaystyle\int_0^{\frac{\pi}{4}} \tan^2 x\,dx = \int_0^{\frac{\pi}{4}} (\sec^2 x - 1)\,dx = \left[\tan x - x\right]_0^{\frac{\pi}{4}} = 1 - \dfrac{\pi}{4}.$

(11) $\displaystyle\int_0^{2\pi} |\sin x|\,dx = \int_0^\pi \sin x\,dx - \int_\pi^{2\pi}\sin x\,dx = \left[-\cos x\right]_0^\pi - \left[-\cos x\right]_\pi^{2\pi}$

$$= -(\cos\pi - \cos0) + (\cos2\pi - \cos\pi) = 4.$$

$$(12)\int_0^2 f(x)\mathrm{d}x = \int_0^1 f(x)\mathrm{d}x + \int_1^2 f(x)\mathrm{d}x = \int_0^1 (x+1)\mathrm{d}x + \int_1^2 \frac{1}{2}x^2\mathrm{d}x$$

$$= \left[\frac{1}{2}x^2 + x\right]_0^1 + \left[\frac{1}{6}x^3\right]_1^2 = \frac{8}{3}.$$

6. 证明 $(1)\int_{-\pi}^{\pi}\cos kx\,\mathrm{d}x = \frac{1}{k}\sin kx\Big|_{-\pi}^{\pi} = \frac{1}{k}\left[\sin k\pi - \sin(-k\pi)\right]$

$$= \frac{1}{k}\left[\sin k\pi + \sin k\pi\right] = 0.$$

$$(2)\int_{-\pi}^{\pi}\sin kx\,\mathrm{d}x = -\frac{1}{k}\cos kx\Big|_{-\pi}^{\pi} = -\frac{1}{k}\left[\cos k\pi - \cos(-k\pi)\right]$$

$$= -\frac{1}{k}\left[\cos k\pi - \cos k\pi\right] = 0.$$

$$(3)\int_{-\pi}^{\pi}\cos^2 kx\,\mathrm{d}x = \frac{1}{2}\int_{-\pi}^{\pi}(1+\cos2kx)\mathrm{d}x = \frac{1}{2}\left[x + \frac{1}{2k}\sin2kx\right]_{-\pi}^{\pi} = \pi.$$

$$(4)\int_{-\pi}^{\pi}\sin^2 kx\,\mathrm{d}x = \frac{1}{2}\int_{-\pi}^{\pi}(1-\cos2kx)\mathrm{d}x = \frac{1}{2}\left[x - \frac{1}{2k}\sin2kx\right]_{-\pi}^{\pi} = \pi.$$

7. 解 $(1)\lim\limits_{x\to0}\dfrac{\int_0^x \cos t^2\,\mathrm{d}t}{x} \overset{\text{L'H}}{=\!=\!=} \lim\limits_{x\to0}\dfrac{\cos x^2}{1} = 1.$

$$(2)\lim\limits_{x\to0}\frac{\left(\int_0^x e^{t^2}\mathrm{d}t\right)^2}{\int_0^x t e^{2t^2}\mathrm{d}t} \overset{\text{L'H}}{=\!=\!=} \lim\limits_{x\to0}\frac{2\left(\int_0^x e^{t^2}\mathrm{d}t\right)\cdot e^{x^2}}{x e^{2x^2}} = \lim\limits_{x\to0}\frac{2\int_0^x e^{t^2}\mathrm{d}t}{x e^{x^2}} \overset{\text{L'H}}{=\!=\!=} \lim\limits_{x\to0}\frac{2e^{x^2}}{e^{x^2}+2x^2 e^{x^2}}$$

$$= \lim\limits_{x\to0}\frac{2}{1+2x^2} = 2.$$

8. 解 (1) 当 $x\in[0,1)$ 时，$\Phi(x) = \int_0^x f(t)\mathrm{d}t = \int_0^x t^2\mathrm{d}t = \dfrac{x^3}{3}.$

(2) 当 $x\in[1,2]$ 时，

$$\Phi(x) = \int_0^x f(t)\mathrm{d}t = \int_0^1 f(t)\mathrm{d}t + \int_1^x f(t)\mathrm{d}t = \int_0^1 t^2\mathrm{d}t + \int_1^x t\,\mathrm{d}t$$

$$= \frac{t^3}{3}\Big|_0^1 + \frac{1}{2}t^2\Big|_1^x = \frac{1}{3} + \frac{1}{2}(x^2-1) = \frac{x^2}{2} - \frac{1}{6}.$$

所以 $\Phi(x) = \begin{cases}\dfrac{x^3}{3}, & x\in[0,1)\\[2mm]\dfrac{x^2}{2}-\dfrac{1}{6}, & x\in[1,2]\end{cases}$,

又 $\lim\limits_{x\to1^-}\Phi(x) = \lim\limits_{x\to1^-}\dfrac{x^3}{3} = \dfrac{1}{3} = \Phi(1)$, $\lim\limits_{x\to1^+}\Phi(x) = \lim\limits_{x\to1^+}\left(\dfrac{x^2}{2}-\dfrac{1}{6}\right) = \dfrac{1}{3} = \Phi(1)$,

所以 $\Phi(x)$ 在 $x=1$ 处连续，而 $\Phi(x)$ 在 $[0,1)$ 和 $[1,2]$ 上均为初等函数，因此连续，从而 $\Phi(x)$ 在 $[0,2]$ 上连续.

习题 5-3 选解

1. 解 (1) **方法一** 设 $x = \sqrt{2}\sin t$，$\mathrm{d}x = \sqrt{2}\cos t\,\mathrm{d}t$，当 $x=0$ 时，$t=0$；当 $x=\sqrt{2}$ 时，

$t = \dfrac{\pi}{2}$.

$$\int_0^{\sqrt{2}} \sqrt{2-x^2}\,\mathrm{d}x = \int_0^{\frac{\pi}{2}} 2\cos^2 t\,\mathrm{d}t = \int_0^{\frac{\pi}{2}} (1+\cos 2t)\,\mathrm{d}t = \left[t + \frac{1}{2}\sin 2t \right]_0^{\frac{\pi}{2}} = \frac{\pi}{2}.$$

方法二　利用定积分的几何意义知 $\displaystyle\int_0^{\sqrt{2}} \sqrt{2-x^2}\,\mathrm{d}x$ 表示圆心在原点，半径 $r = \sqrt{2}$

的圆在第一象限的面积：$\displaystyle\int_0^{\sqrt{2}} \sqrt{2-x^2}\,\mathrm{d}x = \frac{1}{4} \cdot \pi(\sqrt{2})^2 = \frac{\pi}{2}$.

(2) 设 $x = 2\sin t$，则 $\mathrm{d}x = 2\cos t\,\mathrm{d}t$，当 $x = -\sqrt{2}$ 时. $t = -\dfrac{\pi}{4}$；当 $x = \sqrt{2}$ 时，$t = \dfrac{\pi}{4}$.

$$\int_{-\sqrt{2}}^{\sqrt{2}} \sqrt{8-2x^2}\,\mathrm{d}x = \int_{-\frac{\pi}{4}}^{\frac{\pi}{4}} 4\sqrt{2}\cos^2 t\,\mathrm{d}t = 8\sqrt{2}\int_0^{\frac{\pi}{4}} \cos^2 t\,\mathrm{d}t = 4\sqrt{2}\int_0^{\frac{\pi}{4}} (1+\cos 2t)\,\mathrm{d}t$$
$$= 2\sqrt{2}\left[2t + \sin 2t \right]_0^{\frac{\pi}{4}} = 2\sqrt{2}\left(2\cdot\frac{\pi}{4} + \sin\left(2\cdot\frac{\pi}{4}\right)\right) = \sqrt{2}(\pi+2).$$

(3) 设 $x = \sin t$，则 $\mathrm{d}x = \cos t\,\mathrm{d}t$. 当 $x = \dfrac{1}{\sqrt{2}}$ 时，$t = \dfrac{\pi}{4}$；当 $x = 1$ 时，$t = \dfrac{\pi}{2}$.

$$\int_{\frac{1}{\sqrt{2}}}^{1} \frac{\sqrt{1-x^2}}{x^2}\,\mathrm{d}x = \int_{\frac{\pi}{4}}^{\frac{\pi}{2}} \frac{\cos^2 t}{\sin^2 t}\,\mathrm{d}t = \int_{\frac{\pi}{4}}^{\frac{\pi}{2}} \cot^2 t\,\mathrm{d}t = \int_{\frac{\pi}{4}}^{\frac{\pi}{2}} (\csc^2 t - 1)\,\mathrm{d}t$$
$$= -\left[\cot t + t \right]_{\frac{\pi}{4}}^{\frac{\pi}{2}} = 1 - \frac{\pi}{4}.$$

(4) 设 $x = a\sin t$，则 $\mathrm{d}x = a\cos t\,\mathrm{d}t$. 当 $x = 0$ 时，$t = 0$；当 $x = a$ 时，$t = \dfrac{\pi}{2}$.

$$\int_0^{a} x^2\sqrt{a^2-x^2}\,\mathrm{d}x = \int_0^{\frac{\pi}{2}} a^2\sin^2 t\cdot a^2\cos^2 t\,\mathrm{d}t = \frac{a^4}{4}\int_0^{\frac{\pi}{2}} \sin^2 2t\,\mathrm{d}t$$
$$= \frac{a^4}{8}\int_0^{\frac{\pi}{2}} (1-\cos 4t)\,\mathrm{d}t = \frac{a^4}{8}\left[t - \frac{1}{4}\sin 4t \right]_0^{\frac{\pi}{2}} = \frac{\pi a^4}{16}.$$

(5) 设 $x = \tan t$，则 $\mathrm{d}x = \sec^2 t\,\mathrm{d}t$. 当 $x = 1$ 时，$t = \dfrac{\pi}{4}$；当 $x = \sqrt{3}$ 时，$t = \dfrac{\pi}{3}$.

$$\int_1^{\sqrt{3}} \frac{1}{x^2\sqrt{1+x^2}}\,\mathrm{d}x = \int_{\frac{\pi}{4}}^{\frac{\pi}{3}} \frac{\sec^2 t}{\tan^2 t\,\sec t}\,\mathrm{d}t = \int_{\frac{\pi}{4}}^{\frac{\pi}{3}} \frac{\cos t}{\sin^2 t}\,\mathrm{d}t = \int_{\frac{\pi}{4}}^{\frac{\pi}{3}} \sin^{-2} t\,\mathrm{d}\sin t$$
$$= -\left[\frac{1}{\sin t} \right]_{\frac{\pi}{4}}^{\frac{\pi}{3}} = -\left[\frac{2}{\sqrt{3}} - \frac{2}{\sqrt{2}} \right] = \frac{3\sqrt{2}-2\sqrt{3}}{3}.$$

(6) 设 $\sqrt{5-4x} = t$，则 $x = \dfrac{5-t^2}{4}$. $\mathrm{d}x = -\dfrac{t}{2}\,\mathrm{d}t$，当 $x = -1$ 时，$t = 3$；当 $x = 1$ 时，$t = 1$.

$$\int_{-1}^{1} \frac{x\,\mathrm{d}x}{\sqrt{5-4x}} = \int_3^{1} \frac{\frac{5-t^2}{4}\cdot\left(-\frac{t}{2}\right)\mathrm{d}t}{t} = \frac{1}{8}\int_1^{3} (5-t^2)\,\mathrm{d}t = \frac{1}{8}\left[5t - \frac{1}{3}t^3 \right]_1^{3} = \frac{1}{6}.$$

(7) 设 $\sqrt{1-x} = t$，则 $x = 1-t^2$，$\mathrm{d}x = -2t\,\mathrm{d}t$. 当 $x = \dfrac{3}{4}$ 时，$t = \dfrac{1}{2}$；当 $x = 1$ 时，$t = 0$.

$$\int_{\frac{3}{4}}^{1} \frac{\mathrm{d}x}{\sqrt{1-x}-1} = \int_{\frac{1}{2}}^{0} \frac{-2t}{t-1}\,\mathrm{d}t = 2\int_0^{\frac{1}{2}} \frac{t-1+1}{t-1}\,\mathrm{d}t = 2\int_0^{\frac{1}{2}} \left(1+\frac{1}{t-1}\right)\mathrm{d}t$$

$$= 2\left[t + \ln|t-1|\right]_0^{\frac{1}{2}} = 1 - 2\ln2.$$

(8) $\displaystyle\int_0^{\sqrt{2}a} \frac{x\,\mathrm{d}x}{\sqrt{3a^2 - x^2}} = -\frac{1}{2}\int_0^{\sqrt{2}a}\frac{\mathrm{d}(3a^2 - x^2)}{\sqrt{3a^2 - x^2}} = -\sqrt{3a^2 - x^2}\,\Big|_0^{\sqrt{2}a} = (\sqrt{3}-1)a.$

(9) $\displaystyle\int_0^1 t\,\mathrm{e}^{-\frac{t^2}{2}}\,\mathrm{d}t = -\int_0^1 \mathrm{e}^{-\frac{t^2}{2}}\,\mathrm{d}\left(-\frac{t^2}{2}\right) = -\mathrm{e}^{-\frac{t^2}{2}}\Big|_0^1 = 1 - \mathrm{e}^{-\frac{1}{2}}.$

(10) $\displaystyle\int_1^{\mathrm{e}^2}\frac{\mathrm{d}x}{x\sqrt{1+\ln x}} = \int_1^{\mathrm{e}^2}(1+\ln x)^{-\frac{1}{2}}\,\mathrm{d}(1+\ln x) = 2\sqrt{1+\ln x}\,\Big|_1^{\mathrm{e}^2} = 2\sqrt{3}-2.$

2. **解** (1) 因为 $x^4\sin x$ 是奇函数，所以 $\displaystyle\int_{-\pi}^{\pi} x^4\sin x\,\mathrm{d}x = 0.$

(2) $\displaystyle\int_{-\frac{\pi}{2}}^{\frac{\pi}{2}} 4\cos^4 x\,\mathrm{d}x = 2\int_0^{\frac{\pi}{2}} 4\cos^4 x\,\mathrm{d}x = 2\int_0^{\frac{\pi}{2}}(2\cos^2 x)^2\,\mathrm{d}x = 2\int_0^{\frac{\pi}{2}}(1+\cos2x)^2\,\mathrm{d}x$

$$= 2\int_0^{\frac{\pi}{2}}(1 + 2\cos2x + \cos^2 2x)\,\mathrm{d}x$$

$$= 2\left[x + \sin2x\right]_0^{\frac{\pi}{2}} + \int_0^{\frac{\pi}{2}}(1+\cos4x)\,\mathrm{d}x$$

$$= \pi + \left[x + \frac{1}{4}\sin4x\right]_0^{\frac{\pi}{2}} = \pi + \frac{\pi}{2} + 0 = \frac{3\pi}{2}.$$

(3) $\displaystyle\int_{-\frac{1}{2}}^{\frac{1}{2}}\frac{(\arcsin x)^2}{\sqrt{1-x^2}}\,\mathrm{d}x = 2\int_0^{\frac{1}{2}}(\arcsin x)^2\,\mathrm{d}\arcsin x = \frac{2}{3}\left[(\arcsin x)^3\right]_0^{\frac{1}{2}} = \frac{\pi^3}{324}.$

(4) 因为 $\dfrac{x^3\sin^2 x}{x^4 + 2x^2 + 1}$ 是奇函数，所以 $\displaystyle\int_{-5}^5\frac{x^3\sin^2 x}{x^4 + 2x^2 + 1}\,\mathrm{d}x = 0.$

3. **证明** $\displaystyle\int_{-b}^b f(-x)\,\mathrm{d}x \xrightarrow{\text{令}\,t=-x} \int_b^{-b} f(t)\,\mathrm{d}(-t) = \int_{-b}^b f(t)\,\mathrm{d}t = \int_{-b}^b f(x)\,\mathrm{d}x.$

4. **证明** $\displaystyle\int_a^b f(a+b-x)\,\mathrm{d}x \xrightarrow{\text{令}\,t=a+b-x} \int_b^a f(t)\,\mathrm{d}(-t) = \int_a^b f(t)\,\mathrm{d}t = \int_a^b f(x)\,\mathrm{d}x.$

5. **证明** $\displaystyle\int_x^1\frac{\mathrm{d}x}{1+x^2} \xrightarrow{x=\frac{1}{t}} \int_{\frac{1}{x}}^1\frac{-\frac{1}{t^2}\,\mathrm{d}t}{1+\frac{1}{t^2}} = \int_1^{\frac{1}{x}}\frac{\mathrm{d}t}{1+t^2} = \int_1^{\frac{1}{x}}\frac{\mathrm{d}x}{1+x^2}.$

6. **证明** $\displaystyle\int_0^1 x^m(1-x)^n\,\mathrm{d}x \xrightarrow{t=1-x} \int_1^0 (1-t)^m t^n(-\mathrm{d}t) = \int_0^1 t^n(1-t)^m\,\mathrm{d}t$

$$= \int_0^1 x^n(1-x)^m\,\mathrm{d}x.$$

7. **证明** $\displaystyle\int_a^{a+l} f(x)\,\mathrm{d}x = \int_a^0 f(x)\,\mathrm{d}x + \int_0^l f(x)\,\mathrm{d}x + \int_l^{a+l} f(x)\,\mathrm{d}x.$ $f(x+l) = f(x),$ 而

$$\int_l^{a+l} f(x)\,\mathrm{d}x \xrightarrow{x=t+l} \int_0^a f(t+l)\,\mathrm{d}t = \int_0^a f(t)\,\mathrm{d}t = -\int_a^0 f(x)\,\mathrm{d}x,$$

所以 $\displaystyle\int_a^{a+l} f(x)\,\mathrm{d}x = \int_a^0 f(x)\,\mathrm{d}x + \int_0^l f(x)\,\mathrm{d}x - \int_a^0 f(x)\,\mathrm{d}x = \int_0^l f(x)\,\mathrm{d}x,$

所以 $\displaystyle\int_a^{a+l} f(x)\,\mathrm{d}x$ 值与 a 无关.

8. **证明** (1) 若 $f(x)$ 是奇函数，即 $f(-x) = -f(x)$，设 $F(x) = \displaystyle\int_0^x f(t)\,\mathrm{d}t$，则

$$F(-x) = \int_0^{-x} f(t)\mathrm{d}t \xlongequal{u=-t} \int_0^x f(-u)(-\mathrm{d}u) = -\int_0^x f(-u)\mathrm{d}u = \int_0^x f(u)\mathrm{d}u = F(x)$$

所以 $F(x) = \int_0^x f(t)\mathrm{d}t$ 的是偶函数.

(2) 若 $f(x)$ 是偶函数，证明类似.

9. **解** (1) $\displaystyle\int_0^1 x\,\mathrm{e}^{-x}\mathrm{d}x = -\int_0^1 x\,\mathrm{d}\mathrm{e}^{-x} = -x\,\mathrm{e}^{-x}\Big|_0^1 + \int_0^1 \mathrm{e}^{-x}\mathrm{d}x = -\frac{1}{\mathrm{e}} - \mathrm{e}^{-x}\Big|_0^1 = 1 - \frac{2}{\mathrm{e}}.$

(2) $\displaystyle\int_1^{\mathrm{e}} x\ln x\,\mathrm{d}x = \frac{1}{2}\int_1^{\mathrm{e}} \ln x\,\mathrm{d}x^2 = \frac{1}{2}\big[x^2\ln x\big]_1^{\mathrm{e}} - \frac{1}{2}\int_1^{\mathrm{e}} x^2\,\mathrm{d}\ln x$

$$= \frac{\mathrm{e}^2}{2} - \frac{x^2}{4}\Big|_1^{\mathrm{e}} = \frac{1}{4}(\mathrm{e}^2 + 1).$$

(3) $\displaystyle\int_0^{\frac{2\pi}{\omega}} t\sin\omega t\,\mathrm{d}t = -\frac{1}{\omega}\int_0^{\frac{2\pi}{\omega}} t\,\mathrm{d}\cos\omega t = -\frac{1}{\omega}t\cos\omega t\Big|_0^{\frac{2\pi}{\omega}} + \frac{1}{\omega}\int_0^{\frac{2\pi}{\omega}}\cos\omega t\,\mathrm{d}t$

$$= -\frac{2\pi}{\omega^2} + \frac{1}{\omega^2}\sin\omega t\Big|_0^{\frac{2\pi}{\omega}} = -\frac{2\pi}{\omega^2}.$$

(4) $\displaystyle\int_{\frac{\pi}{4}}^{\frac{\pi}{2}} \frac{x}{\sin^2 x}\mathrm{d}x = \int_{\frac{\pi}{4}}^{\frac{\pi}{2}} x\csc^2 x\,\mathrm{d}x = -\int_{\frac{\pi}{4}}^{\frac{\pi}{2}} x\,\mathrm{d}\cot x = -x\cot x\Big|_{\frac{\pi}{4}}^{\frac{\pi}{2}} + \int_{\frac{\pi}{4}}^{\frac{\pi}{2}} \cot x\,\mathrm{d}x$

$$= \frac{\pi}{4} + \ln\sin x\Big|_{\frac{\pi}{4}}^{\frac{\pi}{2}} = \frac{\pi}{4} + \frac{1}{2}\ln 2.$$

(5) $\displaystyle\int_1^4 \frac{\ln x}{\sqrt{x}}\mathrm{d}x = 2\int_1^4 \ln x\,\mathrm{d}\sqrt{x} = 2\sqrt{x}\ln x\Big|_1^4 - 2\int_1^4 \sqrt{x}\,\mathrm{d}\ln x = 8\ln 2 - 2\int_1^4 \frac{1}{\sqrt{x}}\mathrm{d}x$

$$= 8\ln 2 - 4\sqrt{x}\Big|_1^4 = 8\ln 2 - 4.$$

(6) $\displaystyle\int_0^1 x\arctan x\,\mathrm{d}x = \frac{1}{2}\int_0^1 \arctan x\,\mathrm{d}x^2 = \frac{1}{2}x^2\arctan x\Big|_0^1 - \frac{1}{2}\int_0^1 x^2\,\mathrm{d}\arctan x$

$$= \frac{\pi}{8} - \frac{1}{2}\int_0^1 \frac{x^2}{1+x^2}\mathrm{d}x = \frac{\pi}{8} - \frac{1}{2}\int_0^1 \mathrm{d}x + \frac{1}{2}\int_0^1 \frac{1}{1+x^2}\mathrm{d}x$$

$$= \frac{\pi}{8} - \frac{1}{2} + \frac{1}{2}\arctan x\Big|_0^1 = \frac{\pi}{4} - \frac{1}{2}.$$

习题 5－4 选解

1. **解** (1) 由 $\begin{cases} y = \dfrac{1}{2}x^2 \\ x^2 + y^2 = 8 \end{cases}$ 得交点 $A(-2,\,2)$，$B(2,\,2)$，如图①所示. 从方程中解出

显函数得 $y = \sqrt{8-x^2}$，利用对称性得

$$S_1 = 2\int_0^2 \left(\sqrt{8-x^2} - \frac{1}{2}x^2\right)\mathrm{d}x = 2\int_0^2 \sqrt{8-x^2}\,\mathrm{d}x - \frac{1}{3}x^3\Big|_0^2$$

$$\xrightarrow[\substack{x=0\,时,t=0;\,x=2\,时,t=\frac{\pi}{4}}]{\substack{令\,x=2\sqrt{2}\sin t,\,\mathrm{d}x=2\sqrt{2}\cos t\mathrm{d}t}} 2\int_0^{\frac{\pi}{4}} \left(2\sqrt{2}\cos t\right)^2\mathrm{d}t - \frac{8}{3}$$

$$= 16\int_0^{\frac{\pi}{4}} \frac{1+\cos 2t}{2}\mathrm{d}t - \frac{8}{3}$$

$$= 8 \times \frac{\pi}{4} + 4\sin 2t \Big|_0^{\frac{\pi}{4}} - \frac{8}{3} = 2\pi + \frac{4}{3},$$

所以 $S_2 = S_{圆} - S_1 = \pi (2\sqrt{2})^2 - \left(2\pi + \frac{4}{3}\right) = 6\pi - \frac{4}{3}$.

（2）如图②所示，$S = \int_1^2 \left(x - \frac{1}{x}\right) dx = \left[\frac{1}{2}x^2 - \ln x\right]_1^2 = \frac{3}{2} - \ln 2$.

（3）如图③所示，$S = \int_0^1 (e^x - e^{-x}) dx = [e^x + e^{-x}]_0^1 = e + \frac{1}{e} - 2$.

（4）如图④所示，由 $\begin{cases} y = x^2 \\ y = x \end{cases}$ 得交点 $(0, 0)$，$(1, 1)$，由 $\begin{cases} y = x^2 \\ y = 2x \end{cases}$ 得交点 $(0, 0)$，$(2, 4)$，

所以，所求面积为 $S = \int_0^1 (2x - x) dx + \int_1^2 (2x - x^2) dx = \frac{7}{6}$.

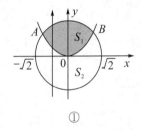

①

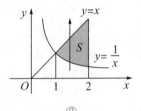

②

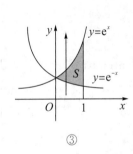

③

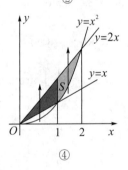

④

2. **解** 由旋转体体积计算公式以及椭圆的对称性，可得

$$V_x = \pi \int_{-a}^a y^2 dx = 2\pi \int_0^a \frac{b^2}{a^2}(a^2 - x^2) dx = \frac{4}{3}\pi ab^2,$$

$$V_y = \pi \int_{-b}^b x^2 dy = 2\pi \int_0^b \frac{a^2}{b^2}(b^2 - y^2) dy = \frac{4}{3}\pi a^2 b.$$

习题 5－5 选解

1. **解** $\int_{\frac{2}{\pi}}^{+\infty} \frac{1}{x^2} \sin \frac{1}{x} dx = -\int_{\frac{2}{\pi}}^{+\infty} \sin \frac{1}{x} d\left(\frac{1}{x}\right) = \left[\cos \frac{1}{x}\right]\Big|_{\frac{2}{\pi}}^{+\infty} = \cos 0 - \cos \frac{\pi}{2} = 1$.

2. **解** 显然 $x = 1$ 为唯一瑕点，则 $\int_0^3 \frac{dx}{(x-1)^{\frac{2}{3}}} = \int_0^1 \frac{dx}{(x-1)^{\frac{2}{3}}} + \int_1^3 \frac{dx}{(x-1)^{\frac{2}{3}}}$.

而 $\int_0^1 \frac{dx}{(x-1)^{\frac{2}{3}}} = 3(x-1)^{\frac{1}{3}}\Big|_0^1 = 3$，$\int_1^3 \frac{dx}{(x-1)^{\frac{2}{3}}} = 3(x-1)^{\frac{1}{3}}\Big|_1^3 = 3\sqrt[3]{2}$，

所以 $\displaystyle\int_0^3 \frac{\mathrm{d}x}{(x-1)^{\frac{2}{3}}} = 3(1 + \sqrt[3]{2})$.

3. **解**　$\displaystyle\int_{-\infty}^{+\infty} \frac{\mathrm{d}x}{x^2 + 4x + 9} = \int_{-\infty}^{0} \frac{\mathrm{d}x}{x^2 + 4x + 9} + \int_{0}^{+\infty} \frac{\mathrm{d}x}{x^2 + 4x + 9}$

$$= \lim_{a \to -\infty} \int_a^0 \frac{\mathrm{d}x}{(x+2)^2 + 5} + \lim_{b \to +\infty} \int_0^b \frac{\mathrm{d}x}{(x+2)^2 + 5}$$

$$= \lim_{a \to -\infty} \frac{1}{\sqrt{5}} \arctan \frac{x+2}{\sqrt{5}} \Big|_a^0 + \lim_{b \to +\infty} \frac{1}{\sqrt{5}} \arctan \frac{x+2}{\sqrt{5}} \Big|_0^b = \frac{\pi}{\sqrt{5}}.$$

4. **证明**　$\displaystyle\int_a^{+\infty} \mathrm{e}^{-px} \mathrm{d}x = \left[-\frac{\mathrm{e}^{-px}}{p} \right]_a^{+\infty} = \begin{cases} \dfrac{\mathrm{e}^{-ap}}{p}, p > 0 \\ \infty, p < 0 \end{cases}$，即当 $p > 0$ 时，收敛；当 $p < 0$ 时

发散.

第 6 章

微分方程

函数是客观事物的内部联系在数量方面的反映，利用函数关系可以对客观事物的规律性进行研究. 因此如何寻求函数关系，在实践中具有重要意义. 在许多问题中，往往不能直接找出所需要的函数关系，但是根据已知条件，有时可以列出含有要求的函数及其导数的关系式. 这样的关系式就是微分方程. 微分方程建立以后，对它进行研究，找出未知函数，这就是解微分方程.

对于微分方程的研究来源极广，历史久远. 牛顿和莱布尼茨在创造微分和积分运算时，指出了它们的互逆性，事实上这解决了最简单的微分方程 $y' = f(x)$ 的求解问题. 当人们用微积分学去研究几何学、力学、物理学所提出的问题时，微分方程大量地涌现出来. 17 世纪后半叶通过力学，特别是弹性力学、天体力学等实际问题提出了常微分方程，如悬链线问题、等时曲线问题和正交轨线问题等. 18 世纪，常微分方程已经成为具有自己的目标和方法的一个新的数学分支. 19 世纪是微分方程发展的解析理论和定性理论时期，对于绝大多数的微分方程来说，其通解都不存在，这迫使人们从用初等函数求解转变为求近似解或者解的性质，逐步形成了微分方程的一般理论. 20 世纪，随着大量的边缘科学诸如电磁流体力学、化学流体力学、动力气象学、海洋动力学、地下水动力学等的产生和发展，也出现了不少新型的微分方程（特别是方程组）. 常微分方程在理论与应用中得到重大发展，如拓扑学、函数论、泛函论等数学学科的深入发展，为进一步研究常微分方程提供了有力的数学工具. 计算机的出现和发展为微分方程的定性研究提供了技术支持. 此外，常微分方程也向高维数、抽象化方面发展.

在当代，许多社会科学的问题亦为微分方程，如人口发展模型、交通流模型等，因而微分方程的研究是与人类社会密切相关的.

根据不同的特点，微分方程可分为几种类别：常微分方程和偏微分方程、线性方程和非线性方程、齐次和非齐次方程、一阶微分方程和高阶微分方程等.

这一章主要介绍微分方程的一些基本概念和几种常用的微分方程的解法.

§6.1　微分方程的基本概念

法国天文学家勒维烈和英国天文学家亚当斯使用微分方程各自计算出那时尚未发现的海王星的位置.

海王星（Neptune），太阳系八大行星之一，是已知太阳系中离太阳最远的大行星. 发现于1864 年 9 月 23 日，是仅有的利用数学预测而非观测意外发现的行星.

初等数学中有各种各样的方程，如线性方程、二次方程、高次方程、指数方程、对数方程、三角方程和方程组等. 这些方程都是要找出研究问题中的已知数和未知数之间的关系，列出包含一个未知数或几个未知数的一个或多个方程式，然后去求方程的解. 但在实际工作中，常出现一些与以上方程完全不同的问题. 例如：要寻求物体在一定条件下运动、变化的规律；要寻求某物体在重力作用下自由下落过程中，下落距离随时间变化的规律；要寻求火箭在发动机推动下在空间飞行时的飞行轨道等.

解这类问题，需用微分和导数的知识. 微积分中研究了变量的各种函数及函数的微分和积分，如函数未知，但知道变量与函数的代数关系式，便组成代数方程，通过求解代数方程解出未知函数. 同样，如果知道自变量、未知函数及函数的导数（或微分）组成的关系式，得到的便是微分方程. 因此，凡是表示未知函数的导数以及自变量之间的关系的方程，就叫做微分方程.

本节主要介绍微分方程的一些基本概念.

6.1.1　引例

先通过几何、物理中两个实例来说明微分方程的基本概念.

例 1　已知曲线上任意一点 $N(x，y)$ 处的切线斜率为该点横坐标的 2 倍，且曲线通过点 $(2，2)$，求该曲线的方程.

解　设所求曲线的方程为 $y=f(x)$. 根据导数的几何意义，可知未知函数 $y=f(x)$ 应满足关系式

$$\frac{\mathrm{d}y}{\mathrm{d}x}=2x. \tag{1}$$

（1）式两端同时对 x 积分可得

$$y=x^2+C. \tag{2}$$

其中，C 为任意常数. 将 $x=2$，$y=2$ 代入（2），则 $C=-2$.

则所求的曲线方程为 $y=x^2-2$.

例 2　质量为 m 的物体，从高空自由下落，且只受重力作用影响. 试确定该物体的运动规律.

一阶导数的物理意义：变速直线运动的速度 $v(t)$ 是位置函数 $s(t)$ 对时间 t 的导数，即

$$v(t) = \frac{\mathrm{d}s}{\mathrm{d}t}$$

或 $v(t) = s'(t)$.

二阶导数的物理意义：变速直线运动的加速度是位置函数 $s(t)$ 对时间 t 的二阶导数，即

$$a(t) = \frac{\mathrm{d}^2 s}{\mathrm{d}t^2}$$

或 $a(t) = s''(t)$.

解 物体从坐标原点开始下落，设 t 时刻物体的位置为 $s(t)$，根据题意，只受重力影响，则由二阶导数的物理意义得

$$\frac{\mathrm{d}^2 s}{\mathrm{d}t^2} = g. \tag{3}$$

由于自由落体运动的初始位置和初始速度均为 0，故 $s(t)$ 满足

$$\begin{cases} s \mid_{t=0} = 0 \\ v \mid_{t=0} = \dfrac{\mathrm{d}s}{\mathrm{d}t}\bigg|_{t=0} = 0 \end{cases} \tag{4}$$

(3) 式两端同时对 t 积分可得

$$\frac{\mathrm{d}s}{\mathrm{d}t} = gt + C_1. \tag{5}$$

(5) 式两端同时对 t 再次积分可得

$$s(t) = \frac{1}{2}gt^2 + C_1 t + C_2. \tag{6}$$

其中，C_1 和 C_2 为任意常数. 将 (4) 式代入 (5) 式和 (6) 式，则 $C_1 = 0$，$C_2 = 0$.

把 $C_1 = 0$，$C_2 = 0$ 代入 (6) 式，得 $s(t) = \frac{1}{2}gt^2$.

上述两例中的关系式 (1) 和 (3) 都含有未知数的导数，它们都是微分方程. 下面给出微分方程的定义.

6.1.2 微分方程的定义与微分方程的解

1. 微分方程的定义

本章主要讨论常微分方程，以后若无特别说明将其简称为微分方程.

定义 1 含有未知函数、未知函数的导数与自变量间的关系的方程称为**微分方程**. 只含有一个自变量的方程称为**常微分方程**，自变量多于一的方程称为**偏微分方程**. 微分方程中实际出现的未知函数导数的最高阶数叫做**微分方程的阶**. 阶数为一的微分方程称为**一阶微分方程**，阶数高于一的微分方程称为**高阶微分方程**.

例 1 中 $\begin{cases} \dfrac{\mathrm{d}y}{\mathrm{d}x} = 2x \\ y \mid_{x=2} = 2 \end{cases}$ 是一阶常微分方程，

$x^3 y''' + x^2 y'' - 4xy' = 3x^2$ 是三阶微分方程.

一般地，n 阶微分方程的形式为

$$F(x, y, y', \cdots, y^{(n)}) = 0.$$

$y^{(n)}$ 表示 y 的 n 阶导数. $F(x, y, y', \cdots, y^{(n)}) = 0$ 为 n 阶隐式微分方程.

这里 y，y'，$\cdots$，$y^{(n)}$ 都是 x 的函数，除 $y^{(n)}$ 项外，其余项可以出现也可以不出现. 例如 n 阶微分方程 $y^{(n)} + 1 = 0$ 中，除 $y^{(n)}$ 外其他项都没有出现.

相应的显函数方程为:
$$y^{(n)} = F(x, y, y', \cdots, y^{(n-1)}).$$

如果能从 n 阶微分方程 $F(x, y, y', \cdots, y^{(n)}) = 0$ 中解出最高阶导数,则可得微分方程
$$y^{(n)} = F(x, y, y', \cdots, y^{(n-1)}).$$

2. 线性微分方程与非线性微分方程

定义 2 如果 n 阶微分方程 $F(x, y, y', \cdots, y^{(n)}) = 0$ 对未知函数 y 和它的各阶导数 y',y'',$\cdots$,$y^{(n)}$ 的全体而言是一次的,且系数只与自变量 x 有关,则称它为 n 阶**线性微分方程**,否则称为 n 阶**非线性微分方程**.

显然,n 阶线性微分方程的一般形式为:
$$y^{(n)} + a_1(x)y^{(n-1)} + \cdots + a_{n-1}(x)y' + a_n(x)y = f(x).$$

其中,$a_i(x)(i = 1, 2, \cdots, n)$ 和 $f(x)$ 都是 x 的已知函数.

$\left(\dfrac{\mathrm{d}y}{\mathrm{d}x}\right)^2$ 表示 $\dfrac{\mathrm{d}y}{\mathrm{d}x}$ 的平方;

$\dfrac{\mathrm{d}^2 y}{\mathrm{d}x^2} = \dfrac{\mathrm{d}}{\mathrm{d}x}\left(\dfrac{\mathrm{d}y}{\mathrm{d}x}\right)$ 表示 y 关于 x 的二阶导数. 二者有本质区别.

如方程 $\left(\dfrac{\mathrm{d}y}{\mathrm{d}x}\right)^2 = 3x^2 + 2$ 和 $\dfrac{\mathrm{d}y}{\mathrm{d}x} = 1 + y^2$ 是一阶非线性微分方程,$\dfrac{\mathrm{d}^2 y}{\mathrm{d}x^2} + \omega^2 y = 0(\omega > 0$ 是常数)是二阶线性微分方程.

3. 微分方程的解

定义 3 使微分方程成为恒等式的函数称为**微分方程的解**. 求微分方程解的过程称为**解微分方程**.

"通解"与"特解"的名词最初是由数学家欧拉引入的.

任意常数是独立的,指不能合并而使得任意常数的个数减少.

如果微分方程的解中含有独立的任意常数,且任意常数的个数与微分方程的阶数相同,这样的解叫做微分方程的**通解**. 不含有任意常数的解称为**特解**.

用来确定特解的条件称为**定解条件**(或初始条件). 求微分方程满足初始条件的特解这一问题,称为**初值问题**.

例 2 中 $s(t) = \dfrac{1}{2}gt^2 + C_1 t + C_2$ 是 $\dfrac{\mathrm{d}^2 s}{\mathrm{d}t^2} = g$ 的通解.

$s(t) = \dfrac{1}{2}gt^2$ 是 $\dfrac{\mathrm{d}^2 s}{\mathrm{d}t^2} = g$ 在初始条件 $\begin{cases} s\big|_{t=0} = 0 \\ v\big|_{t=0} = \dfrac{\mathrm{d}s}{\mathrm{d}t}\Big|_{t=0} = 0 \end{cases}$ 下的特解.

n 阶常微分方程的初值问题可表示为
$$\begin{cases} F(x, y, y', \cdots, y^{(n)}) = 0 \\ y(x_0) = y_0, \ y'(x_0) = y_1, \cdots, y^{(n-1)}(x_0) = y_{n-1} \end{cases},$$

其中,y_0,y_1,$\cdots$,y_{n-1} 是 n 个给定常数.

4. 积分曲线与积分曲线族

一阶微分方程的每一个特解都是一个函数,它的图形是

Oxy 平面上的一条曲线，称为微分方程的**积分曲线**. 通解表示平面上的一族曲线，称为**积分曲线族**.

一阶微分方程初值问题 $\begin{cases} y'=f(x,y) \\ y|_{x=x_0}=y_0 \end{cases}$ 的几何意义，是求微分方程通过初值条件点 (x_0,y_0) 的那一条积分曲线.

二阶微分方程初值问题 $\begin{cases} y''=f(x,y,y') \\ y|_{x=x_0}=y_0,\ y'|_{x=x_0}=y_1 \end{cases}$ 的几何意义，是求微分方程通过初值条件点 (x_0,y_0) 且在该点处的切线斜率为 $y'|_{x=x_0}=y_1$ 的那一条积分曲线.

例 3 在下列各题中验证所给定的函数是不是方程的解.

(1) $xy'+y=\cos x$，$y=\dfrac{\sin x}{x}$；

(2) $y''-2y'+y=0$，$y=x^2\mathrm{e}^x$；

(3) $\dfrac{\mathrm{d}^2 y}{\mathrm{d}x^2}+\omega^2 y=0(\omega>0$ 是常数$)$，$y=c_1\cos\omega x+c_2\sin\omega x$.

求导法则：

$(u\pm v)'=u'\pm v'$；

$(uv)'=u'v+uv'$；

$\left(\dfrac{v}{u}\right)'=\dfrac{v'u-vu'}{u^2}$.

部分高阶求导公式：

$(\mathrm{e}^x)^{(n)}=\mathrm{e}^x$；

$(\sin x)^{(n)}=\sin\left(x+\dfrac{n\pi}{2}\right)$；

$(\cos x)^{(n)}=\cos\left(x+\dfrac{n\pi}{2}\right)$，

$n\in\mathbf{N}$.

莱布尼茨公式：

$(uv)^{(n)}=\displaystyle\sum_{k=0}^{n}C_n^k u^{(n-k)}v^{(k)}$.

解 (1) 求 $y=\dfrac{\sin x}{x}$ 的导数 $y'=\dfrac{x\cos x-\sin x}{x^2}$，将 y'，y 代入方程有 $x\cdot\dfrac{x\cos x-\sin x}{x^2}+\dfrac{\sin x}{x}=\cos x$，所以 $y=\dfrac{\sin x}{x}$ 为方程 $xy'+y=\cos x$ 的解.

(2) 分别求 $y=x^2\mathrm{e}^x$ 的一阶和二阶导，$y'=(2x+x^2)\mathrm{e}^x$，$y''=(2+4x+x^2)\mathrm{e}^x$，将 y，y'，y'' 代入方程有

$$(2+4x+x^2)\mathrm{e}^x-2(2x+x^2)\mathrm{e}^x+x^2\mathrm{e}^x\neq 0.$$

所以 $y=x^2\mathrm{e}^x$ 不是方程的解.

(3) 求 $y=c_1\cos\omega x+c_2\sin\omega x$ 的一阶和二阶导数，

$$y'=-c_1\omega\sin\omega x+c_2\omega\cos\omega x,$$
$$y''=-c_1\omega^2\cos\omega x-c_2\omega^2\sin\omega x.$$

将 y，y'，y'' 代入方程有

$$-c_1\omega^2\cos\omega x-c_2\omega^2\sin\omega x+\omega^2(c_1\cos\omega x+c_2\sin\omega x)\equiv 0,$$

所以对任意 c_1，c_2，$y=c_1\cos\omega x+c_2\sin\omega x$ 是方程 $\dfrac{\mathrm{d}^2 y}{\mathrm{d}x^2}+\omega^2 y=0$ 的解. $y=\cos\omega x$ 和 $y=\sin\omega x$ 是该方程的两个特解.

例 4 验证方程 $y'=\dfrac{2y}{x}$ 的通解为 $y=Cx^2$，并求满足初始条件 $y|_{x=1}=2$ 的特解.

解 由 $y=Cx^2$ 得 $y'=2Cx$，将 y'，y 代入方程有

$$2Cx=\dfrac{2y}{x}\Rightarrow y=Cx^2.$$

所以 $y=Cx^2$ 是原方程的通解.

将初始条件 $y\big|_{x=1}=2$ 代入通解, 得 $C=2$. 故所求特解为 $y=2x^2$.

例 5 求以过点 $p(0,1)$ 的直线族为积分曲线的微分方程.

解 过点 $p(0,1)$ 的直线族为等式 $y=Cx+1$, 等式两边同时对 x 求导, 得 $y'=C$. 从这两式中消去任意常数 C, 得到所求微分方程为 $y=xy'+1$.

例 6 写出由下列条件确定的曲线所满足的微分方程.

(1) 曲线在点 $P(x,y)$ 处切线的斜率等于该点横坐标的平方;

(2) 曲线上点 $P(x,y)$ 处的法线与 x 轴的交点为 Q, 且线段 PQ 被 y 轴平分.

解 (1) 设曲线为 $y=f(x)$, 则曲线在 $P(x,y)$ 处的切线斜率为 y', 由题意, $y'=x^2$ 即为所求的微分方程.

(2) 设曲线为 $y=f(x)$, 则曲线在 $P(x,y)$ 处的法线斜率为 $-\dfrac{1}{y}$, 故过 P 点的法线方程为

$$Y-y=-\frac{1}{y'}(X-x).$$

与 x 轴的交点 $Q(x+yy',0)$. PQ 被 y 轴平分, 则它的中点的横坐标为 0, 所以有 $\dfrac{x+x+yy'}{2}=0 \Rightarrow 2x+yy'=0$.

则所求微分方程为 $2x+yy'=0$.

例 7 试求以下列函数为通解的微分方程.

(1) $x^2+y^2=2Cx$(C 为任意常数);

(2) $y=C_1e^x+C_2e^{3x}$(C_1, C_2 为任意常数);

(3) $y=C\arcsin x$(C 为任意常数).

解 (1) 对 $x^2+y^2=2Cx$ 求导得
$$2x+2yy'=2C,$$
代入原式可得对应通解的微分方程为
$$x^2+y^2=(2x+2yy')x,$$
即所求微分方程为
$$x^2+2xyy'-y^2=0.$$

(2) 通解两端对 x 求一阶、二阶导数, 并联立得
$$\begin{cases} y'=C_1e^x+3C_2e^{3x} & ① \\ y''=C_1e^x+9C_2e^{3x} & ② \end{cases},$$
整理方程②-①得 $C_2e^{3x}=\dfrac{y''-y'}{6}$,

$3\times①-②$得 $C_1e^x=\dfrac{3y'-y''}{2}$,

法线: 过切点且与切线垂直的直线.
切线与法线的关系:
(1) 互相垂直;
(2) 公共点是切点.
切线方程:
$y-f(x_0)=f'(x_0)(x-x_0)$.
法线方程:
$y-f(x_0)=-\dfrac{1}{f'(x_0)}(x-x_0)$.

中点坐标公式:
若 $P(x_1,y_1)$, $Q(x_2,y_2)$, $M(x,y)$ 为 PQ 的中点,
则 $x=\dfrac{x_1+x_2}{2}$, $y=\dfrac{y_1+y_2}{2}$.

代入原方程得到对应通解的微分方程为

$$y'' - 4y' + 3y = 0.$$

（3）通解两端对 x 求一阶导，

$$y' = \frac{C}{1+x^2} \Rightarrow C = y'(1+x^2),$$

代入原式可得对应通解的微分方程为

$$y - y'(1+x^2)\arcsin x = 0.$$

例 8　求微分方程 $\dfrac{\mathrm{d}y}{\mathrm{d}x} = \dfrac{1}{x}$ 的通解.

解　根据原函数与不定积分之间的关系可知

$$y = \int \frac{1}{x}\mathrm{d}x = \ln|x| + C（C \text{ 为任意常数}），$$

而方程 $\dfrac{\mathrm{d}y}{\mathrm{d}x} = \dfrac{1}{x}$ 为一阶微分方程，故 $y = \ln|x| + C（C$ 为任意常数）为该微分方程的通解.

习题 6-1

1. 试说出下列微分方程的阶数，并回答方程是线性还是非线性的.

    （1）$x(y')^2 - 2yy' + x = 0$；　　　　　（2）$x^2 y'' - xy' + y = 0$；

    （3）$xy''' + 2y'' + x^2 y = 0$；　　　　　（4）$(y'')^2 + xy - 3y^2 = 0$；

    （5）$y^{(4)} + xy''' + x^2 y'' - \sin y = 0$；　　（6）$x\dfrac{\mathrm{d}^2 y}{\mathrm{d}x^2} + 5\dfrac{\mathrm{d}y}{\mathrm{d}x} + 3xy = \sin x$.

2. 验证下列各题中的函数是否为所给微分方程的解.

    （1）$xy' = 2y$，$y = 5x^2$；

    （2）$y'' + y = 0$，$y = 3\sin x - 4\cos x$；

    （3）$y'' - 2y' + y = 0$，$y = x^2 \mathrm{e}^x$；

    （4）$(xy - x)y'' + x(y')^2 + yy' - 2y' = 0$，$y = \ln(xy)$.

3. 根据给定的初始条件确定下列方程中的参数.

    （1）$x^2 - y^2 = C$，$y|_{x=0} = 5$；

    （2）$y = (C_1 + C_2 x)\mathrm{e}^{2x}$，$y|_{x=0} = 0$，$y'|_{x=0} = 1$.

4. 消去下列各式中的任意常数 C，C_1，C_2，写出相应的微分方程.

    （1）$y = Cx + C^2$；　　　　　　　　　（2）$y = x\tan(x + C)$；

    （3）$xy = C_1 \mathrm{e}^x + C_2 \mathrm{e}^{-x}$；　　　　　（4）$(y - C_1)^2 = C_2 x$.

§6.2 可分离变量的微分方程

微分方程是数学学科最重要的分支之一，是沟通数学与现实世界的重要桥梁. 研究微分方程的核心问题之一就是求解方程. 微分方程的求解方法众多，这就要求在处理微分方程问题前要分析该方程的类型、特点，进而有针对性地选用最恰当的方法来求解. 下面讨论一阶微分方程 $y'=f(x,y)$ 的一些解法.

本节首先介绍可分离变量的微分方程及其解法——变量分离法. 数学上，分离变量是一种解常微分方程或偏微分方程的方法. 使用这一方法，可将方程式重新编排，让方程式的一部分只含有一个变量，而剩余部分则与此变量无关.

6.2.1 可分离变量方程

可分离变量微分方程的特点:
(1) 已解出或能解出一阶导数 $\dfrac{\mathrm{d}y}{\mathrm{d}x}$;
(2) 右端是一元函数 $f(x)$ 和 $g(y)$ 的乘积.

如果一阶微分方程能够写成

$$\frac{\mathrm{d}y}{\mathrm{d}x}=f(x)g(y)\,(\text{或}\ g(y)\mathrm{d}y=f(x)\mathrm{d}x)$$

的形式，该方程就称为**可分离变量方程**.

6.2.2 可分离变量方程的解法

如果 $\dfrac{\mathrm{d}y}{\mathrm{d}x}=f(x)g(y)$ 中 $g(y)\neq0$ ，可将其改写为 $\dfrac{\mathrm{d}y}{g(y)}=f(x)\mathrm{d}x$ ，两边积分得微分方程的通解为

$$\int\frac{1}{g(y)}\mathrm{d}y=\int f(x)\mathrm{d}x+C.$$

变量"分离"指的是方程的一端只含有 $g(y)\mathrm{d}y$ ，另一端只含有 $f(x)\mathrm{d}x$ ，即方程两端都只含有一个变量.

这里把积分常数 C 明确写出来，把 $\int\dfrac{1}{g(y)}\mathrm{d}y$ 和 $\int f(x)\mathrm{d}x$ 分别理解为 $\dfrac{1}{g(y)}$ 和 $f(x)$ 的一个确定的原函数.

设 $G(y)$ 及 $F(x)$ 分别为 $g(y)$ 及 $f(y)$ 的原函数，于是有

$$G(y)=F(x)+C.$$

常数 C 的取值必须保证有意义. 代入初始条件，解出 C 的值，即可得到方程的特解. 同时由于 C 为任意常数，在计算时，根据具体运算特点，可以将常数项写为 $\ln C$ ， e^C 等形式，从而使计算更加简单.

如果当 $y=y_0$ 时，有 $g(y_0)=0$ ，则 $y=y_0$ 也是方程的一个解. 当 $y=y_0$ 不包含在方程的通解中时，还必须补上特解 $y=y_0$.

解可分离变量的微分方程的步骤:

(1) 分离变量 $\dfrac{\mathrm{d}y}{g(y)}=f(x)\mathrm{d}x$.

(2) 两边积分 $\displaystyle\int\dfrac{1}{g(y)}\mathrm{d}x=\int f(x)\mathrm{d}x+C$.

(3) 化简得通解.

(4) 若题中有初值条件，代入求出特解即可；若没有初值条件，还需考察 $g(y)=0$ 的根. 若 $g(y_0)=0$，则 $y=y_0$ 也是方程的一个解，这样的解称为**常数解**.

例 1 求解方程 $\dfrac{\mathrm{d}y}{\mathrm{d}x}=-\dfrac{x}{y}$.

解 分离变量得
$$y\mathrm{d}y=-x\mathrm{d}x,$$

两边积分
$$\int y\mathrm{d}y=\int -x\mathrm{d}x+C_1,$$

即
$$\dfrac{y^2}{2}=-\dfrac{x^2}{2}+\dfrac{C}{2},$$

化简得通解
$$y^2+x^2=C(C\ \text{为任意常数}).$$

例 1 中 $y^2+x^2=C$ 是方程的隐函数形式的解，叫做**隐式通解**. 也可以从该式中解出 y，即为显函数形式的解 $y=\pm\sqrt{C-x^2}$.

这里任意常数取作 $\dfrac{C}{2}$，使得方程的每一项均含有系数 $\dfrac{1}{2}$，计算更方便结果更简洁.

同时为了区分，可将 $\int y\mathrm{d}y=\int -x\mathrm{d}x+C_1$ 中常数写作 C_1.

例 2 求微分方程 $\dfrac{\mathrm{d}y}{\mathrm{d}x}=2xy$ 的通解.

解 分离变量得
$$\dfrac{\mathrm{d}y}{y}=2x\mathrm{d}x,$$

两边积分得
$$\int\dfrac{\mathrm{d}y}{y}=\int 2x\mathrm{d}x+C_1,$$

即
$$\ln|y|=x^2+C_1,$$

化简得通解
$$y=Ce^{x^2}\ (C\pm e^{C_1}\neq 0).$$

又 $y=0$ 也是该方程方程的解，为上式 $C=0$ 的情形. 故得方程的通解为 $y=Ce^{x^2}$，C 为任意常数.

例 3 求方程 $y'=(\sin x-\cos x)\sqrt{1-y^2}$ 的通解.

解 分离变量得
$$\dfrac{1}{\sqrt{1-y^2}}\mathrm{d}y=(\sin x-\cos x)\mathrm{d}x,$$

两边积分得

例 2 中根据左端为 $\ln|y|$，将任意常数取作 $\ln|C|$，可利用对数的运算性质得：
$$\ln|y|-\ln|C|=x^2,$$
即 $\ln\left|\dfrac{y}{C}\right|=x^2$，可得
$$y=Ce^{x^2}.$$
若直接写为
$$\ln|y|=x^2+C_1,$$
则计算过程相对较复杂：$|y|=e^{x^2+C_1}$，即
$$y=\pm e^{x^2+C_1}$$
$$=\pm e^{C_1}\cdot e^{x^2},$$
因为 $\pm e^{C_1}$ 也表示任意常数，记为 C，则可得
$$y=Ce^{x^2}.$$

$$\int \frac{1}{\sqrt{1-y^2}} \mathrm{d}y = \int (\sin x - \cos x)\mathrm{d}x + C,$$

化简得

$$\arcsin y = -(\cos x + \sin x) + C$$

就是所求方程的通解.

当 $1-y^2=0$ 时可得 $y=\pm 1$ 也是该方程的解.

例 4　求微分方程 $\mathrm{d}x + xy\mathrm{d}y = y^2\mathrm{d}x + y\mathrm{d}y$ 的通解.

解　由 $\mathrm{d}x + xy\mathrm{d}y = y^2\mathrm{d}x + y\mathrm{d}y$ 有 $(x-1)y\mathrm{d}y = (y^2-1)\mathrm{d}x$,

分离变量得

$$\frac{y}{y^2-1}\mathrm{d}y = \frac{\mathrm{d}x}{x-1},$$

两边积分得

$$\frac{1}{2}\ln|y^2-1| = \ln|x-1| + \frac{1}{2}C_1,$$

化简得

$$y^2 = C(x-1)^2 + 1 (C \pm e^{2C_1} \neq 0).$$

当 $y^2-1=0$ 时，可得 $y=\pm 1$ 也是方程得解，为上式中 $C=0$ 的情形. 所以方程的通解为 $y^2 = C(x-1)^2 + 1$，C 为任意常数.

例 5　解初值问题 $xy\mathrm{d}x + (x^2+1)\mathrm{d}y = 0$，$y\big|_{x=0} = 1$.

解　由 $xy\mathrm{d}x + (x^2+1)\mathrm{d}y = 0$ 有 $\dfrac{\mathrm{d}y}{\mathrm{d}x} = -\dfrac{xy}{x^2+1}$,

分离变量得

$$\frac{1}{y}\mathrm{d}y = -\frac{x}{x^2+1}\mathrm{d}x,$$

两边积分得

$$\int \frac{1}{y}\mathrm{d}y = -\int \frac{x}{x^2+1}\mathrm{d}x + C_1,$$

即 $\ln|y| = -\dfrac{1}{2}\ln(x^2+1) + C_1$,

化简得原方程的通解为

$$y = \frac{C}{\sqrt{x^2+1}}.$$

常数 $C = \pm e^{C_1} \neq 0$，将初始条件 $y\big|_{x=0} = 1$ 代入通解，得 $C=1$,

因此方程满足初值条件的特解为 $y = \dfrac{1}{\sqrt{x^2+1}}$.

例 6　求微分方程 $(x-y)y' = 0$ 的通解.

解　令 $x-y=u$，两边求导得 $1-y'=u'$,

代入原方程得

在例 4 积分中左端为 $\dfrac{1}{2}\ln|1+y^2|$，将任意常数 C 取作 $\dfrac{1}{2}\ln|C|$ 以方便计算. 读者可自行进行不同常数取值的对比，从而体会其中的妙处.

不定积分的第一换元法（也叫凑微分法）：

$$\int \frac{x}{x^2+1}\mathrm{d}x$$
$$= \frac{1}{2}\int \frac{1}{x^2+1}\mathrm{d}(x^2+1)$$
$$= \frac{1}{2}\ln(x^2+1) + C.$$

这里特别说明，两个通解，后者不包含前者，也就是方程的通解不一定是全部解.

$$u(1-u')=0,$$

即

$$1-\frac{\mathrm{d}u}{\mathrm{d}x}=0 \text{ 或 } u=0.$$

若 $1-\dfrac{\mathrm{d}u}{\mathrm{d}x}=0$，分离变量得 $\mathrm{d}u=\mathrm{d}x$，则 $u=x-C$，即 $y=C$.

若 $u=0$，则 $y=x$. 因此，原方程的通解为 $y=x$ 和 $y=C$.

例7 给定一阶微分方程 $y'=2x$.

(1) 求出它的通解；

(2) 求过点 (1，4) 的特解；

(3) 求与直线 $y=2x+3$ 相切的解；

(4) 求出满足条件 $\displaystyle\int_0^2 y\mathrm{d}x=2$ 的解.

解 (1) 分离变量得 $\mathrm{d}y=2x\mathrm{d}x$，两边积分得 $y=x^2+C$，即为微分方程的通解.

(2) 将点 (1，4) 代入通解，得 $C=3$，则过点 (1，4) 的方程的特解为 $y=x^2+3$.

(3) 根据条件，仅有一个切点，将切线方程代入通解，得 $x^2-2x+C-3=0$ 且方程只有一个解，则

$$\Delta=4-4(C-3)=0,$$

解得 $C=3$. 则曲线方程为 $y=x^2+3$.

(4) 由 $\displaystyle\int_0^2 y\mathrm{d}x=2$ 得

$$\int_0^2(x^2+C)\mathrm{d}x=\left(\frac{1}{3}x^3+Cx\right)\Big|_0^2=2,$$

解得 $C=-\dfrac{1}{3}$. 则曲线方程为 $y=x^2-\dfrac{1}{3}$.

例8 求通过点 (0，1)，且曲线上任一点处的切线垂直于此点与原点的直线的曲线方程.

两直线相互垂直，其斜率的乘积等于 -1.

解 根据题意，建立微分方程

$$\frac{\mathrm{d}y}{\mathrm{d}x}\cdot\frac{y}{x}=-1\Rightarrow\frac{\mathrm{d}y}{\mathrm{d}x}=-\frac{x}{y}.$$

分离变量得

$$y\mathrm{d}y=-x\mathrm{d}x,$$

两边积分得曲线族

$$y^2+x^2=C,$$

又因通过点 (0，1)，将该点代入曲线族中得 $C=1$. 故所求方程为 $y^2+x^2=1$.

例 9　质量为 M 的物体自由下落，所受空气阻力与速度成正比，设开始下落时速度为 0. 求物体速度 v 与时间 t 的函数关系.

解　根据题意，物体所受的外力为
$$F = mg - kv(k \text{ 为比例常数}),$$
根据牛顿第二定律 $F = ma$（其中 a 为加速度），

得函数 $v(t)$ 应满足的方程为 $m \dfrac{\mathrm{d}v}{\mathrm{d}t} = mg - kv$.

按题意，初值条件为 $v \big|_{t=0} = 0$.

该方程是可分离变量的，分离变量得 $\dfrac{\mathrm{d}t}{m} = \dfrac{\mathrm{d}v}{mg - kv}$,

两边积分得 $t = -\dfrac{m}{k}\ln(mg - kv) + C$，将初始条件 $v \big|_{t=0} = 0$ 代入可得

$$v = \frac{mg}{k}\left(1 - \mathrm{e}^{-\frac{kt}{m}}\right).$$

例 10　正交轨线问题：

已知曲线族 $y = \dfrac{C}{x}$，C 为曲线的参数，求另一族曲线，它与所给的曲线族正交.

解　由 $y = \dfrac{C}{x}$，$y' = -\dfrac{C}{x^2}$，消去参数得 $y' = -\dfrac{y}{x}$，

因此所求的曲线族满足
$$y' = \frac{x}{y}.$$

分离变量得
$$y\,\mathrm{d}y = x\,\mathrm{d}x,$$

两端积分得
$$\frac{1}{2}y^2 = \frac{1}{2}x^2 + \frac{1}{2}C,$$

所求曲线族为 $y^2 - x^2 = C$，C 为任意常数.

牛顿第二运动定律是牛顿三大运动定律之一，即 $F = ma$：物体加速度的大小跟作用力成正比，跟物体的质量成反比. 加速度的方向跟作用力的方向相同.

该定律是由牛顿在 1687 年于《自然哲学的数学原理》一书中提出的. 牛顿第二运动定律和第一、第三定律共同组成了牛顿运动定律，阐述了经典力学中基本的运动规律.

如果两条曲线在它们的交点处的切线互相垂直，称两条曲线正交.
如果一条曲线与一族曲线的每一条曲线都是正交的，称该曲线与这一族曲线正交.
如果一个曲线族的每一条曲线都和另一个曲线族正交，称这两个曲线族正交.

习题 6−2

1. 求下列微分方程的通解.

(1) $\cos y\,\mathrm{d}x + (1 - \mathrm{e}^{-x})\sin y\,\mathrm{d}y = 0$；

(2) $(1 + y^2)\mathrm{d}x - yx(1 + x)\mathrm{d}y = 0$；

(3) $y' = \mathrm{e}^{x-y}$；

(4) $y' - xy' = 2(y^2 + y')$；

(5) $y' = \dfrac{1 + y^2}{xy + x^3 y}$.

2. 求解初值问题.

(1) $xy\mathrm{d}x + \sqrt{1-x^2}\,\mathrm{d}y = 0$，$y\big|_{x=1} = \mathrm{e}$；

(2) $2x\sin y\mathrm{d}x + (x^2+3)\cos y\mathrm{d}y = 0$，$y\big|_{x=1} = \dfrac{\pi}{6}$；

(3) $x(y^2+1)\mathrm{d}x + y(1-x^2)\mathrm{d}y = 0$，$y\big|_{x=0} = 1$；

(4) $y'\sin x = y\ln y$，$y\big|_{x=\frac{\pi}{2}} = \mathrm{e}$.

(5) 求微分方程 $\dfrac{x}{1+y}\mathrm{d}x - \dfrac{y}{1+x}\mathrm{d}y = 0$ 满足条件 $y(0)=1$ 的特解.

§6.3 齐次方程

齐次方程是比较常见的微分方程，在数学和物理中都有广泛的应用. 同时齐次方程可化为可分离变量方程，因此其解法也与上节所介绍的变量分离法有紧密联系.

本节将介绍齐次方程及其解法.

6.3.1 一阶齐次方程

定义 1 如果一阶微分方程可化为

$$\frac{\mathrm{d}y}{\mathrm{d}x} = f\left(\frac{y}{x}\right)$$

的形式，就称这个方程为**一阶齐次方程**，简称齐次方程. 这里 f 是连续函数.

齐次方程 $\dfrac{\mathrm{d}y}{\mathrm{d}x} = f\left(\dfrac{y}{x}\right)$ 是通过变量代换转化为可分离变量微分方程，按可分离变量方程的解法求解，方法如下：

(1) 令 $u = \dfrac{y}{x}$，则 $y = ux$，$\dfrac{\mathrm{d}y}{\mathrm{d}x} = u + x\dfrac{\mathrm{d}u}{\mathrm{d}x}$，

代入方程得 $\qquad u + x\dfrac{\mathrm{d}u}{\mathrm{d}x} = f(u)$，

即 $\qquad\qquad x\dfrac{\mathrm{d}u}{\mathrm{d}x} = f(u) - u$，

分离变量得 $\qquad \dfrac{\mathrm{d}u}{f(u)-u} = \dfrac{\mathrm{d}x}{x}$.

两边积分得 $\qquad \displaystyle\int \frac{\mathrm{d}u}{f(u)-u} = \int \frac{\mathrm{d}x}{x} + C$.

(2) 变量回代求出原方程的解.

例 1 解方程 $\dfrac{\mathrm{d}y}{\mathrm{d}x} = \dfrac{y}{x} + \sqrt{1 + \left(\dfrac{y}{x}\right)^2}$.

解　令 $u=\dfrac{y}{x}$，则 $y=ux$，$\dfrac{\mathrm{d}y}{\mathrm{d}x}=u+x\dfrac{\mathrm{d}u}{\mathrm{d}x}$，代入原方程得

$$x\frac{\mathrm{d}u}{\mathrm{d}x}+u=u+\sqrt{1+u^2}\,,$$

即

$$x\frac{\mathrm{d}u}{\mathrm{d}x}=\sqrt{1+u^2}\,.$$

分离变量得

$$\frac{\mathrm{d}u}{\sqrt{1+u^2}}=\frac{\mathrm{d}x}{x}.$$

$\displaystyle\int\frac{1}{\sqrt{1+x^2}}\mathrm{d}x$
$=\ln(x+\sqrt{1+x^2}\,)+C.$

两边积分得

$$\ln(u+\sqrt{1+u^2}\,)+C_1=\ln|x|\,,$$

化简得

$$x=C(u+\sqrt{1+u^2}\,)(C=\pm\mathrm{e}^{C_1}\neq0).$$

在解齐次方程时，最后一定注意变量回代.

再用 $\dfrac{y}{x}$ 替换上式中的 u，得

$$x=C\left(\frac{y}{x}+\sqrt{1+\left(\frac{y}{x}\right)^2}\,\right)(C\neq0).$$

则方程的通解为 $y=\dfrac{x^2}{2C}-\dfrac{C}{2}$，其中 $C\neq0$ 为任意常数.

是否具有初值条件，讨论时略有区别.
在例 2 中若加上初值条件：$y'=\dfrac{y}{x}+\tan\dfrac{y}{x}$，
$y|_{x=1}=\dfrac{\pi}{6}.$
则不用考虑 C 是否为 0.
在得出解 $\sin u=Cx$ 即
$\sin\dfrac{y}{x}=Cx$ 后，直接代
入初值条件 $y|_{x=1}=\dfrac{\pi}{6}$，
求解得出 $C=\dfrac{1}{2}$，即
$\sin\dfrac{y}{x}=Cx.$ 得满足初
值问题得特解为 $\sin\dfrac{y}{x}$
$=\dfrac{1}{2}x.$

例 2　解方程 $y'=\dfrac{y}{x}+\tan\dfrac{y}{x}.$

解　令 $u=\dfrac{y}{x}$，则 $y=ux$，$\dfrac{\mathrm{d}y}{\mathrm{d}x}=u+x\dfrac{\mathrm{d}u}{\mathrm{d}x}$，代入原方程得

$$\frac{\mathrm{d}u}{\mathrm{d}x}=\frac{\tan u}{x}.$$

当 $\tan u\neq0$ 时，分离变量得

$$\cot u\,\mathrm{d}u=\frac{\mathrm{d}x}{x},$$

两边积分得

$$\ln|\sin u|=\ln|x|+\ln|C|\,(C\neq0),$$

即

$$\sin u=Cx\,(C\neq0).$$

当 $\tan u=0$ 时，即 $\sin u=0$ 为上式中 $C=0$ 的情形.
因此原方程的通解为 $\sin u=Cx.$

再用 $\dfrac{y}{x}$ 替换上式中的 u，得所给方程的通解为 $\sin\dfrac{y}{x}=Cx.$

在分离变量时，限制了 $\tan u\neq0$，而当 $\tan u=0$ 时，$\sin u=0$ 是原方程的解. 一般地，这个解包含在通解中，但特殊情况下无法用通解表示，则需要单独表示，如例 3.

例 3　求解方程 $x\dfrac{\mathrm{d}y}{\mathrm{d}x}-2\sqrt{xy}=y(x>0).$

解　方程可改写成 $\dfrac{\mathrm{d}y}{\mathrm{d}x}=2\sqrt{\dfrac{y}{x}}+\dfrac{y}{x}$，

令 $u=\dfrac{y}{x}$，则 $y=ux$，$\dfrac{\mathrm{d}y}{\mathrm{d}x}=u+x\dfrac{\mathrm{d}u}{\mathrm{d}x}$，

代入原方程得

$$\frac{\mathrm{d}u}{\mathrm{d}x}=\frac{2\sqrt{u}}{x},$$

分离变量得

$$\frac{\mathrm{d}u}{2\sqrt{u}}=\frac{\mathrm{d}x}{x},$$

两边积分得

$$\sqrt{u}=\ln x+C,$$

当 $\ln x+C>0$ 时，$u=(\ln x+C)^2$.

当 $u=0$ 时，$y=0$ 是方程得一个特解，且该解不包含在通解 $u=(\ln x+C)^2$ 中.

再用 $\dfrac{y}{x}$ 替换上式中的 u，得原方程的解为

$$\frac{y}{x}=(\ln x+C)^2，\ \ln x+C>0 \ 及 \ y=0.$$

原方程得解也可以表示为

$$y=\begin{cases} x\ (\ln x+C)^2，& \ln x+C>0 \\ 0 & \end{cases},$$

它定义在 x 的整个正半轴上.

例 4 求解微分方程 $\dfrac{\mathrm{d}y}{\mathrm{d}x}=\dfrac{y^6-2x^2}{2xy^5+x^2y^2}$.

解 整理得 $\dfrac{\mathrm{d}y}{\mathrm{d}x}=\dfrac{(y^3)^2-2x^2}{y^2\cdot 2xy^3+x^2y^2}$，

即 $\dfrac{\mathrm{d}y^3}{\mathrm{d}x}=\dfrac{3\left[(y^3)^2-2x^2\right]}{2xy^3+x^2}$，

令 $y^3=u$，原方程化为 $\dfrac{\mathrm{d}u}{\mathrm{d}x}=\dfrac{3u^2-6x^2}{2xu+x^2}=\dfrac{\dfrac{3u^2}{x^2}-6}{\dfrac{2u}{x}+1}$，

令 $z=\dfrac{u}{x}$，则 $\dfrac{\mathrm{d}u}{\mathrm{d}x}=z+x\dfrac{\mathrm{d}z}{\mathrm{d}x}$，代入上式得

$$\frac{3z^2-6}{2z+1}=z+x\frac{\mathrm{d}z}{\mathrm{d}x},$$

即 $\dfrac{z^2-z-6}{2z+1}=x\dfrac{\mathrm{d}z}{\mathrm{d}x}$，

分离变量得

$$\frac{\mathrm{d}x}{x}=\frac{(2z+1)\mathrm{d}z}{z^2-z-6}.$$

两边积分得

$$(z-3)^7(z+2)^3=Cx^5.$$

有理函数是指由两个多项式函数的商所表示的函数，其一般形式为：

$R(x)=\dfrac{P(x)}{Q(x)}$

$=\dfrac{a_0x^n+a_1x^{n-1}+\cdots+a_n}{b_0x^m+b_1x^{m-1}+\cdots+b_m}$

$(a_0b_0\neq 0)$. 这类函数的积分是先部分分式分解，再积分.

$\dfrac{2z+1}{z^2-z-6}$

$=\dfrac{7}{5(z-3)}+\dfrac{3}{5(z+2)}$，

$\displaystyle\int\dfrac{2z+1}{z^2-z-6}\mathrm{d}z$

$=\dfrac{7}{5}\displaystyle\int\dfrac{1}{z-3}\mathrm{d}x+\dfrac{3}{5}\displaystyle\int\dfrac{1}{z+2}\mathrm{d}x$

$=\dfrac{7}{5}\ln|z-3|+$

　　$\dfrac{3}{5}\ln|z+2|+C.$

$z = \dfrac{u}{x} = \dfrac{y^3}{x}$ 回代可得

$$(y^3 - 3x)^7 (y^3 + 2x)^3 = Cx^{15}.$$

此外，当 $z^2 - z - 6 = 0 \Rightarrow z = -2$ 或 $z = 3$ 是上式的解，即 $y^3 = 3x$ 或者 $y^3 = -2x$ 也是方程的解.

例 5　设有连结原点 $O(0，0)$ 和 $A(1，1)$ 的一段向上凸的曲线弧 $\overset{\frown}{OA}$，对于 $\overset{\frown}{OA}$ 上任一点 $P(x，y)$，曲线弧 $\overset{\frown}{OP}$ 与直线段 $\overline{OP}$ 所围成图形的面积为 x^2（图 6−1），求曲线弧 $\overset{\frown}{OA}$ 的方程.

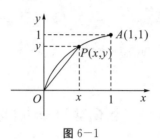

图 6−1

$\varphi(x) = \displaystyle\int_0^x y(x)\mathrm{d}x$ 称为变上限积分.

$\varphi(x) = \displaystyle\int_x^0 y(x)\mathrm{d}x$

$= -\displaystyle\int_0^x y(x)\mathrm{d}x,$

为了区分变量通常写作 $\displaystyle\int_0^x y(t)\mathrm{d}t$ 和 $\displaystyle\int_x^0 y(t)\mathrm{d}t.$
在函数 y 连续的条件下有：

$\left(\displaystyle\int_0^x y(t)\mathrm{d}t\right)' = y(x);$

$\left(\displaystyle\int_x^0 y(t)\mathrm{d}t\right)'$

$= \left(-\displaystyle\int_0^x y(t)\mathrm{d}t\right)'$

$= -y(x).$

解　设曲线弧的方程为 $y = y(x)$，依题意有

$$\int_0^x y(x)\mathrm{d}x - \frac{1}{2}xy(x) = x^2,$$

上式两端对 x 求导，

$$y(x) - \frac{1}{2}y(x) - \frac{1}{2}xy'(x) = 2x,$$

即 $y' = \dfrac{y}{x} - 4.$

令 $u = \dfrac{y}{x}$，有 $\dfrac{\mathrm{d}y}{\mathrm{d}x} = u + x\dfrac{\mathrm{d}u}{\mathrm{d}x},$

代入方程得

$$u + x\frac{\mathrm{d}u}{\mathrm{d}x} = u - 4,$$

两边积分得

$$u = -4\ln x + C.$$

因 $u = \dfrac{y}{x}$，故有 $y = x(-4\ln x + C).$

又因曲线过点 $A(1，1)$，代入 $y = x(-4\ln x + C) \Rightarrow C = 1.$

于是曲线弧的方程为 $y = x(1 - 4\ln x).$

习题 6−3

1. 求下列齐次微分方程的通解.

　　(1) $xy' - y - \sqrt{y^2 - x^2} = 0;$

(2) $(x^2+y^2)dx-xydy=0$；

(3) $(x^3+y^3)dx-3xy^2dy=0$；

(4) $(1+2e^{\frac{y}{x}})dx+2e^{\frac{y}{x}}\left(1-\dfrac{y}{x}\right)dy=0$；

(5) $(3x^2+2xy-y^2)dx+(x^2-2xy)dy=0$.

2. 求下列齐次微分方程的特解.

(1) $x^2y'=xy-y^2$，$y|_{x=1}=1$；

(2) $(y^2-3x^2)dy+2xydx=0$，$y|_{x=0}=1$；

(3) $y'=\dfrac{x}{y}+\dfrac{y}{x}$，$y|_{x=1}=2$；

(4) $(x^2+2xy-y^2)dx+(y^2+2xy-x^2)dy=0$，$y|_{x=1}=1$.

§6.4 一阶线性微分方程

在代数方程中，把仅含未知数的一次幂的方程称为线性方程. 如果一个微分方程中仅含有未知函数及其各阶导数作为整体的一次幂，则称为线性微分方程.

本节介绍一阶线性微分方程及其解法.

6.4.1 线性方程

一阶线性微分方程的特点：

(1) 右边是自变量的已知函数；

(2) 左边的每一项仅含有 y 或 y' 且均为 y 或 y' 的一次项.

定义 1 形如 $\dfrac{dy}{dx}+P(x)y=Q(x)$ 的方程称为**一阶线性微分方程**. 其中 $P(x)$，$Q(x)$ 都是自变量的已知连续函数.

若 $Q(x)\neq0$，则方程

$$\frac{dy}{dx}+P(x)y=0 \qquad\qquad (1)$$

称为**一阶线性齐次微分方程**，简称**线性齐次方程**.

若 $Q(x)\equiv0$，则方程

$$\frac{dy}{dx}+P(x)y=Q(x) \qquad\qquad (2)$$

称为**一阶线性非齐次微分方程**，简称**线性非齐次方程**. 通常方程(1)称为方程(2)所对应的**齐次方程**.

6.4.2 $\dfrac{dy}{dx}+P(x)y=0$ 通解的解法

$\dfrac{dy}{dx}+P(x)y=0$ 是可分离变量的微分方程.

分离变量得
$$\frac{\mathrm{d}y}{y} = -P(x)\mathrm{d}x,$$

两边积分得
$$\ln y = -\int P(x)\mathrm{d}x + \ln C,$$

因此齐次方程(1)的通解为

$$y = Ce^{-\int P(x)\mathrm{d}x}. \tag{3}$$

(3)中的记号 $\int P(x)\mathrm{d}x$ 表示 $P(x)$ 的某个确定的原函数.

$y = Ce^{-\int P(x)\mathrm{d}x}$ 可直接作求通解的公式使用.

求解此类齐次线性微分方程，可以采用分离变量法；也可以求出 $\int P(x)\mathrm{d}x$ 的值，直接代入公式(3)得到方程的通解.

例 1　求微分方程 $\dfrac{\mathrm{d}y}{\mathrm{d}x} + y\sec^2 x = 0$ 的通解.

解　方法一（公式法）　原方程是一阶线性齐次微分方程，且

$$P(x) = \sec^2 x,$$

于是
$$\int P(x)\mathrm{d}x = \int \sec^2 x\,\mathrm{d}x = \tan x,$$

原方程的通解为 $y = Ce^{-\tan x}$.

方法一利用通解公式，省略了分离变量求解的过程；方法二利用求通解公式的推导过程进行求解，更能体现推理过程的逻辑性. 读者可自行选择.

方法二（分离变量法）　分离变量 $\dfrac{\mathrm{d}y}{y} = -\sec^2 x\,\mathrm{d}x,$

两边积分 $\ln|y| = -\tan x + C_0$，C_0 为任意常数，得原方程通解为

$$y = Ce^{-\tan x},\ C = e^{C_0}.$$

例 2　求方程 $(y - 2xy)\mathrm{d}x + x^2\mathrm{d}y = 0$ 满足初始条件 $y|_{x=1} = e$ 的特解.

解　原方程化可化为 $\dfrac{\mathrm{d}y}{\mathrm{d}x} + y \cdot \dfrac{1-2x}{x^2} = 0$，且

$$P(x) = \frac{1-2x}{x^2},$$

于是

$$-\int P(x)\mathrm{d}x = -\int \frac{1-2x}{x^2}\mathrm{d}x = -\int \frac{1}{x^2}\mathrm{d}x + \int \frac{2}{x}\mathrm{d}x = \ln x^2 + \frac{1}{x},$$

由通解公式得该方程的通解

$$y = Ce^{\ln x^2 + \frac{1}{x}} = Cx^2 e^{\frac{1}{x}}.$$

代入初始条件 $y|_{x=1} = e$ 得 $C = 1$，因此所求特解为 $y = x^2 e^{\frac{1}{x}}$.

6.4.3　$\dfrac{\mathrm{d}y}{\mathrm{d}x} + P(x)y = Q(x)$ 通解的解法

将方程 $\dfrac{\mathrm{d}y}{\mathrm{d}x} + P(x)y = Q(x)$ 两边同时除以 6.4.2 解法中所分离的变量 y，得 $\dfrac{\mathrm{d}y}{y} = \dfrac{Q(x)}{y}\mathrm{d}x - P(x)\mathrm{d}x,$

令 $\dfrac{Q(x)}{y}=\varphi(x)$，设 $\displaystyle\int\varphi(x)\mathrm{d}x=\Phi(x)+C_1$，

则 $\displaystyle\int\dfrac{\mathrm{d}y}{y}=\int\dfrac{Q(x)}{y}\mathrm{d}x-\int P(x)\mathrm{d}x=\int\varphi(x)\mathrm{d}x-\int P(x)\mathrm{d}x$，

即 $\ln y=\Phi(x)+C_1-\displaystyle\int P(x)\mathrm{d}x$.

> $\displaystyle\int\varphi(x)\mathrm{d}x=\Phi(x)+C$
> 是在假设原函数，即
> $\Phi(x)$ 是 $\varphi(x)$ 的一个
> 原函数.

可设 $\mathrm{e}^{\Phi(x)+C_1}=C(x)$，即 $y=C(x)\mathrm{e}^{-\int P(x)\mathrm{d}x}$.

非齐次方程的通解表示为

$$y=C(x)\mathrm{e}^{-\int P(x)\mathrm{d}x} \tag{4}$$

这种方法叫做**常数变易法**.

下面将给出一阶线性非齐次方程通解的推导过程：

$$y=C(x)\mathrm{e}^{-\int P(x)\mathrm{d}x},$$

于是

$$\dfrac{\mathrm{d}y}{\mathrm{d}x}=C'(x)\mathrm{e}^{-\int P(x)\mathrm{d}x}-C(x)P(x)\mathrm{e}^{-\int P(x)\mathrm{d}x}, \tag{5}$$

> 常数变易法指将一阶非
> 齐次微分方程所对应的
> 齐次方程的通解 $y=$
> $C\mathrm{e}^{-\int P(x)\mathrm{d}x}$ 中的常系数 C
> 变易为关于自变量 x 的
> 函数 $C(x)$，从而得到
> 非齐次方程解的形式
> $y=C(x)\mathrm{e}^{-\int P(x)\mathrm{d}x}$.
> 再利用待定系数法求出
> 待定函数 $C(x)$，即得
> 所求非齐次方程的
> 通解.
>
> $y=C(x)\mathrm{e}^{\int P(x)\mathrm{d}x}$ 及其
> 导数代入原方程后必定
> 会出现
> $-C(x)P(x)\mathrm{e}^{-\int P(x)\mathrm{d}x}+$
> $P(x)C(x)\mathrm{e}^{-\int P(x)\mathrm{d}x}$
> 两项相互抵消的结果.

将(4)(5)代入方程(2)得

$$C'(x)\mathrm{e}^{-\int P(x)\mathrm{d}x}-C(x)P(x)\mathrm{e}^{-\int P(x)\mathrm{d}x}+P(x)C(x)\mathrm{e}^{-\int P(x)\mathrm{d}x}=Q(x),$$

即

$$C'(x)\mathrm{e}^{-\int P(x)\mathrm{d}x}=Q(x),C'(x)=Q(x)\mathrm{e}^{\int P(x)\mathrm{d}x},$$

两边积分得

$$C(x)=\int Q(x)\mathrm{e}^{\int P(x)\mathrm{d}x}\mathrm{d}x+C.$$

将上式代入(4)式，即得非齐次方程(2)的通解为

$$y=\mathrm{e}^{-\int P(x)\mathrm{d}x}\left[\int Q(x)\mathrm{e}^{\int P(x)\mathrm{d}x}\mathrm{d}x+C\right]. \tag{6}$$

公式(6)可以直接用来求解一阶线性非齐次方程的通解.

将公式(6)展开为

$$y=C\mathrm{e}^{-\int P(x)\mathrm{d}x}+\mathrm{e}^{-\int P(x)\mathrm{d}x}\int Q(x)\mathrm{e}^{\int P(x)\mathrm{d}x}\mathrm{d}x,$$

$y_1=C\mathrm{e}^{-\int P(x)\mathrm{d}x}$ 是一阶线性齐次方程的通解，$y_2=\mathrm{e}^{-\int P(x)\mathrm{d}x}\int Q(x)\mathrm{e}^{\int P(x)\mathrm{d}x}\mathrm{d}x$ 是一阶线性非齐次在 $C=0$ 时的特解.

因此，一阶线性非齐次方程的通解等于**它的一个特解与它所对应的齐次方程的通解之和**.

求解一阶线性非齐次微分方程通解的具体求解步骤如下：

（1）求原方程所对应的齐次方程的通解 $y=C\mathrm{e}^{-\int P(x)\mathrm{d}x}$；

（2）常数变易，设 $y = C(x)\mathrm{e}^{-\int P(x)\mathrm{d}x}$ 为非齐次微分方程的解；

（3）将 $y = C(x)\mathrm{e}^{-\int P(x)\mathrm{d}x}$ 及其导数 y' 代入原方程求出 $C(x)$，得到非齐次微分方程的通解.

例 3 求方程 $\dfrac{\mathrm{d}y}{\mathrm{d}x} + \dfrac{1}{x}y = 5$ 的通解.

解 方法一（常数变易法） 原方程对应的齐次微分方程为

$$\frac{\mathrm{d}y}{\mathrm{d}x} + \frac{1}{x}y = 0,$$

即 $\dfrac{\mathrm{d}y}{\mathrm{d}x} = -\dfrac{1}{x}y$，

分离变量得 $\dfrac{\mathrm{d}y}{y} = -\dfrac{1}{x}\mathrm{d}x$，

两边积分得 $\ln|y| = -\ln|x| + \ln|C| = \ln\left|\dfrac{C}{x}\right| (C \neq 0)$，

则线性齐次方程的解为 $y = \dfrac{C}{x} (C \neq 0)$.

$y = 0$ 也是该方程的解，为 $C = 0$ 的情形.

因此线性齐次方程的解为 $y = \dfrac{C}{x}$.

设原方程的通解为 $y = C(x)\dfrac{1}{x}$，则

$$y' = \frac{\mathrm{d}C(x)}{\mathrm{d}x} \cdot \frac{1}{x} - C(x)\frac{1}{x^2},$$

将 y，y' 代入原方程得

$$\frac{\mathrm{d}C(x)}{\mathrm{d}x} \cdot \frac{1}{x} - C(x)\frac{1}{x^2} + \frac{1}{x}C(x)\frac{1}{x} = 5,$$

即

$$\frac{\mathrm{d}C(x)}{\mathrm{d}x} = 5x,$$

解得

$$C(x) = \frac{5}{2}x^2 + C.$$

所以原方程的通解为

$$y = \frac{1}{x}\left(\frac{5}{2}x^2 + C\right).$$

方法二（公式法） $P(x) = \dfrac{1}{x}$，$Q(x) = 5$，

$$\int P(x)\mathrm{d}x = \int \frac{1}{x}\mathrm{d}x = \ln|x| + C_1,$$

代入通解公式

$$y = \mathrm{e}^{-\ln|x|}\left[\int 5\mathrm{e}^{\ln|x|}\,\mathrm{d}x + C\right],$$

因此原方程的通解为

$$y = \frac{1}{x}\left(\frac{5}{2}x^2 + C\right).$$

例 4 求微分方程 $\dfrac{2\mathrm{d}y}{\mathrm{d}x} - y = \mathrm{e}^x$ 的通解.

解 原方程化为 $\dfrac{\mathrm{d}y}{\mathrm{d}x} - \dfrac{1}{2}y = \dfrac{1}{2}\mathrm{e}^x$, $P(x) = -\dfrac{1}{2}$, $Q(x) = \dfrac{1}{2}\mathrm{e}^x$, 代入通解公式, 则原方程的通解为

$$\begin{aligned}y &= \mathrm{e}^{\int \frac{1}{2}\mathrm{d}x}\left(\int \frac{1}{2}\mathrm{e}^x \cdot \mathrm{e}^{-\int \frac{1}{2}\mathrm{d}x}\,\mathrm{d}x + C\right)\\ &= \mathrm{e}^{\frac{x}{2}}\left(\int \frac{1}{2}\mathrm{e}^{\frac{x}{2}}\,\mathrm{d}x + C\right) = C\mathrm{e}^{\frac{x}{2}} + \mathrm{e}^x.\end{aligned}$$

例 5 求初值问题 $(x + y + xy)\mathrm{d}x - x(x+1)\mathrm{d}y = 0$, $y|_{x=1} = -\ln 2$.

解 方程变形为 $y' - \dfrac{1}{x}y = \dfrac{1}{x+1}$, $P(x) = -\dfrac{1}{x}$, $Q(x) = \dfrac{1}{x+1}$, 代入通解公式

$$y = \mathrm{e}^{-\int P(x)\mathrm{d}x}\left[\int Q(x)\mathrm{e}^{\int P(x)\mathrm{d}x}\,\mathrm{d}x + C\right]$$

得 $y = \mathrm{e}^{\ln x}\left[\int \dfrac{1}{x+1}\mathrm{e}^{-\ln x}\,\mathrm{d}x + C\right]$,

即 $y = x\left[\int \dfrac{1}{x(x+1)}\mathrm{d}x + C\right] = x\left[\int\left(\dfrac{1}{x} - \dfrac{1}{x+1}\right)\mathrm{d}x + C\right]$

$= x\left(\ln\dfrac{x}{x+1} + C\right).$

代入初始条件 $x=1$, $y = -\ln 2 \Rightarrow C = 0$.

因此满足初值条件的特解为 $y = x\ln\dfrac{x}{x+1}$.

> 一阶线性齐次和非齐次方程的初值问题与前面的初值问题相同, 求出通解后代入初值条件求出常数即可.

习题 6-4

1. 求下列微分方程的通解.

(1) $y' + 2xy = x\mathrm{e}^{-x^2}$;

(2) $(y^2 - 6x)\dfrac{\mathrm{d}y}{\mathrm{d}x} + 2y = 0$;

(3) $\dfrac{\mathrm{d}y}{\mathrm{d}x} + 3y = 2$;

(4) $\dfrac{\mathrm{d}y}{\mathrm{d}x} + \dfrac{y}{x} = \sin x$.

2. 求下列方程的特解.

(1) $\dfrac{\mathrm{d}y}{\mathrm{d}x} + 3y = 8$, $y|_{x=0} = 2$;

(2) $\dfrac{\mathrm{d}y}{\mathrm{d}x} - y \cdot \tan x = \sec x$, $y|_{x=0} = 0$;

(3) $\dfrac{\mathrm{d}y}{\mathrm{d}x} + y\cot x = 5\mathrm{e}^{\cos x}$, $y|_{x=\frac{\pi}{2}} = -4$

(4) $\dfrac{\mathrm{d}y}{\mathrm{d}x} + \dfrac{y}{x} = \dfrac{\sin x}{x}$, $y|_{x=\pi} = 1$.

§6.5　二阶常系数线性微分方程

1691 年，詹姆斯·伯努利在研究物理问题帆船在风力下的形状问题（膜盖问题）中引出了一个二阶方程 $\dfrac{\mathrm{d}^2 x}{\mathrm{d}s^2} = \left(\dfrac{\mathrm{d}y}{\mathrm{d}s}\right)^3$. 约翰·伯努利在他的微积分教科书中处理了这问题，并证明它与悬链线问题在数学上相同. 其后来又出现在确定两端固定的弹性震动弦（如小提琴的弦）的形状等问题中. 实际上，二阶常微分方程可以解决很多实际问题

本章从第 2 节到第 4 节，主要讨论了求解一阶微分方程的变量分离法、变量代换法、常数变易法等. 本节开始将讨论二阶及以上的微分方程，即高阶微分方程. 关于高阶方程的求解问题，数学家黎卡提（Riccati）提出将二阶方程化为一阶方程的思想，这一思想方法成为处理高阶微分方程的主要方法.

高阶微分方程是指含有未知函数的导数高于一阶的微分方程. 它的求解比较复杂，在此仅介绍几种容易求解的类型，这几种方程的解法思路主要是利用变量代换将高阶方程化为较低阶的方程，称为降阶法. 降阶法是求解高阶微分方程的重要方法.

本节介绍二阶常系数微分方程和几类可降阶的高阶微分方程及其解法.

6.5.1　二阶线性微分方程

定义 1　若 n 阶微分方程中的未知函数及其各阶导数都是一次的，则称为 **n 阶线性微分方程**，简称 **n 阶线性方程**.

特别地，当 $n=2$ 时，方程

$$\frac{\mathrm{d}^2 y}{\mathrm{d}x^2} + P(x)\frac{\mathrm{d}y}{\mathrm{d}x} + Q(x)y = f(x) \tag{1}$$

称为**二阶线性微分方程**. 这里 $P(x)$，$Q(x)$，$f(x)$ 都是自变量的已知连续函数，其中 $P(x)$，$Q(x)$ 称为方程的系数，$f(x)$ 称为非齐次项或自由项.

当 $f(x)=0$ 时，

$$\frac{\mathrm{d}^2 y}{\mathrm{d}x^2} + P(x)\frac{\mathrm{d}y}{\mathrm{d}x} + Q(x)y = 0 \tag{2}$$

称为**二阶线性齐次微分方程**；当 $f(x) \neq 0$，称为**二阶线性非齐次微分方程**.

定义 2　对函数 $y_1(x)$，$y_2(x)$，若存在不全为零的常数 c_1，c_2，使得

$$c_1 y_1(x) + c_2 y_2(x) \equiv 0,$$

则称 $y_1(x)$，$y_2(x)$**线性相关**，否则称它们**线性无关**.

推论　$y_1(x) = a y_2(x)$（a 为任意常数）是 $y_1(x)$，$y_2(x)$ 线性相关的充要条件，即判断两个函数 $y_1(x)$，$y_2(x)$ 线性相关

与否，只要看它们是否为倍数关系或它们的比是否为常数. 如果是倍数关系或比为常数，那么它们就线性相关；否则就线性无关.

例 1 求下列函数组在定义的区间内是否线性相关.

(1) e^x，e^{-x}；　　　　　　　(2) $3\sin^2 x$，$1-\cos^2 x$.

解 (1) $y_1=e^x$，$y_2=e^{-x}$ 满足 $\dfrac{y_1}{y_2}=\dfrac{e^x}{e^{-x}}=e^{2x}\neq$ 常数，所以函数组 e^x，e^{-x} 是线性无关的.

(2) $y_1=3\sin^2 x$，$y_2=1-\cos^2 x$ 满足 $\dfrac{y_1}{y_2}=\dfrac{3\sin^2 x}{1-\cos^2 x}=3$，

所以函数组 $3\sin^2 x$，$1-\cos^2 x$ 是线性相关的.

6.5.2 二阶线性齐次微分方程解的结构

定理 1 若 $y_1(x)$，$y_2(x)$ 是齐次方程(2)的解，则
$$y=C_1 y_1(x)+C_2 y_2(x)$$
也是它的解.

定理 2 若 $y_1(x)$ 和 $y_2(x)$ 是齐次方程(2)的两个线性无关的解，则
$$y=C_1 y_1(x)+C_2 y_2(x)$$
是该方程的通解，其中 C_1，C_2 是任意常数.

方程 $y''+y=0$ 是二阶齐次线性方程（$P(x)\equiv 0$，$Q(x)\equiv 1$），$y_1=\sin x$ 和 $y_2=\cos x$ 是所给方程的两个解，且 $\dfrac{y_2}{y_1}=\dfrac{\sin x}{\cos x}=\tan x\neq$ 常数，它们是线性无关的. 因此方程 $y''+y=0$ 的通解为 $y=C_1\sin x+C_2\cos x$.

$y_1=x$ 和 $y_2=e^x$ 都是方程 $(x-1)y''-xy'+y=0$ 的解且线性无关. 因此方程 $(x-1)y''-xy'+y=0$ 的通解为 $y=C_1 x+C_2 e^x$.

定理 3 如果函数 $y^*(x)$ 是二阶非齐次线性方程(1)的一个特解，$Y(x)$ 是该方程所对应的线性齐次方程的通解，则
$$y=y^*(x)+Y(x)$$
是二阶非齐次线性方程的通解，其中 C_1，C_2 是任意常数.

$y''+y=x^2$ 是二阶线性非齐次微分方程. 已知 $Y=C_1\cos x+C_2\sin x$ 是对应的齐次方程 $y''+y=0$ 的通解，$y^*=x^2-2$ 是所给方程的一个特解，因此
$$y=C_1\cos x+C_2\sin x+x^2-2$$
是非齐次方程 $y''+y=x^2$ 的通解.

定理 4 设非齐次线性方程的右端 $f(x)$ 是两个函数之

定理 2 不难推广到 n 阶齐次线性方程的情形. 即如果 $y_1(x)$，$y_2(x)$，…，$y_n(x)$ 是 n 阶齐次线性方程 $y^{(n)}+a_1(x)y^{(n-1)}+\cdots+a_{n-1}(x)y'+a_n(x)y=0$ 的 n 个线性无关的解，那么，此方程的通解为 $y=C_1 y_1(x)+C_2 y_2(x)+\cdots+C_n y_n(x)$，其中 C_1，C_2，…，C_n 为任意常数.

本章第 4 节已指出，一阶非齐次线性微分方程的通解由对应齐次方程的通解和非齐次方程的一个特解构成. 实际上，不仅一阶线性非齐次方程的通解具有这样的结构，二阶及更高阶的非齐次微分方程的通解也具有同样的结构.

定理 3 指出：二阶非齐次

和，即

$$y''+P(x)y'+Q(x)y=f_1(x)+f_2(x),$$

而 $y_1^*(x)$，$y_2^*(x)$ 分别是方程

$$y''+P(x)y'+Q(x)y=f_1(x)$$

与

$$y''+P(x)y'+Q(x)y=f_2(x)$$

的特解，则 $y_1^*(x)+y_2^*(x)$ 就是原方程的一个特解.

定理 5　设 $y_1(x)+iy_2(x)$ 是非齐次线性方程 $y''+P(x)y'+Q(x)y=f_1(x)+if_2(x)$ 的解，则 $y_1(x)$，$y_2(x)$ 分别是 $y''+P(x)y'+Q(x)y=f_1(x)$ 与 $y''+P(x)y'+Q(x)y=f_2(x)$ 的解.

6.5.3　二阶常系数线性微分方程的解法

1. 二阶常系数线性齐次微分方程

定义 3　形如

$$y''+py'+qy=0 \tag{3}$$

其中，p，q 为常数，称为**二阶常系数线性齐次微分方程**.

据定理 2，只需找到（3）的两个线性无关的解 $y_1(x)$ 和 $y_2(x)$，则 $y=C_1y_1(x)+C_2y_2(x)$ 是齐次方程（3）的通解.

由于指数函数 $e^{\lambda x}$ 求导后仍为指数函数，它的各阶导数只相差一个常数因子. 利用这个性质，我们用 $e^{\lambda x}$ 来尝试，看是否可适当地选择常数 λ，使 $e^{\lambda x}$ 满足方程（3）. 因此我们猜想方程（3）具有 $y=e^{\lambda x}$ 形式的解，其中 λ 为待定系数，$y'=\lambda e^{\lambda x}$，$y''=\lambda^2 e^{\lambda x}$ 将 y，y'，y'' 代入上式，得到 $(\lambda^2+p\lambda+q)e^{\lambda x}=0$. 由于 $e^{\lambda x}\neq0$，所以

$$\lambda^2+p\lambda+q=0. \tag{4}$$

由此可见，λ 为方程（4）的根时，$y=e^{\lambda x}$ 为原方程的解，我们称（4）为方程（3）的**特征方程**，特征方程的根称为**特征根**.

根据特征方程根的特点，分类讨论如下：

①当 $p^2-4q>0$ 时，特征方程具有两个不相等的实根，即 $\lambda_1\neq\lambda_2$.

这时 $y_1=e^{\lambda_1 x}$ 和 $y_2=e^{\lambda_2 x}$ 都是（3）的解，且满足

$$\frac{y_1}{y_2}=e^{(\lambda_1-\lambda_2)x}\neq常数,$$

即 y_1，y_2 线性无关，因此方程的通解为 $y=C_1e^{\lambda_1 x}+C_2e^{\lambda_2 x}$.

②当 $p^2-4q=0$ 时，特征方程具有两个相等的实根，即 $\lambda=-\dfrac{p}{2}$.

线性方程的通解是它的一个特解和其对应的线性齐次方程的通解的和.

定理 4 称为广义叠加原理，该定理的意义在于：当非齐次方程的自由项比较复杂时，可对其进行拆分后再求解，也即是说将难求解的方程化为易求解的方程.

定理 1~5 是求解线性方程的理论基础.

$y''+py'+qy=0$ 中 p，q 为常数，右端为 0，则 y，y'，y'' 形式相同，即 y 求导后形式基本不变. 指数函数具有求导不变性，故猜想 $y=e^{\lambda x}$，再进行验证.

特征方程是一个二次代数方程，其中 λ^2，λ 的系数及常数项恰好依次是微分方程中 y''，y'，y 的系数. 在方程（3）中用 λ^2 代 y''，用 λ 代 y'，用 λ^0 即 1 代 y 即得到特征方程.

②中求出特征根只能得到方程的一个解，需找第二个解，且第二个解要与 $y_1 = e^{\lambda x}$ 线性无关. 根据线性无关的定义可设 $\dfrac{y_2}{y_1} = u(x)$，即

$$y_2 = u(x)y_1 = u(x)e^{\lambda x}.$$

此时由特征根得到方程(3)的特解只有 $y_1 = e^{\lambda x}$，为此设 $y_2 = u(x)y_1 = u(x)e^{\lambda x}$ 为微分方程(3)的另一个特解，求导可得

$$y_2' = u'(x)e^{\lambda x} + \lambda u(x)e^{\lambda x},$$

$$y_2'' = u''(x)e^{\lambda x} + 2\lambda u'(x)e^{\lambda x} + \lambda^2 u(x)e^{\lambda x}.$$

将 y_2，y_2'，y_2'' 代入微分方程(3)，得

$$[u''(x) + 2\lambda u'(x) + \lambda^2 u(x) + pu'(x) + \lambda pu(x) + qu(x)] e^{\lambda x} = 0,$$

即 $u''(x) + (2\lambda + p)u'(x) + (\lambda^2 + \lambda p + q)u(x) = 0,$

又 $\lambda = -\dfrac{p}{2}$，$\lambda^2 + p\lambda + q = 0$，则有 $u''(x) = 0$，

可取 $u(x) = x$. 因此微分方程(3)的另一个特解为 $y_2 = xe^{\lambda x}$，且 y_1，y_2 线性无关，因此方程的通解为 $y = (C_1 + C_2 x)e^{\lambda x}$.

③当 $p^2 - 4q < 0$ 时，特征方程不存在实根，有一对共轭复根，即

$$\lambda_1 = \alpha + i\beta, \quad \lambda_2 = \alpha - i\beta,$$

其中，$\alpha = -\dfrac{p}{2}$，$\beta = \dfrac{\sqrt{4q - p^2}}{2}$.

此时微分方程的两个特解为

$$y_1 = e^{\lambda_1 x} = e^{(\alpha + i\beta)x} = e^{\alpha x} \cdot e^{i\beta x}, \quad y_2 = e^{\lambda_2 x} = e^{\alpha x} \cdot e^{-i\beta x},$$

欧拉公式：

$e^{ix} = \cos x + i\sin x,$

$e^{-ix} = \cos x - i\sin x.$

它将指数函数的定义域扩大到复数，建立了三角函数和指数函数的关系，被誉为"数学中的天桥".

将 $e^{ix} = \cos x + i\sin x$ 中的 x 取作 π 得到：

$e^{i\pi} + 1 = 0.$

这个恒等式也叫做**欧拉公式**.

$e^{i\pi} + 1 = 0$ 是数学中最令人着迷的公式之一，它将数学中最重要的几个数字联系到一起：

两个超越数：e、π.

两个单位：i、1.

被称为人类伟大发现之一的 0.

数学家们评价它是"上帝创造的公式".

且线性无关，为了便于在实数范围内讨论，利用欧拉公式 $e^{ix} = \cos x + i\sin x$ 将两根转化为

$$y_1 = e^{\alpha x}(\cos\beta x + i\sin\beta x), \quad y_2 = e^{\alpha x}(\cos\beta x - i\sin\beta x),$$

根据叠加原理，有 $\dfrac{y_1 + y_2}{2} = e^{\alpha x}\cos\beta x$，$\dfrac{y_1 - y_2}{2i} = e^{\alpha x}\sin\beta x$.

$e^{\alpha x}\cos\beta x$ 和 $e^{\alpha x}\sin\beta x$ 均为微分方程(3)的解，且线性无关. 因此方程的通解为 $y = e^{\alpha x}(C_1\cos\beta x + C_2\sin\beta x)$.

综上所述，求二阶常系数线性齐次方程通解的步骤：

①写出方程(3)的特征方程 $\lambda^2 + p\lambda + q = 0$；

②求出特征方程的特征根 λ_1，λ_2；

③根据特征根的不同情形写出对应的通解，见表 $6-1$.

表 $6-1$

特征根	通解形式
两个不相等的实根 $\lambda_1 \neq \lambda_2$	$y = C_1 e^{\lambda_1 x} + C_2 e^{\lambda_2 x}$
两个相等的实根 $\lambda_1 = \lambda_2$	$y = (C_1 + C_2 x)e^{\lambda x}$
一对共轭复根 $\lambda_1 = \alpha + i\beta$，$\lambda_2 = \alpha - i\beta$	$y = e^{\alpha x}(C_1\cos\beta x + C_2\sin\beta x)$

例 1 求微分方程 $y'' + 5y' + 6y = 0$ 的通解.

解 特征方程为 $\lambda^2 + 5\lambda + 6 = 0$，它的两个实根为

$$\lambda_1 = -2, \quad \lambda_2 = -3.$$

因此所求通解为
$$y = C_1 \mathrm{e}^{-2x} + C_2 \mathrm{e}^{-3x}.$$

当 $\lambda = a + ib$ 为复数时，求导公式 $\dfrac{\mathrm{d}(\mathrm{e}^{\lambda x})}{\mathrm{d}x} = \lambda \mathrm{e}^{\lambda x}$ 依然成立：
$\mathrm{e}^{(a+ib)x} = \mathrm{e}^{ax}(\cos bx + \mathrm{i}\sin bx)$ 两端求导得
$\dfrac{\mathrm{d}(\mathrm{e}^{(a+ib)x})}{\mathrm{d}x} = (a+ib) \cdot \mathrm{e}^{ax}(\cos bx + \mathrm{i}\sin bx)$
$= (a+ib)\mathrm{e}^{(a+ib)x}.$

例 2　求微分方程 $2y'' + 2y' + 3y = 0$ 的通解.

解　特征方程为 $2\lambda^2 + 2\lambda + 3 = 0$，由于 $\Delta = -20 < 0$，它的共轭复根为
$$\lambda_{1,2} = \frac{-2 \pm \sqrt{-20}}{4} = -\frac{1}{2} \pm \frac{1}{2}\sqrt{5}\,\mathrm{i},$$

即 $\alpha = -\dfrac{1}{2}$，$\beta = \dfrac{\sqrt{5}}{2}$，对应两个线性无关的解为
$$y_1 = \mathrm{e}^{-\frac{1}{2}x}\cos\frac{\sqrt{5}}{2}x, \quad y_2 = \mathrm{e}^{-\frac{1}{2}x}\sin\frac{\sqrt{5}}{2}x,$$

因此方程的通解为
$$y = \mathrm{e}^{-\frac{1}{2}x}\left(C_1\cos\frac{\sqrt{5}}{2}x + C_2\sin\frac{\sqrt{5}}{2}x\right).$$

例 3　求方程 $\dfrac{\mathrm{d}^2 s}{\mathrm{d}t^2} + 2\dfrac{\mathrm{d}s}{\mathrm{d}t} + s = 0$ 满足初值条件 $s\big|_{t=0} = 4$，$s'\big|_{t=0} = -2$ 的特解.

解　特征方程为 $\lambda^2 + 2\lambda + 1 = 0$，它的根为 $\lambda = -1$，因此所求方程的通解为 $s = (C_1 + C_2 t)\mathrm{e}^{-t}$.
将初值条件 $s\big|_{t=0} = 4$ 代入通解，得 $C_1 = 4$，
从而 $s = (4 + C_2 t)\mathrm{e}^{-t}$，$s' = (C_2 - 4 - C_2 t)\mathrm{e}^{-t}$.
再将 $s'\big|_{t=0} = -2$ 代入上式，得 $C_2 = 2$. 于是所求特解为
$$s = (4 + 2t)\mathrm{e}^{-t}.$$

2. 二阶常系数线性非齐次微分方程

定义 4　形如
$$y'' + py' + qy = f(x) \tag{5}$$
其中，p，q 为常数，称为**二阶常系数线性非齐次微分方程**.

本节只介绍 (5) 中的 $f(x)$ 取两种常见形式时求 $y^*(x)$ 的方法.

(1) $f(x) = P_m(x)\mathrm{e}^{\lambda x}$ 型通解的解法.

这时方程 (5) 变为
$$y'' + py' + qy = P_m(x)\mathrm{e}^{\lambda x}. \tag{6}$$
$f(x) = P_m(x)\mathrm{e}^{\lambda x}$，其中 λ 为常数，$P_m(x)$ 是关于 x 的一个 m 次多项式，即 $P_m(x) = a_m x^m + a_{m-1}x^{m-1} + \cdots + a_1 x + a_0$.

求非齐次线性方程 (6) 通解的方法：

先求出与其对应的齐次方程 $y'' + py' + qy = 0$ 的通解 Y，再求出 (6) 的一个特解 y^*，则方程 (6) 的通解为 $y = Y + y^*$.

具体步骤如下：

①先求出与其对应的齐次方程 $y''+py'+qy=0$ 的通解 Y.

A. 特征方程 $\lambda^2+p\lambda+q=0 \Rightarrow$ 特征根 λ_1，λ_2.

B. 判断 Δ：

$\Delta=p^2-4q>0 \Leftrightarrow \lambda_1$，$\lambda_2$ 是两个不相等实根 $\Rightarrow y=C_1 e^{\lambda_1 x}+C_2 e^{\lambda_2 x}$.

$\Delta=p^2-4q=0 \Leftrightarrow \lambda_1$，$\lambda_2$ 是两个相等实根 $\Rightarrow y=(C_1+C_2 x)e^{\lambda x}$.

$$\Delta=p^2-4q<0 \Leftrightarrow \lambda_1=\alpha+i\beta，\lambda_2=\alpha-i\beta$$
$$\Rightarrow Y=e^{\alpha x}(C_1 \cos\beta x+C_2 \sin\beta x).$$

②再求原方程 $y''+py'+qy=f(x)$ 的一个特解 y^*.

A. 设原方程特解形式 $y^*(x)=x^k Q_m(x)e^{\lambda x}$（$Q_m(x)$ 为 m 次多项式），则

$$Q_m(x)=\begin{cases} A，m=0 \\ Ax+B，m=1 \\ A_k x^k+A_{k-1}x^{k-1}+\cdots+A_0，m=k \end{cases}，$$

而 k 的值要通过 λ 和特征方程的解确定，

$$k=\begin{cases} 0，\lambda \neq \lambda_1，\lambda_2 \\ 1，\lambda=\lambda_1 \text{ 或 } \lambda_2. \\ 2，\lambda=\lambda_1=\lambda_2 \end{cases}$$

B. 求 $y^{*'}$ 和 $y^{*''}$，并将 y^*，$y^{*'}$，$y^{*''}$，代入原方程，确定未知参数，求出特解.

③写出二阶常系数线性非齐次微分方程的通解 $y=y^*(x)+Y$.

例 4 求微分方程 $y''-2y'-3y=3x+1$ 的一个特解.

解 $f(x)$ 是 $e^{\lambda x}P_m(x)$ 型（其中 $\lambda=0$，$P_m(x)=3x+1$）.

原方程所对应的齐次方程为 $y''-2y'-3y=0$，它的特征方程为

$$\lambda^2-2\lambda-3=0.$$

$\lambda=0$ 不是特征方程的根，所以应设特解为 $y^*=Ax+B$.

代入原方程得 $-3Ax-2A-3B=3x+1$，

比较两端系数得 $\begin{cases} -3A=3 \\ -2A-3B=1 \end{cases}$.

由此解得 $A=-1$，$B=\dfrac{1}{3}$.

于是求得一个特解为 $y^*=-x+\dfrac{1}{3}$.

例 5 求微分方程 $y''-3y'+2y=xe^{2x}$ 的通解.

解 $f(x)$ 是 $e^{\lambda x}P_m(x)$ 型（其中 $\lambda=2$，$P_m(x)=x$）.

左边侧栏：

由于二阶常系数齐次微分方程通解的求法已解决，这里只需讨论求二阶常系线性非齐次微分方程的一个特解 $y^*(x)$ 的方法.

对应齐次方程的特征方程 $\lambda^2-3\lambda+2=0$，两根为 $\lambda_1=2$，$\lambda_2=1$，于是齐次方程的通解为 $Y=C_1\mathrm{e}^{2x}+C_2\mathrm{e}^x$.

$\lambda=2$ 为特征方程的单根，故应设原方程的特解为 $y^*=x(Ax+B)\mathrm{e}^{2x}$，

则

$$y^{*\prime}(x)=(2Ax^2+2Ax+2Bx+B)\mathrm{e}^{2x},$$

$$y^{*\prime\prime}(x)=(4Ax+2A+2B)\mathrm{e}^{2x}+2(2Ax^2+2Ax+2Bx+B)\mathrm{e}^{2x}$$
$$=[4Ax^2+(8A+4B)x+2A+4B]\mathrm{e}^{2x},$$

代入原方化简得 $2Ax+2A+B=x$.

比较两端的系数得 $\begin{cases}-2A=1\\2A-B=0\end{cases}$.

解得 $A=-\dfrac{1}{2}$，$B=-1$. 于是求得一个特解为

$$y^*=x(-\frac{1}{2}x-1)\mathrm{e}^{2x}.$$

从而原方程的通解为 $y=C_1\mathrm{e}^{2x}+C_2\mathrm{e}^x-\dfrac{1}{2}(x^2+2x)\mathrm{e}^{2x}$.

(2) $f(x)=[P_l(x)\cos\omega x+Q_n(x)\sin\omega x]\mathrm{e}^{\lambda x}$ 型.

这时方程(5)变为

$$y''+py'+qy=\mathrm{e}^{\lambda x}[P_l(x)\cos\omega x+Q_n(x)\sin\omega x]. \qquad (7)$$

其中，α，β 为常数.

求非齐次线性方程(7)通解的方法：

先求出与其对应的齐次方程 $y''+py'+qy=0$ 的通解 Y，再求出(7)的一个特解 y^*，则方程(7)的通解为 $y=Y+y^*$.

具体步骤如下：

①先求出与其对应的齐次方程 $y''+py'+qy=0$ 的通解 Y.

A. 特征方程 $\lambda^2+p\lambda+q=0\Rightarrow$特征根 λ_1，λ_2.

B. 判断Δ：

$\Delta=p^2-4q>0\Leftrightarrow\lambda_1$，$\lambda_2$ 是两个不相等实根$\Rightarrow y=C_1\mathrm{e}^{\lambda_1 x}+C_2\mathrm{e}^{\lambda_2 x}$.

$\Delta=p^2-4q=0\Leftrightarrow\lambda_1$，$\lambda_2$ 是两个相等实根$\Rightarrow y=(C_1+C_2x)\mathrm{e}^{\lambda x}$.

$$\Delta=p^2-4q<0\Leftrightarrow\lambda_1=\alpha+\mathrm{i}\beta，\lambda_2=\alpha-\mathrm{i}\beta$$
$$\Rightarrow y=\mathrm{e}^{\alpha x}(C_1\cos\beta x+C_2\sin\beta x).$$

②再求原方程 $y''+py'+qy=f(x)$ 的一个特解 y^*.

A. 设原方程特解形式 $y^*=x^k\mathrm{e}^{\lambda x}[R_m^{(1)}(x)\cos\omega x+R_m^{(2)}(x)\sin\omega x]$，$R_m^{(1)}(x)$，$R_m^{(2)}(x)$ 是 m 次多项式，$m=\max\{l,n\}$.

则

$$R_m(x)=\begin{cases}A, & m=0\\A x+B, & m=1\\A_k x^k+A_{k-1}x^{k-1}+\cdots+A_0, & m=k\end{cases},$$

而 k 的值要通过 λ 和特征方程的解确定,

$$k=\begin{cases}0, & \lambda\pm\mathrm{i}\omega\ \text{不是特征根}\\1, & \lambda\pm\mathrm{i}\omega\ \text{是特征根}\end{cases}.$$

B. 求 $y^{*\prime}$ 和 $y^{*\prime\prime}$,并将 y^*,$y^{*\prime}$,$y^{*\prime\prime}$,代入原方程,确定未知参数,求出特解.

③写出二阶常系数线性非齐次方程的通解

$$y=y^*(x)+y.$$

例 6 求微分方程 $y''+y=x\cos 2x$ 的一个特解.

解 $f(x)$ 属于 $(P_l(x)\cos\omega x+Q_n(x)\sin\omega x)\mathrm{e}^{\lambda x}$ 型(其中 $\lambda=0$,$\omega=2$,$P_l(x)=x$,$Q_n(x)=0$).

对应的齐次方程为 $y''+y=0$,特征方程为 $\lambda^2+1=0$,$\lambda_{1,2}=\pm\mathrm{i}$.
$\lambda+\omega\mathrm{i}=2\mathrm{i}$ 不是特征方程的根,所以应设特解为

$$y^*=(A x+B)\cos 2x+(C x+D)\sin 2x.$$

求导得

$$y^{*\prime}=(2C x+A+2D)\cos 2x+(-2A x+C-2B)\sin 2x,$$

$$y^{*\prime\prime}=4(C-A x-B)\cos 2x-4(A+C x+D)\sin 2x.$$

代入原方程

$$(-3A x-3B+4C)\cos 2x-(3C x+3D+4A)\sin 2x=x\cos 2x.$$

比较两端系数得 $\begin{cases}-3A=1\\-3B+4C=0\\-3C=0\\-3D-4A=0\end{cases}$,

解得 $A=-\dfrac{1}{3}$,$B=0$,$C=0$,$D=\dfrac{4}{9}$.

于是求得一个特解为 $y^*=-\dfrac{1}{3}x\cos 2x+\dfrac{4}{9}\sin 2x$.

求 $y''+py'+qy=f(x)$ 的一个特解 y^* 的形式见表 6-2.

表 6-2

$f(x)$ 的形式	特解的形式	
$f(x)=P_m(x)\mathrm{e}^{\lambda x}$ (λ 为实数)	λ 不是特征方程的根	$y^*=Q_m(x)\mathrm{e}^{\lambda x}$
	λ 是特征方程的单根	$y^*=xQ_m(x)\mathrm{e}^{\lambda x}$
	λ 是特征方程的重根	$y^*=x^2 Q_m(x)\mathrm{e}^{\lambda x}$

续表

$f(x)$的形式	特解的形式	
$y''+py'+qy$ $=e^{ax}[P_l(x)\cos\beta x+$ $Q_n(x)\sin\beta x]$ (其中 α，β 均为常数)	$\alpha\pm i\beta$ 不是特征方程的根	$y^*=e^{ax}[R_m^{(1)}(x)\cos\beta x+$ $R_m^{(2)}(x)\sin\beta x]$
	$\alpha\pm i\beta$ 是特征方程的根	$y^*=xe^{ax}[R_m^{(1)}(x)\cos\beta x+$ $R_m^{(2)}(x)\sin\beta x]$

习题 6－5

1. 判断下列函数是否线性相关.

(1) $\cos2x$，$\sin2x$；　　　　　(2) $x\ln x$，$\ln x$.

2. 求下列微分方程的通解.

(1) $y''+y'-2y=0$；　　(2) $y''+2y'+5y=0$；　　(3) $y''+4y'+4y=0$.

3. 求下列微分方程的通解.

(1) $y''+a^2y=e^x$；　　(2) $y''+3y'+2y=3xe^{-x}$；　(3) $y''+4y'+4y=e^{ax}$.

4. 求下列各微分方程满足已给初始条件的特解.

(1) $y''-4y'=5$，$y\big|_{x=0}=1$，$y'\big|_{x=0}=0$；

(2) $y''-2y'+y=xe^x-e^x$，$y\big|_{x=1}=1$，$y'\big|_{x=1}=1$；

(3) $y''+4y=\dfrac{1}{2}(x+\cos2x)$，$y\big|_{x=0}=0$，$y'\big|_{x=0}=0$.

§6.6　可降阶的高阶微分方程

在前面的学习中，我们已经见到了高阶方程，一般的高阶微分方程没有普遍的解法，处理问题的基本原则就是降阶，利用变量代换把高阶微分方程的求解问题化为较低阶的方程来求解. 以二阶微分方程 $y''=f(x,y,y')$ 为例，如果能设法作变量代换把它从二阶降至一阶，那么就有可能应用前面所讲方法来求解，大于二阶的高阶方程可依此类推.

本节介绍三种容易降阶的高阶微分方程的求解方法，以可降阶的二阶微分方程为主.

6.6.1　$y''=f(x)$型的微分方程

$y''=f(x)$型微分方程的特征是方程的右端不显含 y 和它的一阶导数 y'，即等式的左端是 y''，右端是关于自变量 x 的函数.

对于 $y''=f(x)$ 型的微分方程，只要把 y' 作为新的未知函数，$y''=f(x)$ 就是新未知函数的一阶方程. 两边积分，得到一个一阶的微分方程

$$y' = \int f(x)\,\mathrm{d}x + C_1.$$

再次积分可得

$$y = \int\left(\int f(x)\,\mathrm{d}x + C_1\right)\mathrm{d}x + C_2.$$

由此得到的含有 2 个任意常数的通解.

例 1 求微分方程 $y'' = \mathrm{e}^x - \cos x$ 的通解.

解 对所给方程接连积分两次得

$$y' = \mathrm{e}^x + \sin x + C_1,$$
$$y = \mathrm{e}^x + \cos x + C_1 x + C_2,$$

所以方程的通解为 $y = \mathrm{e}^x + \sin x + C_1 x + C_2$.

例 2 求微分方程 $y'' = \dfrac{1}{\cos^2 x}$ 满足初值条件

$$y\big|_{x=\frac{\pi}{4}} = \frac{\ln 2}{2}, \quad y'\big|_{x=\frac{\pi}{4}} = 1 \text{的特解.}$$

解 对所给方程 $y'' = \dfrac{1}{\cos^2 x}$ 求积分得

$$y' = \tan x + C_1,$$

由 $y'\big|_{x=\frac{\pi}{4}} = 1$，得 $C_1 = 0$，因此 $y' = \tan x = \dfrac{\sin x}{\cos x}$.

再对 $y' = \dfrac{\sin x}{\cos x}$ 求积分得 $y = -\ln|\cos x| + C_2$，

由 $y'\big|_{x=\frac{\pi}{4}} = \dfrac{\ln 2}{2}$，得 $C_2 = 0$.

因此所求方程的特解为 $y = -\ln|\cos x|$.

例 3 求微分方程 $y^{(4)} = \sin x$ 的通解.

解 对所给方程接连积分四次得

$$y''' = -\cos x + C_1,$$
$$y'' = -\sin x + C_1 x + C_2,$$
$$y' = \cos x + \frac{1}{2}C_1 x^2 + C_2 x + C_3,$$
$$y = \sin x + \frac{1}{6}C_1 x^3 + \frac{1}{2}C_2 x^2 + C_3 x + C_4,$$

因此原方程的通解为 $y = \sin x + \dfrac{1}{6}C_1 x^3 + \dfrac{1}{2}C_2 x^2 + C_3 x + C_4$.

6.6.2 $y'' = f(x, y')$ 型

设 $y' = \dfrac{\mathrm{d}y}{\mathrm{d}x} = p$，则 $y'' = \dfrac{\mathrm{d}^2 y}{\mathrm{d}x^2} = p'$，代入原方程得

$$p' = f(x, p).$$

这是一个以 p 为因变量，x 为自变量的一阶微分方程. 设其通

在初值问题求解中可先求出方程的通解再代入初值条件求特解，但会增加第二次求积分的计算量.

例 2 中第一次积分结果先代入 $y'\big|_{x=\frac{\pi}{4}} = 1$ 求出 C_1，再一次求积分，代初值条件得特解.

在复杂计算中，这种处理方法优势尤为明显.

对于 $y^{(n)} = f(x)$ 型的 n 阶微分方程也可用此方法进行降阶求解.

$y^{(n-1)} = \int f(x)\,\mathrm{d}x + C_1.$

$y^{(n-2)} = \int\left(\int f(x)\,\mathrm{d}x + C_1\right)\mathrm{d}x + C_2.$ 依此法继续进行，接连积分 n 次，便得到 $y^{(n)} = f(x)$ 的含有 n 个任意常数的通解.

对于 $y^{(n)} = f(x, y', \cdots, y^{(n-1)})$ 的 n 阶的情形可以此类推：设 $y' = \dfrac{\mathrm{d}y}{\mathrm{d}x} = p$，则

$y'' = \dfrac{\mathrm{d}p}{\mathrm{d}x}$，$y''' = \dfrac{\mathrm{d}^2 p}{\mathrm{d}x^2}$

$$\overline{\mathrm{d}x^2}, \cdots$$

代入原方程可得到新函数 p 的 $n-1$ 阶方程，从而达到降阶的目的.

解为 $p=\varphi(x, C_1)$，得到一个一阶微分方程 $\dfrac{\mathrm{d}y}{\mathrm{d}x}=\varphi(x, C_1)$.

对它积分，便得原方程 $y''=f(x, y')$ 的通解为

$$y=\int\varphi(x, C_1)\mathrm{d}x + C_2.$$

例 4　求微分方程方程 $y''+y'=\mathrm{e}^x$ 的通解.

解　设 $y'=p$，代入原方程得 $\dfrac{\mathrm{d}p}{\mathrm{d}y}+p=\mathrm{e}^x$.

该方程是一个关于变量 x，p 的一阶线性非齐次微分方程，且 $P(x)=1$，$Q(x)=\mathrm{e}^x$，代入通解公式得

$$p=y'=\mathrm{e}^{-\int\mathrm{d}x}\left(\int\mathrm{e}^x\mathrm{e}^{\int\mathrm{d}x}\mathrm{d}x+C_1\right),$$

即 $p=y'=\mathrm{e}^{-x}\left(\dfrac{1}{2}\mathrm{e}^{2x}+C_1\right)=\dfrac{1}{2}\mathrm{e}^x+C_1\mathrm{e}^{-x}$,

积分得

$$y=\dfrac{1}{2}\mathrm{e}^x-C_1\mathrm{e}^{-x}+C_2.$$

因此原方程的通解为

$$y=\dfrac{1}{2}\mathrm{e}^x-C_1\mathrm{e}^{-x}+C_2.$$

例 5　求微分方程 $(1+x^2)y''=2xy'$ 满足初值条件 $y|_{x=0}=1$，$y'|_{x=0}=3$ 的特解.

解　所给方程是 $y''=f(x, y')$ 型的. 设 $y'=p$，

代入方程并分离变量得 $\dfrac{\mathrm{d}p}{p}=\dfrac{2x}{1+x^2}\mathrm{d}x$.

两边积分得　$\ln|p|=\ln(1+x^2)+\ln|C_1|$,

即　　　　　$p=y'=C_1(1+x^2)$.

代入初值条件 $y'|_{x=0}=3$ 得 $C_1=3$，所以 $y'=3(1+x^2)$.

再次积分得 $y=x^3+3x+C_2$.

代入初值条件 $y|_{x=0}=1$，得 $C_2=1$.

因此原方程的特解为 $y=x^3+3x+1$.

悬链线的标准方程为：
$y=A\mathrm{ch}\left(\dfrac{x}{a}\right)$.

双曲正弦函数：
$\mathrm{sh}x=\dfrac{\mathrm{e}^x-\mathrm{e}^{-x}}{2}$.

双曲余弦函数：
$\mathrm{ch}x=\dfrac{\mathrm{e}^x+\mathrm{e}^{-x}}{2}$.

大自然中，除悬垂的项链外，吊桥上方的悬垂

例 6　悬链线问题　设有一均匀、柔软的绳索，两端固定，绳索仅受重力的作用而下垂. 设绳索在平衡状态时的曲线方程为 $y=f(x)$. 则 $y=f(x)$ 满足的微分方程为

$$y''=\dfrac{1}{a}\sqrt{1+y'^2}.$$

其中，a 为定值，且 $y|_{x=0}=a$，$y'|_{x=0}=0$.

方程是 $y''=f(x, y')$ 型. 设 $y'=p$，则 $y''=\dfrac{\mathrm{d}p}{\mathrm{d}x}$,

代入方程得 $\dfrac{\mathrm{d}p}{\mathrm{d}x}=\dfrac{1}{a}\sqrt{1+p^2}$,

钢索、挂着水珠的蜘蛛网以及两根电线杆间的所架设的电线均为悬链线.

分离变量得 $\dfrac{\mathrm{d}p}{\sqrt{1+p^2}}=\dfrac{1}{a}\mathrm{d}x$,

两端积分得 $\ln(p+\sqrt{1+p^2})=\dfrac{x}{a}+C_1$.

代入初值条件 $y\big|_{x=0}=a$, $y'\big|_{x=0}=0$, 得 $C_1=0$,

于是有 $\qquad\qquad \ln(p+\sqrt{1+p^2})=\dfrac{x}{a}$,

解得 $\qquad\qquad\qquad p=\dfrac{1}{2}(\mathrm{e}^{\frac{x}{a}}-\mathrm{e}^{-\frac{x}{a}})$,

即 $\qquad\qquad\qquad y'=\dfrac{1}{2}(\mathrm{e}^{\frac{x}{a}}-\mathrm{e}^{-\frac{x}{a}})$.

两端积分得 $\qquad\qquad y=\dfrac{a}{2}(\mathrm{e}^{\frac{x}{a}}+\mathrm{e}^{-\frac{x}{a}})+C_2$.

代入初值条件 $y\big|_{x=0}=a$, 得 $C_2=0$.

于是该绳索的形状可由曲线方程 $y=\dfrac{a}{2}(\mathrm{e}^{\frac{x}{a}}+\mathrm{e}^{-\frac{x}{a}})$ 来表示.

6.6.3 $y''=f(y,y')$型

对于 $y''=f(y,y')$ 型的微分方程, 为了求出它的解, 令 $y'=p$, 利用复合函数的求导法则把 y'' 化为对 y 的导数, 即

$$y''=\frac{\mathrm{d}p}{\mathrm{d}x}=\frac{\mathrm{d}p}{\mathrm{d}y}\cdot\frac{\mathrm{d}y}{\mathrm{d}x}=p\frac{\mathrm{d}p}{\mathrm{d}y}.$$

代入原方程得 $p\dfrac{\mathrm{d}p}{\mathrm{d}y}=f(y,p)$.

这是一个关于变量 y, p 的一阶微分方程. 设它的通解为 $y'=p=\varphi(y,C_1)$, 分离变量并积分, 便得到 $y''=f(y,y')$ 的通解为

$$\int\frac{\mathrm{d}y}{\varphi(y,C_1)}=x+C_2.$$

例7 解方程 $y''=y'+(y')^3$ 的通解.

解 设 $y'=p(y)$, $y''=p'(y)y'=p\dfrac{\mathrm{d}p}{\mathrm{d}y}$,

代入原方程得

$$p\frac{\mathrm{d}p}{\mathrm{d}y}=p(1+p^2),$$

即 $p\left(\dfrac{\mathrm{d}p}{\mathrm{d}y}-1-p^2\right)=0$.

$$\frac{\mathrm{d}p}{\mathrm{d}y}-(1+p^2)=0 \text{ 或 } p=0.$$

当 $\dfrac{\mathrm{d}p}{\mathrm{d}y}-(1+p^2)=0$ 时,

$y''=f(y,y')$ 型方程的特点是不显含 x.

值得注意的是：在 $y''=f(y,y')$ 型中用第二种类型作变换, 即

$y'=\dfrac{\mathrm{d}y}{\mathrm{d}x}=p$,

$y''=p'=\dfrac{\mathrm{d}p}{\mathrm{d}x}$,

代入原方程得

$\dfrac{\mathrm{d}p}{\mathrm{d}x}=f(y,p)$,

则该方程中含有变量 x, y, p, 无法直接进行求解.

可推广至 n 阶方程:

$y^{(n)}=f(y,y',y'',\cdots,y^{(n-1)})$.

设 $y'=p(y)$, 则

$y''=\dfrac{\mathrm{d}p}{\mathrm{d}y}\cdot\dfrac{\mathrm{d}y}{\mathrm{d}x}=P\dfrac{\mathrm{d}p}{\mathrm{d}y}$,

$y'''=p^2\dfrac{\mathrm{d}^2p}{\mathrm{d}y^2}+p\left(\dfrac{\mathrm{d}P}{\mathrm{d}y}\right)^2$,

$\cdots$,

代入原方程得到新函数 $p(y)$ 的 $n-1$ 阶方程，求得其解为

$$\frac{\mathrm{d}y}{\mathrm{d}x}=P(y)=\varphi(y,\ C_1,\ \cdots,\ C_{n-1}),$$

则原方程的通解为

$$\int\frac{\mathrm{d}y}{\varphi(y,C_1,\cdots,C_{n-1})}=x+C_n.$$

$$\frac{\mathrm{d}p}{1+p^2}=\mathrm{d}y$$

两分积分得

$$\arctan p(y)=y+C_1\Rightarrow p(y)=\arctan(y+C_1)$$

即 $\dfrac{\mathrm{d}y}{\tan(y+C_1)}=\mathrm{d}x.$

两端积分解得

$$\ln\sin(y+C_1)=x+C_2.$$

原方程的通解为 $\sin(y+C_1)=C_2\mathrm{e}^x$，$p=0$ 时 $y=C$ 包含在通解中.

例 8　求微分方程 $yy''=(y')^2$ 的通解.

解　方法一　设 $y'=p(y)$，$y''=p'(y)y'=p\dfrac{\mathrm{d}p}{\mathrm{d}y}$，

代入原方程得

$$p^2-yp\frac{\mathrm{d}p}{\mathrm{d}y}=0.$$

即 $p\left(p-y\dfrac{\mathrm{d}p}{\mathrm{d}y}\right)=0.$

则 $p-y\dfrac{\mathrm{d}p}{\mathrm{d}y}=0$ 或 $p=0$.

由 $p-y\dfrac{\mathrm{d}p}{\mathrm{d}y}=0\Rightarrow y\dfrac{\mathrm{d}p}{\mathrm{d}y}=p$，

分离变量得

$$\frac{\mathrm{d}p}{p}=\frac{\mathrm{d}y}{y},$$

两边积分得

$$\ln|p|=\ln|y|+\ln|C_1|\Rightarrow p=C_1y.$$

$p=0$ 也是方程的解，即 $C_1=0$ 的情形.

所以 $\dfrac{\mathrm{d}y}{\mathrm{d}x}=C_1y$，再次分离变量得

$$\frac{\mathrm{d}y}{y}=C_1\mathrm{d}x,$$

两边积分得

$$\ln|y|=C_1x+\ln|C_2|.$$

即 $y=C_2\mathrm{e}^{C_1x}$，$y=0$ 也是原方程的解，为 $C_2=0$ 的情形.

因此原方程的通解为 $y=C_2\mathrm{e}^{C_1x}$，C_1，C_2 为任意常数.

导数的除法公式：
$\left(\dfrac{u}{v}\right)'=\dfrac{u'v-uv'}{v^2}.$

求导公式：$\mathrm{d}C=0.$

方法二　方程两端同时除以 y^2，根据导数的除法公式可得

$$\frac{yy''-y'^2}{y^2}=\frac{\mathrm{d}}{\mathrm{d}x}\left(\frac{y'}{y}\right)=0\Rightarrow y'=C_1y,$$

从而得到原方程的通解为 $y=C_2\mathrm{e}^{C_1x}.$

$y'' = \mathrm{d}y'$, $y' = \mathrm{d}y$.

方法三中:

$\dfrac{y''}{y'} = \dfrac{\mathrm{d}y'}{y'}$, $\dfrac{y'}{y} = \dfrac{\mathrm{d}y}{y}$.

方法三　原方程转化为 $\dfrac{y''}{y'} = \dfrac{y'}{y}$,

两边积分得

$$\ln y' = \ln y + \ln C_1,$$

即 $y' = C_1 y$,

两边再次积分得原方程的通解为

$$y = C_2 \mathrm{e}^{C_1 x}.$$

例 9　求 $y'' = \mathrm{e}^{2y}$ 满足初值条件 $y(0) = 0$, $y'(0) = 0$ 的特解.

解　令 $y' = p$, 则 $y'' = p\dfrac{\mathrm{d}p}{\mathrm{d}y}$, 代入原方程得

$$p\,\frac{\mathrm{d}p}{\mathrm{d}y} = \mathrm{e}^{2y},$$

分离变量得

$$p\,\mathrm{d}p = \mathrm{e}^{2y}\,\mathrm{d}y.$$

两端积分得

$$\frac{1}{2}p^2 = \frac{1}{2}\mathrm{e}^{2y} + C_1.$$

代入初始条件 $y'(0) = 0$, 得 $C_1 = -\dfrac{1}{2}$.

从而 $\dfrac{1}{2}p^2 = \dfrac{1}{2}\mathrm{e}^{2y} - \dfrac{1}{2}$,

即 $p^2 = (y')^2 = \mathrm{e}^{2y} - 1$,

开方得

$$y' = \pm\sqrt{\mathrm{e}^{2y} - 1}.$$

分离变量后积分得

$$\int \frac{\mathrm{d}y}{\sqrt{\mathrm{e}^{2y} - 1}} = \pm\int \mathrm{d}x + C_2,$$

即 $\displaystyle\int \frac{\mathrm{d}(\mathrm{e}^{-y})}{\sqrt{1 - \mathrm{e}^{-2y}}} = \mp\int \mathrm{d}x + C_2,$

则 $\arcsin(\mathrm{e}^{-y}) = \mp x + C_2.$

代入初始条件 $y(0) = 0$, 得 $C_2 = \dfrac{\pi}{2}$.

于是原方程满足所给初值条件的特解为

$$\mathrm{e}^{-y} = \sin\left(\frac{\pi}{2} \mp x\right),$$

即 $y = -\ln\cos x = \ln\sec x.$

习题 6−6

1. 求下列微分微分方程的通解.

$$(1)\, y''=y'+x;\qquad (2)\, y''=\frac{2xy'}{x^2+1};\qquad (3)\, y^3 y''=1;$$

$$(4)\, xy''+y'=0;\qquad (5)\, y''=\frac{1}{1+x^2};\qquad (6)\, y''=\frac{1}{\sqrt{y}}.$$

2. 求下列初值问题的解.

$(1)\, y''=x+\sin x,\ y(0)=1,\ y'(0)=-2;$

$(2)\, y''+(y')^2=1,\ y(0)=0,\ y'(0)=0;$

$(3)\, y^3 y''+1=0,\ y|_{x=1}=1,\ y'|_{x=1}=0;$

$(4)\, y''=3\sqrt{y},\ y|_{x=1}=1,\ y'|_{x=1}=2.$

3. 求下列方程的通解.

$$(1)\, y'''=x\mathrm{e}^x;\qquad (2)\, y^{(5)}-\frac{1}{x}y^{(4)}=0.$$

§6.7　习题选解

习题 6−1 选解

1. **解**　(1) 一阶非线性；(2) 二阶线性；(3) 三阶线性；(4) 二阶非线性；(5) 四阶线性；(6) 二阶非线性.

2. **解**　(1) 将 $y'=10x$ 代入微分方程得 $10x^2=2(5x^2)$，故 $y=5x^2$ 是微分方程 $xy'=2y$ 的解.

(2) 将 $y'=3\cos x+4\sin x$，$y''=-3\sin x+4\cos x$ 代入微分方程得 $(-3\sin x+4\cos x)+(3\sin x-4\cos x)=0$，故 $y=3\sin x-4\cos x$ 是微分方程 $y''+y=0$ 的解.

(3) 将 $y=x^2\mathrm{e}^x$，$y'=2x\mathrm{e}^x+x^2\mathrm{e}^x$，$y''=2\mathrm{e}^x+4x\mathrm{e}^x+x^2\mathrm{e}^x$ 代入微分方程得 $(2\mathrm{e}^x+4x\mathrm{e}^x+x^2\mathrm{e}^x)-2(2x\mathrm{e}^x+x^2\mathrm{e}^x)+x^2\mathrm{e}^x=2\mathrm{e}^x\neq0$，故 $y=x^2\mathrm{e}^x$ 不是所给微分方程 $y''-2y'+y=0$ 的解.

(4) 对方程 $y=\ln(xy)$ 的两边关于 x 求导得 $y'=\frac{1}{x}+\frac{y'}{y}\Rightarrow xyy'=y+xy'$. 再对 x 求导得 $yy'+x\,(y')^2+xyy''=y'+y'+xy''\Rightarrow (xy-x)y''+x\,(y')^2+yy'-2y'=0$，故 $y=\ln(xy)$ 是所给微分方程的解.

3. **解**　(1) 将 $x=0$，$y=5$ 代入微分方程，得 $C=0^2-5^2=-25$.

(2) $y'=C_2\mathrm{e}^{2x}+2(C_1+C_2x)\mathrm{e}^{2x}=(2C_1+C_2+2C_2x)\mathrm{e}^{2x}$，将 $y|_{x=0}=0$，$y'|_{x=0}=1$ 分别代入 $y=(C_1+C_2x)\mathrm{e}^{2x}$ 和 $y'=(2C_1+C_2+2C_2x)\mathrm{e}^{2x}$，得 $C_1=0$，$C_2=1$.

4. **解** （1）由 $y=Cx+C^2$ 两边对 x 求导，得 $y'=C$，代入原关系式 $y=Cx+C^2$，得所求的微分方程为 $(y')^2+xy'=y$.

（2）由 $y=x\tan(x+C)$ 两边对 x 求导，得

$$y'=\tan(x+C)+x\sec^2(x+C)\Rightarrow y'=\tan(x+C)+x+x\tan^2(x+C),$$

而 $\dfrac{y}{x}=\tan(x+C)$，故所求的微分方程为 $y'=\dfrac{y}{x}+x+x\left(\dfrac{y}{x}\right)^2\Rightarrow xy'=y+x^2+y^2$.

（3）对 $xy=C_1e^x+C_2e^{-x}$ 两边对 x 求导，得 $y+xy'=C_1e^x-C_2e^{-x}$，两边再对 x 求导，得 $y'+y'+xy''=C_1e^x+C_2e^{-x}$，可得所求的微分方程为 $xy''+2y'=xy$.

（4）由 $(y-C_1)^2=C_2x$ 两边对 x 求导，得 $2(y-C_1)\cdot y'=C_2$，

$C_2=\dfrac{(y-C_1)^2}{x}\Rightarrow 2xy'=y-C_1$，对上式两边再对 x 求导，得 $2y'+2xy''=y'$，故所求的微分方程为 $2xy''+y'=0$.

习题 6-2 选解

1. **解** （1）原方程可化为 $\dfrac{dy}{dx}=-\dfrac{\cos y}{(1-e^{-x})\sin y}$，分离变量得 $-\dfrac{\sin y}{\cos y}dy=\dfrac{1}{1-e^{-x}}dx$，

两边积分 $\displaystyle\int\dfrac{d(\cos y)}{\cos y}=\int\dfrac{de^x}{e^x-1}+\ln|C|$，得方程的通解为 $\cos y=C(e^x-1)$.

（2）原方程可化为 $\dfrac{dy}{dx}=\dfrac{1+y^2}{xy(1+x)}$，分离变量得 $\dfrac{ydy}{1+y^2}=\dfrac{1}{x(1+x)}dx$，两边积分得

$$\int\dfrac{ydy}{1+y^2}=\int\dfrac{1}{x(1+x)}dx+C_1\Rightarrow\dfrac{1}{2}\int\dfrac{d(y^2+1)}{1+y^2}=\int(\dfrac{1}{x}-\dfrac{1}{1+x})dx+\ln|C|,$$

得方程的通解 $\sqrt{1+y^2}=\dfrac{Cx}{x+1}$.

（3）原方程可化为 $\dfrac{dy}{dx}=\dfrac{e^x}{e^y}$，分离变量得 $e^ydy=e^xdx$，两边积分 $\displaystyle\int e^ydy=\int e^xdx+C$

得原方程的通解为 $e^y=e^x+C$.

（4）原方程可化为 $\dfrac{dy}{dx}=-\dfrac{2y^2}{1+x}$，分离变量得 $-\dfrac{dy}{2y^2}=\dfrac{dx}{1+x}$，两边积分 $-\displaystyle\int\dfrac{dy}{2y^2}=$

$\displaystyle\int\dfrac{dx}{1+x}+C$ 得原方程的通解为 $y=\dfrac{1}{2\ln(x+1)+C}$.

（5）分离变量得 $\dfrac{y}{1+y^2}dy=\dfrac{1}{x+x^3}dx$，两端积分

$$\int\dfrac{y}{1+y^2}dy=\int\dfrac{1}{x+x^3}dx+C_1\Rightarrow\dfrac{1}{2}\int\dfrac{1}{1+y^2}dy^2=\int\left(\dfrac{1}{x}-\dfrac{x}{1+x^2}\right)dx+C_1,$$

得原方程的通解为 $(1+y^2)(1+x^2)=Cx^2$.

2. **解** （1）原方程可化为 $\dfrac{dy}{dx}=-\dfrac{xy}{\sqrt{1-x^2}}$，分离变量得 $\dfrac{dy}{y}=-\dfrac{xdx}{\sqrt{1-x^2}}$，两端积分得

$$\int\dfrac{dy}{y}=-\int\dfrac{xdx}{\sqrt{1-x^2}}+\ln|C|\Rightarrow y=Ce^{\sqrt{1-x^2}}.$$ 代入初值条件 $y|_{x=1}=e$ 得 $C=e$，因

此原方程满足初值条件的特解为 $y = \mathrm{e}^{\sqrt{1-x^2}+1}$.

（2）原方程可化为 $\dfrac{\mathrm{d}y}{\mathrm{d}x} = -\dfrac{2x\sin y}{(x^2+3)\cos y}$，分离变量得 $\dfrac{\cos y\,\mathrm{d}y}{\sin y} = -\dfrac{2x}{(x^2+3)}\mathrm{d}x$，两端

积分

$$\int \frac{\cos y}{\sin y}\mathrm{d}y = -\int \frac{2x}{(x^2+3)}\mathrm{d}x + \ln|C| \Rightarrow \int \frac{1}{\sin y}\mathrm{d}\sin y = -\int \frac{1}{x^2+3}\mathrm{d}(x^2+3) +$$

$\ln|C| \Rightarrow y = \arcsin\dfrac{C}{x^2+3}$.

代入初值条件得 $C=2$. 因此满足初值条件的特解为 $y = \arcsin\dfrac{2}{x^2+3}$.

（3）原方程可化为 $\dfrac{\mathrm{d}y}{\mathrm{d}x} = \dfrac{x}{x^2-1}\cdot\dfrac{1+y^2}{y}$，分离变量得 $\dfrac{y\,\mathrm{d}y}{1+y^2} = \dfrac{x}{x^2-1}\mathrm{d}x$，两端积分

$$\int \frac{y\,\mathrm{d}y}{1+y^2} = \int \frac{x}{x^2-1}\mathrm{d}x + \ln|C| \Rightarrow 1+y^2 = C(x^2-1).$$

代入初值条件得 $C=-2$. 因此满足初值条件的特解为 $2x^2+y^2=1$.

（4）分离变量得 $\dfrac{\mathrm{d}y}{y\ln y} = \dfrac{1}{\sin x}\mathrm{d}x$，两端积分 $\displaystyle\int \frac{\mathrm{d}y}{y\ln y} = \int \csc x\,\mathrm{d}x + \ln|C| \Rightarrow y = \mathrm{e}^{C\tan\frac{x}{2}}$.

代入初值条件得 $C=1$. 因此满足初值条件的特解为 $y = \mathrm{e}^{\tan\frac{x}{2}}$；

（5）分离变量得 $x(1+x)\mathrm{d}x = y(1+y)\mathrm{d}y$，两端积分得

$$\int x(1+x)\mathrm{d}x = \int y(1+y)\mathrm{d}y + C \Rightarrow 2(y^3-x^3)+3(y^2-x^2) = C.$$

代入初值条件得 $C=5$. 因此满足初值条件的特解为 $2(y^3-x^3)+3(y^2-x^2)=5$.

习题 6-3 选解

1. **解**　（1）当 $x>0$ 时，原方程可化为 $\dfrac{\mathrm{d}y}{\mathrm{d}x} = \dfrac{y}{x} + \sqrt{\left(\dfrac{y}{x}\right)^2-1}$，令 $u = \dfrac{y}{x}$，则 $\dfrac{\mathrm{d}y}{\mathrm{d}x} = u +$

$x\dfrac{\mathrm{d}u}{\mathrm{d}x} \Rightarrow x\dfrac{\mathrm{d}u}{\mathrm{d}x} = \sqrt{u^2-1}$. 分离变量得 $\dfrac{\mathrm{d}u}{\sqrt{u^2-1}} = \dfrac{\mathrm{d}x}{x}$，两端积分

$$\int \frac{\mathrm{d}u}{\sqrt{u^2-1}} = \int \frac{\mathrm{d}x}{x} + C_1 \Rightarrow \ln|u+\sqrt{u^2-1}| = \ln|x|+C_1, C_1 \text{ 为任意常数}.$$

方程的通解为 $u+\sqrt{u^2-1} = Cx \Rightarrow y+\sqrt{y^2-x^2} = Cx^2 C = \pm\mathrm{e}^{C_1}$.

当 $x<0$ 时，原方程可化为 $\dfrac{\mathrm{d}y}{\mathrm{d}x} = \dfrac{y}{x} - \sqrt{\left(\dfrac{y}{x}\right)^2-1}$，令 $u = \dfrac{y}{x}$，则 $\dfrac{\mathrm{d}y}{\mathrm{d}x} = u+x\dfrac{\mathrm{d}u}{\mathrm{d}x} \Rightarrow$

$x\dfrac{\mathrm{d}u}{\mathrm{d}x} = -\sqrt{u^2-1}$. 用分离变量法解此方程得 $u+\sqrt{u^2-1} = C\dfrac{1}{x}$，变量回代得原方

程的通解为 $y+\sqrt{y^2-x^2} = C$，C 为任意常数.

（2）原方程可化为 $\dfrac{\mathrm{d}y}{\mathrm{d}x} = \dfrac{x^2+y^2}{xy}$，令 $u = \dfrac{y}{x}$，则 $\dfrac{\mathrm{d}y}{\mathrm{d}x} = u+x\dfrac{\mathrm{d}u}{\mathrm{d}x} \Rightarrow x\dfrac{\mathrm{d}u}{\mathrm{d}x} = \dfrac{1}{u}$. 分离变量

得 $u\,\mathrm{d}u = \dfrac{\mathrm{d}x}{x}$，两端积分 $\displaystyle\int u\,\mathrm{d}u = \int \frac{\mathrm{d}x}{x} + C$，解得方程的通解为 $\dfrac{1}{2}u^2 = \ln|x|+C$. 变

量代回得 $y^2 = x^2(2\ln|x| + C)$.

(3) 原方程可化为 $\dfrac{dy}{dx} = \dfrac{x^3 + y^3}{3xy^2}$，令 $u = \dfrac{y}{x}$，则 $\dfrac{dy}{dx} = u + x\dfrac{du}{dx} \Rightarrow x\dfrac{du}{dx} = \dfrac{1 - 2u^3}{3u^2}$，分离

变量得 $\dfrac{3u^2 du}{1 - 2u^3} = \dfrac{dx}{x}$，两端积分 $\displaystyle\int \dfrac{3u^2 du}{1 - 2u^3} = \int \dfrac{dx}{x} + C_1$，$C_1$ 为任意常数，解得方程的通

解为 $(1 - 2u^3)^{-\frac{1}{2}} = Cx$，$C$ 为任意常数. 变量回代得原方程的通解为 $x^3 - 2y^3 = Cx$.

(4) 原方程可化为 $\dfrac{dy}{dx} = \dfrac{1 + 2e^{\frac{y}{x}}}{2e^{\frac{y}{x}}\left(\dfrac{y}{x} - 1\right)}$，令 $u = \dfrac{y}{x}$，则 $\dfrac{dy}{dx} = u + x\dfrac{du}{dx} \Rightarrow x\dfrac{du}{dx} = \dfrac{1 + 2e^u}{2e^u(u - 1)} -$

u，分离变量求解后变量代回得原方程的通解为 $2ye^{\frac{x}{y}} + x = C$.

(5) 原方程可化为 $\dfrac{dy}{dx} = -\dfrac{3 + 2\dfrac{y}{x} - \dfrac{y^2}{x^2}}{1 - 2\dfrac{y}{x}}$，令 $u = \dfrac{y}{x}$，则 $\dfrac{dy}{dx} = u + x\dfrac{du}{dx} \Rightarrow u + x\dfrac{du}{dx} = -$

$\dfrac{3 + 2u - u^2}{1 - 2u}$，分离变量求解得 $u^2 - u - 1 = Cx^3$，变量回代得原方程的通解为 $y^2 - xy$

$- x^2 = Cx^5$.

2. **解** (1) 原方程可化为 $\dfrac{dy}{dx} = \dfrac{y}{x} - \left(\dfrac{y}{x}\right)^2$，令 $u = \dfrac{y}{x}$，则 $\dfrac{dy}{dx} = u + x\dfrac{du}{dx} \Rightarrow x\dfrac{du}{dx} =$

$-u^2$. 解得 $u = \dfrac{1}{\ln|x| + C}$，变量回代得 $y = \dfrac{x}{\ln|x| + C}$. 代入初值条件得 $C = 1$. 因

此满足初值条件的解为 $y = \dfrac{x}{1 + \ln x}$.

(2) 原方程可化为 $\dfrac{dy}{dx} = \dfrac{2\dfrac{y}{x}}{3 - \left(\dfrac{y}{x}\right)^2}$，令 $u = \dfrac{y}{x}$，则 $\dfrac{dy}{dx} = u + x\dfrac{du}{dx} \Rightarrow x\dfrac{du}{dx} = \dfrac{u^3 - u}{3 - u^2}$，分

离变量得 $\dfrac{(3 - u^2)du}{u^3 - u} = \dfrac{dx}{x}$，又应用公式 $\dfrac{3 - u^2}{u^3 - u} = \dfrac{-3}{u} + \dfrac{1}{u + 1} + \dfrac{1}{u - 1}$，解得 $\dfrac{u^2 - 1}{u^3} =$

Cx，变量回代得 $y^2 - x^2 = Cy^3$，代入初值条件解得 $C = 1$. 因此满足初值条件的解

为 $y^3 = y^2 - x^2$.

(3) 令 $u = \dfrac{y}{x}$，则 $\dfrac{dy}{dx} = u + x\dfrac{du}{dx} \Rightarrow x\dfrac{du}{dx} = \dfrac{1}{u}$，分离变量法解得 $u^2 = 2\ln|x| + C$，变

量回代得 $y^2 = x^2(2\ln|x| + C)$. 代入初值条件得 $C = 4$. 因此满足初值条件的解为

$y^2 = 2x^2(\ln x + 2)$.

(4) 原方程可化为 $\dfrac{dy}{dx} = \dfrac{\left(\dfrac{y}{x}\right)^2 - 2\dfrac{y}{x} - 1}{\left(\dfrac{y}{x}\right)^2 + 2\dfrac{y}{x} - 1}$，令 $u = \dfrac{y}{x}$，则 $\dfrac{dy}{dx} = u + x\dfrac{du}{dx} \Rightarrow u + x\dfrac{du}{dx} =$

$\dfrac{u^2 - 2u - 1}{u^2 + 2u - 1}$，分离变量得 $\dfrac{1 - 2u - u^2}{(1 + u^2)(1 + u)}du = \dfrac{1}{x}dx$，两边积分解得 $\ln|1 + u| -$

$\ln|1+u^2|=\ln|x|+\ln|C| \Rightarrow \dfrac{1+u}{1+u^2}=cx$. 变量回代得通解为 $\dfrac{x^2+xy}{x^2+y^2}=Cx$，代入初

值条件得 $C=1$. 因此满足初值条件的特解为 $y^2+x^2=x+y$.

习题 6-4 选解

1. 解 （1）原方程对应的线性齐次微分方程为 $y'+2xy=0$，分离变量得 $\dfrac{\mathrm{d}y}{y}=-2x\mathrm{d}x$，

两端积分得 $\ln|y|=-x^2+C_1$，线性齐次微分方程的通解为 $y=Ce^{-x^2}$ $(C=\pm e^{C_1})$.

设非线性齐次微分方程的通解为 $y=C(x)e^{-x^2} \Rightarrow y'=C'(x)e^{-x^2}-2xC(x)e^{-x^2}$，将 y，

y' 代入原方程得 $C'(x)e^{-x^2}-2xC(x)e^{-x^2}+2xC(x)e^{-x^2}=xe^{-x^2} \Rightarrow C'(x)=x$，两端积

分得 $C(x)=\dfrac{1}{2}x^2+C$. 因此原方程的通解为 $y=\left(\dfrac{1}{2}x^2+C\right)e^{-x^2}$.

（2）原方程可化为 $\dfrac{\mathrm{d}x}{\mathrm{d}y}-3\dfrac{x}{y}=-\dfrac{y}{2}$，对应线性齐次微分方程为 $\dfrac{\mathrm{d}x}{\mathrm{d}y}-3\dfrac{x}{y}=0$，分离变

量得 $\dfrac{\mathrm{d}x}{x}=3\dfrac{\mathrm{d}y}{y}$，两端积分 $\ln|x|=-3\ln|y|+\ln|C| \Rightarrow x=Cy^3$. 应用常数变易法得

$x=C(y)y^3 \Rightarrow x'=C'(y)y^3+3y^2C(y)$，将 x，x' 代入原方程得 $C'(y)y^3+3y^2C(y)$

$-3\dfrac{y^3C(y)}{y}=-\dfrac{y}{2} \Rightarrow C'(y)=-\dfrac{1}{2y^2}$，两端积分得 $C(y)=\dfrac{1}{2y}+C$. 因此原方程的通

解为 $x=y^3\left(\dfrac{1}{2y}+C\right)$.

（3）$P(x)=3$，$Q(x)=2$，代入通解公式 $y=e^{-\int P(x)\mathrm{d}x}\left[\int Q(x)e^{\int P(x)\mathrm{d}x}\mathrm{d}x+C\right]$ 得

$y=e^{-\int 3\mathrm{d}x}\left[\int 2e^{\int 3\mathrm{d}x}\mathrm{d}x+C\right]=e^{-3x}\left(2\int e^{3x}\mathrm{d}x+C\right)=e^{-3x}\left(2\cdot\dfrac{1}{3}\int e^{3x}\mathrm{d}(3x)+C\right) \Rightarrow y=$

$Ce^{-3x}+\dfrac{2}{3}$.

（4）原方程对应的线性齐次微分方程为 $\dfrac{\mathrm{d}y}{\mathrm{d}x}+\dfrac{y}{x}=0$，分离变量得 $\dfrac{\mathrm{d}y}{y}=-\dfrac{\mathrm{d}x}{x}$，两端积

分 $\ln|y|=-\ln|x|+\ln|C| \Rightarrow y=\dfrac{C}{x}$. 常数变易得 $y=\dfrac{C(x)}{x} \Rightarrow y'=\dfrac{C'(x)x+C(x)}{x^2}$，

将 y，y' 代入原方程得 $\dfrac{C'(x)x-C(x)}{x^2}+\dfrac{C(x)}{x^2}=\sin x \Rightarrow \dfrac{C'(x)}{x}=\sin x$. 两端积分得

$C(x)=-x\cos x+\sin x+C$，因此原方程的通解为 $y=\dfrac{1}{x}(\sin x-x\cos x+C)$.

2. 解 （1）$P(x)=3$，$Q(x)=8$，代入通解公式 $y=e^{-\int P(x)\mathrm{d}x}\left[\int Q(x)e^{\int P(x)\mathrm{d}x}\mathrm{d}x+C\right]$ 得

$y=e^{-\int 3\mathrm{d}x}\left[\int 8e^{\int 3\mathrm{d}x}\mathrm{d}x+C\right]=e^{-3x}\left(8\int e^{3x}\mathrm{d}x+C\right)=\dfrac{8}{3}+Ce^{-3x}$，所以原方程的通解为

$y=\dfrac{8}{3}+Ce^{-3x}$. 代入初值条件 $y|_{x=0}=2$，得 $C=-\dfrac{2}{3}$. 因此满足初值条件的特解为

$y=\dfrac{2}{3}(4-e^{-3x})$.

(2) 原方程对应的线性齐次微分方程为 $\dfrac{\mathrm{d}y}{\mathrm{d}x} - y\tan x = 0$，分离变量得 $\dfrac{\mathrm{d}y}{y} = \dfrac{\sin x\,\mathrm{d}x}{\cos x}$，

两端积分 $\ln|y| = -\ln|\cos x| + \ln|C| \Rightarrow y = \dfrac{C}{\cos x}$. 常数变易得 $y = \dfrac{C(x)}{\cos x} \Rightarrow y' = $

$\dfrac{C'(x)\cos x + C(x)\sin x}{\cos^2 x}$ 将 y，y' 代入原方程得 $\dfrac{C'(x)\cos x + C(x)\sin x}{\cos^2 x} - \dfrac{C(x)\sin x}{\cos^2 x} = $

$\sec x \Rightarrow C'(x) = 1.$

两端积分得 $C(x) = x + C$，因此原方程的通解为 $y = \dfrac{x+C}{\cos x}$. 代入初值条件

$y|_{x=0} = 0$，得 $C = 0$. 因此满足初值条件的特解为 $y = \dfrac{x}{\cos x}$.

(3) 原方程对应的线性齐次微分方程为 $\dfrac{\mathrm{d}y}{\mathrm{d}x} + y\cot x = 0$，分离变量得 $\dfrac{\mathrm{d}y}{y} = -\dfrac{\cos x\,\mathrm{d}x}{\sin x}$，

两端积分 $\ln|y| = -\ln|\sin x| + \ln|C| \Rightarrow y = \dfrac{C}{\sin x}$. 常数变易得 $y = \dfrac{C(x)}{\sin x} \Rightarrow y' = $

$\dfrac{C'(x)\sin x - C(x)\cos x}{\sin^2 x}$ 将 y，y' 代入原方程得 $\dfrac{C'(x)\sin x - C(x)\cos x}{\sin^2 x} + \dfrac{C(x)\cos x}{\sin^2 x} = $

$5\mathrm{e}^{\cos x} \Rightarrow C'(x) = 5\sin x\,\mathrm{e}^{\cos x}$. 两端积分得 $C(x) = -5\mathrm{e}^{\cos x} + C$，因此原方程的通解为

$y = \dfrac{-5\mathrm{e}^{\cos x} + C}{\sin x}$，代入初值条件 $y|_{x=\frac{\pi}{2}} = -4$，得 $C = 1$. 则满足初值条件的特解为

$y\sin x + 5\mathrm{e}^{\cos x} = 1.$

(4) $P(x) = \dfrac{1}{x}$，$Q(x) = \dfrac{\sin x}{x}$，代入通解公式 $y = \mathrm{e}^{-\int P(x)\mathrm{d}x}\left[\int Q(x)\mathrm{e}^{\int P(x)\mathrm{d}x}\mathrm{d}x + C\right]$ 得

$$y = \mathrm{e}^{-\int \frac{1}{x}\mathrm{d}x}\left[\int \dfrac{\sin x}{x}\mathrm{e}^{\int \frac{1}{x}\mathrm{d}x}\mathrm{d}x + C\right] = \dfrac{1}{x}\left(\int \sin x\,\mathrm{d}x + C\right)$$

$$= \dfrac{-\cos x + C}{x} \Rightarrow y = \dfrac{-\cos x + C}{x}.$$

代入初值条件 $y|_{x=\pi} = 1$，得 $C = \pi - 1$. 因此满足初值条件的特解为 $y = \dfrac{\pi - 1 - \cos x}{x}$.

习题 6-5 选解

1. **解** (1) 因为 $y_1 = \cos 2x$，$y_2 = \sin 2x$ 满足 $\dfrac{y_1}{y_2} = \dfrac{\cos 2x}{\sin 2x} = \cot 2x \neq$ 常数，所以函数组 $\cos 2x$，$\sin 2x$ 是线性无关的.

(2) 因为 $y_1 = x\ln x$，$y_2 = \ln x$ 满足 $\dfrac{y_1}{y_2} = \dfrac{x\ln x}{\ln x} = x \neq$ 常数，所以函数组 $x\ln x$，$\ln x$ 是线性无关的.

2. **解** (1) $y'' + y' - 2y = 0$ 的特征方程为 $\lambda^2 + \lambda - 2 = 0 \Rightarrow (\lambda + 2)(\lambda - 1) = 0 \Rightarrow \lambda = -2$，$\lambda = 1$. 因此原方程的通解为 $y = C_1\mathrm{e}^{-2x} + C_2\mathrm{e}^{x}$.

(2) $y'' + 2y' + 5y = 0$ 的特征方程为 $\lambda^2 + 2\lambda + 5 = 0$，有一对共轭的复根 $\lambda_{1,2} = -1 \pm$ $2\mathrm{i}$. 因此原方程的通解为 $y = \mathrm{e}^{-x}(C_1\cos 2x + C_2\sin 2x)$.

（3）$y''+4y'+4y=0$ 的特征方程为 $\lambda^2+4\lambda+4=0\Rightarrow(\lambda+2)^2=0\Rightarrow\lambda_1=\lambda_2=-2$. 因此原方程的通解为 $y=(C_1+C_2x)\mathrm{e}^{-2x}$.

3. **解**　（1）原方程对应的齐次方程为 $y''+a^2y=0$，它的特征方程为 $\lambda^2+a^2=0\Rightarrow\lambda=\pm\mathrm{i}a$，因此所对应齐次方程的通解为 $Y=C_1\cos ax+C_2\sin ax$. $\lambda=1$ 不是特征方程的根，所以设特解为 $y^*=Q\mathrm{e}^x$. 代入原方程得 $Q\mathrm{e}^x+a^2Q\mathrm{e}^x=\mathrm{e}^x\Rightarrow Q=\dfrac{1}{1+a^2}\Rightarrow y^*=$

$\dfrac{\mathrm{e}^x}{1+a^2}$. 因此原方程的通解为 $y=C_1\cos ax+C_2\sin ax+\dfrac{\mathrm{e}^x}{1+a^2}$.

（2）原方程对应的齐次方程为 $y''+3y'+2y=0$，它的特征方程为 $\lambda^2+3\lambda+2=0\Rightarrow$ $\lambda_1=-1$，$\lambda_2=-2$. 因此所对应齐次方程的通解为 $Y=C_1\mathrm{e}^{-x}+C_2\mathrm{e}^{-2x}$. $\lambda=-1$ 是特征方程的单根，所以设特解为

$y^*=x(Ax+B)\mathrm{e}^{-x}\Rightarrow y^{*\prime}=\left[-Ax^2+(2A-B)x+B\right]\mathrm{e}^{-x}$，
$y^{*\prime\prime}=\left[Ax^2-(4A-B)x+(2A-2B)\right]\mathrm{e}^{-x}$，将 y^*，$y^{*\prime}$，$y^{*\prime\prime}$代入原方程有 $2A+$ $B=0$，$2A=3$ 解得 $A=\dfrac{3}{2}$，$B=-1\Rightarrow y^*=\left(\dfrac{3}{2}x^2-x\right)\mathrm{e}^{-x}$. 因此原方程的通解为 y

$=C_1\mathrm{e}^{-x}+C_2\mathrm{e}^{-2x}+\left(\dfrac{3}{2}x^2-x\right)\mathrm{e}^{-x}$.

（3）原方程对应的齐次方程为 $y''+4y'+4y=0$，它的特征方程为 $\lambda^2+4\lambda+4=0\Rightarrow$ $\lambda_{1,2}=-2$. 因此所对应齐次方程的通解为 $Y=(C_1+C_2)\mathrm{e}^{-2x}$.

若 $a\neq-2$ 不是特征方程的根，设原方程的特解为 $y^*=A\mathrm{e}^{ax}\Rightarrow y^{*\prime}=Aa\mathrm{e}^{ax}$，$y^{*\prime\prime}=Aa^2\mathrm{e}^{ax}$，将 y^*，$y^{*\prime}$，$y^{*\prime\prime}$代入原方程有 $(a^2+4a+4)A=1$，解得 $A=$

$\dfrac{1}{(a+2)^2}\Rightarrow y^*=\dfrac{1}{(a+2)^2}\mathrm{e}^{ax}$. 因此原方程的通解为 $y=(C_1+C_2)\mathrm{e}^{-2x}+\dfrac{1}{(a+2)^2}\mathrm{e}^{ax}$.

若 $a=-2$ 是特征方程的二重根，设原方程的特解为 $y^*=Ax^2\mathrm{e}^{-2x}$. 代入原方程得 $A=\dfrac{1}{2}\Rightarrow y^*=\dfrac{1}{2}x^2\mathrm{e}^{-2x}$. 因此原方程的通解为 $y=(C_1+C_2)\mathrm{e}^{-2x}+\dfrac{1}{2}x^2\mathrm{e}^{-2x}$.

4. **解**　（1）原方程对应的齐次方程为 $y''-4y'=0$，它的特征方程为 $\lambda^2-4\lambda=0\Rightarrow\lambda_1=$ 0，$\lambda_1=4$. 对应齐次方程的通解为 $Y=C_1+C_2\mathrm{e}^{4x}$. 设方程的一个特解为 $y^*=Ax$ 代入原方程可得 $A=-\dfrac{5}{4}$. 则原方程的通解为 $y=C_1+C_2\mathrm{e}^{4x}-\dfrac{5}{4}x$. 代入初值条件

$y|_{x=0}=1$，$y'|_{x=0}=0$得 $C_1=\dfrac{11}{16}$，$C_2=\dfrac{5}{16}$. 因此原方程的通解为 $y=\dfrac{1}{16}(11+5\mathrm{e}^{4x})$

$-\dfrac{5}{4}x$.

（2）原方程对应的齐次方程为 $y''-2y'+y=0$，它的特征方程为 $\lambda^2-2\lambda+1=0\Rightarrow$ $\lambda_{1,2}=1$. 所对应齐次方程的通解为 $Y=(C_1+C_2x)\mathrm{e}^x$. 设方程的一个特解为 $y^*=$ $x^2(Ax+B)\mathrm{e}^x$，则

$y^{*\prime}=\left[Ax^3+(B+3A)x^2+2Bx\right]\mathrm{e}^x$，$y^{*\prime\prime}=\left[Ax^3+(B+6A)x^2+(4B+3A)x+2B\right]\mathrm{e}^x$，将 y^*，$y^{*\prime}$，$y^{*\prime\prime}$代入原方程可得 $A=\dfrac{1}{6}$，$B=-\dfrac{1}{2}$. 原方程的通解为

$$y = (C_1 + C_2 x)e^x + \left(\frac{1}{6}x^3 - \frac{1}{2}x^2\right)e^x.$$ 代入初值条件 $y\big|_{x=1} = 1$，$y'\big|_{x=1} = 1$ 解得 C_1

$= \dfrac{2}{e} - \dfrac{1}{6}$，$C_2 = \dfrac{1}{2} - \dfrac{1}{e}$. 因此原方程的通解为

$$y = \left[\frac{2}{e} - \frac{1}{6} + \left(\frac{1}{2} - \frac{1}{e}\right)x\right]e^x + \left(\frac{x^3}{6} - \frac{x^2}{2}\right)e^x.$$

（3）原方程对应的齐次方程为 $y'' + 4y = 0$，它的特征方程为 $\lambda^2 + 4 = 0 \Rightarrow \lambda = \pm 2i$. 因此所齐对应次方程的通解为 $Y = C_1\cos 2x + C_2\sin 2x$. 设方程的一个特解为 $y^* = ax + b + (c\cos 2x + d\sin 2x)x$，代入原方程可得 $a = \dfrac{1}{8}$，$b = c = 0$，$d = \dfrac{1}{8}$. 原方程的通解为 $y = C_1\cos 2x + C_2\sin 2x + \dfrac{1}{8}x + \dfrac{1}{8}x\sin 2x$. 代入初值条件 $y\big|_{x=0} = 0$，$y'\big|_{x=0} = 0$，解得 $C_1 = 0$，$C_2 = -\dfrac{1}{16}$. 因此原方程的通解为 $y = -\dfrac{1}{16}\sin 2x + \dfrac{1}{8}x + \dfrac{1}{8}x\sin 2x$.

习题 6-6 选解

1. **解** （1）$y'' = y' + x$ 对应的齐次方程为 $y'' - y' = 0$，特征方程为 $\lambda^2 - \lambda = 0 \Rightarrow \lambda(\lambda - 1) = 0 \Rightarrow \lambda_1 = 0$，$\lambda_2 = 1$. 于是齐次方程的通解为 $Y = C_1 + C_2 e^x$. 因为 $f(x) = x$，设非齐次方程的一个特解为 $y^* = x(Ax + B) \Rightarrow y^{*\prime} = 2xA$，$y^{*\prime\prime} = 2A$. 代入原方程得 $A = -\dfrac{1}{2}$，$B = -1 \Rightarrow y^* = -\dfrac{1}{2}x^2 - x$，因此原方程的通解为 $y = C_1 + C_2 e^x - \dfrac{1}{2}x^2 - x$.

（2）该方程为 $y'' = f(x, y')$ 型. 设 $y' = p$，则 $y'' = \dfrac{\mathrm{d}p}{\mathrm{d}x} = p' \Rightarrow \dfrac{\mathrm{d}p}{\mathrm{d}x} = \dfrac{2x}{x^2 + 1}p$，分离变量得 $\dfrac{\mathrm{d}p}{p} = \dfrac{2x}{x^2 + 1}\mathrm{d}x$，两端积分得该方程的通解为 $p = C_1(x^2 + 1)$. 变量回代得 $\dfrac{\mathrm{d}y}{\mathrm{d}x} = p = C_1(x^2 + 1)$，因此原方程的通解为 $y = \dfrac{C_1 x^3}{3} + C_1 x + C_2$.

（3）该方程为 $y'' = f(y, y')$ 型. 令 $y' = p$，则 $y'' = \dfrac{\mathrm{d}p}{\mathrm{d}x} = \dfrac{\mathrm{d}p}{\mathrm{d}y} \cdot \dfrac{\mathrm{d}y}{\mathrm{d}x} = p\dfrac{\mathrm{d}p}{\mathrm{d}y} \Rightarrow p\dfrac{\mathrm{d}p}{\mathrm{d}y} \cdot y^3 = 1$，分离变量得 $p\,\mathrm{d}p = \dfrac{\mathrm{d}y}{y^3}$，两端积分得通解为 $\dfrac{1}{2}p^2 = -\dfrac{1}{2y^2} + \dfrac{1}{2}C \Rightarrow p^2 = -\dfrac{1}{y^2} + C$. 变量回代得

$$\left(\frac{\mathrm{d}y}{\mathrm{d}x}\right)^2 = -\frac{1}{y^2} + C = \frac{Cy^2 - 1}{y^2} \Rightarrow \frac{\mathrm{d}y}{\mathrm{d}x} = \frac{\sqrt{Cy^2 - 1}}{y} \Rightarrow \frac{1}{2C}\frac{\mathrm{d}(Cy^2 - 1)}{\sqrt{Cy^2 - 1}} = \mathrm{d}x,$$

两端积分得原方程的通解为 $C_1 y^2 - 1 = (C_1 x + C_2)^2$.

（4）该方程为 $y'' = f(x, y')$ 型. 设 $y' = p$，则 $y'' = \dfrac{\mathrm{d}p}{\mathrm{d}x} = p' \Rightarrow x\dfrac{\mathrm{d}p}{\mathrm{d}x} + p = 0$，分离变量得 $\dfrac{\mathrm{d}p}{p} = -\dfrac{1}{x}\mathrm{d}x$，两端积分得该方程的通解为 $p = \dfrac{C}{x}$. 变量回代得 $\dfrac{\mathrm{d}y}{\mathrm{d}x} = p = \dfrac{C_1}{x}$，

积分得原方程的通解为 $y = C_1 \ln|x| + C_2$.

(5) 该方程为 $y'' = f(x)$ 型. 两端积分一次得 $y' = \arctan x + C_1$, 再积分一次得原方程的通解为 $y = \arctan x - \dfrac{1}{2} \ln(1 + x^2) + C_1 x + C_2$.

(6) 该方程为 $y'' = f(y, y')$ 型. 令 $y' = p$, 则 $y'' = \dfrac{\mathrm{d}p}{\mathrm{d}x} = \dfrac{\mathrm{d}p}{\mathrm{d}y} \cdot \dfrac{\mathrm{d}y}{\mathrm{d}x} = p \dfrac{\mathrm{d}p}{\mathrm{d}y} \Rightarrow p \dfrac{\mathrm{d}p}{\mathrm{d}y} = \dfrac{1}{\sqrt{y}}$. 分离变量得 $p\,\mathrm{d}p = \dfrac{\mathrm{d}y}{\sqrt{y}}$, 两端积分得通解为 $\dfrac{1}{2} p^2 = 2\sqrt{y} + 2C_1 \Rightarrow p^2 = 4\sqrt{y} + 4C_1 \Rightarrow p = \pm 2\sqrt{\sqrt{y} + C_1}$. 变量回代得 $\dfrac{\mathrm{d}y}{\mathrm{d}x} = \pm 2\sqrt{\sqrt{y} + C_1}$. 两端积分得原方程的通解为

$$x = \pm \left[\dfrac{2}{3}(\sqrt{y} + C_1)^{\frac{3}{2}} - 2C_1\sqrt{\sqrt{y} + C_1} \right] + C_2.$$

2. **解**　(1) $y' = \dfrac{1}{2}x^2 - \cos x + C_1$, $y = \dfrac{1}{6}x^3 - \sin x + C_1 x + C_2$. 由初值条件 $y'(0) = -2 \Rightarrow -2 = 0 - 1 + C_1 \Rightarrow C_1 = -1$, 由 $y(0) = 1 \Rightarrow 1 = 0 - 0 + 0 + C_2 \Rightarrow C_2 = 1$. 故特解为 $y = \dfrac{1}{6}x^3 - \sin x - x + 1$.

(2) 令 $y' = p$, 则 $y'' = p\dfrac{\mathrm{d}p}{\mathrm{d}y} \Rightarrow p\dfrac{\mathrm{d}p}{\mathrm{d}y} + p^2 = 1$, 分离变量得 $\dfrac{p}{1 - p^2}\mathrm{d}p = \mathrm{d}y$, 两端积分得 $-\dfrac{1}{2}\ln(1 - p^2) = y + C_1$, 代入初始条件 $y(0) = 0$, $y'(0) = 0 \Rightarrow C_1 = 0 \Rightarrow y = -\dfrac{1}{2}\ln(1 - p^2) \Rightarrow y' = p = \pm\sqrt{1 - \mathrm{e}^{-2y}}$, 再次分离变量得 $\dfrac{1}{\sqrt{1 - \mathrm{e}^{-2y}}}\mathrm{d}y = \pm\mathrm{d}x \Rightarrow \dfrac{\mathrm{d}(\mathrm{e}^y)}{\sqrt{\mathrm{e}^{2y} - 1}} = \pm\mathrm{d}x$. 两端积分得 $\mathrm{arch}(\mathrm{e}^y) = \pm x + C_2$, 代入初始条件 $y(0) = 0$, 得 $C_2 = 0$, 从而有满足所给初始条件的特解为 $\mathrm{arch}(\mathrm{e}^y) = \pm x \Rightarrow \mathrm{e}^y = \mathrm{ch}(\pm x) = \mathrm{ch}x$ 或写成 $y = \ln\mathrm{ch}x$.

(3) 令 $y' = p$, 则 $y'' = p\dfrac{\mathrm{d}p}{\mathrm{d}y} \Rightarrow y^3 p\dfrac{\mathrm{d}p}{\mathrm{d}y} = -1$. 分离变量得 $p\,\mathrm{d}p = -\dfrac{1}{y^3}\mathrm{d}y$, 两端积分得 $\dfrac{1}{2}p^2 = \dfrac{1}{2}\cdot\dfrac{1}{y^2} + \dfrac{1}{2}C_1 \Rightarrow p^2 = \dfrac{1}{y^2} + C_1$, 代入初始条件 $p^2 = \dfrac{1}{y^2} - 1$, 变量回代得 $\left(\dfrac{\mathrm{d}y}{\mathrm{d}x}\right)^2 = \dfrac{1 - y^2}{y^2}$, 即得 $C_1 = 1 \Rightarrow p^2 = \dfrac{1}{y^2} - 1$, 变量回代得 $\left(\dfrac{\mathrm{d}y}{\mathrm{d}x}\right)^2 = \dfrac{1 - y^2}{y^2} \Rightarrow \dfrac{\mathrm{d}y}{\mathrm{d}x} = \dfrac{\sqrt{1 - y^2}}{y}$. 两端积分得 $1 - y^2 = (x + C)^2$. 代入初始条件 $y|_{x=0} = 1$ 得 $C = 0$, 从而有满足所给初始条件的特解为 $y = \sqrt{1 - x^2}$.

(4) 令 $y' = p$, 则 $y'' = p\dfrac{\mathrm{d}p}{\mathrm{d}y} \Rightarrow p\dfrac{\mathrm{d}p}{\mathrm{d}y} = 3\sqrt{y}$. 分离变量得 $p\,\mathrm{d}p = 3\sqrt{y}\,\mathrm{d}y$, 两端积分得 $p^2 = 2y^{\frac{3}{2}} + C_1$. 代入初始条件 $p^2 = 2y^{\frac{3}{2}}$, 即 $\left(\dfrac{\mathrm{d}y}{\mathrm{d}x}\right)^2 = 2y$ 得 $C_1 = 0 \Rightarrow p^2 = 4y^{\frac{3}{2}} \Rightarrow$

$\left(\dfrac{\mathrm{d}y}{\mathrm{d}x}\right)^2 = 2y^{\frac{3}{2}} \Rightarrow \dfrac{\mathrm{d}y}{\mathrm{d}x} = 2y^{\frac{3}{4}}$. 两端积分得 $4y^{\frac{1}{4}} = 2x + C$，代入初值条件 $y\mid_{x=1} = 1$，得

满足所给初始条件的特解为 $y = \left(\dfrac{1}{2}x + 1\right)^4$.

3. **解** （1）两端积分一次得 $y'' = \displaystyle\int x\mathrm{e}^x\,\mathrm{d}x + C_1 = x\mathrm{e}^x - \mathrm{e}^x + C_1$，

再次两端积分得 $y' = \displaystyle\int(x\mathrm{e}^x - \mathrm{e}^x + C_1)\mathrm{d}x + C_2 = x\mathrm{e}^x - 2\mathrm{e}^x + C_1 x + C_2$，

第三次积分得原方程的通解为 $y = \displaystyle\int(x\mathrm{e}^x - 2\mathrm{e}^x + C_1 x + C_2)\mathrm{d}x + C_3 = x\mathrm{e}^x - 3\mathrm{e}^x +$

$\dfrac{C_1}{2}x^2 + C_2 x + C_3$.

（2）令 $y^{(4)} = p$，则 $y^{(5)} = p' \Rightarrow p' - \dfrac{1}{x}p = 0$，分离变量得 $\dfrac{\mathrm{d}p}{p} = \dfrac{1}{x}\mathrm{d}x$，两端积分得

$p = Cx \Rightarrow y^{(4)} = Cx$，连续积分四次得原方程的通解为 $y = \dfrac{1}{120}C_1 x^5 + \dfrac{1}{6}C_2 x^3 +$

$\dfrac{1}{2}C_3 x^2 + C_4 x + C_5$.

参考文献

［1］李世光. 数学［M］. 成都：四川民族出版社，2007.

［2］谌悦斌. 数学［M］. 成都：西南交通大学出版社，2015.

［3］何丽亚，江海洋，谢燕. 数学［M］. 3版. 成都：西南交通大学出版社，2019.

［4］李文铭. 数学史简明教程［M］. 西安：陕西师范大学出版社，2008.

［5］斯科特. 数学史［M］. 侯德润，张兰，译. 桂林：广西师范大学出版社，2002.

［6］同济大学应用数学系. 高等数学［M］. 5版. 北京：高等教育出版社，2002.

［7］欧几里得. 几何原本［M］. 燕晓东，编译. 北京：人民日报出版社，2005.

［8］全国高等学校民族预科《数学》教材编写组. 数学［M］. 天津：天津教育出版社，2000.

［9］克莱因. 古今数学思想［M］. 张理京，张锦炎，江泽涵，等译. 上海：上海科学技术出版社，2014.

［10］张顺燕. 数学的美与理［M］. 2版. 北京：北京大学出版社，2004.

［11］詹瑞清，卢海敏. 高等数学全真课堂［M］. 北京：学苑出版社，2002.